黑龙江省
林甸县
耕地地力评价

潘兴东　主编

中国农业出版社
北京

内 容 提 要

本书是对黑龙江省林甸县耕地地力调查与评价成果的集中反映。在充分应用耕地信息大数据智能互联技术与多维空间要素信息综合处理技术，并应用模糊数学方法进行成果评价的基础上，首次对林甸县耕地资源历史、现状及问题进行了分析和探讨。它不仅客观地反映了林甸县土壤资源的类型、面积、分布、理化性状、养分状况和影响农业生产持续发展的障碍性因素，揭示了土壤质量的时空变化规律，而且详细介绍了测土配方施肥大数据的采集和管理、空间数据库的建立、属性数据库的建立、数据提取、数据质量控制、县域耕地资源管理信息系统的建立与应用等方法和程序。此外，还确定了参评因素的权重，并通过利用模糊数学模型，结合层次分析法，计算了林甸县耕地地力综合指数。这些不仅为今后如何改良利用土壤、定向培育土壤、提高土壤综合肥力提供了路径、措施和科学依据；而且也为今后建立更为客观、全面的黑龙江省耕地地力定量评价体系，实现耕地资源大数据信息采集分析评价互联网络智能化管理提供参考。

全书共七章。第一章：自然与农业生产概况；第二章：土壤、立地条件及农田基础设施；第三章：耕地地力评价技术路线；第四章：耕地地力调查；第五章：耕地地力评价；第六章：土壤改良与利用措施；第七章：对策与建议。书后附 5 个附录，供参考。

该书理论与实践相结合、学术与科普融为一体，是黑龙江省农林牧业、国土资源、水利、环保等大农业领域各级领导干部、科技工作者、大中专院校教师和农民群众掌握及应用土壤科学技术的良师益友，是指导农业生产必备的工具书。

编 写 人 员 名 单

总 策 划： 王国良　辛洪生

主　　编： 潘兴东

副 主 编： 吴国庆　王胜华

编写人员（按姓氏笔画排序）：

于　萌　马长山　孔繁玲　付万江　白秀华

冯承华　任　霜　刘薇薇　李　闯　吴朝旭

邹海涛　张　海　张吉明　张洪宇　张晓莹

张浩然　陈学峰　范大伟　赵　才　胡荣华

徐向平　徐连生　崔喜军　蔡　友

序

农业是国民经济的基础；耕地是农业生产的基础，也是社会稳定的基础。中共黑龙江省委、省政府高度重视耕地保护工作，并做了重要部署。为适应新时期农业发展的需要、促进农业结构战略性调整、促进农业增效和农民增收，针对当前耕地土壤现状确定科学的土壤评价体系，摸清耕地的基础地力并分析预测其变化趋势，从而提出耕地利用与改良的措施和路径，为政府决策和农业生产提供依据，乃当务之急。

2009年，黑龙江省林甸县结合测土配方施肥项目实施，及时开展了耕地地力调查与评价工作。在黑龙江省土壤肥料管理站、黑龙江省农业科学院、东北农业大学、中国科学院东北地理与农业生态研究所、黑龙江大学、哈尔滨万图信息技术开发有限公司及林甸县农业科技人员的共同努力下，2012年，林甸县耕地地力调查与评价工作顺利完成，并通过了农业部组织的专家验收。通过耕地地力调查与评价工作，摸清了林甸县耕地地力状况，查清了影响当地农业生产持续发展的主要制约因素，建立了林甸县属性数据库、空间数据库和耕地地力评价体系，提出了林甸县耕地资源合理配置及耕地适宜种植、科学施肥及中低产田改造的路径和措施，初步构建了耕地资源信息管理系统。这些成果为全面提高农业生产水平，实现耕地质量计算机动态监控管理，适时提供辖区内各个耕地基础管理单元土、水、肥、气、热状况及调节措施提供了基础数据平台和管理依据。同时，也为各级政府制订农业发展规划、调整农业产业结构、保证粮食生产安全以及促进农业现代化建设提供了最基础的科学评价体系和最直接的理论、方法依据，也为今后全面开展耕地地力普查工作，实施耕地综合生产能力建设，发展旱作节水农业、测土配方施肥及其他农业新技术的普及工作提供了技术支撑。

《黑龙江省林甸县耕地地力评价》一书，集理论基础性、技术指导性和实际应用性为一体，系统介绍了耕地资源评价的方法与内容，应用大量的调查分析资料，分析研究了林甸县耕地资源的利用现状及存在问题，提出了合理利用的对策和建议。该书既是一本值得推荐的实用技术读物，又是林甸县各级农业工作者必备的一本工具书。该书的出版，将对林甸县耕地的保护与利用、分区施肥指导、耕地资源合理配置、农业结构调整及提高农业综合生产能力起到积极的推动和指导作用。

王国良

2018 年 4 月

前言

土壤是人们赖以生存和发展的最根本的物质基础，是一切物质生产最基本的源泉。耕地是土地的精华，是粮食及其他农产品不可替代的生产资料。中华人民共和国以成立以来，我国曾进行过两次土壤普查。两次普查的成果，在农业区划、农业综合开发、中低产田改良和科学施肥等方面都得到了广泛应用；为基本农田建设、农业综合开发、农业结构调整、农业科技研究、新型肥料的开发等各项工作提供了依据。从第二次土壤普查至今，随着社会经济的发展，我国土地利用状况以及耕地质量数量、农村经营管理体制、耕作制度、作物品种、种植结构、产量水平、有机肥和化肥使用总量与品种结构、农药使用等诸多方面都发生了很大变化，原有的资料已不能满足经济建设和农业生产需要，这些变化必然会对耕地土壤肥力及质量状况产生巨大的影响。

测土配方施肥财政补贴项目的实施，产生了大量的田间调查、农户调查、土壤和植物样品分析测试、田间试验观测记载数据。对这些数据的质量进行控制、建立标准化的数据库和信息管理系统，是保证测土配方施肥项目成功的关键所在，也是保存测土配方施肥数据资料使其持久发挥作用的关键所在。充分利用这些数据和县域耕地资源管理信息系统，并结合全国第二次土壤普查以来的历史资料，开展耕地地力评价，是测土配方施肥工作的重要组成部分。

开展耕地地力评价是测土配方施肥补贴项目的一项重要内容，是摸清我国耕地资源状况，提高耕地利用效率，促进现代农业发展的重要基础工作。全面收集整理第二次土壤普查等历史资料、建立规范的县域耕地资源基础数据库，对测土配方施肥及相关数据进行标准化处理和规范化管理，建立县域耕地资源管理信息系统，采用综合指数法对耕地地力进行评价，为不同程度的耕地资源管理、农业结构调整、养分资源综合管理和测土配方施肥指导服务。

按照农业部《全国测土配方施肥技术规范》和《2011年全国测土配方施肥工作方案》要求，开展耕地地力评价工作。具体任务是：应用测土配方施肥数据汇总软件和县域耕地资源管理信息系统，对测土配方施肥数据、第二次土壤普查空间数据和属性数据进行数字化管理；利用县域耕地资源管理信息系统，编制数字化土壤养分分布图、耕地地力等级图等。在此基础上，编写了县域耕地地力评价工作报告、技术报告及专题报告等。

林甸县的耕地地力调查与质量评价工作，是在测土配方施肥基础上进行的。从2005年开始，历经6年时间，在圆满地完成农业部测土配方施肥工作项目所规定的各项任务的基础上，又进行了耕地地力调查工作。本次调查工作，共采集测试耕地土壤样本2 038个，测定了土壤有机质、全氮、全磷、全钾、有效氮、有效磷、速效钾、pH、有效锌、有效锰、有效铜、有效铁、有效硼和土壤含盐量；调查了耕层厚度、田间持水量、容重、障碍层厚度、障碍层位置、土壤质地等项目。完成了“林甸县耕地资源管理单元图”“林甸县耕地地力等级图”等数字化成果图件10余份；并建立了“黑龙江省林甸县耕地质量管理信息系统”。在文字材料方面，完成了“黑龙江省林甸县耕地地力评价与应用工作报告”“黑龙江省林甸县耕地地力评价与应用技术报告”，我们根据农业部的要求，结合本次调查和评价的结果，还撰写了专题报告。为以后政府指导农业生产提供科学依据。本次调查工作也为林甸县的耕地地力调查与质量评价工作积累一些经验。

根据黑龙江省土壤肥料管理站的要求，为保证本次地力评价与第二次土壤普查结果相衔接，书中包括了林甸土壤的大部分内容和数据。随着时间的推移，有部分内容、数据与现有的存在一定差异。

本次调查评价工作得到了黑龙江省土壤肥料管理站、哈尔滨万图信息技术开发有限公司等单位和有关专家的大力支持及协助，在此表达最诚挚的谢意。

该书由林甸县农业技术推广中心和各乡（镇）全体技术人员集体编写，吴国庆执笔，潘兴东定稿。

本次调查取得了大量数据，受编者水平和业务能力所限，在归纳整理过程中，尽管做了必要的努力，但书中难免出现遗漏和不妥之处，敬请读者批评指正。

编　者

2018年4月

目录

第一章　自然与农业生产概况

第一节　地理位置与行政区划

林甸县位于黑龙江省西部，滨洲铁路北侧，松嫩平原的北部。地理坐标为北纬46°44″～47°29″，纵越45″，东经124°18″～125°21″，横跨1°03″。南与大庆市和安达市接壤，东部靠近明水县和青冈县，东北部与依安县相连，北靠富裕县，西北以乌裕尔河与齐齐哈尔为界，西部毗邻杜尔伯特蒙古族自治县。按直线距离计算，县城距齐齐哈尔市70千米，距大庆市65千米。行政隶属大庆市。

林甸县下辖4个镇、4个乡，85个行政村，551个自然屯。县属国有牧、林、苇场3处，省属农场1处，军队农场1处。

第二节　建制沿革

黑龙江省林甸县，远古时期是一片沼泽，后来经过地壳变迁，淤淀为一望无际、水草丰美、土质肥沃的大草原。3 000年前，在林甸县境西北部乌裕尔河下游一带就有人类生活，当时称秽貉族，他们以打鱼、狩猎为生。

秦汉时期为扶余国管境；辽代划为东京道管辖；金代为蒲峪路所辖；元代属于蒲峪路屯四万户府；明代属杜尔伯特地奴尔干都苏洒可卫。

黑龙江省林甸县，因“大林家店”得名。据民国时期《林甸县志略》记载，城北30余里①处有姓林者开店，称“大林家店”，四周多系草甸，清代末拟设县的建制时避俗就雅，定名林甸县。清代为杜尔伯特旗游牧地，属齐齐哈尔副都统辖区。清末，1906年（清光绪三十二年），属安达厅辖境。1908年8月5日（清光绪三十四年七月初九日），黑龙江巡抚周树模奏准，拟在大林家店设置林甸县。后因“垦户未集，地利未辟”，从缓设置。1912年10月，于安达厅北境东集镇（原称“大戚家店”，今林甸镇）设置东集镇稽垦局，办理放荒招佃和督垦事宜。翌年，于大戚家店东1里处丈放街基筑城（今林甸镇）。1914年11月1日，将东集镇稽垦局改设林甸设治局，隶属龙江道。1917年7月13日，黑龙江省长令，将林甸设治局改为三等县，并委官和颁发印信，代理县知事于7月14日启用印信，正式改为林甸县。同年8月21日，北京政府照准。1923年后，与依安、泰康、安达等邻县（设治局）进行过区划调整。1929年2月，撤销道的建制，改由黑龙江省直辖。东北沦陷后，初隶黑龙江省，1934年12月改隶龙江省。

1945年抗日战争胜利后，划归嫩江省管辖。

---

① 里为非法定计量单位。1里＝500米。——编者注

1947 年 2 月～9 月，曾隶属黑龙江嫩江联合省第三专区管辖。

1949 年 5 月，黑嫩两省合并后，隶属黑龙江省管辖。

1954 年 8 月，划归新设之嫩江专区管辖。

1956 年，将西南部的第八区划归杜尔伯特旗。

1960 年 5 月至 1961 年 10 月，嫩江专区曾一度撤销时，改由齐齐哈尔市管辖。

1985 年 1 月，正式撤销嫩江专区，复归齐齐哈尔市管辖。

1992 年 8 月 21 日，国务院批准，划归大庆市管辖。省政府于同年 9 月 26 日下发通知，从 12 月 1 日起变更隶属关系。

第三节 自然与农村经济概况

一、资源概况

（一）土地资源概况

2009 年，经土地调查黑龙江省林甸县土地总面积 3 502.88 平方千米。

1. 土地利用状况 林甸县土地总面积 350 288 公顷。其中，农用地面积 274 145 公顷，占全县土地总面积的 78.26%；建设用地面积 16 525 公顷，占全县土地总面积的 4.72%；其他土地面积 59 618 公顷，占全县土地总面积的 17.02%。

（1）农用地：林甸县耕地面积 168 114 公顷，占全县农用地总面积的 61.32%；园地面积 106 公顷，占全县农用地总面积的 0.04%；林地面积 23 442 公顷，占全县农用地总面积的 8.55%；牧草地面积 69 722 公顷，占全县农用地总面积的 25.43%；其他农用地面积 12 761 公顷，占全县农用地总面积的 4.65%。

（2）建设用地：林甸县城乡建设用地面积 13 332 公顷，占全县建设用地总面积的 80.68%；交通水利和其他建设用地面积 3 193 公顷，占全县建设用地总面积的 19.32%。

（3）其他土地：林甸县水域面积 625 公顷，占全县其他土地总面积的 1.05%；自然保留地面积 58 993 公顷，占全县其他土地总面积的 98.95%。

2. 县属土地利用状况 2009 年，林甸县属土地总面积 340 719 公顷，占全县土地总面积的 97.27%。其中，农用地面积 267 655 公顷，占县属土地总面积的 78.56%；建设用地面积 16 352 公顷，占县属土地总面积的 4.80%；其他土地面积 56 712 公顷，占县属土地总面积的比重 16.64%。

（1）农用地：县属耕地面积 165 844 公顷，占县属农用地总面积的 61.96%；园地面积 106 公顷，占县属农用地总面积的 0.04%；林地面积 22 589 公顷，占县属农用地总面积的 8.44%；牧草地面积 67 248 公顷，占县属农用地总面积的 25.13%；其他农用地面积 11 868 公顷，占县属农用地总面积的 4.43%。

（2）建设用地：县属城乡建设用地面积 13 168 公顷，占县属建设用地总面积的 80.53%；交通水利和其他建设用地面积 3 184 公顷，占县属建设用地总面积的 19.47%。

（3）其他土地：县属水域面积 625 公顷，占县属其他土地总面积的 1.10%；自然保留地面积 56 087 公顷，占县属其他土地总面积的 98.90%。

3. 农垦系统土地利用状况 2009年，林甸县境内农垦系统的土地总面积9 569公顷，占全县土地总面积的2.73%。其中，农用地面积6 490公顷，占农垦系统土地总面积的67.82%；建设用地面积173公顷，占农垦系统土地总面积的1.81%；其他土地面积2 906公顷，占农垦系统土地总面积的30.37%。

（1）农用地：农垦系统耕地面积2 270公顷，占农垦系统农用地总面积的34.98%；林地面积853公顷，占农垦系统农用地总面积的13.14%；牧草地面积2474公顷，占农垦系统农用地总面积的38.12%；其他农用地面积893公顷，占农垦系统农用地总面积的13.76%。

（2）建设用地：农垦系统城乡建设用地面积164公顷，占建设用地总面积的94.80%；交通水利和其他建设用地面积9公顷，占建设用地总面积的5.20%。

（3）其他土地：农垦系统的其他土地全部为自然保留地，面积2 906公顷。

林甸县县属各类土地面积及构成见表1-1。

表1-1 林甸县各类土地面积及构成

土地利用类型	面积（公顷）	占县属土地总面积（%）
农用地	267 655	78.56
耕地	165 844	48.67
园地	106	0.03
林地	22 589	6.63
牧草地	67 248	19.74
其他农用地	11 868	3.49
建设用地	16 352	4.80
城乡建设用地	13 168	3.86
交通水利和其他建设用地	3 184	0.94
其他用地	56 712	16.64
水域面积	625	0.18
自然保留地面积	56 087	16.46
合计	340 719	100.00

林甸县土壤类型和土地自然类型少，利用程度较高，开垦率达55.33%；林地面积较少，占县属土地总面积的6.63%；宜农荒地面积较大，中低产田面积较大（占总耕地面积的75.10%）。在后备土地资源开发、中低产田改造、土地整理、农村居民点存量土地等方面还有许多潜力可挖。

（二）矿产资源

林甸县地热田属于沉积盆地型地热田，孔隙型热储，地热系统属对流型与传导型复合成因的类型。其热储层主要为中生代沉积岩孔隙热储层，以各类砂岩为主，呈层状分布，在2 000米以下浅地热资源在平面上分布较均匀，具有热储厚度大，分布面积广的特点。

地热主要赋存于白垩系姚家组、青山口组、泉头组地层中，顶板埋深924.00～

1 096.50米，岩性为粉、细砂岩，砂岩与泥岩互层，热储厚度大，温度高，热储平均温度46～85℃，热储层平均地温梯度每100米3.80℃，单井涌水量35～60立方米/小时。

根据以往报告资料，全县域地热资源储量大于50兆瓦，属于大型地热田。矿产地4处，均分布于城区，年可采储量385万立方米。

林甸县聚集蕴藏着丰富的地热资源，静态储量1 810亿立方米，是迄今为止国内发现的特大型中低温地热田。其特点：一是储量大。林甸县地热田位于松辽盆地北部，自中生代以来，松辽盆地由于多次构造运动断裂发育，形成广厚砂岩分布区，巨厚的沙层，良好的孔渗性，使林甸县域内地下均有地热，初步确定林甸县地热资源静态储量1 810亿立方米。二是中低温。林甸县地热资源埋藏相对较浅，一般为900～2 400米。从目前已开发的地热井测试，井口温度恒定在40～85℃。三是有补给。经研究认为，由于松辽盆地北部白垩系古地层出露，接受降水渗入，使林甸县地热田成为具有一定补给的地热田。四是水质好。根据国家有关部门对林甸县已开凿的地热井水质化验鉴定，水中含有硅、锶、镍、锂、锌、硒、碘、锰、铁、铜、硼等20多种微量元素，并且是含碘品位较高的碳酸钠型矿泉水，具有较高的医疗保健价值。五是压力大。从已开凿的地热并证实，井口压力为0.4～0.5兆帕，压力大，可常年自喷，单井日自溢水量在1 500立方米以上。

（三）动植物资源

1. 植物资源 林甸县草原辽阔、盛产羊草，县内苇塘面积较大，是黑龙江省的芦苇主要产区之一。主要植物如下：

野生菜类：黄花菜、苣荬菜、蒲公英、山韭菜、百合、灰菜、苋菜、猪毛菜等。

草类：羊草、乌拉草、芦苇、蒲草、大小叶樟、星星草、三棱草、水稗草、狼尾草、透骨草、油包草、碱蓬、苍耳、野枯草、狗尾草、鸡眼草、草木樨等，共有草本植物218种。其中，可作饲料的近百种。

中药类：防风、桔梗、甘草、龙胆草、黄芪、艾蒿、地榆、远志、芦荟、独角连、狼毒、黄芩、车前子、和尚头、白头翁、益母蒿等80余种。

树木类：杨树、榆树、水曲柳、花曲柳、棣棠、黄菠萝、胡桃楸、枸杞、锦鸡儿、紫穗槐。

2. 动物资源 林甸县境内生存的野生动物主要有3类。

禽类：主要有丹顶鹤、白鹤、白鹳、黑鹳、白头鹤、白枕鹤、大天鹅、小天鹅、鸳鸯、金雕11种珍稀鸟类为国家保护动物；还有灰鹤、斑翅山鹑、大雁、野鸡、野鸭、鹁鸽、乌鸦、喜鹊、啄木鸟、鹰、猫头鹰、布谷鸟、百灵鸟、苏雀、麻雀、飞燕，以及家禽等188种。其中，约80%为夏候鸟和迁徙路过鸟类。

兽类：狼、狐狸、貉、貂、兔、黄鼠狼、水鼠、狍、黄羊、鹿等20种。有的动物由于土地开发、人口增多，现已很少见到。

鱼类：鲤、鲫、草鱼、鲢、黑鱼、狗鱼、泥鳅等31种。

林甸县共有县级自然保护区4处，主要保护对象为防风、龙胆草、柴胡等十几种药材，以及丹顶鹤、白鹤、白鹳、黑鹳、白头鹤、大鸨等国家级一类、二类保护鸟类，全县还有近200种经济鸟类。

二、自然气候与水文地质条件

（一）气候条件

林甸县属于寒温带温和干旱农业气候区，冬季（12月至翌年2月）干燥酷寒，春季（3～5月）干旱多风，夏季（6～8月）温热多雨，秋季（9～11月）降温急骤。一年四季分明，春秋两季短，寒冷时间长，冻结期长达5个月以上，宜耕期较短。

1. 气温　1957—1980年，林甸县年平均气温2.50℃，最冷的1月为－24.10℃，最热的7月气温22.60℃，年温差明显，达46.70℃，≥10℃的积温为2 700℃，年变幅较大，最高达717.20℃；1981—2010年，年平均气温3.80℃，最冷的1月平均为－19.40℃，最热的7月气温23℃，年温差明显，达42.40℃，≥10℃的积温为2 902.80℃，年变幅较大，最高达652.40℃。

年平均气温4～10月在零度以上，11月至翌年3月在零度以下，最热月份在7月，最冷月份在1月。1957—1980年，7月平均气温22.60℃，1月平均气温－18.40℃。1981—2010年，7月平均气温23℃，1月平均气温－19.40℃。由于大气环流和地处高寒地带，林甸县春夏秋都有低温出现。春低温的年份有1957年、1956年、1972年和2007年；秋低温的年份有1964年、1968年和1972年。低温年份占总年份的33%，几乎3年出现一次低温过程。历年年平均气温、最高气温、最低气温见表1-2，1957—1980年林甸县累年各月气象资料见表1-3，1981—2010年林甸县累年各月气象资料见表1-4。

表1-2　历年年平均气温、最高气温、最低气温

单位：℃

年度	平均气温	最高气温	最低气温	年度	平均气温	最高气温	最低气温
1958	2.10	32.80	－34.70	1973	2.20	35.90	－36.00
1959	3.20	35.50	－35.20	1974	1.70	36.00	－34.30
1960	1.80	31.90	－36.30	1975	4.20	35.20	－28.70
1961	2.60	34.90	－34.90	1976	2.20	34.70	－36.90
1962	2.60	34.60	－31.90	1977	2.30	34.70	－37.90
1963	2.80	33.10	－36.60	1978	3.00	36.30	－34.20
1964	2.20	34.50	－33.50	1979	3.00	36.40	－35.40
1965	1.20	36.90	－37.50	1980	2.30	39.80	－39.20
1966	1.60	34.40	－35.60	1981	2.90	34.00	－30.40
1967	3.10	33.50	－34.60	1982	4.10	38.40	－32.30
1968	3.00	38.80	－35.20	1983	2.90	26.10	－24.50
1969	0.70	34.50	－34.60	1984	2.40	27.40	－26.00
1970	2.30	33.90	－38.10	1985	2.50	36.00	－36.40
1971	2.70	33.10	－32.70	1986	3.10	32.60	－30.60
1972	1.90	33.50	－31.60	1987	2.20	26.70	－26.30

（续）

年度	平均气温	最高气温	最低气温	年度	平均气温	最高气温	最低气温
1988	4.00	26.90	—23.40	2000	3.60	29.70	—25.80
1989	4.00	35.20	—28.40	2001	3.80	38.30	—37.60
1990	4.40	28.50	—28.60	2002	5.10	33.70	—26.90
1991	3.60	27.70	—23.30	2003	4.80	34.70	—29.70
1992	3.40	28.70	—22.90	2004	4.50	36.50	—29.60
1993	3.70	27.40	—23.90	2005	3.50	32.40	—27.70
1994	3.40	28.70	—26.70	2006	3.80	34.40	—31.40
1995	4.50	28.00	—21.00	2007	5.50	36.40	—23.80
1996	3.90	28.60	—23.30	2008	5.10	36.30	—29.50
1997	4.50	38.20	—29.40	2009	3.50	33.40	—33.40
1998	4.90	27.90	—25.10	2010	3.10	37.20	—32.70
1999	3.70	35.00	—28.50	平均	2.50	34.50	—34.00

表 1-3　1957—1980 年林甸县累年各月气象资料

项目	月份												全年
	1	2	3	4	5	6	7	8	9	10	11	12	
平均气温（℃）	—24.10	—16.80	—6.10	5.20	13.70	19.90	22.60	20.30	13.70	4.10	—8.50	—13.60	—
平均降水（毫米）	1.10	1.60	4.50	13.70	34.20	77.90	126.30	95.10	51.90	15.00	3.60	14.50	439.40
平均风速（米/秒）	3.30	3.90	4.50	5.40	5.40	3.70	3.50	3.10	3.40	4.20	3.90	3.20	4.00
大风日数（日）	0.20	0.50	3.00	5.60	6.30	1.20	0.80	0.10	0.80	1.30	0.70	0.20	20.70
年蒸发量（毫米）	10.30	23.10	82.30	202.30	317.00	276.50	233.20	197.70	159.90	107.20	36.70	10.20	1 656.40

表 1-4　1981—2010 年林甸县累年各月气象资料

项目	月份												全年
	1	2	3	4	5	6	7	8	9	10	11	12	
平均气温（℃）	—19.40	—14.10	—3.80	6.80	15.20	20.30	23.00	21.30	14.50	5.10	—7.10	—16.40	—
平均降水（毫米）	2.30	2.00	6.90	21.10	22.50	66.90	131.60	102.10	36.90	17.50	4.00	3.60	437.70
平均风速（米/秒）	2.50	2.80	3.70	4.30	4.00	3.30	2.80	2.70	3.10	3.40	3.20	2.50	3.20

2. 光照　从 1958—1980 年统计，日照多年平均 2 806.90 小时，仅占应照时数的 63%。最多年份是 1958 年、1961 年为 69%，1967 年为 67%；最少年份为 1972 年，为 55%。年日照超出平均数的为 8 年，占 34.8%；平于平均数的 5 年，占 21.7%；低于平

均数的为10年，占43.5%。从1981—2010年统计，日照时数平均2 570.7小时，平均57.7%，低于前20多年。这种长日照、强辐射的光照条件，能满足当地主栽作物的高产要求。历年日照时数和百分率见表1-5，1958—1980年累年各月日照时数和日照百分率见表1-6，1981—2010年累年各月日照时数和日照百分率见表1-7。

表1-5　历年日照时数和百分率

单位：小时

年度	日照时数	年度	日照时数	年度	日照时数
1958	3 078.70	1976	2 808.60	1994	2 413.70
1959	2 889.90	1977	2 768.10	1995	2 551.10
1960	2 929.30	1978	2 807.90	1996	2 760.00
1961	3 064.60	1989	2 731.90	1997	2 725.20
1962	2 845.30	1980	2 643.80	1998	2 486.30
1963	2 735.30	1981	2 837.20	1999	2 792.60
1964	2 809.00	1982	2 729.70	2000	2 778.00
1965	2 922.20	1983	2 623.70	2001	2 842.00
1966	2 762.80	1984	2 502.90	2002	2 605.80
1967	2 983.50	1985	2 635.40	2003	2 393.30
1968	2 725.20	1986	2 644.50	2004	2 644.60
1969	2 871.50	1987	2 419.10	2005	2 458.80
1970	2 802.80	1988	2 496.30	2006	2 519.40
1971	2 678.20	1989	2 536.30	2007	2 573.10
1972	2 471.30	1990	2 441.40	2008	2 620.70
1973	2 804.30	1991	2 414.60	2009	2 546.00
1974	2 695.90	1992	2 368.70	2010	2 474.10
1975	2 723.20	1993	2 286.10	平均	2 673.10

表1-6　1958—1980年累年各月日照时数和日照百分率

项目	月份												月均
	1	2	3	4	5	6	7	8	9	10	11	12	
日照时数（小时）	190.20	210.00	263.20	254.50	281.50	280.30	259.00	252.40	239.90	221.30	185.40	169.20	233.90
百分率（%）	69.00	73.00	72.00	62.00	61.00	59.00	54.00	58.00	64.00	66.00	66.00	64.00	69.30

表1-7　1981—2010年累年各月日照时数和日照百分率

项目	月份												月均
	1	2	3	4	5	6	7	8	9	10	11	12	
日照时数（小时）	167.20	198.40	238.60	222.60	262.50	249.50	235.20	238.80	233.60	215.10	170.10	147.90	214.90
百分率（%）	60.70	69.00	65.30	54.20	56.90	52.50	49.00	54.90	62.30	64.20	60.50	55.90	58.78

3. 水分 由于地处松嫩平原，是松嫩平原马蹄形的中部，在大兴安岭的东坡。东有长白山系的阻挡，使东南海洋气流不能直接吹入，因此降水较少。1980年以前，年降水量平均为421.40毫米。全年各季分配不均差异极大；冬季降水量为4.90毫米，占全年降水量的1.20%；夏季降水量291.30毫米，雨量充沛，占全年降水量的70.80%；春季降水量50.60毫米，占全年降水量的12.30%；秋季降水量74.60毫米，占全年降水量的15.70%。年内降水多集中在7月、8月、9月，有时达到大雨及暴雨。由于小地形高低不平，多闭合蝶形洼地，排水不畅，易形成涝灾。年际降水变化较大。

1980—2010年，年均降水量424.78毫米。2005年，降水量只有137.50毫米。1998年，达到695.50毫米。降水主要集中在6月、7月、8月，占全年降水量的69.70%。1980—2010年，降水量见表1-8，1980—2010年月平均降水量见表1-9。

表1-8 1980—2010年降水量

年度	降水量（毫米）	年度	降水量（毫米）	年度	降水量（毫米）
1980	381.90	1991	585.80	2002	380.50
1981	504.60	1992	327.60	2003	427.40
1982	266.80	1993	455.80	2004	297.40
1983	619.00	1994	517.80	2005	137.50
1984	589.50	1995	374.60	2006	579.70
1985	528.90	1996	277.70	2007	268.60
1986	450.50	1997	400.00	2008	352.70
1987	587.40	1998	695.50	2009	431.00
1988	523.20	1999	339.50	2010	424.80
1989	235.40	2000	365.40	—	—
1990	394.30	2001	447.00	平均	424.78

表1-9 1980—2010年月平均降水量

项目	月份											
	1	2	3	4	5	6	7	8	9	10	11	12
降水量（毫米）	2.30	2.00	6.80	21.20	24.80	66.70	129.40	100.00	38.20	17.10	4.00	4.00

多年平均蒸发量为1 652.50毫米，是年降水量的3.90倍。尤以春季为最重，蒸发水分占全年蒸发量的36.30%。春墒较差，易引起春旱。

4. 无霜期 1980年以前，全年无霜期120天左右，最长时间为135天，出现在1967年；最短时间91天，出现在1969年。早霜最早出现在9月5日，最晚出现在10月5日，多年平均在9月18日左右。终霜在5月上旬。1980—1990年，平均135天；1991—2000年，平均135天；2001—2010年平均160天。见表1-10。

5. 寒流与霜冻 0厘米冻结日期10月12日，10厘米稳定冻结日期11月4日，最大冻土深度2.3米，化冻日期3月30日。常年返浆期4月5日，煞浆期5月初。气温稳定通过0℃的时间是4月4日，平均透雨期6月3日。每年秋季由于受北方冷空气的不断侵袭，气温迅速下降，不断入侵的冷空气一次强于一次，出现了降水少、晴朗无云的天气，秋高气爽，寒气逼人。

表1-10　1980—2010年无霜期

年度	终霜期	初霜期	无霜期	年度	终霜期	初霜期	无霜期	年度	终霜期	初霜期	无霜期
1980	5.15	9.22	128.00	1991	4.29	9.28	151.00	2001	5.30	9.21	140.00
1981	5.40	9.28	146.00	1992	5.10	9.18	130.00	2002	4.10	10.80	178.00
1982	5.17	9.21	128.00	—	—	—	—	2003	4.10	10.40	173.00
1983	5.30	9.21	146.00	1994	—	—	140.00	2004	4.20	10.20	160.00
1984	5.30	9.27	157.00	—	—	—	—	2005	4.30	10.70	160.00
1985	5.60	9.19	115.00	1996	5.30	9.20	131.00	2006	5.10	10.80	173.00
1986	5.90	9.27	141.00	1997	—	—	—	2007	4.30	10.80	152.00
1987	5.18	9.15	119.00	1998	—	—	—	2008	5.90	10.60	149.00
1988	5.80	9.24	138.00	1999	5.11	9.17	129.00	2009	4.20	10.20	161.00
1989	5.90	9.16	129.00	2000	4.18	9.18	129.00	2010	4.20	9.20	151.00
1990	4.23	9.15	143.00	—	—	—	—	—	—	—	—
平均	—	—	135.00	平均	—	—	135.00	平均	—	—	160.00

6. 强风与剥蚀　林甸县春季受西北低压与南部海洋高压控制，形成了南高北低的气压形式。多出现偏南大风天气，年平均大风日数达23天，占全年大风日数69%，风速达5.20米/秒，比其他季节大2米，年风向频率西北风最大为9级，极大风速29米/秒（相当于10级）。由于林甸县属于平原地区，地面开阔，荒草稀疏，覆盖度低。20世纪80年代以前，春风不仅加剧了干旱程度，而且出现了严重的风蚀；特别是盲目开荒破坏了草原，增加了裸露面积，一遇大风表土便被刮去，尤其以林甸县境西部近河套处更为严重。表土年年剥蚀，黑土层越来越薄，西北风带来了细沙，使部分土壤沙化。20世纪80年代以后，随着三北防护林建设，森林覆盖被率增加，大风日数减少许多，耕地平垄埋苗现象很少发生。

综上所述，林甸县气候条件基本能满足农业生产所需的热量、光照和水分；春季回暖早，夏季雨多充沛，秋季天晴光照足。因此，只要充分利用有利条件和因素，采取保护措施，选用适宜品种，加强基本农田建设，实行科学种田，就可以战胜各种自然灾害，获得农业丰收。

（二）水文

1. 河流　林甸县境内有3条河流。

（1）乌裕尔河：清朝称瑚裕尔河、乌羽尔河，满语“涝”的转音。中华人民共和国成立后，在有关资料和图籍中并用乌裕尔河和呼裕尔河。乌裕尔河自源地流向西北，至北安县城南折转向西南，经北安、克东、克山、拜泉、依安、富裕6县，于富裕县雅州附近折而南流，尾闾逐渐消失在齐齐哈尔市以东、林甸县西北的大片苇甸及湿地之中，变成潜伏状的广阔沼泽地。它原为齐齐哈尔市境内、嫩江东部的一条支流，近一二百年由于河口淤塞，成为黑龙江省唯一的一条内陆河，也是中国第二大内流河。全长 587 千米，流域面积 2.30 万多平方千米。上游属上溪性河流特征，有明显的河床；下游河水排泄不畅，失去河床，河水四溢，形成广阔无垠的沼泽——著名的湿地扎龙自然保护区。乌裕尔河的主要支流有轱辘河、鸡爪河、闹龙河、鳌龙沟、润津河等。在林甸县境西北部与齐齐哈尔交界处，有乌裕尔河支流九道沟流过。此河从西北部入境，流经三合乡西部草原和育苇场，流长 35 千米，向西南进入杜尔伯特自治县境内，沿河两岸和岸边低洼处常年积水，生长芦苇、小叶樟、三棱草、蒲草等湿地植物。该河水源充足，长流不息，是养鱼育苇、繁殖水鸟的好地方。

（2）双阳河：这是一条人工时令河，为归泄上游溢水而凿。一河两岔。北双阳河，经由东兴乡、四合乡和三合乡，向西流，进入河漫滩后河道消失，流程约 60 千米。东双阳河，经由东兴乡、黎明乡和花园镇东部，向南流向与安达交界的大庆水库附近的湿地。流程约 55 千米。由于双阳河水系发育不完整，两条河流下游无固定河道，成为无尾河。上游河槽窄，流程短，全年流量不充沛，年变化极大，季节性强。流量 5～6 月只占 5%左右，7～8 月占 80%。汛期水大成灾，枯水期无水。沿河两岸原来是干湿交替的湿地，生长羊草、芦苇、地榆、三棱草等植物。现在东兴乡、四合乡沿河两岸已经被开垦成耕地，没有野生植被。全年流量不充沛。

（3）北部引嫩运河：黑龙江省北部引嫩工程，是 20 世纪 70 年代省重点工程，是国家第四个五年计划的重要建设项目。工程位于嫩江干流左侧的松嫩平原腹地，由嫩江中游讷河市拉哈江段无坝引水，经富裕、林甸等 8 个市（县）入大庆、红旗泡两座水库，输水渠道及江道引渠。水库泄水渠道全长 256 千米，桥、涵、闸等建筑物 175 座。在林甸县由东北部入境，经由东兴、黎明乡向东流入明水境内。工程主要担负着为大庆石油石化工业、城市生产生活提供用水，并且兼顾沿途 8 个市（县）农业供水的重任。引嫩工程是大庆油田石油石化的血脉工程，为大庆油田高产稳产、石化工业发展、城市发展提供了充足的优质水源。同时，对沿途市县人民防病改水、养鱼、育苇、改善生态环境起到一定作用，创造了可观的社会效益、经济效益和生态效益。

2. 地下水 林甸县地表水较缺，灌溉农田主要靠地下水。地下水埋藏较丰富，水位一般在 3～5 米，地下水总储存量为 236.90 亿立方米。经调查，林甸县地下水主要包括潜水和承压水。

（1）潜水：埋藏较浅。丰水期 8 月中下旬至 9 月上旬，埋深 1.30～1.50 米；枯水期在 5 月下旬至 6 月上旬，埋深 2～5 米。变化幅度为 2～3 米，上升快，下降慢，含水厚度由北向南、由东向西逐渐增厚。流向呈东北向西南方向，水利坡度在 1/2 700 左右。水化学类型以重碳酸钠钙型为主，属低矿化淡水，矿化度小于 1 克/立方米（表 1-11）。

（2）承压水：基本属于第四系和第三系组成的承压水为主的双层含水岩组，西部和中部地区水量丰富，东部地区水量中等，顶板深度 40～80 米，上部覆盖着较稳定 30～45 厘米青灰色淤泥质亚黏土。上层为第四系沙砾石空隙承压水含水层。县东部地区埋深 5～10 米，含水厚度 10～60 米。西部地区地下水 2～5 米，个别地方接潜水，含水层厚度 40～70 米；下层水在东部地区，含水层厚度 20～60 米。中部地区含水层厚度 60～70 米。西部地区含水层厚度 60～80 米。下层水埋深 3～8 米，年变化幅度 0.90 米左右。

地下水潜水与承压水无明显联系，潜水取水方便可供饮用与农业用水，但水量少，不稳定，不宜大量开采。承压水贮量丰富，埋藏较浅，是解决农业生产中干旱的主要地下水资源，可广为开发利用。

表 1-11　地下水化学特征一览表

含水组	主要离子含量（毫克/升）						矿化度（毫克/千克）	pH	Fe（毫克/升）	F（毫克/升）	总矿度（德国度）	水化学类型
	K^+ Na^+	Ca^+	Mg^{2+}	Cl^-	$SO_4{}^{2-}$	$HCO_3{}^-$						
第四系冰水冲积沙层浅水	100.00	40.00	20.00	30.00	10.00	500.00	<	7.10	0.10	个别点>	<	HCO_3-Na-Ca
	300.00	100.00	60.00	595.00	60.00	800.00	1 000.00	7.30	>0.30	1.50	25.00	
第三系组承压水	148.76	341.40	92.30	200.00	4.80	491.21	473.16	7.70	0.41	0.10	7.00	HCO_3+SO_4-Na-Ca
	181.54	104.20	328.30	7 801.00	187.30	698.80	900.76	8.30	2.70	0.80	22.12	
第四系下荒山组和白土山组表压水	165.14	13.95	18.19	716.00	31.69	521.34	702.03	7.80	0.02	0.50	0.34	HCO_3-SO_4-Na-Ca
	253.81	109.46	34.38	5 968.00	134.14	754.39	764.00	8.10	1.63	1.00	23.54	

3. 泡沼　林甸县境内地势低洼，微地形复杂，容易积水，形成大小泡沼多处。主要泡沼如下：

黄家泡子：位于乌裕尔河下游，三合乡胜利村西北，东升水库截流于此，故该泡为东升水库一部分。水库在县境内面积 2 400 万平方米，最大水深 3.18 米。

白土泡子：位于三合乡南岗村西南，面积 176 万平方米，水深 1.40 米，四周芦苇丛生。

干泡子：位于青年坝北，面积 293 万平方米，水深 1.50 米。

西泡子：位于三合乡南岗村西侧，面积 123 万平方米，水深 1.10 米。

育苇场碱泡子：位于育苇场场部西南，面积约 100 万平方米，水深 1.50 米。

黑鱼泡子：位于林甸县南部，与安达市交界处，原系两地各辖一部分，总面积 700 万平方米。盛产鱼、苇，1957 年 8 月 12 日由省征用，归红色草原牧场使用。1967 年 9 月，省革委龙革字 230 号文件决定，该泡 1/5 归林甸，4/5 属安达，仍由红色草原牧场使用。1978 年，由省划归大庆使用。

（三）植被

林甸县处于半湿润、半干旱地区，自然植被缺林少木，为草甸草原类型。主要以羊草、贝加尔针茅、地榆、杂类草和星星草为主。由 23 个植物群落组成，受微域地形变化影响较大。在阶地平原未开垦地上分布最广的是羊草-小禾草群落和羊草-贝加尔针茅-杂类草群落。组成植物除羊草外，还有贝加尔针茅、冰草、薹草、早熟禾、裂叶蒿等。羊草高 20～30 厘米，覆盖度 50%左右。平原中稍高处生长羊草为主的植物，长势较好，覆盖度较高。双阳河两岸狭长低地上主要为羊草-野枯草-杂类草群落，野枯草的比例显著增加。1980 年以前，由于水分条件较好，长势繁茂，一般草高达 30～40 厘米，覆盖度为 60%～70%。1980 年以后，由于东兴乡、四合乡双阳河两岸开垦成耕地，植物群落发生了变化。双阳河上游平原稍低处，由于经常处于积水或湿地状态，水分充足，生长较繁茂的地榆、芦苇、狼尾巴草，草高50厘米左右，覆盖度为60%～70%。零星分布在草原中的低地稍高处，有盐渍化植物生长，主要有马莲、星星草、碱蓬、碱蒿等耐碱植物，同由羊草-杂类草和羊草-星星草相间组成复合体。特别是河漫滩植被表现出明显的盐渍化、草甸化以及沼泽化特点。排水较好的地段，生长以羊草占绝对优势的羊草群落，其他植物成分不多，长势良好，覆盖度达70%以上。随着盐斑的增多，羊草覆盖度显著降低，出现虎尾草、牛毛草。在排水不畅和受地下水作用比较明显的低平地上，为小叶樟-三棱草、薹草群落，草群比较茂密，覆盖度高。常年积水低湿地主要生长芦苇、香蒲和部分薹草。

三、农村经济概况

林甸是农牧业县。2010年统计局统计结果，林甸县总户数98 258户，全县总人口270 158人。其中，非农业人口59 596人，占总人口的22.1%；农业人口210 562人，占总人口的77.9%。地方财政收入28 147万元；农林牧渔业总产值313 440万元。其中，农业产值145 135万元，占农业总产值的46.30%；林业产值2 085万元，占农业总产值0.67%；牧业产值161 608万元，占农业总产值的51.56%；渔业地区生产总值4 012万元，占农业总值的1.28%；农林牧渔服务业600万元，占0.19%。农林牧渔业增加值138 356万元，其中，农业67 700万元，林业1 106万元，牧业66 590万元，渔业2 540万元，农林牧渔服务业420万元。2010年林甸农业总产值见表1-12。

表1-12　2010年林甸农业总产值

产值	地区生产总值	农业总产值	农业产值	林业产值	牧业产值	渔业产值	农林牧渔服务业产值
产值（万元）	1 201 809	313 440	145 135	2 085	161 608	4 012	600
占地区生产总值（%）	100	26.08	12.07	0.17	13.45	0.33	0.05
占农业总产值（%）		100	46.3	0.67	51.56	1.28	0.19

林甸县属非铁路运输沿线，公路交通便利，G015国道主干线绥芬河至满洲里公路贯穿全境76千米，是通往满洲里、黑河、绥芬河及俄罗斯的交通要道，共经过5个乡（镇），将哈尔滨、大庆、林甸、齐齐哈尔连成一体。另有省道明海公路、林肇公路、林依公路与绥满公路共同构成了林甸县的主要交通干线，县乡之间都通柏油路，各乡（镇）有环乡公路，各村都有硬化路面，并通行交通车。目前，林甸县已形成了四通八达的公路运输网络。

第四节　农业生产概况

一、农业发展历史

林甸县农业生产以粮豆作物为主，经济作物、蔬菜等为辅。1949年，粮豆作物面积为44 437公顷，占总播种面积的80.10%；经济作物面积为1 639.20公顷，占播种面积的3.20%。20世纪50年代，粮豆播种面积比例最高，达到总播种面积的91%，以后粮豆面积逐步下降。20世纪到90年代，下降到占播种面积的80.10%。2000—2010年，在84%左右。

林甸县主要种植玉米、水稻、高粱、谷子、小麦、糜子、马铃薯、向日葵、大豆、杂豆等作物。1949—1959年，以玉米、高粱、谷子、大豆四大作物为主，占粮豆作物总播种面积的68.80%～73.9%。从1960年开始，小麦面积逐年增加。到1985年，增加到23 261公顷，以后逐年减少。到1999年，小麦播种面积只有6 870公顷。1982年，林甸县开始种植水稻。至2010年年底，播种面积为8 000公顷。经济作物从1949年的1 639.20公顷发展到1985年的25 061公顷。到2010年，只有1 666.70公顷。蔬菜瓜果作物面积从1980年逐年增加。到1999年，种植面积达到12 633公顷。2010年，只有1 666.70公顷。林甸县历年作物播种面积变化见表1-13。

表1-13　林甸县历年作物播种面积变化

时间	粮豆面积（公顷）	占播种面积（%）	经济作物面积（公顷）	占播种面积（%）	蔬菜瓜果面积（公顷）	占播种面积（%）
1949	44 437.00	80.10	1 639.20	3.20	—	—
1950—1959	62 560.50	91.00	1 137.00	1.65	—	—
1960—1969	65 284.90	90.90	1 046.10	1.50	—	—
1970—1979	58 186.90	86.10	3 022.40	4.50	—	—
1980—1989	55 932.70	72.50	17 266.70	22.40	1 947.70	2.50
1990—1999	66 656.10	80.10	10 639.40	12.80	5 027.00	6.00
2000—2009	81 807.50	79.80	7 934.40	7.70	9 141.90	8.90

1949年，林甸县粮豆总产仅17 194吨。1950—1959年，10年年平均为62 115.50吨。1960—1969年，10年年平均55 606.50吨。从20世纪70代年开始，林甸县粮食总产大幅增加，比前一个10年增加近1倍。1970—1979年，10年年平均95 567吨。1980—1989年，10年年平均90 834.20吨。从1988年开始，被国家列为重点商品粮基地县，在国家及黑龙江省的支持下，粮豆生产迅速发展，产量大幅度提高。20世纪90年代，10年年平均总产量又比前一个10年翻了一番。1990—1999年，10年年平均总产达221 592.10吨。2000—2009年，10年年平均总产达388 481.60吨（图1-1）。

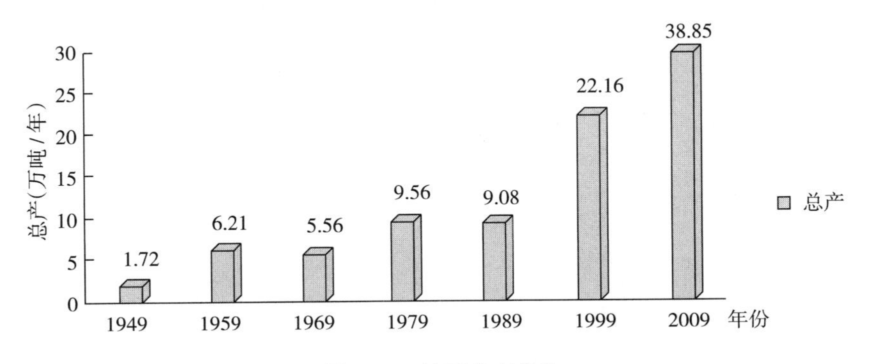

图1-1　粮豆总产变化

林甸县粮食平均单产1949年为357.50千克/公顷。从20世纪70年代开始，公顷产量大幅增加，达到1 477.50千克/公顷。20世纪90年代，3 298.50千克/公顷。2000—2009

年，达到 3 887 千克/公顷（图 1 - 2）。

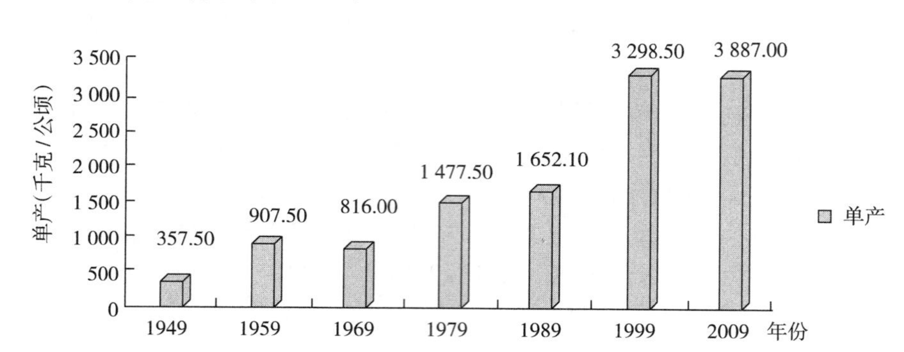

图 1 - 2　粮豆单产变化

在种植业发展的同时，林甸县牧业、林业、渔业也得到了较大的发展。2010 年，林甸县生猪发展到 28.0 万头，大牲畜发展到 18.40 万头，家禽发展到 302.01 万只，羊 16.57 万只，肉类总产量 4.50 万吨，牛奶产量 40.32 万吨，禽蛋产量 2.30 万吨。畜牧业总产值达到 16.16 亿元。水产品产量 1.15 万吨，产值 4 012 万元。

至 2010 年，林甸县林地面积 35 万亩①，森林总蓄积量为 242.89 万立方米，森林覆盖率达到 8.30%。

二、农业发展现状

（一）林甸县农业生产水平

根据统计资料显示，2010 年，林甸县农业总产值 313 440 万元。其中，种植业产值 145 135万元，占总产值的 46.30%；畜牧业产值 161 608 万元，占总产值的 51.56%；林业总产值 2 085 万元，占总产值的 0.67%；渔业总产值 4 012 万元，占总产值的 1.38%。农作物总播种面积 150 357 公顷。粮豆薯播种面积 148 690 公顷，粮豆薯总产 1 350 506 吨；蔬菜瓜果 1 667 公顷，总产 78 936 吨；农民人均纯收入 8 298.60 元。2008—2010 年林甸县作物播种面积及产量见表 1 - 14、2008—2010 年林甸农作物播种面积及产量见表 1 - 15。

表 1 - 14　2008—2010 年林甸县作物播种面积及产量

年度	总播种面积（公顷）	近 3 年农作物面积产量				
		作物	面积（公顷）	占比例（%）	总产（吨）	单产（千克/公顷）
2008	124 694	粮食作物	107 798	86.5	625 610	5 804
		经济作物	5 163	4.1	9 730	13 917
		蔬菜瓜类	5 066	4.1	201 348	39 745
		其他作物	6 667	5.3	—	—

① 亩为非法定计量单位，1 亩=1/15 公顷。——编者注

（续）

年度	总播种面积（公顷）	近3年农作物面积产量				
		作物	面积（公顷）	占比例（%）	总产（吨）	单产（千克/公顷）
2009	150 357	粮食作物	146 152	97.2	1 000 738	6 847
		经济作物	1 501	1.0	10 311	11 770
		蔬菜瓜类	2 704	1.8	106 067	38 226
2010	150 357	粮食作物	148 690	98.9	1 350 506	9 083
		蔬菜瓜类	1 667	1.1	78 936	47 352

表1-15　2008—2010年林甸农作物播种面积及产量

年度	总播种面积（公顷）	近3年农作物面积产量				
		作物	面积（公顷）	占比例（%）	总产（吨）	单产（千克/公顷）
2008	124 694	玉米	60 487	48.50	459 121	7 590
		水稻	5 178	4.20	45 229	8 735
		豆类	28 000	22.50	59 934	2 141
		蔬菜	5 006	4.00	201 348	39 745
2009	150 357	玉米	113 519	75.50	867 114	7 638
		水稻	6 906	4.60	55 939	8 100
		豆类	15 472	10.30	32 565	2 105
		蔬菜	2 704	1.80	106 067	38 226
2010	150 357	玉米	133 282	88.60	1 242 935	9 326
		水稻	8 008	5.30	79 020	9 868
		豆类	4 024	2.70	8 516	2 116
		蔬菜	1 667	1.10	78 936	47 352

农业科技成果的推广应用和农田基础设施的改善，促进了林甸县农业以较快的速度发展。

1. 测土配方施肥技术的应用提高了作物的产量，降低了生产成本　林甸县每年化肥使用平均每公顷170千克。从2005年实施测土配方施肥以来，累计推广面积150多万亩，增产粮食5.25万吨，减少化肥使用量（纯量）2 800多吨，总增产节支9 000多万元。

2. 植物保护技术的应用，保证了农作物稳产、高产　林甸县属于黑龙江省西部地区，病虫草鼠害较重。由于建立了病虫草鼠害的预测预报制度和新的植保技术的推广应用，把病虫草鼠的危害降低到了最低水平。

3. 作物新品种的应用，大大提高了粮食单产　农作物新品种的推广应用，特别是玉米杂交种的应用，大大提高了粮食产量。与20世纪70年代比，玉米单产提高了5倍多。水稻、大豆及其他作物新品种的推广应用，也使产量上了一个新台阶。

4. 农机具的应用提高了劳动效率和质量　到2010年，林甸县农业机械总动力68.36万千瓦，农用大中型拖拉机 15 671 台，28.48 万千瓦；农用小型拖拉机 11 241 台，12.80 万千瓦；大中型拖拉机机引农具 10 777 部；小型拖拉机机引农具 42 972 部；农业排灌机械 6 618 台。全部实现了机灭茬、机播种，机整地。

5. 栽培措施的改进，提高了单产 水稻从 20 世纪 80 年代开始引进旱育稀植技术，水田全部实现旱育苗、稀植、配方施肥。水稻生产从无到有，从低产到高产，发生了很大变化。1982 年，公顷产量 1 566 千克。2010 年，公顷产量达 9 868 千克。旱田实现因地选种、施肥，应用了地膜覆盖、膜下滴灌、宽窄行种植、生长调节剂等技术。

6. 农田基础设施的改善，基本保证了旱涝保收 林甸县属于西部干旱地区，干旱是影响作物产量的重要因素。到 2010 年，林甸县有大型水库 1 座，小型水库 3 座，总库容达到 1.71 亿立方米；机电井 4 415 眼。节水灌溉面积达到 7.10 万公顷。

（二）林甸县目前农业生产存在的主要问题

（1）单位产量低：林甸县属于盐碱干旱地区，影响作物产量的因素较多，粮豆公顷产量与高产县相比还有一定差距，全县中低产田占 75.10%，还有相当大的潜力可挖。

（2）农业生态有失衡趋势：据调查，林甸耕地有机质含量与第二次土壤普查相比，下降了 4.50 克/千克。特别是家庭承包经营以来，农用机械的应用，农民减少了马、牛的饲养，使得有机肥的施入减少，粮食增产主要靠化肥。同时，小型农用机械的应用，使得耕层厚度减少，已从原来的 20 多厘米减少到 15 厘米左右。农作物种类单一，不能进行合理的轮作，也是导致土壤养分失衡的重要因素。此外，农药、化肥的大量应用，不同程度地造成了土壤板结，农业生产环境的污染。

（3）农田基础设施不完善，排涝抗旱能力差。

（4）机械化水平低：林甸县农机具大部分是小型的，难以适应现代化农业的要求。

（5）相对来说，有相当多的农民科技素质、法律意识和市场意识有待进一步加强。

（6）农技服务能力低：农业科技力量、服务手段以及管理都满足不了生产的需要。

（7）良种少：目前，粮豆品种数量多、杂，没有革命性品种，产量、质量在国际市场上没有竞争力。

（8）农业整体应对市场能力差：农产品数量、质量、信息以及市场组织能力等方面都较落后。

第五节　耕地改良利用与生产现状

一、耕地改良模式及效果

林甸县耕地改良主要采取综合措施因土而定、因条件而别，改良利用相结合，用地养地相结合，使其地尽其用。

（一）合理深耕

实行合理深耕是改良土壤的有效途径，也是实行边用边养、用养结合的良好措施。林甸县地瘦、地硬，耕性不良，阻碍了产量的提高。采用逐渐深耕的办法解决，用铧式犁深耕，破碎了土壤板结坚实耕层，逐渐打破犁底层，增加活土层厚度。由原来的

14～16 厘米逐步加深到了 18～20 厘米。要深耕深松相结合，不打乱原来的土壤层次，使死土变活土。深耕与施农肥相结合，增加土壤有机质，改良土壤物理性状。增加毛管孔隙度，降低土壤容重，使土壤四性协调，有效养分得以转化和释放。由于土壤物理性状改良好，增加了渗透性，当降雨或灌溉时地表可溶盐随水下渗，由于深耕深松切断了毛管水上升的通道，形成了隔离层，可减少表土盐分的积累，防止返盐。地表 pH 降低，给有益微生物创造了良好的生活环境，加速有机质的分解，增加有效养分含量，提高土壤供肥能力。

（二）增施肥料，合理施肥

增施肥料培肥地力，是改善土壤养分供应状况、改良土壤的有效措施。由于林甸县土壤有机质含量少，pH 偏高，土体黏重，结构不良，增加有机质肥的使用量是一项切实可行的有效措施。通过增施高效有机肥，合理施用化肥，秸秆还田，适当种植绿肥，多方面施行以肥改土，改善土壤理化性状，变低产土壤为高产土壤。

（1）增施有机肥：有机肥是一种养分全、肥劲长、肥效比较高、来源广、经济成本比较低的理想肥料，增施有机肥是种地养地相结合的有效方法。林甸县是半农半牧县，畜禽粪便量大。同时林甸县农民有积攒农家肥的习惯，增加有机肥的使用量有有利条件。

（2）秸秆还田技术是近几年推广的技术：由于林甸县玉米种植面积较大，秸秆还田以玉米根茬粉碎还田为主；随着根茬还田机械的推广，还田面积越来越大。

（3）改进化肥施用技术：随着先进施肥技术的推广，特别是近几年测土配方施肥技术的推广，逐步改变了农民传统施肥习惯，降低了施肥成本，提高了化肥肥效。

（4）种植绿肥：20 世纪 80 年代，林甸县绿肥种植面积较大，对改良盐渍化土壤效果很好，既改良了土壤，增加有机质含量，绿肥茎叶又可喂牲畜。

（三）搞好农田基本建设

环境条件对土壤具有改良和保护作用。

1. 发展水利事业　林甸县地下水储量丰富，地表有东升水库和引嫩运河。充分发挥水资源的优势，扩建水利工程，推广喷灌和滴灌技术，扩大灌溉面积。有效灌溉面积从 1984 年的 8 880 公顷扩大到 2010 年的 7.10 万公顷。同时，在三合乡、东兴乡、黎明乡等有条件的地方发展水稻种植，从 1984 年的 44 公顷扩大到 2010 年的 8 008 公顷，使许多低产农田变为高产稳产田。

2. 搞好林业建设　林甸县春秋两季风大风多，土壤普遍有轻度侵蚀，风害增加了干旱程度。春季不利于播种、保苗，秋季不利于保产增收。植树造林可降低风速，减少风害，减少蒸发，减轻地表返盐、碱，能抑制盐碱化。到 2010 年，森林面积已达 2 333.30 公顷，森林覆盖率达 8.30%。

二、耕地利用程度与耕作制度

1. 播种面积　随着宜农荒地的开垦，林甸县的耕地面积和播种面积呈逐年增加的趋势，从 1980 年的 69 666 公顷逐年增加到 2010 年的 150 357 公顷。1980—2010 年林甸县农作物播种总面积见表 1 - 16。

表 1-16　1980—2010 年林甸县农作物播种总面积

单位：公顷

年份	播种面积	年份	播种面积	年份	播种面积	年份	播种面积
1980	69 666	1988	79 818	1996	83 653	2004	118 998
1981	69 516	1989	82 359	1997	83 653	2005	119 193
1982	69 381	1990	82 667	1998	83 653	2006	122 683
1983	69 583	1991	82 515	1999	83 653	2007	124 694
1984	69 583	1992	82 537	2000	83 653	2008	124 694
1985	88 015	1993	82 537	2001	83 653	2009	150 357
1986	87 962	1994	83 637	2002	83 653	2010	150 357
1987	85 396	1995	83 653	2003	83 653	—	—

2. 可利用面积与实际利用面积　林甸县是平原地区，宜农荒地多，土地可利用面积较大。全县耕地面积由 1984 年的 69 583 公顷增加到 2007 年的 150 357 公顷。但是，随着国家退耕还林政策的实施和草原保护力度的加强，开垦农田将会越来越严格。

3. 主要耕作制度　林甸县是杂粮产区，种植作物有玉米、大豆、水稻、马铃薯、葵花、杂豆、蔬菜等作物。但以玉米、水稻面积较大。由于林甸县畜牧业发展较快，所需饲料较多，因此，玉米种植面积始终占主导地位。2010 年，种植面积达 13 万公顷以上，占总播种面积的 84.65%。其次为水稻，占播种面积的 5%以上。各乡（镇）种植方式有所不同。花园乡、红旗镇由于奶牛较多，以种植玉米为主，种植模式为玉米-玉米。其他乡（镇）以玉米、杂豆为主，种植模式为玉米-杂豆。

三、不同耕地类型投入产出情况

林甸县属于黑龙江省西部盐碱干旱地区，作物产量不高，农民收入相对较低，因此，在投入方面不如其他地区高。从林甸县的具体情况看，不同耕地类型的投入（肥料）产出情况也有不同。

1. 旱田　林甸县作物种植以玉米、大豆为主。

（1）玉米：近 3 年肥料投入为 375 千克/公顷左右（实物量）。单产，2008 年 7 590 千克/公顷、2009 年 7 638 千克/公顷、2010 年 9 326 千克/公顷。

（2）大豆：近 3 年肥料投入为 220 千克/公顷左右（实物量）。单产，2008 年 2 116 千克/公顷、2009 年 2 110 千克/公顷、2010 年 2 130 千克/公顷。从近 3 年的产量看，相同的投入产出却差异较大，有的年份相差 1 倍，说明旱田受气候影响较大。

2. 水田　林甸县水田面积少，但产量却比较稳定。近 3 年肥料投入一般在 670 千克/公顷左右。单产，2008 年 8 735 千克/公顷、2009 年 8 100 千克/公顷、2010 年 9 868 千克/公顷。近 3 年单产呈逐年增产的趋势。

第六节　耕地保养管理的简要回顾

第二次全国土壤普查，林甸县土壤有机质平均35.0克/千克，变化幅度为1.90～81.50克/千克。从点数上看，其中，含量大于等于60克/千克的占0.90%；含量为40～60克/千克的占28%；含量为30～40克/千克的占44.80%；含量为20～30克/千克的占18.30%；含量为10～20克/千克占5.50%；含量小于10克/千克的占2.40%。大部分含量集中在33克/千克以上，占61%。

全氮平均值为2.29克/千克，变化幅度为1.33～3.85克/千克。从点数上看，含量小于1.00～1.50克/千克占4.10%；含量为1.50～2.00克/千克占21.60%；含量为2.0～4.0克/千克占74.30%。

全磷含量平均值为0.39克/千克，变化幅度为1.13～0.13克/千克。从所有的点数分布看。其中，含量小于0.50克/千克占82.80%；含量为0.50～0.60克/千克占11%；含量为0.60～0.70克/千克占3.60%；含量为0.70～0.80克/千克占1.30%；含量大于0.80克/千克占1.30%。

碱解氮平均值为97.90毫克/千克，变化幅度为6.80～784.00毫克/千克。从点数（734点）分布看，其中，含量大于等于200毫克/千克占0.80%；含量为150～200毫克/千克占4.10%；含量为120～150毫克/千克占14.50%；含量为90～120毫克/千克占37.70%；含量为60～90克/千克占31.80%；含量为30～60克/千克占10.70%；含量小于30克/千克占0.40%。

有效磷平均值为20.10毫克/千克，变化幅度为0.10～192.20毫克/千克。从点数分布看，其中，含量大于等于100毫克/千克占2.20%；含量为40～100毫克/千克占7.70%；含量为20～40毫克/千克占17.60%；含量为10～20毫克/千克占36.0%；含量为5～10毫克/千克占20.50%；含量为3～5毫克/千克8.10%；含量小于3毫克/千克占8.0%。

速效钾平均值为112.0毫克/千克，变化幅度为5.10～873.00毫克/千克。从点数分布看，其中，含量大于等于200毫克/千克占5.0%，含量为150～200毫克/千克占10.70%；含量为100～150毫克/千克占38.50%，含量为50～100毫克/千克占40.80%；含量为30～50克/千克占1.60%；含量小于30克/千克占3.60%。土壤普查时绝大部分含量小于260毫克/千克。

从第二次土壤普查结果看，人为活动对土壤肥力下降起着重大作用。土壤形成过程中，有机质积累量大于分解量，开垦耕种后，由于有机肥料施用不足，土壤有机质积累量小于分解量。特别是家庭承包经营实行以来，小型农机具的使用，高产农作物品种的推广，使耕地的质量明显下降。20年间，林甸土壤有机质下降了4.50克/千克。

林甸县有积造有机肥的良好传统。近几年，广大农民朋友们明显感到耕地质量下降影响了粮食生产。为培肥地力，增强农业综合生产能力，林甸县先后实施了国家重点商品粮基地县建设，国家农业生态县建设，三北防护林一期、二期、三期工程，沃土计划、农业综合开发等国家重点项目，为林甸县农业生产条件改善和土地生产力提高提供了机遇。县委、县政府还制定了退耕还草、特色农业开发等一系列优惠政策，推广了一系列保护耕地的措施，使农业生产条件大幅度改善，农业生产后劲明显增强。通过增施有机肥，合理化肥投入的土壤培肥措施得到了广泛推广，根据不同条件，采取相应的措施，提高土壤有机质含量，培肥土壤。把发展畜牧业作为重要的农业结构调整手段，一方面极大地促进了区域经济的发展，同时也为土壤培肥提供了大量的优质有机肥料。

近几年，林甸县推广了秸秆还田技术，通过堆沤腐熟还田、养殖业过腹还田和秸秆根茬直接还田等措施，增加了土壤有机质含量，改善了土壤理化性状，提高了土壤养分，起到了良好的增产效果，深受农民欢迎。秸秆还田技术及土壤培肥措施大面积的推广，对林甸县土地资源开发利用、保护耕地资源起到了积极作用。

第二章　土壤、立地条件及农田基础设施

耕地土壤是指耕地土壤分类和耕地土壤面积。耕地的立地条件是指与耕地地力直接相关的地形部位、地貌类型、坡度、坡向及成土母质等特征。它是构成耕地基础地力的主要因素，是耕地自然地力的重要指标。农田基础设施是人们为了改变耕地立地条件等所采取的人为措施活动。它是耕地的非自然地力因素，与当地的社会、经济状况等有关，主要包括农田的排水条件和水土保持工程等。由于林甸县属于平原地区，本次耕地地力调查与评价工作我们把耕地土壤作为重要指标。

第一节　土壤形成条件

土壤是多因素影响下不断变化的客体。它的发生发展与环境的自然地理条件紧密相连。气候、地形、生物、母质、时间及人为因素的综合作用，决定了成土过程的速度、性质和方向。林甸县是嫩江平原中地势最平的地方，属半干旱草原带，成土过程受当地各种自然因素制约，具有自身的演变方向。调查分析认为，决定当地土壤形成、演变方向与速度的主要因素是：

一、降水偏少的半干旱气候

气候决定成土过程的水热条件。它不仅直接参与土壤母质的风化过程和地质淋溶过程，同时在很大程度上控制着植物生长、影响着微生物的活动，关系到有机质的积累与分解。所以，气候是土壤形成和发展的重要因素。该地区由于受西伯利亚高原、蒙古高原和太平洋气候因素的影响，尤以蒙古高原的影响最为显著，属大陆性，冬长夏短，四季分明。气候条件的季节性表现在风向的定期改变。冬季和春季由西伯利亚和蒙古高原吹来季风，酷寒干燥，风力较大，西北风频率高，少雨雪。这两季降水量只占全年降水量的13.50%，仅有55.50毫米；蒸发量为643.70毫米，是降水的11.60倍，是全年蒸发量的38.95%。进入夏季后，受太平洋高压脊影响，南来温暖空气开始向内输入。在北方冷空气冲击下，形成较大的降水，温度迅速上升。雨热同季，高温多湿，利于各种植物生长，微生物活动旺盛，一直延续到秋末。这时，北方冷空气控制了这里，降温急骤，出现霜冻与寒流，进入寒冷季节，草枯叶落。微生物活动减弱。夏秋季降水量为365.90毫米，占全年降水量的86.50%，有时出现连雨和暴雨天气，易形成内涝。蒸发量为1 008.80毫米，是降水量的2.76倍。与冬春相比，降水量大，相对蒸发倍数小，这是本地的特殊性。由于干湿差悬殊，高低湿差大，寒冷季节较长，蒸发大于降水的半干旱气候的影响，林甸县高平地上的土壤土体干燥，有明显的钙化现象；低平地上的稍高处由于蒸发加剧和水的侧压作用，出现盐碱化现象，低地草原上盐碱化现象更为明显。此外，

由于当地冻期长达半年，这种周期性冻融交替过程改变了土壤水分状况，为土壤的草甸-沼泽过程提供了有利条件，土壤出现了“冷”“湿”的特点，对土壤的生产性能和利用方向产生明显影响。

二、大平小不平的地貌类型

地质构造是决定地形特点和影响土壤发育的重要基础。林甸县的地质构造是地台性质的沉降区，整个地貌轮廓是低平原。据古地理研究表明，这里过去曾是湖泊，后来经历较久的年代，湖泊逐渐缩小，渐渐消失，出现陆地。这里海拔低，高差小，坡降缓，地势平坦，小地形变化复杂，多钱褡子地；闭合锅底坑星罗棋布，到处可见，整个地貌是由河漫滩和低阶地组成，阶地平原稍高处为钱褡子地的肩部，呈条带状断续分布。其上受热量大，蒸发剧烈，土体上钙的聚积明显，部位高，层次厚，有轻度盐渍化现象，大部分是碳酸盐黑钙土。肩顶部则分布着中位-深位碱土。低平原中锅底坑底部积水机会多、时间长，表现出明显的草甸化，多分布着草甸土和草甸黑钙土。锅底坑边缘地带，有明显的盐碱化特征，发育着盐碱土和盐渍化草甸土。县境西北部和西部是河漫滩地带，高河漫滩处由于水分条件好，植物生长繁茂，发育着草甸土；低河漫滩长年积水，生长湿生植物，发育着沼泽土。县城西南部的大片草原由于地势低洼，汇集了北来与东来的径流，向西有“三十里岗”丘之隔，泄水困难。丰水年这里是汪洋一片，枯水年干涸、干湿交替，循环不已，结果使土壤盐渍化程度加重。高中洼处出现了许多光板地，形成盐土和碱土，其周围则发育成轻度盐渍化草甸土，呈复区存在。沿乌裕尔河两岸，受风力搬运，带来了一些松散细沙，堆积成小的沙丘，渐而固定，发育成生草沙土和石灰性沙土。沿河两岸土壤表层含沙量也有所增加，改变了表土性质，土壤质地变轻，出现了沙壤质土壤。个别地方由于空旷无遮，西北来的大风畅通无阻，土层受剥蚀变薄，细沙埋没了地表，出现了沙化现象。这种地形地貌与土壤分布的相关性，有利于发展各业生产。平原种地，低地牧畜，河流养鱼育苇，只要合理开发，加强保护和建设，将推动农牧业进一步发展。

三、生长以羊草为主的草甸草原植被

植物是土壤有机质的主要来源，是灰分和氮素养料的主要累积者。同时，植物体都有其相应的微生物区系，决定了有机物的积累数量与腐殖质质量，各种营养元素的分化。植被是土壤发育和土壤生产力的具体表现，决定土壤形成的方向与特点。因此，植物体在土壤形成中的作用极为重要。林甸县因为是平原地区，地形变化不太大，不复杂，所以植被也比较简单，属草甸草原植被，以羊草为主，组成比较纯，生长茂密，覆被良好，面积较大，生产能力高，草质良好，饲用价值大。但由于小地形变化比较大，起伏不等，水热条件不同，所以植被成分也发生变化。不同植被下发育不同土壤，而不同土壤也相应生长着不同植被，许多植物已成为不同土壤的指示植物。西部北双阳河下游草原广泛生长着羊草-贝加尔针茅-杂草类群落，长势良好，株高繁茂，覆盖率为60%～70%。这类草原下发育着碳酸盐黑钙土，区内平坦而低洼的地方，有碱蓬、碱蒿及星星草等植被类型，多与羊草群落交叉形成复合体。其中，不毛之地的“碱斑”，由于地面裸露，蒸发剧烈，易于盐分积累，形成斑块状的苏打草甸盐土。北双阳河上游，由于河槽窄，河道不规整，河岸低平，余水外溢，四散流向低处，形成常年或季节性积水。土壤水分条件好，生长羊草、委陵菜、地榆等，覆盖度也很高，达70%左右。地下水参与了土壤形成过程，为草甸黑钙土。沿河两岸低湿地生长羊草-杂类草，及小叶樟等植物，分布有草甸土。东双阳河两岸为一片广阔草原，以羊草为主，生长良好，覆盖度达80%以上，是主要牧业采草区。由于河床高，河道不固定，草原经常要接纳大量溢水，土壤湿度大，形成了草甸土，此区内很少碱斑。西部乌裕尔河两岸，长年受水浸，生长芦苇及小叶樟、蒲草等湿生植物，形成了沼泽土。

四、碳酸盐含量较高的成土母质

土壤是在母质的基础上形成的。母质是土壤形成的母体和矿质养料的最初来源，成土母质是决定土壤发育与土壤肥力特性的重要基础。可见土壤类型的发育与成土母质的关系极为密切。成土母质因地质和地貌条件而有所不同，不同母质上发育的土壤具有不同的土壤肥力与生产力。林甸县的成土母质是现代河湖淤积物，含有较多的碳酸盐，属搬运类型。

1. 黄土状沉积物　这种母质质地均一，黏粒含量高，较黏重，上部堆积很厚一层石灰层，石灰含量在15.60%，呈微碱性-碱性反应，主要分布在县内广大平原地区，是黑钙土类发育的主要母质。

2. 河湖相沉积物　属苏打盐化类型，质地比较黏重，由重壤到黏土不等，较少细沙，含有较多的可溶盐和石灰，pH为8～9，呈碱性反应，分布在境内闭合洼地边缘，是盐渍化土及沼泽土形成的母质基础。

3. 现代河流冲积物　主要分布在乌裕尔河、双阳河两岸，质地不均，厚度不等，含有石灰，是形成现有草甸土的母质来源。

4. 风沙堆积物　是河湖沉积的细沙，经风力搬运再堆积而成，这类母质质地较粗，分布在沿乌裕尔河两岸，在草原植被作用下已开始有碳酸钙的积聚，发育为黑钙土型沙土。

五、历史较短的人为生产活动

土壤不仅是历史自然体，同时也是劳动的产物。人们在改造自然的同时，采取了一系列耕作栽培措施，对土壤进行不断地改良和培育，使土壤不断地发展。林甸县到辽金时代才列入版图，以前为荒无人烟的旷野，是杜尔伯特旗所辖游牧地区，到1917年7月才正式成立林甸县。建制至今有100年，历经3次耕作改制，使林甸县土壤发生了很大变化。广大草原开垦成耕地，通过轮作、施肥、耕翻、灌水及常年耕作，改变了土壤原来特性，有的向好的方向发展，也有的向劣的方向发展，这主要决定于耕作的合理程度。

第二节 成土过程

土壤是各种成土因素综合作用的产物，在自然与人为因素作用下，受时间发展与历史演化的影响。林甸县土壤成土过程，主要有腐殖化过程、钙积化过程、盐渍化过程、草甸化过程、沼泽化过程和熟化过程。

一、腐殖化过程

林甸县生长的茂密的草甸草原草本植物，高温多湿的夏季，不仅生长了地上部繁茂的植株，而且也发育了较大的植物根系，分布在土壤表层。这些植物大部分深秋死亡，此时温度逐渐降低，土壤水分也较充足；时至冬天则冰天雪地，寒冷漫长，土壤冻结层较深，微生物活动能力很弱，植物残体分解很慢，加上草甸植被由于受到地下水周期性浸润，无长久的淹水期。在这种干湿交替的作用下，以相对比较稳定的特殊有机质形态——腐殖质积累下来，久而久之即形成养分含量很高的黑土层，这是土壤肥力的标志之一。新鲜的腐殖质与土壤黏粒互相交结，形成水稳性团粒结构，表层大团粒和中团粒较多，下层小团粒、细团粒相对增加，使土壤具备了良好的物理性状。但由于林甸县气候比较干燥，降水量较少且分布不均，年变幅较大，因而植物生长稀密不匀，不仅年际间有所变化，就是年内由于受地形和小气候变化影响，区内植物生长繁茂性也有差异。总的来看，植物死后遗留给土壤的残体数量不多。因此，腐殖质积累得也较少，层次较薄，颜色较淡，自然肥力也显得较低。另外，由于成土时间的不同，无论是阶地平原区或河漫滩，均表现了由高到低黑土层的逐渐变薄的趋势。

二、钙积化过程

钙积化过程系碳酸钙在土体中积聚和累积的过程，富钙的成土母质是当地土壤钙化的物质基础。蒸发量大于降水量几倍的干燥气候和草甸草原植被是土壤钙化的条件。植物在生长过程中通过植物根系吸收了土壤中的钙，死亡时又随植物归还给土壤。通过不断循环变化，土壤表层的钙大部分与植物分解过程的碳酸结合生成重碳酸盐向下移动。由于蒸发量大于降水量 3～5 倍，下渗的重碳酸钙遇到干燥土层，放出二氧化碳，以碳酸钙的形式大量淀积于土层下部。此外，还由于林甸是低平地区，东北部含钙的流水进入这里后四散分溢，不断下渗积聚，这是土壤含碳酸钙的又一途径。还有双阳河上游由于水分充足，地下水位上升，矿化度较高，除含有重碳酸盐外，还含有苏打，通过毛管水的蒸发，将下层土中的部分碳酸钙移居于表土层中，由于弱淋溶，所以土壤有石灰反应。鉴于上述原因，林甸县土壤及地下水均含有较多的钙，土壤呈微碱性-碱性反应，土壤钙的淀积部位较高，层次较厚，淀积形式为假菌丝体、眼状斑和石灰结核。

三、盐渍化过程

盐渍化过程是土体中可溶盐的积累过程。林甸县成土母质中有碳酸盐淤积物和苏打盐化淤积物，这种母质质地比较黏重，较少沙质，地下水位和矿化度都比较高，含有很多可溶盐。其地形多为闭合低洼地，呈锅底坑状，小地形变化复杂，是周围水流汇集区，无处排水，便于可溶盐积聚，加之地面植被覆盖度低或无植被，蒸发剧烈，土体内的盐分随毛管水向上层积聚，水去盐存，促使土壤盐渍化。盐渍化过程包括盐化过程和碱化过程，当地都存在。因为土壤土体中存在大量苏打，所以这里以碱化为主。由于大部分盐碱土分布在地势较低的部位，受地下水影响较大，多与草甸化过程相关联，因此形成的盐土多为草甸盐土，形成的碱土大部分也是草甸碱土。碱土分布在盐斑附近，周围是盐化或碱化土壤，多发育为暗碱土（深位或中位柱状碱土）。

四、草甸化过程

草甸化过程是土壤受地下水浸润，在草原植被影响下所发生的潴育过程和有机质积累过程。在河漫滩和阶地平原的低平地区，地下水位比较高，一般距地面只有1～3米，直接参与土壤形成过程。在雨季地下水位升高，底层土壤受地下水浸泡，处于湿润嫌气状态，高价氧化物还原成低价氧化物；在干旱季节，地下水位下降，底层土壤又减少了水分，增加了空气，以使低价氧化物氧化成高价氧化物。这种干湿交替、氧化还原循环不止的变化，使土壤中铁、锰化合物发生了移动和局部淀积，形成了一层氧化还原层，在土壤中出现铁锰结构和胶膜。另外，由于这里地处高纬度，气温低，冬季漫长酷寒，季节性冻层深，时间达半年以上；春季气温回升，当冻层上部融化后，由于受下部冻层黏重沉积物阻隔，透水受阻，形成土壤内部临时支持的重力水，形成水流。此冻融水参与了土壤形成过程，在氧化还原交替的潴育过程中，心土、底土出现了锈斑、锈纹及铁子。

五、沼泽化过程

沼泽化过程是在长期积水条件下，土体过湿，下部土层潜育化，上部植被泥炭腐殖质化的过程。林甸县境内西部靠乌裕尔河的低河漫滩，由于地势低洼，地下水位过高，地面长年积水，土体浸水，缺少空气，母质黏重、细腻，透水不良，加之有季节性冻层存在，使土壤发生强烈沼泽化。土体中铁、锰以还原状态存在，形成灰蓝色潜育层。在这种土壤上湿生植物——芦苇、小叶樟生长繁茂，每年有大量遗留给土壤。在寒冬冻结、盛夏浸水的嫌气环境条件下，微生物活动不很活跃，植物残体分解转化缓慢，形成粗腐殖质积累在土壤表层，因时间较短，所以形成的层次较薄。

由于成土母质和地下水中含有大量的可溶盐，河谷低地又是地面径流的汇集中心，随水带来的大量可溶盐，集中到低洼沼泽地，由于地下滞水层的阻碍，增加了土壤的含盐量，因此，这里也是盐化沼泽土的分布区。

林甸县整个沼泽化洼地，土壤中含有较多的石灰，都是碱性反应，有的地方出现很厚一层石灰淀积层。湿时细软，干时结成硬块，无植物根系，群众用来刷墙，干时青白，质地很细。此层可做沼泽土考证之一。

六、熟化过程

熟化过程即是土壤耕垦之后，人类与各种不良因素作斗争，定向培育土壤肥力的过程。林甸土壤垦殖年限短，多者百余年，少者只有几年或十几年。1949 年，林甸县耕地面积 5.10 万公顷，增加最多的一年是 1965 年，由国家安排统一组织移民建村实行机械开荒 3.60 万公顷，耕地增加了 70%。垦殖后的林甸土壤以旱作为主，定向培育土壤肥力是在旱作条件下进行的，人为活动对土壤的影响很大，表现的比较明显。开垦初期，一般土壤水分状态较好，土壤耕性较差，土发“冷浆”，水热状况不协调，有效肥力低。不大适应于作物生长发育的要求，单位面积收获量较低。经过较长时间的耕作、施肥、灌水、排涝后有些不良性状逐渐得到了改善，土壤水、肥、气、热四性协调，较适应于作物生长发育，单位面积产量有了相应地提高。垦后土壤，随着生产力的发展，农业技术水平的提高，耕作措施的不断改进与逐步完善，人为因素对土壤的影响逐步加深，并逐渐居于主导地位，使土壤的发展进入了新的阶段。因此，人们对土壤的利用合理与否，会使土壤演变发生迥然不同的途径。

第三节　土壤分布规律

土壤是各种自然因素综合作用的产物。不同的地域、地貌、植被、气候，为土壤形成和分布奠定了基础。因此，土壤分布是具有规律性的。林甸县土壤类型的水平分布，属黑钙土地带，垂直分布属大兴安岭主体东侧淡黑钙土带。由于中、小地形和微域地形水文条件变化的影响，引起了土壤组合规律的变化，出现了土壤复区，并随地形变化而重复出现。各土壤类型的分布大致与地形、植被，以及土体中的水分、盐分状况呈一定的规律性。境内大面积平原地区，分布着碳酸盐黑钙土，绝大部分耕地都是这种土壤，其中范围较小，零星分布的突起部分有暗碱。平原中稍低处受土壤水分作用，分布有碳酸盐草甸土、盐土和碱土，盐土分布在低地的高中洼处，高处为碱土。盐土以下部位为盐碱化草甸土，呈复区存在。沿河两岸低平地分布着碳酸盐草甸土，同时零星分布着盐碱化草甸土及盐碱土，岸上岗丘零散分布着石灰性沙土及生草沙土。河边低洼地及常年积水的洼地，分布着沼泽土。从东北部的东兴乡，经由四合乡、三合乡、红旗镇到县育苇场一线，土壤垂直分布如表 2-1 所示，大致可概括林甸土壤总的分布规律。

表2-1　林甸县土壤分布断面

海拔高度（米）	145～150	150～155	155～157	157～160	160～165	165～170	170～172
位　置	育苇场、林齐村、红旗西部	三合、四合、红旗、城镇、花园、东风、林场	隆山、黎明、宏伟、东风、四合	宏伟、东兴、隆山、四合	新兴马场、县原种场、依安红旗马场	新兴马场、东兴、国荒	东兴农场、国荒
地　形	低湿地	低平地	平地	平地	平地	平地	平地
利用现状	苇地采草地	耕地草原	耕地	耕地草原	草原耕地	草原耕地	草原
土壤名称	芦苇草甸沼泽土、小樟叶草甸沼泽土、中度薄层盐化草甸土、薄层平地黏底碳酸盐潜育草甸土、薄层粉沙底碳酸盐黑钙土、氯化物硫酸盐苏打草甸盐土、薄层沙底碳酸盐黑钙土、中位柱状苏打草甸碱土	薄层平地黏底碳酸盐草甸土、薄层黏底碳酸盐黑钙土、薄层粉沙底碳酸盐黑钙土、薄层黏底碳酸盐草甸黑钙土、中层黏底碳酸盐草甸黑钙土、薄层盐化草甸黑钙土、薄层岗地生草灰沙土、薄层黑钙土型沙土、中层黏底碳酸盐草甸黑钙土、中层粉沙底碳酸盐草甸黑钙土	薄层黏底碳酸盐草甸黑钙土、薄层黏底碳酸盐黑钙土、中层黏底碳酸盐草甸黑钙土、薄层平地黏底碳酸盐潜育草甸土、深位柱状苏打草甸碱土、苏打碱化盐土	薄层黏底碳酸盐草甸黑钙土、中层黏底碳酸盐草甸黑钙土、薄层粉沙底碳酸盐草甸黑钙土、薄层平地黏底碳酸盐草甸土、薄层碱化草甸黑钙土、薄层碱化草甸土	薄层平地黏底碳酸盐草甸土、深位柱状苏打草甸碱土、结皮草甸碱土、薄层黏底碳酸盐草甸黑钙土、中层黏底碳酸盐草甸黑钙土、薄层碱化草甸土	薄层平地黏底碳酸盐草甸土、深位柱状苏打草甸碱土、结皮草甸碱土、薄层黏底碳酸盐草甸黑钙土、中层黏底碳酸盐草甸黑钙土	薄层平地黏底碳酸盐草甸土、薄层粉沙底碳酸盐草甸黑钙土

第四节　土壤分类

一、土壤分类的原则和依据

土壤是一个历史自然体，又是一种生产资料。每一类土壤都有其一定的成土条件和成土过程，具有自身的发生发展和演变规律，形成特有的属性，肥力状况、剖面构造和形态特征。土壤分类就是把各种土壤本身存的共性与特殊性，经过归纳整理，使其成为完整的体系，把那些起源、成土因素和成土过程一致，属性和剖面形态相似，具有一定的共性而又有一定顺序性联系的土壤进行分组，再研究找出其内在的相关规律性，为更好地认识土壤、利用土壤、改良土壤、提高土壤肥力提供科学依据。

土壤分类是以发生学的理论及原则为指导思想，全面考虑综合因素的作用，把自然土壤和农业土壤统一起来，注意土壤的地带性和隐域性；根据土壤的典型性与过渡性区分土壤的现代特征和残遗特征，采用我国现行的土壤分类标准，正确地反映各种土壤，这就是土壤分类的原则。

林甸县土壤分类主要以黑龙江省土壤分类暂行草案（黑龙江省土壤学会、土壤普查办公室、土壤普查技术顾问组 1981 年 5 月版）和原嫩江地区土壤分类检索表（原嫩江地区土壤普查办公室 1982 年 6 月版）规定的标准为依据，经原嫩江地区几次比土评土会议的统一，在省、地两级技术顾问组的专家具体帮助指导下确定的。在进行分类时，既注意了野外观测，考虑综合成土因素作用下所形成的土壤特征，同时也注意了依靠化验所得数据，进行综合分析，确定了林甸县土壤分类系统。

二、土壤分类系统

土壤分类在高级分类单元中以土类为基础，在低级分类单元中以土种为基础，在系统分类中始终贯彻了自上而下的控制，又自下而上的归纳。而先划分土类和土种，土类下分亚类，以土种为基础，向上归纳为土属。采用了四级分类法：

1. 土类　土类是土壤高级分类单元。同一土类具有在同一地带内，在一定的成土作用下，有相似的发生阶段与主要的成土过程。具有以下 3 个特性：

（1）每种土类具有特有的成土过程和剖面形态的相似性。

（2）各种土类之间在性质上有质的差异性。

（3）同一土类在农、林、牧利用方向上具有一致性。

2. 亚类　亚类是土类的续分单元，是土类之间的过渡类型。同一地带的同一土类各亚类具有相同的主要成土过程，也有地域性的附加成土过程。每一亚类代表相应土类土壤形成过程的发育阶段性，其改良利用方向基本一致。但各亚类之间也有质的差异。

3. 土属　土属是在发生学上有互相联系，具有承上启下意义的分类单元，排列在亚类和土种之间。主要根据母质与地形所影响的土层厚度和水热状况等地方性因子划分。同一土属的肥力状况与改良措施具有相似性。

4. 土种　土种是土壤分类的基本单元，具有广泛的群众性。主要是根据土壤的发育程度来划分。不同的土种具有量的差异，相同的土种具有相同的肥力水平，人为定向改良所采取的措施基本一致。

林甸县土壤共分为六大土类，12 个亚类，19 个土属，24 个土种。1980 年林甸县土壤分类系统见表 2-2。2011 年耕地地力调查土壤分类与第二次土壤普查对比见表 2-3。

表 2-2 林甸县土壤分类系统（1980 年）

土类	亚类	土属	土种		成土条件		主要成土过程	次要成土过程	剖面特征	主体结构	利用现状	代表剖面
			名称	划分依据	地形	母质						
黑钙土	碳酸盐黑钙土	黏底	薄层 1	黑土层<20厘米	波状平原中平地，自然植被为羊草、贝加尔针茅-杂类草	黄土状沉积物	腐殖质积累、钙的移动集聚		通体有石灰反应；AB层次过渡明显，B层有较多的假菌丝体或石灰斑块，无锈斑、铁锰结核；底层为黄黏土	A AB BCa_1 BCa_2 BC C	耕地	212
			中层 2	黑土层 20～40 厘米	波状平原中平地，自然植被为羊草、贝加尔针茅-杂类草	黄土状沉积物	腐殖质积累、钙的移动集聚		通体有石灰反应；AB层次过渡明显，B层有较多的假菌丝体或石灰斑块，无锈斑、铁锰结核；底层为黄黏土	A AB BCa_1 BCa_2 BC C	耕地	234
		沙底	薄层 3	黑土层<20厘米	波状平原中平地，自然植被为羊草，兔毛蒿-杂类草	黄土状沉积物	腐殖质积累、钙的移动集聚		表层含细沙，向下渐增，95 厘米以下为黄白色细沙，略显层状；AB 层次过渡明显，B 层有较多的假菌丝体或石灰斑块，无锈斑、铁锰结核；底层为黄黏土	A AB BCa_1 BCa_2 BC C	红旗镇沙场	281 717
		粉沙底	薄层 4	黑土层<20厘米	波状平原中平地，自然植被为羊草，兔毛蒿-杂类草	黄土状沉积物	腐殖质积累、钙的移动集聚		通体或某一层含沙，色淡质轻，心土为黏土；AB 层次过渡明显，B 层有较多的假菌丝体或石灰斑块，无锈斑、铁锰结核；底层为黄黏土	A AB BCa_1 BCa_2 BC C	红旗镇沙场	837 687

（续）

土类	亚类	土属	土种		成土条件		主要成土过程	次要成土过程	剖面特征	主体结构	利用现状	代表剖面
			名称	划分依据	地形	母质						
黑钙土	草甸黑钙土	黏底碳酸盐	薄层5	黑土层<20厘米	波状平原稍低处，自然植被为羊草、地榆-杂类草	黄土状沉积物	腐殖质积累、钙的移动集聚	草甸化过程	通体有石灰反应；过渡层明显，B层有假菌丝体或石灰斑块，BC层可见锈斑、铁锰结核	A AB BCa_1 BCa_2 BCiRmn	耕地	309
			中层6	黑土层20～40厘米	波状平原稍低处，自然植被为羊草、地榆-杂类草	黄土状沉积物	腐殖质积累、钙的移动集聚	草甸化过程	通体有石灰反应；过渡层明显，B层有假菌丝体或石灰斑块，BC层可见锈斑、铁锰结核	A AB BCa_1 BCa_2 BCiRmn	耕地	205
		粉沙底碳酸盐	薄层7	黑土层<20厘米	波状平原稍低处，自然植被为羊草、地榆-杂类草	黄土状沉积物	腐殖质积累、钙的移动集聚	草甸化过程	底土为沙黏相间；AB层次过渡明显，B层有较多的假菌丝体或石灰斑块，无锈斑、铁锰结核；底层为黄黏土	A AB BCa_1 BCa_2 BCiRmn	耕地	744
			中层8	黑土层20～40厘米	波状平原稍低处，自然植被为羊草、地榆-杂类草	黄土状沉积物	腐殖质积累、钙的移动集聚	草甸化过程	底土为沙黏相间；AB层次过渡明显，B层有较多的假菌丝体或石灰斑块，无锈斑、铁锰结核；底层为黄黏土	A AB BCa_1 BCa_2 BCiRmn	耕地	644
		碱化	薄层9	黑土层<20厘米	起伏平原稍高处，生长羊草、野枯草-杂类草	黄土状沉积物	腐殖质积累、钙的移动集聚	草甸化、碱化过程	通体有石灰反应，表层下有碱化层核块结构，AB层暗棕色，B层有假菌丝体石灰斑块，BC层可见铁锰结核、锈斑	A ABK BCa_1 BCa_2 BCiRmn	耕地	209

（续）

土类	亚类	土属	土种		成土条件		主要成土过程	次要成土过程	剖面特征	主体结构	利用现状	代表剖面
			名称	划分依据	地形	母质						
黑钙土	草甸黑钙土	盐化	薄层10	黑土层<20厘米	平地稍高处	黄土状沉积物	腐殖质积累、钙的移动集聚	草甸化、碱化过程		A ABK BCa_1 BCa_2 BCiRmn	耕地	159
草甸土	碳酸盐	平地黏底	薄层11	黑土层<20厘米	低平地受地下水影响，生长羊草、地榆、委陵菜等杂类草	现代河流冲积物	草甸化过程	钙的集聚和淋洗	过渡不明显，通体有石灰反应，B层为粒状小核块结构，无明显石灰集聚，C层为黏土，B层和C层有大量锈斑	A AB B_1 B_2 BCiRmn	耕地	261
	盐化		中度薄层12	黑土层<15厘米	低平地	现代河流冲积物	草甸化过程	盐化过程	AP层灰色，APP深灰或棕色，Bca、Na灰白斑状或层状积盐层，核块状结构黄色，干后出现黄褐色盐斑，B、BC多iRmn，A_1草根层，A_2腐殖质层，深灰色小团粒结构，B层为粒状小核块结构，无明显石灰集聚，C层为黏土，B层和C层有大量锈斑	A AB BK BC C	草原	691
	碱化	苏打	薄层13	黑土层<20厘米	低平地	现代河流冲积物	草甸化过程	碱化过程	通体有石灰反应，亚表层有明显的核块状，深灰色，碱化层质地重黏	A AB BK BC C		714
	潜育	平地黏底	薄层14	黑土层<25厘米	平原中低地	现代河流冲积物	草甸化过程	潜育化过程	表层有机残体分解差，植物根多，B层多锈斑，C层有灰蓝色潜育斑、浅蓝色黏软无结构层次即潜育层	A AB BiRmn BCg		301

（续）

土类	亚类	土属	土种		成土条件		主要成土过程	次要成土过程	剖面特征	主体结构	利用现状	代表剖面
			名称	划分依据	地形	母质						
碱土	草甸	结皮	结皮 15	地表有1～2厘米结皮层	波状平原稍高处（洼中高），无植被或生长稀疏碱蓬牛毛草	河湖相沉积物	碱化过程	草甸化过程	结皮下1～2厘米疏松黑土层以下为柱状结构，通体有石灰反应。As 黑色粒状结构；A_{Na} 亚表层柱状结构；BC 多锈斑或白色石灰斑；C 黄棕色母质层	As A_{Na} BC C		21
		苏打	中位柱状 16	碱化层7～15厘米	波状平原稍高处（洼中高），无植被或生长稀疏碱蓬牛毛草	河湖相沉积物	碱化过程	草甸化过程	结皮下1～3厘米疏松黑土层以下为柱状结构，通体有石灰反应。As 黑色粒状结构；A_{Na} 亚表层柱状结构；BC 多锈斑或白色石灰斑；C 黄棕色母质层	A A_{Na} BC C		716
			深位柱状 17	碱化层＞15厘米	波状平原稍高处（洼中高），无植被或生长稀疏碱蓬牛毛草	河湖相沉积物	碱化过程	草甸化过程				926 163
盐土	草甸	混合型	氯化物硫酸盐 18	地表光板无植被，有1～2厘米盐结皮	波状平原高地中稍低处	河湖相沉积物	盐化过程	草甸化过程	表层1～2厘米粉沙质盐结皮，成白色。A 色泽较暗无结构；AB 不明显，有明显腐纹；B 石灰集聚；BC 黄色黏粒	A AB B BC		170

（续）

土类	亚类	土属	土种		成土条件		主要成土过程	次要成土过程	剖面特征	主体结构	利用现状	代表剖面
			名称	划分依据	地形	母质						
盐土	碱化	苏打	苏打碱化盐土 19	盐结皮下有棱柱状结构	波状平原高地中稍低处	河湖相沉积物	盐化过程	草甸化过程				
沼泽土	草甸	芦苇	20		低湿地	现代河流冲积物	沼泽化过程	草甸化钙积	A_1 层较厚，暗灰色；Bg 有石灰反应；G 层灰蓝色	A_1 Bg G		
		小叶樟	21		低湿地	现代河流冲积物	沼泽化过程	草甸化钙积	A_2 层较厚，暗灰色；Bg 有石灰反应；G 层灰蓝色	A_1 Bg G		
风沙土	黑钙土型	岗地	薄层 22	黑土层＜20厘米	岗平地	风沙堆积物	腐殖化过程	钙化过程	A 层棕灰-灰色沙壤，向下逐渐过渡；BCa 层轻壤-中壤，有石灰反应；C 层沙黏相间，以沙为主	A BCa C		
			中层 23	黑土层 20～40 厘米		风沙堆积物	腐殖化过程	钙化过程				
	生草	岗地	灰沙 24	A_1 层暗棕-暗灰		风沙堆积物	腐殖化过程					

表 2-3　林甸县新旧土壤分类系统对应

土纲	亚纲	土类		亚类		土属		新土种（地力评价时）		原土种（第二次土壤普查时）	
		代码	名称	代码	名称	代码	名称	新代码	名称	原代码	原名称
钙层土	半湿温钙层土	06	黑钙土	0603	石灰性黑钙土	060303	黄土质石灰性黑钙土	06030303	薄层黄土质石灰性黑钙土	1	薄层黏底碳酸盐黑钙土
								06030302	中层黄土质石灰性黑钙土	2	中层黏底碳酸盐黑钙土
						060302	沙壤质石灰性黑钙土	06030203	薄层沙壤质石灰性黑钙土	3	薄层沙底碳酸盐黑钙土
										4	薄层粉沙底碳酸盐黑钙土
				0604	草甸黑钙土	060402	沙底草甸黑钙土	06040203	薄层沙底草甸黑钙土	5	薄层黏底碳酸盐草甸黑钙土
								06040202	中层沙底草甸黑钙土	6	中层黏底碳酸盐草甸黑钙土
						060404	石灰性草甸黑钙土	06040403	薄层石灰性草甸黑钙土	7	薄层粉沙底碳酸盐草甸黑钙土
								06040402	中层石灰性草甸黑钙土	8	中层粉沙底碳酸盐草甸黑钙土
						060406	碱化草甸黑钙土	06040603	薄层碱化草甸黑钙土	9	薄层碱化草甸黑钙土
						060405	盐化草甸黑钙土	06040503	薄层盐化草甸黑钙土	10	薄层盐化草甸黑钙土
半水成土	暗半水成土	08	草甸土	0802	石灰性草甸土	080203	黏壤质石灰性草甸土	08020303	薄层黏壤质石灰性草甸土	11	薄层平地黏底碳酸盐草甸土
				0804	潜育草甸土	080402	黏壤质潜育草甸土	08040203	薄层黏壤质潜育草甸土	14	薄层平地黏底潜育草甸土
				0805	盐化草甸土	080501	苏打盐化草甸土	08050101	轻度苏打盐化草甸土	18	氯化物硫酸盐苏打草甸盐土
								08050102	中度苏打盐化草甸土	12	中度薄层盐化草甸土
								8050103	重度苏打盐化草甸土	19	苏打碱化盐土
				0806	碱化草甸土	080601	苏打碱化草甸土	08060101	深位柱状苏打碱化草甸土	17	深位柱状苏打草甸碱土
								08060102	中位柱状苏打碱化草甸土	16	中位柱状苏打草甸碱土
								08060103	浅位苏打碱化草甸土	13	薄层苏打碱化草甸土
										15	结皮草甸碱土

（续）

土纲	亚纲	土类		亚类		土属		新土种（地力评价时）		原土种（第二次土壤普查时）	
		代码	名称	代码	名称	代码	名称	新代码	名称	原代码	原名称
水成土	矿质水成土	09	沼泽土	0903	草甸沼泽土	090303	石灰性草甸沼泽土	09030301	厚层石灰性草甸沼泽土	20	芦苇草甸沼泽土
								09030303	薄层石灰性草甸沼泽土	21	小叶樟草甸沼泽土
初育土	土质初育土	16	风沙土	1601	草甸风沙土	160103	固定草甸风沙土	16010301	固定草甸风沙土	22	薄层岗地黑钙土型沙土
										23	中层岗地黑钙土型沙土
										24	岗地生草灰沙土

第五节　土壤类型概述

1984 年第二次土壤普查，查明了林甸县共有 6 类土壤，其面积分布见表 2－4，各乡（镇）面积见表 2－5，各乡（镇）耕地土类面积统计表见表 2－6，部分土种养分统计见表 2－7。

表 2－4　林甸县土壤类型及面积

土壤编号	土壤名称	面 积（公顷）	占总面积（%）	其中：耕 地	
				面积（公顷）	占总耕地面积（%）
一、黑钙土类		244 799.30	71.49	134 196	94.67
1	薄层黏底碳酸盐黑钙土	31 224.40	9.12	23 716.90	16.73
2	中层黏底碳酸盐黑钙土	647.70	0.19	571.90	0.40
3	薄层沙底碳酸盐黑钙土	2 426.00	0.71	1 789.40	1.26
4	薄层粉沙底碳酸盐黑钙土	5 102.10	1.49	3 771	2.66
5	薄层黏底碳酸盐草甸黑钙土	200 320.40	58.50	101 102.90	71.33
6	中层黏底碳酸盐草甸黑钙土	3 009.90	0.88	2 341.40	1.65
7	薄层粉沙底碳酸盐草甸黑钙土	1 568.60	0.46	757.50	0.53
8	中层粉沙底碳酸盐草甸黑钙土	49.30	0.01	41.90	0.03
9	薄层碱化草甸黑钙土	136.80	0.04	37.50	0.03
10	薄层盐化草甸黑钙土	314.10	0.09	65.60	0.05
二、草甸土类		55 064.30	16.08	5 872.40	4.14
11	薄层平地黏底碳酸盐草甸土	48 898.30	14.28	5 626.30	3.97
12	中度薄层盐化草甸土	5 818.70	1.70	116.40	0.08

（续）

土壤编号	土壤名称	面积（公顷）	占总面积（%）	其中：耕地	
				面积（公顷）	占总耕地面积（%）
13	薄层苏打碱化草甸土	47.30	0.01	7.50	0.01
14	薄层平地黏底碳酸盐潜育草甸土	300.00	0.09	122.20	0.09
三、碱土类		10 490.70	3.07	910.30	0.64
15	结皮草甸碱土	5 347.80	1.56	345.10	0.24
16	中位柱状苏打草甸碱土	2 041.90	0.60	72.90	0.05
17	深位柱状苏打草甸碱土	3 101.00	0.91	492.30	0.35
四、盐土类		3 264.70	0.95	308.60	0.22
18	氯化物硫酸盐苏打草甸盐土	1 124.30	0.33	22.10	0.02
19	苏打碱化盐土	2 140.50	0.63	286.50	0.20
五、沼泽土类		28 454.40	8.31	184.10	0.13
20	芦苇草甸沼泽土	14 566.10	4.25	59.30	0.04
21	小叶樟草甸沼泽土	13 888.30	4.06	124.80	0.09
六、风沙土类		374.30	0.10	278	0.20
22	薄层岗地黑钙土型沙土	289.80	0.08	222.20	0.16
23	岗地生草灰沙土	84.50	0.02	55.80	0.04
总计		342 447.70	100.00	141 749.40	100.00

表 2-5　林甸县各乡（镇）土壤面积统计

单位：公顷

乡（镇）	黑钙土	草甸土	碱土	盐土	沼泽土	风沙土	合计
林甸镇	14 408.90	1 108.40	—	—	—	—	15 517.30
红旗镇	16 198.30	2 205.90	2 182.10	—	—	—	20 586.30
东兴乡	24 490.00	392.10	—	—	—	—	24 882.10
宏伟乡	13 100.80	224.60	239.70	—	—	—	13 565.10
三合乡	24 434.10	5 600.10	159.00	1 427.80	8 154.20	242.30	40 017.50
花园镇	36 692.40	5 245.10	1 138.10	—	—	—	43 075.60
四合乡	26 215.40	548.10	37.80	103.70	173.40	4.70	27 083.10
四季青镇	28 270.50	615.60	106.00	119.40	—	—	29 111.50
合计	183 810.40	15 939.90	3 862.70	1 650.90	8 327.60	247.00	213 838.50

表 2-6　林甸县各乡（镇）耕地土类面积统计

单位：公顷

乡（镇）	黑钙土	草甸土	碱土	盐土	沼泽土	风沙土	合计
林甸镇	11 233.50	952.40	—	—	—	—	12 185.90
红旗镇	12 097.50	1 052.10	334.60	—	—	—	13 484.20
东兴乡	18 643.60	159.50	—	—	—	—	18 803.10
宏伟乡	10 796.10	96.10	50.90	—	—	—	10 943.10
三合乡	18 867.60	564.80	10.50	177.00	179.90	195.80	19 995.70
花园镇	18 596.90	1 607.70	366.40	—	—	—	20 571.00
四合乡	16 814.50	70.40	5.00	15.20	—	4.30	16 909.40
四季青镇	19 441.20	272.70	16.60	27.80	—	—	19 758.30
合计	126 490.90	4 775.70	784.00	220.00	179.90	200.10	132 650.60

表 2-7　林甸县部分土种养分统计

土种名称	有机质（克/千克）	有效氮（毫克/千克）	有效磷（毫克/千克）	速效钾（毫克/千克）
薄层黏底碳酸盐黑钙土	33.00	102.90	21.60	121.60
薄层沙底碳酸盐黑钙土	32.20	95.00	18.20	100.70
薄层黏底碳酸盐草甸黑钙土	35.30	96.70	20.50	110.70
中层黏底碳酸盐草甸黑钙土	36.50	115.90	14.30	122.20
薄层碱化草甸黑钙土	31.80	106.70	34.00	69.50
薄层平地黏底碳酸盐草甸土	42.20	96.30	6.80	90.30
中度薄层盐化草甸土	44.70	103.10	3.40	82.60
薄层苏打碱化草甸土	47.30	119.10	18.70	120.00
薄层平地黏底碳酸盐潜育草甸土	43.30	90.20	7.40	64.70
结皮草甸碱土	18.80	92.40	31.80	86.00
深位柱状苏达草甸碱土	26.30	94.40	11.90	116.80
平均	36.00	99.60	19.60	97.50

一、黑 钙 土

黑钙土是林甸县分布最广、面积最大的主要土壤。大部分已开垦为耕地，群众习惯称破皮黄。1958 年，全国第一次土壤普查时定名为轻壤质碳酸盐草甸黑土。本次土壤普查，根据土壤特征和性态，参照全国土壤分类暂行草案和黑龙江省土壤分类草案，认为它不是黑土类，具有独特的发生演变规律，所以改变了第一次土壤普查的叫法，统一命名黑钙土。面积为 244 799.30 公顷。占林甸县县属总面积 340 719 公顷的 71.85%。其中，耕地面积 134 196 公顷，占耕地总面积的 92.43%。

黑钙土是地带性土壤，由于林甸县所处降水少、蒸发大、弱淋溶的干旱气候条件，母质富钙及矿化度较高的地下水；生长不太繁茂的草甸草原植被；海拔低，高差小，开阔平坦的地貌类型的特定条件，发育成黑钙土。其形成过程主要是腐殖质积累过程和钙的淋溶淀积过程。由于地形、植被和土壤水分状况不同，还有一些附加的草甸化、盐碱化过程。

整个黑钙土分布于第四纪黄土状沉积物组成的平原地带，地面略有起伏，从高程 172 米到 143 米广大面积上都有分布，相对高差 29 米，与洼地盐碱土呈组合分布。

黑钙土的腐殖质积累过程。由于所处少雨多风、夏短冬长的自然条件，草原植被中以羊草、贝加尔针茅、艾菊、委陵菜等杂类草较多，很少豆科植物。夏季高温多雨，草本植物生长繁茂，覆盖度 60%～70%，这是成土过程中有机质的来源。秋季成熟后死亡，漫长冬季来临，寒冷冻结，微生物活动弱，有机残体分解困难，除地面植被外，地下植物根系有 75%分布在距地表 20 厘米表层内，使土壤表层中积累了大量有机质，再经夏季微生物活动分解有机质，释放养分供植物生长需要，周而复始，土壤中积累了较多的腐殖质。

黑钙土的草甸化。这是土壤水分每年由于土壤周期性的冻融作用，从 4 月开始融化，到 6 月才能化通。上部冻融下渗，由于受冻层阻隔，存留于上部土层中，发生还原淋溶作用，这一作用除有利于黑钙土腐殖质积累外，使土壤中高阶氧化物还原成低价氧化物出现铁锰结核和锈斑、锈纹，下部明显，上部微弱。

黑钙土的钙化过程是成土的主要标志。主要是形成钙积层的过程，富含碳酸钙的成土母质是基础，含钙水的汇集也是钙化的一个原因。还因为草原植被残落物中含有较多的钙，随残体归还土壤，这种钙的循环过程，使土壤中存在较多的钙。由于较弱的淋溶作用，逐渐把钙积聚于土壤剖面中。越干旱，钙化越强烈，钙积层层位越高，形成淀积层，有的高达 40～50 厘米，含钙最高达 23.33%。黑钙土的典型剖面形态特征如下：

A 层：腐殖质层，厚 10～30 厘米，灰色，粒状结构，比较松散，有石灰反应。

AB 层：过渡层，厚 20～30 厘米，浅灰色，粒状结构，有腐殖质舌状淋溶纹，较坚实，石灰反应强烈。

B_{Ca}层：钙积层，厚 20～50 厘米，为坚实坚硬灰白色或棕灰色石灰淀积层，核块状结构，水分条件好的地段，钙积层下伸，土体干燥情况下，钙积层部位高，石灰反应强烈。

BC 层：过渡层，是钙积层向母质过渡层，核块状结构，也有不同程度的石灰淀积较坚实，石灰反应强烈。

C 层：母质层，黄棕色核块状结构，较黏重，紧实，石灰反应较强。

根据主要的和附加的成土过程，均属低腐殖化和强钙化的黑钙土，分为碳酸盐黑钙土和草甸黑钙土 2 个亚类。依据剖面底层含沙量与亚表层盐碱化程度划分土属，依据腐殖质层厚度划分土种，A_1＞40 厘米为厚层，A_1 20～40 厘米为中层，A_1＜20 厘米为薄层。

（一）碳酸盐黑钙土

碳酸盐黑钙土分布在地势平坦的微起伏平原上，成土母质为第四纪黄土状沉积物，地貌属冲积湖积低平原，海拔 143～157 米，相对高差 14 米。在微地形中的稍高处，土体干燥，生长矮小的草甸草原植被，具耐旱、耐盐特征。主要有羊草、贝加尔针茅、兔毛蒿、线叶菊等，覆盖度60%～70%。由于气候干燥，土壤水分不足，植物根系分布浅，数量较少，上多下少，死后留给土壤的地上部和地下部都不多。经漫长寒冷冬季冻结，分解困难，积累了有机质。进入多雨高温夏季后微生物活跃，有机质分解速度加快，转化为腐殖质。一部分留在表层，一部分随降水淋溶到土体中，呈舌状下伸，降水淋溶了土壤中的易溶盐，而钙的淋洗较少，保留在土体中，所以全剖面通体具有石灰反应。淋洗到下部的碳酸钙，移动性小，形成了明显的钙的淀积层，出现了钙的新生体，表现为假菌丝体和眼状斑，也有石灰结核。根据地形、母质划分为3个土属，即黏底碳酸盐黑钙土、沙底碳酸盐黑钙土和粉沙底碳酸盐黑钙土，按腐殖质层厚薄划分土种。分述如下：

1. 薄层黏底碳酸盐黑钙土　大多分布在三合、宏伟、黎明、四合、花园、红旗等乡（镇）的平地稍高处，大部分是已开垦的耕地，面积为31 224.40公顷，占县属总面积的9.16%。其中，耕地面积23 716.87公顷，占耕地面积的16.7%。剖面发育完全，层次过渡明显，黑土层厚达17～20厘米，其中耕层较浅，15厘米左右。灰棕灰色，质地为轻壤，粒状结构，比较松散，多植物根系，较强的石灰反应；淀积层厚40～50厘米，淡黄棕色，质地中壤-重壤，核块状结构，碳酸盐新生体为假菌丝体-斑块，石灰反应强烈；淀积-母质过渡层淡棕黄色，质地重壤-轻黏，不太明显的核块状结构，母质为黄黏土。以859号和330号为例，其剖面形态特征如下：

859号剖面在八一〇四三部队马场耕地上，调查时间为1981年8月29日，地势平坦，海拔150米。

A层：0～10厘米，暗灰色，团粒结构，轻壤，较松散、湿润，较多植物根系，石灰反应强烈。

AB层：10～20厘米，浅灰色，核状结构，轻壤，较紧实，土体湿润，较多植物根系，石灰反应强烈。

B_{Ca_1}层：20～45厘米，灰棕色，核状结构，中壤，较紧，土体湿润，较少植物根系，有假菌丝体，石灰反应强烈。

B_{Ca_2}层：45～102厘米，灰黄棕色，块状结构，中壤，土体紧，潮湿，无植物根系，多石灰斑和假菌丝体，石灰反应强烈。

BC层：102～150厘米，黄棕色，块状结构，重壤-轻黏，较紧实，干湿度较湿，较少假菌丝体，石灰反应强烈。

330剖面在宏伟乡太平山村，调查时间1980年9月13日，位于波状平原岗地，海拔157米。

A层：0～20厘米，暗棕灰色，中壤，团粒结构，土体湿润，较松，多植物根系，石灰反应弱。

AB层：20～49厘米，棕灰色，重壤，团粒结构，土体湿润，较紧，少量植物根系，石灰反应较强。

B_{Ca_1}层：49～102厘米，浅灰棕色，轻黏，核块状结构，土体湿润，较紧，较多石灰斑，石灰反应强烈。

B_{Ca_2}层：102～119厘米，黄棕色，轻黏，核块状结构，土体湿润，较紧，少量石灰斑，石灰反应强烈。

BC 层：119～150 厘米，黄棕色，中壤，核块状结构，土体湿润，较紧，有少量石灰斑，石灰反应强烈。

薄层黏底碳酸盐黑钙土物理性状见表 2-8，化学性状见表 2-9，石灰含量见表 2-10，机械组成见表 2-11。

表 2-8　薄层黏底碳酸盐黑钙土物理性状

剖面号	采样深度（厘米）	容重（克/立方厘米）	田间持水量（%）	总孔隙度（%）	毛管孔隙度（%）	非毛管孔隙度（%）
330	5～10	1.00	49.00	62.30	—	—
	45～50	1.30	40.40	51.00	—	—
859	0～10	1.23	46.30	53.40	—	—
	15～20	1.24	43.30	53.00	—	—
	30～40	1.34	49.30	39.70	—	—

表 2-9　薄层黏底碳酸盐黑钙土化学性状

剖面号	采样深度（厘米）	有机质（克/千克）	全氮（克/千克）	全磷（毫克/千克）	碱解氮（毫克/千克）	速效磷（毫克/千克）	pH	可溶性盐分（克/千克）
854	0～10	35.9	2.25	—	—	10.40	8.70	0.45
	20～30	38.40	2.30	—	—	13.70	8.90	0.38
	70～80	3.20	—	—		8.80	9.25	0.44
	125～135	4.00	—	—	—	19.50	9.25	0.62
314	2～12	30.50	0.83	1 210.00	144.00	17.60	8.30	0.24
	16～26	38.30	0.21	1 050.00	18.80	14.90	8.30	0.36
	55～65	18.60	0.16	520.00	24.90	14.40	8.40	0.25
	110～120	8.30	0.26	660.00	18.90	14.80	8.50	0.27

表 2-10　薄层黏底碳酸盐黑钙土石灰含量

剖面号	地点	采样深度（厘米）	石灰含量（%）	水分（%）
856	建国村	0～19	10.92	4.60
		19～32	22.12	4.17
		32～54	18.56	4.13
		54～115	13.58	4.29
		115～150	12.85	5.07

表 2-11 薄层黏底碳酸盐黑钙土机械组成

剖面号	地点	利用类型	采样深度（厘米）	各级颗粒含量（%）									质地
				>1.0 毫米	1.0～0.25 毫米	0.25～0.05 毫米	0.05～0.01 毫米	0.01～0.005 毫米	0.005～0.001 毫米	<0.001 毫米	物理黏粒	物理沙粒	
477	治国村	耕地	5～15	21.22	4.28	9.83	28.15	5.17	15.76	15.59	36.52	63.48	重壤
			25～35	16.27	2.87	20.15	18.57	5.9	16.38	19.86	42.14	57.86	轻黏
			60～70	7.12	1.31	19.98	23.59	4.88	36.96	6.16	48.00	52.00	轻黏
			120～130	—	1.31	13.78	31.31	5.98	35.81	7.21	49.00	51.00	轻黏

该土壤保水保肥能力较好，是主要农业土壤，黑土层较薄，自然肥力较低，心土和底土比较黏重，水分渗透能力弱，土体较硬，怕旱怕涝，越旱土体越硬，施用有机肥搞好深松，改变物理化学性质可获得较高产量。

2. 中层黏底碳酸盐黑钙土 该种土的成土过程和土体构型与薄层碳酸盐黑钙土相同，分布在薄层碳酸盐黑钙土区中，只是所处地形部位稍高，面积较小，为 647.70 公顷，占总面积的 0.19%。其中耕地面积 571.9 公顷，占总耕地面积的 0.40%。分布在原东风、四合、三合乡及林甸镇菜田，有的零散面积过小，未画出界线。开垦前水热状况比较适宜草甸草原草本植物，生长繁茂，植株死后残留在土壤的残体较多，有利于腐殖质形成和积累。黑土层厚 30 厘米左右，最高达 38 厘米，颜色灰-暗灰，质地较轻，较好的团粒结构，理化性状均好于薄层碳酸盐黑钙土，保水、保肥、供水、供肥能力较好；心土层质地黏重，土体紧实，通透性较差。以 296 号剖面为例，其剖面形态特征如下：

296 号剖面在原东风乡长青村波状平原平坦耕地上，海拔 152 米，调查时间 1980 年 7 月 14 日。

Ap 层：0～11 厘米，棕灰色，中壤，粒状结构，土体湿润，疏松，植物根系多，石灰反应强烈。

A_1层：11～23 厘米，暗棕灰色，中壤，片状结构，土体湿润，较紧，植物根系多，石灰反应强烈。

A_2层：23～36 厘米，棕灰色，中壤，片状结构，土体湿润，较紧，植物根系多，有少量假菌丝体，石灰反应强烈。

AB 层：36～58 厘米，浅灰棕色，重壤，片状结构，土体湿润，植物根系少，较多假菌丝体，少量石灰斑点，石灰反应强烈。

B_{Ca}层：58～146 厘米，不均匀黄棕色，重壤-轻黏，核状结构，土体湿润，紧实，无植物根系，少量假菌丝体，大量石灰斑块，石灰反应强烈。

BC 层：146～150 厘米，棕黄色，轻黏，核状结构，土体潮湿，紧实，少量假菌丝体，石灰反应强烈。

中层黏底碳酸盐黑钙土化学性状见表 2-12。

该土壤黑土层较厚，土壤肥力较高，供水供肥能力较强，要逐渐加深耕层，改善理化性状，可取得较好的收成。

表 2-12 中层黏底碳酸盐黑钙土化学性状

剖面号	采样深度（厘米）	有机质（克/千克）	全氮（克/千克）	全磷（毫克/千克）	碱解氮（毫克/千克）	速效磷（毫克/千克）	pH	可溶性盐分（克/千克）
243	0～7	47.80	2.73	1 000.00	132.10	9.90	8.30	0.27
	7～28	20.30	1.45	800.00	75.60	8.40	8.40	0.27
	28～51	12.70	0.84	660.00	53.80	8.00	8.45	0.27
	51～91	12.90	0.73	570.00	44.30	6.00	8.50	0.22
	91～145	7.00	0.52	680.00	61.10	4.40	8.60	0.37
	145～150	5.80	0.52	660.00	54.60	5.30	8.62	0.37

3. 薄层沙底碳酸盐黑钙土 该土壤主要分布在县城西南的红旗镇和花园镇的西部。北起红旗镇的原先锋村，南至花园镇的原富强村，呈条带状分布，南北长约 10 000 米，东西宽约 2 500 米，面积为 2 426 公顷，占全县总土地面积的 0.69%。其中，耕地面积 1 789.40 公顷，占耕地面积的 1.26%。这种土壤是在冲积物上发育起来的，腐殖质化比较弱，黑土层薄，只有 15～20 厘米，呈浅灰色，块状或粒状结构，质地较轻，有石灰反应，钙积层出现部位低，呈点块状，底部为细沙。以 717 号剖面为例，其剖面形态特征如下：

717 号剖面在红旗镇原先进六队东，波状平原岗坡地上，已开垦为耕地，海拔 150.70 米，调查时间为 1981 年 8 月 10 日。

Ap 层：0～13 厘米，灰棕色，粒状结构，轻壤，土体松润，多量植物根系，石灰反应弱。

AB 层：13～23 厘米，灰黄色，粒块状结构，轻壤，土体松润，较多植物根系，少量假菌丝体，石灰反应较强烈。

B_{Ca_1} 层：23～40 厘米，黄棕色，粒块状结构，中壤，土体紧润，较多植物根系，少量假菌丝体，石灰反应强烈。

B_{Ca_2} 层：40～69 厘米，棕色，核块状结构，中壤，土体紧润，少量植物根系，少量假菌丝体，石灰反应强烈。

BC 层：69～110 厘米，棕黄色，核块状结构，沙壤，土体紧润，多量假菌丝体，无植物根系，石灰反应强烈。

C 层：110～150 厘米，棕黄色，无结构，细沙，土体紧实湿润，有大量假菌丝体，石灰反应强烈。

薄层沙底碳酸盐黑钙土物理性状见表 2-13，化学性状见表 2-14，机械组成见表 2-15，石灰含量见表 2-16。

表 2-13 薄层沙底碳酸盐黑钙土物理性状

剖面号	采样深度（厘米）	容重（克/立方厘米）	田间持水量（%）	总孔隙度（%）	毛管孔隙度（%）	非毛管孔隙度（%）
684	6～15	1.31	36.90	43.20	—	—
	20～30	1.31	38.90	43.20	—	—
717	4～9	1.18	33.33	55.00	—	—
	20～35	1.37	28.31	48.00	—	—

表 2-14　薄层沙底碳酸盐黑钙土化学性状

剖面号	采样深度（厘米）	有机质（克/千克）	全氮（克/千克）	全磷（毫克/千克）	速效磷（毫克/千克）	pH	可溶性盐分（克/千克）
717	0～10	29.50	1.98	780.00	14.60	9.35	0.97
	13～23	26.80	1.66	650.00	10.90	9.05	0.62
	25～35	10.20	0.68	495.00	6.90	8.60	0.44
	50～60	4.60	—	—	7.00	8.90	0.58
	80～90	2.30	—	—	7.10	9.15	0.63
	130～140	0.90	—	—	6.10	9.30	1.09

表 2-15　薄层沙底碳酸盐黑钙土机械组成

剖面号	地点	利用类型	采样深度（厘米）	各级颗粒含量（%）									质地
				>1.0毫米	1.0～0.25毫米	0.25～0.05毫米	0.05～0.01毫米	0.01～0.005毫米	0.005～0.001毫米	<0.001毫米	物理黏粒	物理沙粒	
684	育苇场南	耕地	0～5	—	25.00	37.71	11.11	5.31	14.21	6.60	26.12	73.88	中壤
			5～21	—	19.35	41.26	12.78	4.12	11.63	10.86	26.61	73.39	中壤
			21～60	—	18.29	37.40	14.68	3.62	12.00	14.41	29.63	70.37	中壤
			60～105	—	9.38	16.24	19.17	6.98	38.00	10.23	55.21	44.79	中壤
			105～140	—	24.55	26.25	13.69	5.88	19.61	10.00	35.51	64.49	重壤

表 2-16　薄层沙底碳酸盐黑钙土石灰含量

剖面号	地点	采样深度（厘米）	石灰含量（%）	水分（%）
717	红旗镇红旗村	0～19	10.47	4.57
		19～31	18.44	4.57
		31～51	23.33	4.00
		51～122	23.33	3.31
		122～150	2.85	1.81

该土壤质地较轻，水分状况较差，怕旱怕风，但春季热潮，增温较快，发小苗，应施以充足的有机肥，提高土壤肥力，增强蓄水抗旱能力，可获高产。

4. 薄层粉沙底碳酸盐黑钙土　该土壤主要分布在北双阳河以北、乌裕尔河东岸的阶地上，三合乡的胜利、南岗、富饶村。现在耕种的大部分耕地都是这种土壤，县育苇场及花园镇也有零散小块分布。面积为 5 102.13 公顷，占土地总面积的 1.5%左右。其中，耕地 3 771 公顷，占耕地面积的 2.66%左右。该土壤是在冲积物上发育起来的年青土壤，通体含沙量较高，腐殖质积累较少。表土层较薄，不太好的粒状结构，松散；心土中含沙量也较大，浅黄棕色，不明显的核块状结构，有少量的假菌丝体；底土黄棕色，有较多的假菌丝体和石灰斑块。有的出现细沙层，土壤剖面通体有石灰反应，上部较弱，下部较强烈。这种土壤通透性较好，宜耕期长但跑水跑肥不耐旱，易遭风蚀。以 687 号剖面为例，其剖面形态特征如下：

687 号剖面在乌裕尔河畔育苇场波状平原稍高处，耕地，调查时间 1981 年 9 月 10 日。

Ap 层：0～10 厘米，灰色，团粒结构，沙壤，土体松润，有大量植物根系，石灰反应较强烈。

AB 层：10～17 厘米，浅灰色，团粒结构，沙壤，土体松润，较多植物根系，石灰反应较强烈。

B_{Ca_1} 层：17～60 厘米，浅棕黄，粒状结构，沙壤，土体松润，植物根系少，有少量假菌丝体，石灰反应强烈。

B_{Ca_2} 层：60～100 厘米，棕黄色，粒状结构，沙壤，土体松润，有大量假菌丝体，无植物根系，石灰反应强烈。

BC 层：100～150 厘米，暗棕黄色，小粒状结构，沙壤，土体稍紧、湿润，有大量石灰斑块，石灰反应强烈。

薄层粉沙底碳酸盐黑钙土物理性状见表 2 - 17，化学性状见表 2 - 18，石灰含量见表 2 - 19。

表 2 - 17 薄层粉沙底碳酸盐黑钙土物理性状

剖面号	采样深度（厘米）	容重（克/立方厘米）	田间持水量（%）	总孔隙度（%）	毛管孔隙度（%）	非毛管孔隙度（%）
797	6～12	1.24	29.90	53.20	—	—
	20～26	1.13	33.30	57.40	—	—
687	5～10	1.30	35.00	47.50	—	—
	10～17	1.39	28.20	53.60	—	—
783	5～10	1.20	10.85	55.00	—	—
	22～27	1.22	35.14	54.00	—	—
	35～40	1.21	35.14	54.00	—	—

表 2 - 18 薄层粉沙底碳酸盐黑钙土化学性状

剖面号	采样深度（厘米）	有机质（克/千克）	全氮（克/千克）	全磷（毫克/千克）	碱解氮（毫克/千克）	速效磷（毫克/千克）	pH
687	0～10	23.10	1.21	740.00	—	22.90	8.42
	10～17	22.80	1.20	670.00	—	32.50	8.60
	30～40	4.80	0.19	325.00	—	21.60	8.55
	75～85	2.40	—	—	—	15.20	8.65
	130～140	4.60	—	—	—	13.10	8.75
142	0～10	27.40	2.04	610.00	131.40	8.80	8.20
	10～19	25.50	2.14	640.00	126.40	7.50	8.10
	25～35	14.40	1.08	430.00	67.30	5.00	8.30
	50～60	3.40	0.33	290.00	16.30	2.40	8.40
	90～100	1.40	0.15	480.00	7.60	2.30	8.30
	120～130	3.20	—	380.00	18.90	2.30	8.20

表 2-19 薄层粉沙底碳酸盐黑钙土石灰含量

剖面号	地点	采样深度（厘米）	石灰含量（%）	水分（%）
783	花园镇齐心苗圃	0～17	7.09	4.18
		17～30	15.85	4.12
		30～50	16.04	4.03
		50～105	12.90	3.94
		105～130	1.87	4.22
		130～150	13.49	2.92

该土壤土体较松，质地较轻，通透性很好。位于河漫滩及阶地的稍高处，易受风蚀。土壤有机质含量较低，但耕性良好，宜耕期较长。春季抓苗好，适于各种作物生长，但无后劲，应注意培肥，提高保肥保水能力。充分利用当地较丰富的水下腐泥，实行造肥改土，就可改变当前存在的不良理化性状，夺取农业较好的收成。

（二）草甸黑钙土

草甸黑钙土分布在海拔 147～161 米的阶地平原，相对高差 14 米，分布领域较广，主要分布在东北部和东部地区，面积为 205 399.20 公顷，占全县土地总面积的 58.64%。母质为第四纪黄土状沉积物，地貌是冲积湖积低平原，成土过程除腐殖质积累和钙的积聚过程外，还附加草甸化过程。沿北双阳河和东双阳河两岸低平地呈带状分布，多年前该地区是双阳河入境后无固定河道，水量变化大，年际间也有很大差异。年内枯水期干涸，丰水时大水从东北向西南大面积漫淹。各季节也不相同，春季桃花水下来时，流量小，水势弱，流速缓，漫溢到草甸上随流随渗，由于受地下冻层阻隔，下渗的地表水在冻层上部形成上层滞水层，不断浸润上层土壤；夏秋季大雨来临，上游泄水来势猛，流量大，速度快，在地面形成径流，下渗与向低处汇集，地下部冻层已化通，上层滞水与地下水相连，上层渗水不断补充，地下水位上升造成土壤过湿，汇集于低洼处之水流也逐渐下渗，增加土壤水分。枯水期地下水位又下降。由于周期性的土壤融冻和土壤水分的变化，土体中氧化还原过程又不断交替，土壤底层出现锈斑锈纹或铁锰结核。地面向西流的双阳河水受哈满公路阻挡，转向南流，使路东土壤水分状况良好土体水浸机会增多，持续时间较长，出现了草甸化过程，形成了大面积草甸黑钙土。在未开垦草原上，主要生长羊草、野枯草、地榆、委陵菜等喜湿植物。由于水分条件较好，植物生长较茂密，地上部和地下部都很发达，有机质来源较丰富，在低温、多湿、嫌气条件下，有机质分解缓慢，腐殖质层较厚，含量也较高。由于所处地势低平，土质黏重，透水性弱，外来汇集水，径流缓慢随水而来的碳酸钙渗进土壤，增加了土壤表层含钙量，有的土壤下层还出现盐渍化现象。植物根系分布层有较多的 CO_2，为表层碳酸钙的移动创造了有利条件，移动到植物根系下部淀积、出现了碳酸钙积聚层。根据母质，淋溶程度和盐渍化程度划分 3 个土属，即碳酸盐草甸黑钙土、盐化草甸黑钙土、碱化草甸黑钙土，按腐殖质层厚薄划分土种。

1. 薄层黏底碳酸盐草甸黑钙土 该土壤面积较大，为 200 320.50 公顷，占土地总面积的58.5%。其中，耕地101 102.90公顷，占耕地面积的71.3%。除耕地外，林甸县各乡（镇）所属草原大部分是这种土壤，黑土层厚15厘米左右，灰-棕灰色，质地轻壤-中壤，团块状粒状结构，植物根系较多；淀积层为淡灰黄-淡黄棕色，核状结构，重壤，有较多的假菌丝体或石灰斑块，在90厘米以下出现锈斑锈纹和铁锰结核；底土层质地黏重，结构不良，土体较湿润。以658号剖面为例，其剖面形态特征如下：

658剖面在四合乡原四合村波状平原耕地上，是低平地，调查时间1981年6月18日。

A层：0～15厘米，暗灰色，团粒状结构，轻壤，土体松润，较多植物根系，有石灰反应。

AB层：15～30厘米，浅灰色，团粒状结构，重壤，土体较紧，湿润，较多假菌丝体，少石灰斑，植物根系少，石灰反应较强。

B_{Ca}层：30～110厘米，浅黄棕色，核块状结构，轻黏，土体紧，潮湿，少量假菌丝体，大量石灰斑块，少量锈斑和铁锰结核，无植物根系，石灰反应较强烈。

BC层：110～150厘米，黄棕色，核块状结构，黏土，土体紧，潮湿，多量锈斑、锈纹、铁锰结核，石灰反应较弱。

薄层黏底碳酸盐草甸黑钙土化学性状见表2-20，物理性状见表2-21，机械组成见表2-22，石灰含量见表2-23。

表2-20 薄层黏底碳酸盐草甸黑钙土化学性状

剖面号	采样深度（厘米）	有机质（克/千克）	全氮（克/千克）	全磷（毫克/千克）	速效磷（毫克/千克）	pH	可溶性盐分（克/千克）
687	5～15	34.50	2.02	1 180.00	38.20	9.30	0.92
	20～30	28.70	1.84	740.00	26.90	8.65	0.67
	40～50	14.90	—	—	9.84	8.65	0.80
	70～80	8.00	—	—	8.50	8.60	0.63
	120～130	9.40	—	—	8.17	8.61	0.53
571	0～10	34.60	2.23	1 160.00	21.20	9.01	0.65
	10～15	34.10	2.12	1 040.00	12.90	8.40	0.60
	30～40	8.60	0.64	607.00	7.00	8.25	0.60
	60～70	8.00	—	—	7.90	8.45	0.45
	90～100	7.70	—	—	7.90	8.50	0.47
	120～130	6.20	—	—	6.50	8.55	0.58

表2-21 薄层黏底碳酸盐草甸黑钙土物理性状

剖面号	采样深度（厘米）	容重（克/立方厘米）	田间持水量（%）	总孔隙度（%）	毛管孔隙度（%）	非毛管孔隙度（%）
622	0～10	0.93	42.90	63.30	—	—
	20～24	0.95	42.90	62.60	—	—

（续）

剖面号	采样深度（厘米）	容重（克/立方厘米）	田间持水量（%）	总孔隙度（%）	毛管孔隙度（%）	非毛管孔隙度（%）
658	5～10	1.06	53.80	59.00	—	—
	15～20	1.28	53.80	55.70	—	—
	30～35	1.00	49.30	61.00	—	—
305	5～10	1.20	41.00	54.70	—	—
	15～20	1.16	39.00	56.30	—	—
	35～40	1.28	34.00	51.40	—	—

表 2-22　薄层黏底碳酸盐草甸黑钙土机械组成

剖面号	地点	利用类型	采样深度（厘米）	各级颗粒含量（%）									质地
				>1.00 毫米	0.25 毫米	0.25～0.05 毫米	0.05～0.01 毫米	0.01～0.005 毫米	0.005～0.001 毫米	<0.001 毫米	物理黏粒	物理沙粒	
634	原黎明乡东明四屯	耕地	5～15	—	0.55	17.00	26.83	7.62	29.87	18.13	55.62	44.40	中黏
			20～30	—	0.72	15.75	26.81	7.70	26.59	22.43	56.72	43.30	中黏
			60～77	—	0.30	12.85	23.13	10.61	28.58	24.53	63.72	36.30	中黏
			105～115	—	0.34	11.70	32.34	7.62	15.30	32.70	55.62	44.40	中黏
			130～140	—	0.45	3.93	28.56	10.76	16.45	39.85	67.60	32.90	重粘

表 2-23　薄层黏底碳酸盐草甸黑钙土石灰含量

剖面号	地点	采样深度（厘米）	石灰含量（%）	水分（%）
848	黎明同乐村	0～9	7.19	5.53
		19～50	12.21	5.66
		50～100	4.96	5.15
		100～150	1.13	5.55

薄层黏底碳酸盐草甸黑钙土，土壤水分状况良好，表层石灰含量较低，适合作物生长，耕地可获较高产量，草原草质良好，可发展牧业。

2. 中层黏底碳酸盐草甸黑钙土　该土壤分布在薄层黏底碳酸盐草甸黑钙土中，只是部位稍高，面积不大，仅有 3 009.90 公顷，占土地总面积的 0.88%。其中，耕地 2 341.40公顷，占耕地面积的 1.65%，有的面积过小，未画出界线。该土壤黑土层较厚，大于 20 厘米，有的高达 40 厘米，自然肥力较高，是林甸县高产土壤。以 237 号剖面为例，其剖面形态特征如下：

237 剖面在东兴乡长发村波状平原稍高处的耕地中，调查时间 1980 年 7 月 23 日。

Ap 层：0～12 厘米，暗棕灰色，中壤，团粒状结构，土体湿润，较松，植物根系较多，石灰反应较强。

A_1层：12～32 厘米，暗灰棕色，中壤，粒状块状结构。土体湿润，较紧，植物根系较多，石灰反应强烈。

AB层：32～50厘米，浅棕灰色，中壤，块状结构，土体湿润，较紧，少量植物根系，少量假菌丝体，石灰反应强烈。

B_{Ca_1}层：50～115厘米，灰棕色，重壤-轻黏，核状结构，土体湿润，紧实，极少植物根系，大量石灰斑，少量假菌丝体，石灰反应强烈。

B_{Ca_2}层：115～140厘米，黄棕色，轻黏，核状、块状结构，土体湿润，紧实，无植物根系，少量假菌丝体和石灰斑块，少量锈斑，石灰反应强烈。

BC层：140～155厘米，黄棕色，轻黏，核状、块状结构，土体湿润，紧实，少量锈斑及假菌丝体，石灰反应强烈。

中层黏底碳酸盐草甸黑钙土化学性状见表2-24，物理性状见表2-25，机械组成见表2-26。

表2-24　中层黏底碳酸盐草甸黑钙土化学性状

剖面号	采样深度（厘米）	有机质（克/千克）	全氮（克/千克）	全磷（毫克/千克）	速效磷（毫克/千克）	pH	可溶性盐分含量（克/千克）
666	5～15	36.10	1.96	1 060.00	16.20	8.70	0.60
	15～25	33.60	1.75	1 010.00	9.70	8.85	0.60
	30～40	26.30	2.36	954.00	10.60	9.00	0.80
	60～70	13.30	—	—	6.80	9.60	1.00
	125～135	9.40	—	—	15.90	9.65	1.20

该土壤潜在肥力较高，石灰含量也多，应增施肥料，改良土壤，可建设高产、稳产农田。

表2-25　中层黏底碳酸盐草甸黑钙土物理性状

剖面号	采样深度（厘米）	容重（克/立方厘米）	田间持水量（%）	总孔隙度（%）	毛管孔隙度（%）	非毛管孔隙度（%）
623	0～10	1.09	38.90	55.90	—	—
	25～35	1.04	29.90	59.60	—	—
	45～50	1.31	29.90	50.70	—	—
680	10～16	1.11	44.90	57.30	—	—
	20～26	1.31	33.30	50.70	—	—
	26～31	1.24	40.80	53.00	—	—
325	5～10	1.01	44.00	62.30	—	—
	22～27	1.40	40.40	47.50	—	—
	35～40	1.45	32.00	45.30	—	—

3. 薄层粉沙底碳酸盐草甸黑钙土　该土壤分布范围较窄，集中在四合乡、东兴乡、林甸镇，宏伟乡、原黎明乡，上述乡（镇）东部边缘地带有一条带这类土壤，面积为1 568.60公顷，占土地总面积的0.46%。其中，耕地757.50公顷，占耕地面积的0.53%。黑土层较薄，不超过20厘米，过渡比较明显；心土层较厚，有碳酸钙淀积；底

土层质地较轻，含有很多细沙，有较多的锈色斑纹和铁锰结核。以 744 号剖面为例，其剖面形态特征如下：

表 2-26　中层黏底碳酸盐草甸黑钙土机械组成

剖面号	地点	利用类型	采样深度（厘米）	各级颗粒含量（%）									质地
				>1.00毫米	1.00～0.25毫米	0.25～0.05毫米	0.05～0.01毫米	0.01～0.005毫米	0.005～0.001毫米	<0.001毫米	物理黏粒	物理沙粒	
612	隆山育红	草原	0～10	—	0.15	25.81	27.72	7.17	13.32	25.83	46.32	53.68	轻黏
			10～20	—	0.28	22.68	26.66	7.12	16.37	26.89	50.38	49.62	中黏
			30～40	—	0.44	13.79	23.89	9.55	22.93	29.40	61.88	38.12	中黏
			70～80	—	0.51	12.98	24.47	11.66	22.44	27.94	62.04	37.96	中黏
			110～120	—	0.32	12.08	27.90	10.32	24.61	24.77	59.70	40.30	中黏

744 号剖面在原黎明乡万发村六屯波状平原耕地上，地势平坦，调查时间 1981 年 6 月 28 日。

Ap 层：0～11 厘米，灰色，团粒状结构，中壤，土体松润，植物根系多，石灰反应强烈。

AB 层：11～20 厘米，浅灰色，团粒状结构，重壤，土体松润，植物根系较少，石灰反应较强烈。

B_{Ca_1} 层：20～82 厘米，灰棕色，小核状结构，重壤，土体较紧，湿润，有大量假菌丝体，少量植物根系，石灰反应强烈。

B_{Ca_2} 层：82～136 厘米，黄棕色，核块状结构，轻黏，土体紧，湿润，有大量假菌丝体，多量石灰斑块，较多铁锰结核，无植物根系，石灰反应强烈。

BC 层：136～150 厘米，棕黄色，片状结构，粉沙，土体松，少量铁锰结核，石灰反应较弱。

薄层粉沙底碳酸盐草甸黑钙土化学性状见表 2-27，物理性状见表 2-28。

表 2-27　薄层粉沙底碳酸盐草甸黑钙土化学性状

剖面号	采样深度（厘米）	有机质（克/千克）	全氮（克/千克）	全磷（毫克/千克）	速效磷（毫克/千克）	pH	可溶性盐分含量（克/千克）
515	5～15	37.00	2.06	996.00	13.70	8.30	0.36
	20～30	19.30	1.21	770.00	7.80	8.30	0.46
	60～70	6.40	—	—	6.90	8.50	0.36
	115～125	5.00	—	—	6.60	8.50	0.42

表 2-28　薄层粉沙底碳酸盐草甸黑钙土物理性状

剖面号	采样深度（厘米）	容重（克/立方厘米）	田间持水量（%）	总孔隙度（%）	毛管孔隙度（%）	非毛管孔隙度（%）
744	3～10	1.16	33.30	56.20	—	—
	11～20	1.30	40.90	50.90	—	—
	22～30	1.30	23.50	50.90	—	—

该土壤只有底土层含沙，表土性状同黏底碳酸盐草甸黑钙土，可以发展农牧业生产。

4. 中层粉沙底碳酸盐草甸黑钙土 该土壤面积很小，仅在原黎明乡良种村中有所发现。面积只有41.90公顷，海拔155米左右，黑土层稍厚，当地群众认为肥力很高。以644号剖面为例，其剖面形态特征如下：

此剖面在黎明乡良种村第一队耕地中，地势平坦，调查时间1981年6月20日。

Ap层：0～15厘米，团粒状结构，轻壤，土体疏松，湿润，有大量植物根系，石灰反应较弱。

A层：15～25厘米，灰色，团粒状结构，中壤，土体松，湿润，少量植物根系，石灰反应较强烈。

AB层：25～44厘米，灰棕色，核块状结构，中壤，土体紧，湿润，有较多的假菌丝体，少量石灰斑，少量铁锰结核，植物根系少，石灰反应强烈。

B_{Ca}层：44～130厘米，浅黄棕色，核状结构，重壤，土体紧，潮湿，有大量石灰斑，少量铁锰结核，无植物根系，石灰反应强烈。

BC层：130～150厘米，浅黄色，片状结构，粉沙，土体松，湿润，少量锈斑，石灰反应较弱。

中层粉沙底碳酸盐草甸黑钙土物理性状见表2-29，化学性状见表2-30，石灰含量见表2-31。

表2-29 中层粉沙底碳酸盐草甸黑钙土物理性状

剖面号	采样深度（厘米）	容重（克/立方厘米）	田间持水量（%）	总孔隙度（%）	毛管孔隙度（%）	非毛管孔隙度（%）
644	5～10	0.98	47.10	63.00	—	—
	20～25	1.22	42.90	54.00	—	—

表2-30 中层粉沙底碳酸盐草甸黑钙土化学性状

剖面号	采样深度（厘米）	有机质（克/千克）	全氮（克/千克）	全磷（毫克/千克）	速效磷（毫克/千克）	pH	可溶性盐分含量（克/千克）
644	0～10	30.70	1.78	1 330.00	21.50	8.40	0.46
	15～25	27.70	1.67	970.00	10.00	8.55	0.52
	28～38	15.40	0.86	707.00	8.80	8.35	0.60
	60～70	7.20	—	—	7.20	8.65	0.61
	130～140	3.30	—	—	16.40	8.55	0.45

表2-31 中层粉沙底碳酸盐草甸黑钙土石灰含量

剖面号	地点	采样深度（厘米）	石灰含量（%）	水分（%）
644	黎明良种	0～15	7.19	5.50
		15～41	12.21	5.02
		41～87	4.96	3.37
		87～150	1.13	3.03

5. 薄层碱化草甸黑钙土　该土壤在草甸黑钙土区内低洼处和河漫滩上，由于地下水位较高，盐分随毛管水上升带到上层土壤。另外，由于地面含盐水的汇积，土壤水分侧压作用，将盐分遗留在上层土壤，在亚表层和过渡层出现了棱柱状结构，主要是苏打盐类，pH 较高，物理性质很坏，透水性弱。面积为 136.80 公顷，占土地总面积的 0.04%。其中，耕地只有 37.50 公顷，占耕地的 0.03%。该土在林甸县各地的耕地与草原中都有零星分布，以 209、911 号剖面为例，其剖面形态特征如下：

209 号剖面在四合乡东部红旗马场耕地中的波状平原平地，海拔 161 米，调查时间 1980 年 7 月 25 日。

A_1层：0～10 厘米，暗灰色，团粒状结构，中壤，土体松、润，大量植物根系，石灰反应较强烈。

A_2层：10～20 厘米，灰色，团粒状结构，中壤，有大量植物根系，土体松润，石灰反应较强烈。

AB 层：20～42 厘米，浅灰色，核块状结构，重壤，土体较紧，湿润，少量假菌丝体，较多的植物根系，石灰反应强烈。

B_{Ca_1}层，42～95 厘米，灰棕色，核块状结构，轻黏，土体较紧，湿润，少量植物根系，较多假菌丝体，少量石灰斑，少量锈斑。

B_{Ca_2}层：95～114 厘米，棕黄色，核块状结构，轻黏，土体紧，湿润，较多假菌丝体，较少锈斑，石灰反应强烈。

BC 层：114～150 厘米，浅黄色，核块状结构，轻黏，土体紧实，潮湿，较多锈斑，少量假菌丝体，少量铁子，石灰反应强烈。

911 号剖面在四合乡福发村东北波状平原草原上，植被碱草，海拔 155 米，调查时间 1981 年 10 月 5 日。

As 层：0～15 厘米，暗灰色，小块状结构，重壤，土体紧，湿润，有大量植物根系，石灰反应较弱。

ABk 层：15～45 厘米，浅灰色，块状结构，重壤，土体紧，湿润，较多植物根系，石灰反应较强。

B_{Ca_1}层：45～75 厘米，灰黄色，块状结构，重壤，土体紧，湿润，有大量石灰斑块，大量锈斑，较少植物根系，石灰反应强烈。

B_{Ca_2}层：75～110 厘米，灰黄色，块状结构，重壤，土体紧，湿润，有大量石灰斑和大量锈斑，石灰反应强烈。

BC 层：110～150 厘米，棕黄色，核块状结构，黏土，土体紧实，潮湿，有大量锈斑和石灰斑，石灰反应强烈。

薄层碱化草甸黑钙土化学性状见表 2-32，总盐量测定见表 2-33。

表 2-32　薄层碱化草甸黑钙土化学性状

剖面号	采样深度（厘米）	有机质（克/千克）	全氮（克/千克）	全磷（毫克/千克）	碱解氮（毫克/千克）	速效磷（毫克/千克）	pH	含盐量（克/千克）
209	0～10	47.70	2.14	1 620.00	109.50	21.10	8.00	0.88

（续）

剖面号	采样深度（厘米）	有机质（克/千克）	全氮（克/千克）	全磷（毫克/千克）	碱解氮（毫克/千克）	速效磷（毫克/千克）	pH	含盐量（克/千克）
209	10～20	44.20	1.95	980.00	79.00	21.00	8.25	0.64
	30～40	22.60	0.98	700.00	76.00	16.00	—	0.45
	50～60	18.30	0.29	501.00	49.80	9.40	8.75	0.61
	100～110	7.20	0.58	540.00	41.00	6.00	8.83	0.73
	114～124	7.50	0.71	680.00	36.20	7.50	8.85	0.91

该土壤结构较差，表层黑土层较薄，心土黏重。耕地应加深耕层，增施有机肥，改善土体物理性。

6. 薄层盐化草甸黑钙土 该土壤面积也较小，只有 314.10 公顷，占土地总面积的 0.09%。其中，耕地 65.60 公顷，占耕地面积的 0.05%，分布在三合乡南部草原稍低处及附近的耕地中。呈复区存在，盐化层出现在亚表层和过渡层，盐分以苏打为主，结构较小，颜色较暗，腐殖质层较薄，有时表面可见盐霜。以 555 号剖面为例，其剖面形态特征如下：

表 2-33 薄层盐化草甸黑钙土总盐量测定

剖面号	地点	采样深度（厘米）	总盐量（me/百克土）	CO_3^{2-}		HCO_3^-		Cl	
				（me/百克土）	（克/千克）	（me/百克土）	（克/千克）	（me/百克土）	（克/千克）
555	四合联胜	0～10	1.44	—	—	0.54	0.33	—	—
		10～20	1.48	—	—	0.60	0.37	—	—
		20～30	1.62	—	—	0.66	0.40	—	—
		30～40	1.82	—	—	0.69	0.42	—	—

剖面号	地点	采样深度（厘米）	总盐量（me/百克土）	SO_4^{2-}		Ca^{2+}		Mg^{2+}		K^+		Na^+	
				（me/百克土）	（克/千克）	（me/百克土）	（克/千克）	（me/百克土）	（克/千克）	（me/百克土）	（克/千克）	（me/百克土）	（克/千克）
555	四合联胜	0～10	1.44	0.03	0.01	0.49	0.10	0.16	0.02	0.04	0.01	0.18	0.04
		10～20	1.48	0.04	0.02	0.47	0.09	0.13	0.02	0.02	0.01	0.22	0.05
		20～30	1.62	0.02	0.01	0.3	0.06	0.12	0.02	0.03	0.01	0.48	0.11
		30～40	1.82	0.11	0.05	0.18	0.40	0.14	0.02	0.01	0.01	0.69	0.16

555 号剖面在三合乡建新村草原上波状平原下坡地，海拔 149 米，放牧地，植被有虎尾草、小叶樟，调查时间 1979 年 10 月 25 日。

As 层：0～5 厘米，暗灰色，中壤，小粒状结构，土体干松，较多植物根系，石灰反应强烈。

A_1层：5～20 厘米，灰棕色，中壤，粒状结构，土体干松，植物根系较多，石灰反应较强烈。

AB 层：20～44 厘米，灰棕色，黏壤，小核块结构，较少植物根系，土体干紧，石灰反应较强烈。

B_{Ca_1} 层：44～112 厘米，浅灰色，黏壤，核块状结构，土体润，极紧，极少植物根系，有较多石灰结核和较多锈斑，石灰反应强烈。

B_{Ca_2}层：112～145 厘米，灰黄棕色，轻黏，核块状结构，土体较紧，湿润，无植物根系，较多锈斑和石灰斑块，石灰反应较强烈。

BC 层：145～180 厘米，黄棕色，黏土，核块状结构，土体湿润，紧，较多锈斑和石灰结核，石灰反应较强烈。

该土壤接近河边，与盐碱土呈复区存在，植被不太茂盛，当前没开垦，可作为牧地，是发展畜牧业的好地方。

二、草 甸 土

草甸土分布在低平地形部位，主要是河流两岸低河漫滩及低阶地平原的局部低洼地区。直接受地下水影响，在草甸植被覆盖下发育成的半水成型土壤，是非地带性土壤，成土年龄较轻，母质为比较黏重的碳酸盐淤积物。在成土过程中，由于母质含碳酸盐，加之外来碳酸盐重碳酸盐水流的汇集，使土壤中的碳酸盐淋溶、淀积。另外，还由于含盐地下水的上下移动积聚，使整个土体中都有石灰反应。成土过程主要是草甸化过程，主要特征是腐殖质积累，草甸草原草本植物繁生，植物根系集中分布在土壤表层，植株死亡后残留在地表的有机质分解产生腐殖质，与钙结合成团粒结构，物理性质良好。由于所处的地形部位，受埋藏深度较高的地下水影响，雨季升高，旱季下降，变幅很大，变化频繁，土体内部经常有毛管水流动，只是量的多少不一，这使土体中铁的化合物发生强烈氧化还原反应，在土层中出现锈斑、锈纹。按土壤发生的特征，林甸县草甸土可分为碳酸盐草甸土、盐化草甸土、碱化草甸土和潜育化草甸土 4 个亚类，依所处地形底土组成成分划分土属，按腐殖质层厚度划分土种，A_1＜25 厘米为薄层，A_1 25～40 厘米为中层，A_1＞40 厘米为厚层。林甸县草甸土面积为 55 064.27 公顷，占全县土地总面积的 16.08%。其中，耕地 5 872.40 公顷，占耕地面积的 4.14%。从利用情况看，1980 年以前，草甸土大部分没有开发，是良好的放牧地与割草草原，主要是牧业用地。

（一）碳酸盐草甸土

碳酸盐草甸土分布在地势低洼及沿河两岸低河漫滩和低阶地上，通体有石灰反应，只有平地黏底 1 个土属，腐殖质层厚度较薄，属薄层土种。肥力不高，土体水分良好，理化性状良好。可作为农、牧业用地。

薄层平地黏底碳酸盐草甸土　该种土壤分布面广，除与盐碱土呈复区分布外，也有大面积成片单独存在于平地稍低处，该土壤面积共有 48 898.27 公顷，占土地总面积的 14.28%。其中，耕地 5 626.30 公顷，占耕地面积的 3.97%。大部分是草原，植被为羊草、地榆、萎陵菜等。腐殖质层较薄，为 15～20 厘米，呈暗灰黑色，有不明显的粒状结构，有大量的植物根系，轻壤质土壤，土体较紧实，淀积层较厚，结构较小，底土为重壤土，分布有大量的锈斑锈纹，石灰反应越往下部越强烈。以 763 号、380 号剖面为例，其剖面形态特征如下：

763 号剖面在原隆山乡兴隆村国有草原上，地势在波状平原稍低处，海拔高度 152 米，植被为碱草及杂类草，调查时间 1981 年 8 月 9 日。

As 层：0～7 厘米，棕灰色，团粒状，结构，轻壤，土体松、湿润，有大量植物根系，石灰反应较强烈。

AB层：7～20厘米，暗棕色，团粒状结构，中壤，上体稍紧，湿润，有较多植物根系，具强烈石灰反应。

B层：20～85厘米，黄棕色，块状结构，重壤，土体紧，潮湿，有少量锈斑和极少铁子，植物根系较少，石灰反应强烈。

BC层：85～150厘米，黄棕色，核块状结构，轻黏，土体紧，湿，有较多的锈斑和少量铁锰结核，无植物根系，石灰反应较强烈。

380号剖面在宏伟乡治安村波状平原耕地上，地势缓坡腰部，海拔155米，调查时间1980年10月5日。

Ap层：0～12厘米，棕灰色，中壤，粒状结构，土体湿松，植物根系多量，石灰反应较强烈。

AB层：12～24厘米，浅棕灰色，重壤，粒状结构，土体润，紧，植物根系较多，有少量假菌丝体，石灰反应强烈。

B_1层：24～62厘米，灰棕色，轻黏，核块状结构，土体润，紧，少量植物根系，有大量假菌丝体和锈斑，石灰反应强烈。

B_2层：62～145厘米，灰黄棕色，轻黏，核块状结构，土体润，紧，无植物根系，有多量锈斑，少量铁锰结核，石灰反应强烈。

BC层：145～150厘米，灰黄棕色，黏土，片状结构，土体湿润，紧，有多量锈斑，少量铁锰结核。

薄层平地黏底碳酸盐草甸土物理性状见表2-34，化学性状见表2-35，机械组成见表2-36，石灰含量见表2-37。

表2-34　薄层平地黏底碳酸盐草甸土物理性状

剖面号	采样深度（厘米）	容重（克/立方厘米）	田间持水量（%）	总孔隙度（%）	毛管孔隙度（%）	非毛管孔隙度（%）
780	6～12	1.29	35.00	51.30	—	—
	30～36	1.49	33.30	43.80	—	—
676	5～10	1.10	57.70	38.00	—	—
	30～35	1.30	51.10	37.00	—	—
732	5～10	0.80	45.00	67.60	—	—
	20～25	1.20	—	54.40	—	—

表2-35　薄层平地黏底碳酸盐草甸土化学性状

剖面号	采样深度（厘米）	有机质（克/千克）	全氮（克/千克）	全磷（毫克/千克）	碱解氮（毫克/千克）	速效磷（毫克/千克）	pH	含盐量（克/千克）
34	0～10	24.00	1.78	770.00	129.00	8.90	8.30	—
	15～25	19.50	2.10	570.00	94.20	6.60	8.30	—
	35～45	11.90	1.02	570.00	40.50	3.90	8.40	—
	75～85	7.20	0.93	590.00	23.60	4.40	8.60	—

（续）

剖面号	采样深度（厘米）	有机质（克/千克）	全氮（克/千克）	全磷（毫克/千克）	碱解氮（毫克/千克）	速效磷（毫克/千克）	pH	含盐量（克/千克）
34	110～120	5.00	0.50	500.00	22.00	1.30	8.60	—
	135～145	4.10	4.10	570.00	15.80	4.70	8.60	—
341	4～14	33.20	0.90	1 370.00	116.00	14.50	8.30	0.40
	17～27	17.50	0.16	1 070.00	63.80	11.30	8.60	0.30
	38～48	12.00	0.77	840.00	29.30	10.00	8.50	0.40
	85～95	5.80	0.33	930.00	23.00	9.20	8.70	0.40
	140～150	8.50	0.23	980.00	30.80	—	—	—

表 2-36　薄层平地黏底碳酸盐草甸土机械组成

剖面号	地点	利用类型	采样深度（厘米）	各级颗粒含量（%）									质地
				>1.00毫米	1.00～0.25毫米	0.25～0.05毫米	0.05～0.01毫米	0.01～0.005毫米	0.005～0.001毫米	<0.001毫米	物理黏粒	物理沙粒	
752	长青林场	草原	6～10	—	0.13	26.66	27.66	6.02	15.00	24.53	45.55	54.50	轻黏
			30～40	—	0.17	22.53	22.53	9.22	21.02	24.53	54.77	45.20	中黏
			65～75	—	0.26	13.74	21.91	9.32	26.11	28.66	64.09	35.90	中黏
			105～115	—	0.17	9.40	23.2	12.46	22.07	32.70	67.23	32.80	重黏
			130～140	—	0.21	9.36	24.22	10.34	21.15	34.72	66.21	33.80	重黏

表 2-37　薄层平地黏底碳酸盐草甸土石灰含量

剖面号	地点	采样深度（厘米）	石灰含量（%）	水分（%）
480	四合治强	0～12	8.91	4.68
		12～20	13.09	4.51
		20～60	16.18	4.24
		60～110	9.19	4.32
		110～150	4.82	4.51

该土壤水分较充足，理化性状较好，有良好的黑土层与团粒结构，适合于发展农、牧业生产。

（二）盐化草甸土

盐化草甸土常与盐碱土插花分布呈复区，林甸县西部草原只有中度薄层盐化草甸土1个土种，在河夹信子与东部草原上房子周围或窝棚周围，开了极少一部分荒地，因不固定所以也视为草原。由于所处地形部位较低洼，排水不良，地下水位较高，地下水含可溶盐随水上升到上部土层，当积累到一定程度，便形成了此种土壤。剖面特征类似一般草甸土，有腐殖质层、淀积层和黄土状母质层。上层腐殖质多，向下逐渐减少，颜色上部灰黑，下部较浅，表层核状或核块状结构，通体有石灰反应，下部有锈斑及铁锰结核。

中度薄层盐化草甸土 该土壤分布在地势低洼处，多在盐碱斑周围，生长羊草、星星草，不太茂密，受地下水影响，草甸化和盐渍化过程比较明显，黑土层较薄，颜色较暗，粒状结构，植物根系较多，盐化层出现在亚表层，向下逐渐过渡，有腐纹下渗，通体有石灰反应。面积为 5 818.70 公顷，占土地总面积的 1.66%，占草原面积的 4%。以 940 号剖面为例，其剖面形态特征如下：

940 剖面在林甸西部草原上，八一〇四三部队马场境内，地形为波状平原稍低处，海拔高度 145 米，植被为碱草、委陵菜，调查时间 1982 年 9 月 4 日。

As 层：0～3 厘米，暗灰色，粒状结构，中壤，土体松，润，有大量植物根系，石灰反应较强烈。

A 层：3～20 厘米，暗灰色，核块状结构，轻黏，土体紧，润，有较多植物根系，石灰反应强烈。

AB 层：20～45 厘米，灰色，粒状结构，中壤，土体较松，润，有少量植物根系，石灰反应强烈。

B_1层：45～74 厘米，棕灰色，核状结构，重壤，土体较松，润，有少量植物根系，石灰反应强烈。

B_2层：74～120 厘米，棕灰色，核块状结构，重壤，土体较紧，润，植物根系少，有少量锈斑，石灰反应强烈。

BC 层：120～150 厘米，暗灰色，块状结构，轻黏，土体紧，润，有大量假菌丝体，石灰斑和锈斑，石灰反应强烈。

中度薄层盐化草甸土化学性状见表 2-38，薄层盐化草甸土机械组成见表 2-39，中度薄层盐化草甸土总盐量测定见表 2-40。

表 2-38 中度薄层盐化草甸土化学性状

剖面号	采样深度（厘米）	有机质（克/千克）	全氮（克/千克）	全磷（毫克/千克）	速效磷（毫克/千克）	pH	可溶盐分含量（克/千克）
691	0～7	56.70	2.99	1 080.00	11.00	9.50	1.10
	7～15	26.90	1.41	890.00	12.20	10.15	2.30
	30～40	16.80	0.66	324.00	13.70	10.05	2.30
	100～110	5.30	—	—	17.90	10.05	1.80

表 2-39 薄层盐化草甸土机械组成

剖面号	地点	利用类型	采样深度（厘米）	各级颗粒含量（%）								质地
				1.00～0.25 毫米	0.25～0.05 毫米	0.05～0.01 毫米	0.01～0.005 毫米	0.005～0.001 毫米	<0.001 毫米	物理黏粒	物理沙粒	
693	育苇场	草原	0～10	3.56	25.54	26.17	9.02	23.50	12.21	44.73	55.27	轻黏土
			10～17	2.66	16.85	22.54	9.21	12.21	36.53	57.95	42.05	中黏土
			35～45	1.90	14.02	19.39	7.94	4.00	52.75	64.69	35.31	中黏土
			80～90	1.57	9.24	24.28	9.04	14.25	41.25	64.91	35.09	中黏土
			115～125	2.69	16.41	16.21	6.86	14.06	43.77	64.69	35.31	中黏土

表 2-40　中度薄层盐化草甸土总盐量测定

剖面号	地点	采样深度（厘米）	总盐量（me/百克土）	CO_3^{2-}		HCO_3^-		Cl^-		SO_4^{2-}	
				（me/百克土）	（克/千克）	（me/百克土）	（克/千克）	（me/百克土）	（克/千克）	（me/百克土）	（克/千克）
940	军马场	0～16	5.67	0.31	0.09	1.21	0.74	—	—	0.65	0.31
		16～30	12.09	0.47	0.14	1.44	0.88	2.76	0.98	2.12	1.02
		30～40	15.96	0.36	0.11	1.29	0.79	2.76	0.98	1.98	0.95

剖面号	地点	采样深度（厘米）	总盐量（me/百克土）	Ca^{2+}		Mg^{2+}		K^+		Na^+	
				（me/百克土）	（克/千克）	（me/百克土）	（克/千克）	（me/百克土）	（克/千克）	（me/百克土）	（克/千克）
940	军马场	0～16	5.67	0.29	0.06	0.18	0.02	0.34	0.13	2.69	0.62
		16～30	12.09	0.01	0.09	0.39	0.05	0.01	—	4.48	1.03
		30～40	15.96	0.32	0.06	0.28	0.03	0.01	—	8.96	2.06

林甸县盐化草甸土地下水位较高，亚表层有盐分累积，总盐量每 100 克 5.67me/百克土，为 0.19%，属中度盐化草甸土，一般作物能生长，但怕旱，又同盐碱土呈复区，所以应作为发展牧业基地，不宜开荒种地。

（三）碱化草甸土

该土壤成土过程是草甸化和碱化过程，在小地形的高低不平处，发生着不同的变化。岗丘部分由于稍高雨后存不住水，流向洼处，地面存水随着岗丘部分的蒸发与侧压作用向丘部移动，带走了许多可溶盐，使洼地相对表层含盐少。植被生长较好，水分靠植被地下部分吸收，地上部分蒸发，盐分淋溶到植物根层下部积聚，以苏打为主，形成了棱柱状深灰色碱化层，这是与盐化草甸土具有明显的差异，质地黏重，pH 较高，群众称为轻碱土。林甸县只查出 1 个土属，即苏打碱化，该土属只有薄层苏打碱化草甸土 1 个土种。

薄层苏打碱化草甸土　该种土壤分布面积很小，林甸县西南部银光牧场，东北部地区红旗马场分布较多，内部耕地和草原中也有极少零星分布，在草原上与盐碱土或盐化草甸土呈复区存在。面积为 47.30 公顷，占土地总面积的 0.01%。其中，耕地 7.50 公顷，占耕地面积的 0.005%。草原区内地面植被比较繁茂，生长羊草、地榆、野菊、委陵菜、三棱草及芦苇等植物。黑土层较薄，亚表层有碱化层，淀积层灰白色，淀积母质过渡层有锈斑、铁锰结核，通体有石灰反应。以 714 号剖面为例，其剖面形态特征如下：

714 号剖面在银光畜牧场西部草原上，地势为波状平原低洼处，海拔高 143 米，植被为碱草，青蒿及芦苇，调查时间 1981 年 8 月 17 日。

A 层：0～11 厘米，棕灰色，团块状结构，重壤，主体松散，潮湿，有大量植物根系，石灰反应较弱。

ABK 层：11～37 厘米，浅棕灰色，柱状结构，重壤，土体紧实，湿润，少量石灰斑块，较多植物根系，石灰反应强烈。

B_1 层：37～60 厘米，浅灰色，核块状结构，轻黏，土体紧，湿润，有少量石灰斑块，少量植物根系，石灰反应强烈。

B_2层：60～110 厘米，浅灰色，小核块状结构，轻黏，土体紧，潮湿，有少量锈斑、铁子，植物根系极少，石灰反应较强烈。

BC 层：110～150 厘米，灰棕色，大核块状结构，重壤，土体紧，潮湿，大量锈斑、铁子，石灰反应较强烈。

薄层苏打碱化草甸土化学性状见表 2－41，机械组成见表 2－42，总盐量测定见表2－43。

表 2－41　薄层苏打碱化草甸土化学性状

剖面号	采样深度（厘米）	有机质（克/千克）	全氮（克/千克）	全磷（毫克/千克）	速效磷（毫克/千克）	pH	含盐量（克/千克）
714	0～14	14.80	2.86	1 270.00	24.30	9.25	1.10
	15～25	18.50	1.19	750.00	14.90	9.50	12.40
	40～50	15.40	—	—	8.10	9.55	17.00
	80～90	11.00	—	—	6.40	9.67	13.50
	130～140	9.80	—	—	15.20	9.55	2.90

表 2－42　薄层苏打碱化草甸土机械组成

剖面号	地点	利用类型	采样深度（厘米）	各级颗粒含量（%）								质地
				1.00～0.25毫米	0.25～0.05毫米	0.05～0.01毫米	0.01～0.005毫米	0.005～0.001毫米	<0.001毫米	物理黏粒	物理沙粒	
714	银光牧场	草原	0～10	3.23	22.25	21.14	8.98	10.96	33.44	53.38	46.6	中黏
			15～25	1.26	15.51	18.99	7.73	13.23	43.30	64.26	35.70	中黏
			40～50	2.28	13.40	20.06	8.73	9.17	46.36	64.26	35.70	中黏
			81～90	2.60	13.68	19.57	8.53	10.15	39.38	64.06	35.90	中黏

表 2－43　薄层苏打碱化草甸土总盐量测定

剖面号	地点	采样深度（厘米）	总盐量（me/百克土）	CO_3^{2-}		HCO_3^-		Cl^-		SO_4^{2-}	
				（me/百克土）	（克/千克）	（me/百克土）	（克/千克）	（me/百克土）	（克/千克）	（me/百克土）	（克/千克）
533	红旗马场	0～10	2.81	0.49	0.15	0.80	0.49	—	—	0.03	0.01
		10～20	7.34	0.56	0.17	1.43	0.87	2.58	0.92	0.02	0.01
		20～30	6.00	0.58	0.18	3.51	0.92	—	—	0.69	0.33
		30～40	5.54	1.37	0.41	0.83	0.51	—	—	0.03	0.24

剖面号	地点	采样深度（厘米）	总盐量（me/百克土）	Ca^{2+}		Mg^{2+}		K^+		Na^+	
				（me/百克土）	（克/千克）	（me/百克土）	（克/千克）	（me/百克土）	（克/千克）	（me/百克土）	（克/千克）
533	红旗马场	0～10	2.81	0.10	0.02	0.08	0.01	—	—	1.31	0.15
		10～20	7.34	0.17	0.03	0.13	0.02	0.02	0.01	2.42	0.17
		20～30	6.00	0.20	0.04	0.10	0.01	0.01	0.01	2.90	0.18
		30～40	5.54	0.06	0.01	0.08	0.01	—	—	3.17	0.41

该土壤通体颜色较暗，碱化层较厚，但表层含盐少，草甸植被生育较好可发展畜牧业。

（四）潜育草甸土

该土壤所处地形部位较周围低，一般是碟形洼地底部，土壤形成过程不仅受地下水作用，同时也受地表水影响，特别是季节性积水影响较大，是地面径流汇集的集中地区。由于土体受水浸渍时间较长，处于还原性嫌气状态，使铁、锰发生还原，但一年中随季节变化，水分也发生变化。绝大部分时间除下部仍受地下水浸外，土壤表层则处于好气环境，仍以氧化作用占优势，有机质以好气分解为主，这种成土过程形成了潜育化过程，下层出现了青蓝色无结构的青泥，即是潜育层。林甸县分布的潜育草甸土只有平地黏底 1 个土属，按黑土层厚度划分只有薄层潜育草甸土 1 个土种。

薄层平地黏底碳酸盐潜育草甸土　该土壤分布面窄，只出现在宏伟、四合、三合乡的局部低洼地和河边滩地，面积为 300 公顷，占土地总面积的 0.09%。其中，耕地 122.20 公顷，占耕地面积的 0.09%。黑土层较薄，暗棕灰色，小核块状结构；草原上有草根层，具大量未分解的植物根系，土体较疏松；淀积层较厚，淡灰色，中壤-重壤土，小核状结构，有较多的碳酸钙斑点；下部底土层有潜育层，黏壤土，结构不明显，有大量锈斑锈纹。以 310 号剖面为例，其剖面形态特征如下：

310 号剖面在宏伟乡原核心村波状平原稍低的耕地中，海拔高度 155 米，调查时间 1980 年 8 月 2 日。

AP 层：0～16 厘米，暗棕灰色，中壤，粒状结构，土体松，潮湿，植物根系多，石灰反应较强烈。

AB 层：16～29 厘米，浅棕灰色，重壤，核状结构，土体紧，湿润，植物根系较多，有少量石灰斑，石灰反应强烈。

B_1层：29～63 厘米，灰棕色，重壤-轻黏，核状结构，土体紧，湿润，植物根系较少，较多石灰斑和假菌丝体，较少锈斑，石灰反应强烈。

B_2层：63～103 厘米，浅灰棕色，轻黏，小核状结构，土体紧，湿润，无植物根系，有多量锈斑和假菌丝体，少量铁锰结核。

BCg 层：100～150 厘米，蓝灰色，轻黏，无明显结构，土体紧，潮湿，有多量锈斑和少量假菌丝体，有贝壳，石灰反应强烈。

薄层平地黏底碳酸盐潜育草甸土物理性状见表 2-44，化学性状见表 2-45，机械组成见表 2-46，石灰含量见表 2-47。

表 2-44　薄层平地黏底碳酸盐潜育草甸土物理性状

剖面号	采样深度（厘米）	容重（克/立方厘米）	田间持水量（%）	总孔隙度（%）	毛管孔隙度（%）	非毛管孔隙度（%）
310	5～10	1.06	39.00	60.00	—	—
	20～25	1.20	37.00	54.70	—	—
	35～40	1.45	33.00	45.30	—	—
301	5～10	1.04	39.00	60.80	—	—
	25～30	1.19	31.00	55.10	—	—

（续）

剖面号	采样深度（厘米）	容重（克/立方厘米）	田间持水量（%）	总孔隙度（%）	毛管孔隙度（%）	非毛管孔隙度（%）
322	10～15	1.12	42.80	57.70	—	—
	25～30	1.34	33.30	49.40	—	—
	45～50	1.45	33.30	45.30	—	—
379	5～10	1.07	37.00	59.60	—	—
	25～30	1.36	35.10	48.70	—	—
	40～45	1.38	26.60	47.90	—	—

表 2-45　薄层平地黏底碳酸盐潜育草甸土化学性状

剖面号	采样深度（厘米）	有机质（克/千克）	全氮（克/千克）	全磷（毫克/千克）	碱解氮（毫克/千克）	速效磷（毫克/千克）	pH	可溶性盐分含量（克/千克）
310	0～10	50.40	2.92	1 260.00	123.90	14.20	8.20	0.37
	10～20	24.00	1.09	820.00	94.60	8.20	8.19	0.34
	50～60	12.10	0.46	570.00	41.30	8.70	8.20	0.47
	70～80	17.30	0.45	610.00	29.10	6.50	8.20	0.38
	115～125	11.40	0.15	730.00	41.70	9.50	8.30	0.37

表 2-46　薄层平地黏底碳酸盐潜育草甸土机械组成

剖面号	地点	利用类型	采样深度（厘米）	各级颗粒含量（%）									质地
				>1.00 毫米	1.00～0.25 毫米	0.25～0.05 毫米	0.05～0.01 毫米	0.01～0.005 毫米	0.005～0.001 毫米	<0.001 毫米	物理黏粒	物理沙粒	
529	四合乡新风村	耕地	5～15		1.91	7.01	38.06	5.02	8.19	39.81	53.02	46.98	中黏
			60～70	1.38	4.81	4.85	23.71	11.21	20.25	33.79	65.25	34.75	重黏
			105～115	0.55	1.21	1.98	16.41	12.19	22.92	44.74	79.85	20.15	重黏
			135～147	0.47	0.63	5.55	19.82	9.61	16.12	47.80	73.53	26.47	重黏

表 2-47　薄层平地黏底碳酸盐潜育草甸土石灰含量

剖面号	地点	采样深度（厘米）	石灰含量（%）	水分（%）
379	宏伟六屯	0～16	4.71	6.68
		16～34	7.25	7.24
		34～60	8.59	6.97
		60～105	14.11	7.17
		105～150	14.37	6.80

该土壤分布在低洼地，水分状况良好，肥力较好，与普通草甸土一样，适合于农牧业生产。

三、碱 土

碱土广泛且零散的分布于林甸县低地及河漫滩上，分散分布在各种土壤中，多数与盐土及盐化草甸土呈复区。碱土的形成主要是碱化过程，成土母质为含有一定数量盐和碱的黏质沉积物，土体呈碱性至强碱性反应，含有较多苏打，表土轻质化。碱化层黏化，形成柱状结构，干时收缩板结，湿时膨胀泥泞，透性不良，耕性更差，自然植被为耐盐的羊草、星星草、碱蓬、碱蒿、虎尾草等植物。随着积盐过程的发展，由于盐分的增加，盐分积累量增强，毒害了地面植物，使之逐渐减少，甚至变成光板地。这主要是由于蒸发量高出降水的几倍到十几倍所引起。如此强烈蒸发，使微域地形较高处，积聚过多盐分，形成盐结皮，群众称为碱巴拉，即是重碱土。由于碱土含有较多的碱性盐类，剖面中部和上部出现明显的柱状结构层——碱化层，则土壤颗粒高度分散。整个剖面具有以下几层：AK层即盐结皮层，为淡色粉沙质表层；B层即中部暗色黏质淀积层，也就是柱状碱化层，含有大量石灰和碱性盐；C层即下部潜育化层次。林甸碱土为草甸碱土，因为所处地形部位在微域地形的顶部，分布在苏打盐渍土区，高差几十厘米，仍处在草甸化过程，所以归属为草甸碱土，为碱土的1个亚类，为苏打盐化土属。以碱化层出现部位，分为结皮、中位、深位3个土种，面积为10 490.73公顷，占土地总面积的3.07%。其中，耕地910.30公顷，占耕地面积的0.64%。绝大部分是草原，耕地中只有零星分布，面积也很小。

1. 结皮苏打盐化草甸碱土 该土壤随微域地形变化而变化，多零散分布于盐土及盐渍化土壤中。一般地形部位相对越高，碱化层越厚，淋溶层越明显。地表0～2厘米出现灰白色粉沙状结皮层，多孔疏松；下部为淋溶层，无结构；再向下则为腐殖质淀积层，呈暗灰色，质地黏重，不明显的大结构；以下为舌状过渡到母质层。通体有石灰反应，地面生长较少的碱蓬、碱蒿或无植被。土壤面积5 347.90公顷，占土地总面积的1.56%，其中，耕地345.1公顷，占总耕地面积的0.24%。以280号剖面为例，其剖面形态特征如下：

280号剖面在银光牧场南部草原上地势低洼，海拔高度144米，地面植被为虎尾草、碱蓬，调查时间1980年7月21日。

AK层：0～2厘米，浅灰色，粉沙状，片状结构，土体干，稍紧，无植物根系，石灰反应较强烈。

A层：2～15厘米，暗棕灰色，轻壤，粒块状结构，土体润，较紧，有少量植物根系，石灰反应较弱。

AB层：15～76厘米，灰棕色，中壤，粒块状结构，土体湿润，紧实，有少量植物根系，石灰反应强烈。

B_1层：76～111厘米，黄棕色，重壤，粒块状结构，土体湿润，紧实，极少植物根系，有少量锈斑，石灰反应强烈。

B_2层：111～145厘米，浅黄棕色，轻黏，粒块状结构，土体湿润，紧实，极少植物根系，有大量锈斑，石灰反应强烈。

BC层：145～150厘米，浅黄棕色，轻黏，粒块状结构，土体湿润，紧实，无植物根系，有大量锈斑，石灰反应强烈。

结皮草甸碱土化学性状见表2-48。

表2-48 结皮草甸碱土化学性状

剖面号	采样深度（厘米）	有机质（克/千克）	全氮（克/千克）	全磷（毫克/千克）	碱解氮（毫克/千克）	速效磷（毫克/千克）	pH	含盐量（克/千克）
21	0～15	20.00	1.06	700.00	35.60	14.40	10.10	—
	20～30	12.50	0.94	540.00	26.50	16.90	9.90	—
	30～45	8.40	0.58	430.00	21.40	12.90	8.80	—
	45～55	7.20	0.38	380.00	19.40	7.90	9.40	—
	80～90	7.20	0.29	500.00	11.40	10.30	9.10	—
280	0～2	2.70	0.10	590.00	108.00	28.10	9.90	—
	5～15	28.60	1.80	1 510.00	194.00	84.30	10.20	0.35
	50～60	9.90	0.69	540.00	103.00	15.20	9.70	10.98
	80～90	4.60	0.46	510.00	48.30	7.10	9.80	3.10
	120～130	2.40	0.26	570.00	46.20	7.00	9.70	0.89
	145～150	3.10	0.16	660.00	64.30	6.70	9.65	2.14

该土壤碱性大，pH高，有柱状结构层次，不能作为耕地，只能发展牧业。

2. 中位柱状苏打盐化草甸碱土 该土壤群众称为暗碱土、黑碱土，零星分布在小地形较高部位。表层为黑灰色土层，下部即为坚硬的圆柱状或棱柱状碱化层，群众称为碱格子层，出现在7～15厘米，该层碱性很强，碱化度很高，物理性质很坏，干缩产生裂缝，湿时膨胀堵塞孔隙，黏重，不透水，坚硬。垦前生长少量长势弱的虎尾草、碱草、燕子尾等耐盐植物，大部分与盐土及盐渍化土壤呈复区分布在草原上，耕地中也有少量分布。这种土壤林甸县共有2 041.90公顷，占土地总面积的0.59%。其中，耕地72.90公顷，占耕地面积的0.05%。以947号剖面为例，其剖面形态特征如下：

947号剖面在银光畜牧场西北草原上，波状平原稍高处，海拔高度145米，自然植被为碱草，调查时间1983年6月13日。

A_1层：0～5厘米，灰棕色，核块状结构，中壤，土体湿润，松，植物根系较多，石灰反应较强。

A_2K层：5～14厘米，灰棕色，大核块状结构，中壤，土体较紧，湿润，有较多植物根系，石灰反应较强烈。

B_1层：14～24厘米，灰棕色，小核块状结构，中壤，土体较紧，润，植物根系较少，石灰反应强烈。

B_2层：24～43厘米，暗黄棕色，小核块结构，重壤，土体较松，湿润，少量植物根系，石灰反应强烈。

B_3层：42～75厘米，暗黄棕色，小核块结构，中壤，土体较紧实，润，少量植物根系，石灰反应强烈。

BC层：75～105厘米，棕色，小核块结构，中壤，土体较松，润，极少植物根系，石灰反应强烈。

中位柱状苏打草甸碱土总盐量测定见表2-49，化学性状见表2-50，机械组成见表2-51。

表2-49　中位柱状苏打草甸碱土总盐量测定

剖面号	地点	采样深度（厘米）	总盐量（me/百克土）	CO_3^{2-}		HCO_3^-		Cl^-		SO_4^{2-}	
				（me/百克土）	（克/千克）	（me/百克土）	（克/千克）	（me/百克土）	（克/千克）	（me/百克土）	（克/千克）
716	银光牧场	0～10	19.86	—	—	0.70	0.43	18.00	6.38	0.04	0.02
		10～20	4.25	0.44	0.13	1.25	0.76	—	—	0.04	0.02
		20～30	3.15	0.43	0.13	0.88	0.54	—	—	0.02	0.01
		30～40	3.25	0.38	0.12	0.87	0.53	—	—	0.08	0.04
剖面号	地点	采样深度（厘米）	总盐量（me/百克土）	Ca^{2+}		Mg^{2+}		K^+		Na^+	
				（me/百克土）	（克/千克）	（me/百克土）	（克/千克）	（me/百克土）	（克/千克）	（me/百克土）	（克/千克）
716	银光牧场	0～10	19.86	0.18	0.04	0.18	0.02	0.03	0.01	0.73	0.17
		10～20	4.25	0.20	0.04	0.40	0.05	0.11	0.04	1.81	0.42
		20～30	3.15	0.11	0.02	0.10	0.01	—	—	1.61	0.37
		30～40	3.25	0.12	0.02	0.08	0.01	—	—	1.72	0.40

表2-50　中位柱状苏打草甸碱土化学性状

剖面号	采样深度（厘米）	有机质（克/千克）	全氮（克/千克）	全磷（毫克/千克）	速效磷（毫克/千克）	pH	可溶性盐分含量（克/千克）
716	0～7	13.90	1.04	860.00	67.10	10.20	11.20
	10～20	12.00	1.15	540.00	99.60	10.20	11.30
	65～75	9.30	—	—	99.90	10.10	11.00
	100～110	4.40	—	—	95.40	10.20	3.00
	130～140	6.90	—	—	92.50	10.10	2.20
	145～155	5.40	—	—	54.20	10.00	2.30

表2-51　中位柱状苏打草甸碱土机械组成

剖面号	地点	利用类型	采样深度（厘米）	各级颗粒含量（%）								质地
				1.00～0.25毫米	0.25～0.05毫米	0.05～0.01毫米	0.01～0.005毫米	0.005～0.001毫米	<0.001毫米	物理黏粒	物理沙粒	
711	红旗先锋	草原	0～10	1.00	24.89	27.75	7.17	23.10	16.09	46.40	53.64	轻黏
			15～25	0.34	13.17	25.72	9.32	35.36	16.09	60.80	39.23	中黏
			70～80	0.17	12.26	25.63	10.49	25.62	25.83	61.90	38.06	中黏

该土壤表层结构良好，适于植物生长，但层次较薄，下层有柱状碱化层，对植物根系有害，所以当前应以发展牧业为主，不宜开垦为耕地。

3. 深位柱状苏打盐化草甸碱土 该土壤群众也称暗碱土，只是碱化层出现的部位稍深，在 15 厘米以下。表层有较疏松的腐殖质层，在利用价值上好于其他碱土，属轻碱土。由于季节性积水，土体中盐分随水向下淋溶，因蒸发作用向较高处积聚，上层土壤含盐少，淀积层有明显的石灰，盐分较多，碱性强，仍具有碱土特征。该土壤面积达 3 101 公顷，占总土地面积的 0.91%。其中，耕地 492.30 公顷，占耕地面积的 0.35%。以 799 号剖面为例，其剖面形态特征如下：

799 号剖面在花园镇原富强村草原上波状平原洼地中，海拔高度 146 米，植被碱草、龙胆草，调查时间 1981 年 8 月 13 日。

As 层：0～17 厘米，暗灰色，粒状结构，中壤，土体疏松，润，有多量植物根系，石灰反应较强烈。

ABK 层：17～50 厘米，暗棕灰色，粒状结构，重壤，土体紧，润，植物根系多，有假菌丝体，石灰反应强烈。

B_1层：50～85 厘米，浅灰色，核状结构，轻黏土，土体紧实，湿润，有假菌丝体少量植物根系，石灰反应强烈。

B_2K 层：85～110 厘米，浅灰黄色，柱状结构，轻黏土，土体紧实，湿润，有少量石灰斑块，无植物根系，石灰反应强烈。

BC 层：110～150 厘米，浅灰黄色，块状结构，黏土，土体紧实，潮湿，较少石灰斑块，石灰反应强烈。

深位柱状苏打草甸碱土化学性状见表 2-52，总盐量测定见表 2-53 至表 2-55。

该土壤表层有良好结构，虽有碱化层，但出现的部位较深，表层比较肥沃，可作为农业用地，但要注意深松施肥，特别要增施磷肥。也是良好的草原，可作为发展畜牧业的良好基地，但要做好保护表土工作，不要过度放牧，防止返盐。

表 2-52 深位柱状苏打草甸碱土化学性状

剖面号	采样深度（厘米）	有机质（克/千克）	全氮（克/千克）	全磷（毫克/千克）	碱解氮（毫克/千克）	速效磷（毫克/千克）	pH	可溶性盐分含量（克/千克）
266	0～12	37.60	2.14	1 030.00	143.00	6.00	8.60	0.52
	12～21	24.70	1.44	890.00	108.00	4.50	9.13	0.87
	30～40	16.00	0.86	840.00	71.40	2.90	9.80	0.24
	70～80	8.30	0.39	890.00	45.10	12.70	9.90	2.34
	105～150	8.50	0.37	690.00	37.70	9.00	9.83	0.23
295	0～10	28.10	1.98	1 030.00	137.00	12.60	9.00	0.86
	10～20	25.90	1.67	870.00	114.90	8.70	9.25	1.01
	20～30	10.50	0.93	590.00	74.40	10.10	9.85	2.53
	70～80	3.12	0.23	590.00	46.30	24.30	9.81	2.16
	123～133	5.00	0.35	700.00	40.90	16.30	9.75	2.12

表 2-53　深位柱状苏打草甸碱土总盐量测定

剖面号	地点	采样深度（厘米）	总盐量（me/百克土）	CO_3^{2-}		HCO_3^-		SO_4^{2-}	
				（me/百克土）	（克/千克）	（me/百克土）	（克/千克）	（me/百克土）	（克/千克）
329	宏伟宏建西	0～10	2.41	—	—	1.07	0.65	0.03	0.02
		10～20	3.16	0.19	0.06	1.05	0.64	0.03	0.01
		20～30	3.98	0.59	0.18	0.37	0.84	0.02	0.08
		30～40	7.12	0.85	0.25	3.41	2.08	0.14	0.07

剖面号	地点	采样深度（厘米）	总盐量（me/百克土）	Ca^{2+}		Mg^{2+}		K^+		Na^+	
				（me/百克土）	（克/千克）	（me/百克土）	（克/千克）	（me/百克土）	（克/千克）	（me/百克土）	（克/千克）
329	宏伟宏建西	0～10	2.41	0.47	0.09	0.16	0.02	0.05	0.19	0.65	0.15
		10～20	3.16	0.36	0.07	0.12	0.01	0.42	0.16	1.01	0.23
		20～30	3.98	0.62	0.12	0.25	0.03	0.07	0.03	1.07	0.25
		30～40	7.12	0.62	0.12	0.39	0.05	0.15	0.06	1.55	0.36

表 2-54　深位柱状苏打草甸碱土总盐量测定

剖面号	地点	采样深度（厘米）	总盐量（me/百克土）	CO_3^{2-}		HCO_3^-		SO_4^{2-}	
				（me/百克土）	（克/千克）	（me/百克土）	（克/千克）	（me/百克土）	（克/千克）
266	花园镇永运村	0～10	2.13	0.01	—	0.70	0.43	0.61	0.29
		10～20	2.10	0.23	0.07	1.01	6.18	0.03	0.01
		20～30	4.10	0.51	0.15	1.32	0.80	0.04	0.02
		30～40	5.59	1.03	0.31	1.76	1.07	0.14	0.07

剖面号	地点	采样深度（厘米）	总盐量（me/百克土）	Ca^{2+}		Mg^{2+}		K^+		Na^+	
				（me/百克土）	（克/千克）	（me/百克土）	（克/千克）	（me/百克土）	（克/千克）	（me/百克土）	（克/千克）
266	花园镇永运村	0～10	2.13	0.08	0.02	0.11	0.01	0.01	—	0.06	0.14
		10～20	2.10	0.13	0.03	0.09	0.01	0.01	—	0.61	0.14
		20～30	4.10	0.11	0.02	0.09	0.01	0.01	—	2.02	0.46
		30～40	5.59	0.16	0.03	0.14	0.02	0.01	—	2.35	0.54

表 2-55　深位柱状苏打草甸碱土总盐量测定

剖面号	地点	采样深度（厘米）	总盐量（me/百克土）	CO_3^{2-}		HCO_3^-		SO_4^{2-}	
				（me/百克土）	（克/千克）	（me/百克土）	（克/千克）	（me/百克土）	（克/千克）
896	学田五屯西南	0～10	1.49	—	—	0.60	0.37	0.13	0.06
		10～20	2.17	—	—	1.01	0.61	0.02	0.01
		20～30	4.31	0.57	0.17	1.46	0.59	—	—
		30～40	5.63	0.52	0.16	1.67	1.02	0.20	0.10

（续）

剖面号	地点	采样深度（厘米）	总盐量（me/百克土）	Ca^{2+}		Mg^{2+}		K^{+}		Na^{+}	
				(me/百克土)	(克/千克)	(me/百克土)	(克/千克)	(me/百克土)	(克/千克)	(me/百克土)	(克/千克)
896	学田五屯西南	0～10	1.49	0.20	0.04	0.09	0.01	0.01	—	0.47	0.11
		10～20	2.17	0.08	0.02	0.10	0.01	—	—	0.96	0.22
		20～30	4.31	0.16	0.03	0.08	0.01	0.01	0.01	2.02	0.46
		30～40	5.63	0.26	0.05	0.14	0.02	0.01	0.01	0.82	0.65

四、盐　　土

盐土主要分布在地势低平的积水坑、泡及河漫滩和低阶地上，多呈斑状，与盐化草甸土等呈复区存在，母质为冲积物。盐化过程是盐土形成的主要过程。由于这种地段同时受地表径流和地下潜水的影响，各种可溶盐随水进入土体，为土壤盐化提供有利条件。各种可溶盐随水分向表层移动积累，降水后又随水下淋，盐分移动与水流方向一致，盐分积累则与土体含水多少和蒸发程度有关。由于受地下水作用，全县盐土属于草甸盐土亚类，表层盐分含量0.90%～1.00%，盐分组成中以苏打为主。土壤物理性状较差，湿泞干硬，几乎不透水，具有盐化和碱化双重特征。大部分是光板地，也有长着稀疏碱蓬、碱蒿等植被的小块面积。局部低洼地有氯化物盐土（盐板地）和硫酸盐盐土（硝碱土）。林甸县盐土面积为3 264.70公顷，占土地总面积的0.95%，绝大部分是未垦草原。其中，耕地只有308.60公顷，占耕地面积的0.22%。根据形态特征和化验分析结果，林甸县有混合型盐土与苏打碱化盐土2个土属，混合型盐土中有硫酸盐-氯化物苏打草甸盐土1个土种，苏打碱化盐土没有做碱化度，以土属叙述，现分述如下。

1. 硫酸盐-氯化物苏打草甸盐土　该土壤氯化物和硫酸盐含量较高，含少量苏打，从941号剖面分析看，阴离子中HCO_3^-、CO_3^{2-}含量占毫克当量总数的0.20%，Cl^-占0.67%，SO_4^{2-}占0.25%，$Cl^-/SO_4^{2-}=3.65$。这个剖面在林甸县西部八一〇四三部队农场草原上，海拔高度145米，具表聚特点，向下层逐渐减少，表层有盐霜，光板地，是由草甸土演化而来，层次尚属清楚，调查时间1982年9月4日。

AK层：0～4厘米，片状结构，沙壤，土体松，润，无植物根系，石灰反应较弱。

AB层：4～22厘米，棕灰色，粒块状结构，中壤，土体较松，湿润，无植物根系，石灰反应较强烈。

B_1层：22～53厘米，棕灰色，核块状结构，重壤，土体稍紧，湿润，无植物根系，石灰反应较强烈。

B_2层：58～128厘米，棕灰色，小核状和粒状结构，重壤，土体稍紧，湿润，有少量残根，石灰反应较强烈。

BC层：128～160厘米，浅灰棕色，小粒状结构，轻壤，土体紧，湿润，有少量假菌丝体和较多锈斑，无植物根系，石灰反应较强烈。

硫酸盐-氯化物苏打草甸盐土总盐量测定见表 2－56。

表 2－56　硫酸盐-氯化物苏打草甸盐土总盐量测定

剖面号	地点	采样深度（厘米）	总盐量（me/百克土）	CO_3^{2-}		HCO_3^-		Cl^-		SO_4^{2-}	
				（me/百克土）	（克/千克）	（me/百克土）	（克/千克）	（me/百克土）	（克/千克）	（me/百克土）	（克/千克）
941	部队农场	0～10	66.86	4.21	1.27	1.21	0.74	19.35	6.86	5.10	2.45
		10～20	51.07	2.07	0.62	1.24	0.76	19.59	6.94	1.91	0.92
		20～30	46.06	1.82	0.55	1.20	0.73	16.92	6.00	2.06	0.99
		30～40	1.73	—	—	0.76	0.46	—	—	0.32	0.15

剖面号	地点	采样深度（厘米）	总盐量（me/百克土）	Ca^{2+}		Mg^{2+}		K^+		Na^+	
				（me/百克土）	（克/千克）	（me/百克土）	（克/千克）	（me/百克土）	（克/千克）	（me/百克土）	（克/千克）
941	部队农场	0～10	66.86	0.15	0.03	0.10	0.01	0.04	0.01	36.70	8.44
		10～20	51.07	0.21	0.04	0.12	0.01	0.02	0.01	25.91	5.96
		20～30	46.06	0.18	0.04	0.19	0.02	0.02	0.01	23.67	5.21
		30～40	1.73	0.30	0.06	0.13	0.02	0.03	0.01	0.20	0.05

2. 苏打碱化盐土　该土壤形成以盐化过程为主，附加碱化过程，呈斑块状分布，与盐渍化草甸土及碱土呈复区。地表裸露或生长少许耐盐性强的植物。一般表层有 0.5～2.0 厘米厚的盐结皮，呈灰白带棕色；其下为块状结构的碱化层，腐殖质条纹下淋；心土层为块状，小粒状结构；底土为块状及核块状结构，颜色混杂。此种土壤盐分组成中苏打占优势，全剖面强石灰反应。林甸县分布面积 2 140.50 公顷，占总面积的 0.63%，其中耕地面积为 286.50 公顷，占耕地面积的 0.20%。该土壤有 3 个主要层次：A_1层呈灰白色结皮或生草层，B_1层有不同程度的大结构碱化层，B_2层或 BC 层为积盐层。以 900 号剖面为例，其剖面形态特征如下：

900 号剖面在四合乡永合村东波状平原稍高处，放牧地，海拔高度 155 米，调查时间 1981 年 10 月 7 日。

AK 层：0～2 厘米，灰白色，片状结构，轻壤，土体紧，干，无植物根系，石灰反应较弱。

AB 层：2～25 厘米，浅棕灰色，小块状结构，重壤，土体紧，干，无植物根系，石灰反应较强烈。

B 层：25～50 厘米，浅棕黄色，小块状结构，轻黏，土体紧，湿润，无植物根系，石灰反应强烈。

B_2层：50～125 厘米，灰黄色，块状结构，黏土，土体紧、湿润，有大量锈斑和铁锰结核，石灰反应强烈。

BC 层：125～150 厘米，灰黄色，小块状结构，黏土，土体紧实、潮湿，有大量石灰斑块，石灰反应强烈。

苏打碱化盐土化学性状见表 2－57，总盐量测定见表 2－58、表 2－59，机械组成见表 2－60。

表 2-57　苏打碱化盐土化学性状

剖面号	采样深度（厘米）	有机质（克/千克）	全氮（克/千克）	全磷（毫克/千克）	速效（毫克/千克）	pH	可溶性盐分含量（克/千克）
877	0～10	13.10	0.59	1 046.00	93.70	10.52	22.00
	50～60	12.60	—	—	96.70	10.40	29.90
	90～100	11.30	—	—	95.60	10.35	14.50
	120～130	6.80	—	—	7.91	9.30	0.80

表 2-58　苏打碱化盐土总盐量测定

剖面号	地点	采样深度（厘米）	总盐量（me/百克土）	CO_3^{2-}		HCO_3^-		SO_4^{2-}	
				（me/百克土）	（克/千克）	（me/百克土）	（克/千克）	（me/百克土）	（克/千克）
907	永新东南	0～10	9.60	0.82	0.24	1.48	0.90	1.30	0.62
		10～20	7.77	1.70	0.51	1.20	0.73	0.20	0.10
		20～30	9.06	1.23	0.37	1.42	0.87	0.15	0.07
		30～40	7.85	1.23	0.37	1.61	0.98	0.06	0.03

剖面号	地点	采样深度（厘米）	总盐量（me/百克土）	Ca^{2+}		Mg^{2+}		K^+		Na^+	
				（me/百克土）	（克/千克）	（me/百克土）	（克/千克）	（me/百克土）	（克/千克）	（me/百克土）	（克/千克）
907	永新东南	0～10	9.60	0.13	0.03	0.41	0.05	—	—	5.47	1.26
		10～20	7.77	0.29	0.06	0.33	0.04	0.02	0.01	4.03	0.93
		20～30	9.06	0.24	0.05	0.36	0.04	0.02	0.01	5.65	1.30
		30～40	7.85	0.14	0.03	0.16	0.02	0.02	0.01	4.64	1.07

表 2-59　苏打碱化盐土总盐量测定

剖面号	地点	采样深度（厘米）	总盐量（me/百克土）	CO_3^{2-}		HCO_3^-		SO_4^{2-}	
				（me/百克土）	（克/千克）	（me/百克土）	（克/千克）	（me/百克土）	（克/千克）
939	部队农场	0～2	26.31	7.56	2.27	2.11	1.29	1.22	0.59
		2～6	34.93	10.99	3.29	3.27	2.00	1.66	0.80
		6～40	11.30	2.99	0.89	1.63	0.994	0.05	0.02

剖面号	地点	采样深度（厘米）	总盐量（me/百克土）	Ca^{2+}		Mg^{2+}		K^+		Na^+	
				（me/百克土）	（克/千克）	（me/百克土）	（克/千克）	（me/百克土）	（克/千克）	（me/百克土）	（克/千克）
939	部队农场	0～2	26.31	0.51	0.10	0.55	0.07	0.02	0.01	14.33	3.29
		2～6	34.93	0.82	0.16	0.27	0.03	0.01	0.00	17.91	4.12
		6～40	11.30	0.55	0.11	0.18	0.02	0.02	0.01	5.88	1.35

表 2-60　苏打碱化盐土机械组成

剖面号	地点	利用类型	采样深度（厘米）	各级颗粒含量（%）								质地
				1.00～0.25毫米	0.25～0.05毫米	0.05～0.01毫米	0.01～0.005毫米	0.005～0.001毫米	<0.001毫米	物理黏粒	物理沙粒	
877	部队农场	草地	0～10	1.20	21.50	25.70	8.20	8.60	34.80	51.50	48.50	中黏
			50～60	0.60	18.10	20.10	9.80	22.80	18.70	61.30	38.70	中黏
			90～100	0.90	17.80	26.70	5.10	19.70	29.80	54.60	45.50	中黏
			120～130	0.50	11.90	24.40	10.80	23.70	28.70	63.20	36.80	中黏

该盐土虽然含盐量不太高，但因有大量苏打，并有明显的碱化层，有很强的碱性。结构不良，土体性状较差，分散性强，改良困难，不宜开垦为耕地，但碱草生长较好，可作为牧业基地。

五、沼 泽 土

沼泽土是一种水成型土壤，由于土壤长年积水或季节性积水，地下水位较高，生长着繁茂的芦苇及小叶樟、三棱薹草等沼泽植物，母质为河湖相沉积物，结构不良，土壤较黏重，持水性能强，有季节性冻层的存在，促进沼泽化形成沼泽土。在排水不畅的情况下，地面长期受水淹，地下水位较高，沼泽植被枯死后，留下的大量残体保存在下部，但分解较差，无泥炭层，所形成的沼泽土为草甸沼泽土，通体有石灰反应，具有明显的潜育层。林甸县沼泽土集中分布在西部乌裕尔河及其支流九道沟两侧狭长低地以及附近闭合洼地，面积为 28 454.47 公顷，占土地总面积的 8.31%，其中耕地面积 84.10 公顷，占总耕地面积的 0.13%。按生长植被分为芦苇草甸沼泽土和小叶樟草甸沼泽土 2 个土属，未续分为土种。现分述如下。

1. 芦苇草甸沼泽土　该土壤分布在沼泽土区内常年积水较深的部位，除生长茂密的芦苇外，还生长一些其他水生植物，土表有大量植物活根和残体，是养鱼、育苇的好地方。面积为 14 566.13 公顷，占土地总面积的 4.25%，其中耕地 59.3 公顷，占总耕地面积的 0.04%。该土壤居于水下，地面上层为很厚的水层，其中深水部位生长较多水草及水杂菜、蔓角等水生植物，浅水部位则生长茂盛的芦苇及三棱草、靰鞡草，小面积生长菖蒲。夏季水浸取样困难，只在冬季破冰取出上层土样，做了化验分析。以 916 号剖面为例，其剖面形态特征如下：

916 号剖面在育苇区内，生长茂盛的芦苇，海拔高度 146 米，地表有 80 厘米厚的冰层，调查时间 1982 年 2 月 14 日。

At 层：0～20 厘米，暗灰棕色，粒状结构，中壤，土体松，湿，多量植物根系。

AB 层：20～30 厘米，灰棕色，粒状结构，中壤，土体湿，松，植物根系较多。

芦苇草甸沼泽土化学性状见表 2-61。

该土壤过渡不明显，腐殖质层较厚，颜色较深，有大量植物根系，含水多。现在只能养鱼、育苇，发展副业生产。

表 2-61　芦苇草甸沼泽土化学性状

剖面号	采样深度（厘米）	有机质（克/千克）	全氮（克/千克）	全磷（毫克/千克）	速效磷（毫克/千克）	pH	可溶性盐分含量（克/千克）
674	0～10	138.20	6.86	1 460.00	10.60	9.70	20.30
	20～30	82.30	4.37	1 160.00	9.70	9.25	1.10
811	0～10	130.60	8.60	1 250.00	24.70	8.20	1.90
	15～25	105.70	55.00	11 093.00	17.30	8.35	2.10
702	0～10	173.00	7.48	1 320.00	14.60	10.20	3.00
	15～25	64.20	2.96	820.00	10.60	10.15	2.20

2. 小叶樟草甸沼泽土　该土壤分布在沼泽土区外围浅水外，在季节性积水洼地也有小面积分布，地面处于干、湿交替，以湿为主，只有短时间干涸，年际间还不一样，经常处于积水状态，有季节性冻层，生长芦苇渐少，小叶樟、三棱薹草增多，现在大部分是割草地。面积为 13 888.30 公顷，占土地总面积的 4.06%。其中，耕地 124.8 公顷，占总耕地面积的 0.09%。以 883 号剖面为例，其剖面形态特征如下：

883 号剖面在八一〇四三部队波状平原草原上，海拔高度 145 米，生长较多小叶樟、芦苇，调查时间 1981 年 9 月 1 日。

A 层：0～15 厘米，暗灰色，团粒状结构，中壤，土体松，湿润，有大量植物根系，石灰反应较强烈。

AB 层：15～25 厘米，浅灰色，团粒状结构，重壤，土体稍紧，湿润，多量植物根系，石灰反应较强烈。

B_1 层：25～85 厘米，灰白色，粒状结构，轻黏，土体紧，潮湿，有大量石灰斑块，少量锈斑，较多植物根系，石灰反应较强烈。

B_2 层：85～150 厘米，灰棕色，小块状结构，轻黏，土体紧，湿，有大量锈斑，极少植物根系，石灰反应较弱。

芦苇草甸沼泽土化学性状见表 2-62，机械组成见表 2-63。

表 2-62　芦苇草甸沼泽土化学性状

剖面号	采样深度（厘米）	有机质（克/千克）	全氮（克/千克）	全磷（毫克/千克）	碱解氮（毫克/千克）	速效磷（毫克/千克）	pH	可溶性盐分含量（克/千克）
704	0～10	61.30	2.83	990.00	—	17.60	10.05	2.33
	10～20	43.80	2.02	940.00	—	21.20	9.98	2.33
323	0～10	103.50	6.01	1 760.00	—	33.90	8.50	0.59
	20～30	66.00	3.11	1 350.00	—	17.10	8.60	0.81
77	0～16	95.50	4.32	770.00	294.00	6.10	—	—
	16～37	14.70	1.00	430.00	49.10	6.40	—	—
	37～80	6.20	0.37	360.00	18.50	3.80	—	—
	80～135	5.50	0.30	520.00	8.60	6.10	—	—

表 2-63　小叶樟草甸沼泽土机械组成

剖面号	地点	利用类型	采样深度（厘米）	各级颗粒含量（%）								质地
				1.00～0.25毫米	0.25～0.05毫米	0.05～0.01毫米	0.01～0.005毫米	0.005～0.001毫米	<0.001毫米	物理黏粒	物理沙粒	
883	部队农场	草地	5～15	2.62	24.25	29.75	5.12	12.64	25.60	43.40	56.62	轻黏
			15～25	1.51	9.47	19.87	5.51	11.47	52.20	69.20	30.85	重黏
			50～60	1.00	3.54	20.74	6.15	14.44	54.10	74.70	25.28	重黏
			120～130	0.72	3.68	33.15	6.81	11.83	43.80	62.50	37.55	中黏

该土壤黑土层较薄，52～75 厘米，呈现蓝灰白色，以下有大量锈斑，由于地下水位高，地势低洼排水不畅，目前尚不能开发，只能作为牧业、副业基地。

六、沙　　土

沙土是一种地带性不明显的幼年土壤，是向地带性过渡的特殊隐域土。由于河流泛滥及改道遗留下来的沙滩，经风力搬运堆积，形成半流动或固定沙丘，在植物作用下形成的土壤。林甸县风沙土来源于西部和西北部嫩江、乌裕尔河之河沙，随西北风刮来，堆积在沿乌裕尔河岸边高、低河漫滩上，零星分布于三合乡的南岗、胜利、富绕村和西部育苇场。这种土壤母质为风积沙，由于受干旱气候的影响，也能自然生长一些不很茂盛的耐旱耐沙植物，如防风、兔毛蒿等杂类草。年深月久，植物根系固结作用逐渐加强，有机质积累逐渐增加，形成了一定厚度的生草层，具有了土壤肥力，促进了植物繁殖，扩大了覆盖面积，逐渐使沙丘固定下来。由于生土作用的加强和成土年龄的增长，有机质和养分不断积累，形成了现在的风沙土。这种土壤通体含沙，黑土层较薄，全剖面有石灰反应。林甸县风沙土面积为 374.30 公顷，占土地总面积的 0.10%。其中，耕地 278 公顷，占耕地面积的 0.2%。根据土壤颜色深浅与含石灰程度，分为黑钙土型沙土与生草沙土 2 个亚类。

（一）黑钙土型沙土

黑钙土型沙土是固定时间较长的沙丘下部埋藏着黑钙土，因地下水位较深，气候干旱，土壤水分蒸发剧烈，所以土体中有石灰。由于生长植物不是很茂密，所以土壤腐殖质积累不太多，黑土层较薄，经较长时间演变，已开始有地带性土壤黑钙土的特征，钙的积聚成假菌丝体状淀积于心土，出现钙积层。该土壤林甸县有 289.80 公顷，占土地总面积的 0.08%。其中，耕地 222.20 公顷，占耕地面积的 0.16%。属于岗地黑钙土型沙土 1 个土属，黑土层厚<20 厘米，属薄层，个别有超过 20 厘米的地方，但面积较小，未做统计与分析，只划分薄层岗地黑钙土型沙土 1 个土种。

薄层岗地黑钙土型沙土　该土壤是林甸县黑钙土型沙土的主要类型，主要分布在三合乡富绕村和银光牧场平地稍高处，多为耕地，坡下即为粉沙底碳酸盐黑钙土。沿河两岸地势隆起部分大部是这种土壤，剖面发育层次完全。以 921 号剖面为例，其剖面形态特征如下：

921 号剖面在银光畜牧场波状平原耕地上，地势稍高，海拔高度 148 米，调查时间

1982 年 7 月 22 日。

A_P 层：0～18 厘米，灰棕色，粒状结构，粉沙质，土体松，湿润，有大量植物根系，石灰反应较强烈。

AB 层：18～45 厘米，浅棕黄色，粒状结构，粉沙质，土体松，润，有较多植物根系，石灰反应较强烈。

B_{Ca}层：45～120 厘米，粒、块状结构，沙壤，土体稍紧，润，有大量假菌丝体，少量植物根系，石灰反应强烈。

BC 层：120～150 厘米，浅黄色，粒、块状结构，轻黏，土体稍紧，湿润，无植物根系，石灰反应强烈。

薄层岗地黑钙土型沙土物理性状见表 2-64，化学性状见表 2-65，机械组成见表2-66。

表 2-64　薄层岗地黑钙土型沙土物理性状

剖面号	采样深度（厘米）	容重（克/立方厘米）	田间持水量（%）	总孔隙度（%）	毛管孔隙度（%）	非毛管孔隙度（%）
921	10～15	1.29	35.14	51.00	—	—
	30～45	1.60	20.48	40.00	—	—

表 2-65　薄层岗地黑钙土型沙土化学性状

剖面号	采样深度（厘米）	有机质（克/千克）	全氮（克/千克）	全磷（毫克/千克）	碱解氮（毫克/千克）	速效磷（毫克/千克）	pH
15	0～7	27.50	2.02	590.00	167.00	6.70	8.00
	8～16	38.30	2.03	570.00	167.00	3.50	7.80
	30～40	15.20	1.43	500.00	66.90	2.60	7.90
	90～100	12.00	1.31	480.00	51.90	7.80	8.20
	160～170	11.70	1.25	570.00	63.60	1.20	8.30

表 2-66　薄层岗地黑钙土型沙土机械组成

剖面号	地点	利用类型	采样深度（厘米）	各级颗粒含量（%）								质地
				1.00～0.25毫米	0.25～0.05毫米	0.05～0.01毫米	0.01～0.005毫米	0.005～0.001毫米	<0.001毫米	物理黏粒	物理沙粒	
15	三合富饶	耕地	0～9	18.80	41.70	13.30	3.00	8.10	15.10	26.30	73.70	中壤
			9～20	23.90	38.60	12.30	3.00	7.00	15.10	25.20	74.80	中壤
			20～65	19.30	40.00	12.00	2.90	15.70	10.30	28.80	71.20	中壤
			65～75	12.00	32.30	12.00	3.80	24.20	15.80	43.80	56.20	轻黏
			115～150	20.10	34.10	9.00	2.80	21.00	13.00	36.80	63.30	重壤

该土壤通体质地较轻，含沙量大，结构不好，保肥、保水能力较差，含石灰量较少，春季土壤增温快，宜耕期长，发小苗。要增施肥料加强管理，是发展农业的良好土壤。

（二）生草沙土

生草沙土是半流动的沙丘生长植物后，经生草作用形成的土壤。因年限较短，生长植物稀疏，株矮覆盖度小，又处于风口处，气候干旱，常受风蚀，所以腐殖质积累得少。表土层很薄，沙多土少，颗粒粗糙，水肥条件不好。这类土壤表层呈灰棕色，比较松散，心土层较紧，颜色较浅，通体有石灰反应。林甸县这种土的面积 84.50 公顷，占土地总面积的 0.02%。其中，耕地 55.90 公顷，占耕地面积的 0.04%。按地形部位属于岗地风沙土属，以 A_1 层颜色分为岗地生草灰沙土土种。主要在三合乡靠近乌裕尔河的胜利、南岗、富绕村及周围零散河岗，多为耕地。

岗地生草灰沙土　该土壤分布在乌裕尔河东岸与齐齐哈尔市和富裕县交界处。这里是林甸西北风口，春季这里常常是风沙打面，行路困难，进入境内则风力减弱，所以这里岗地与平地均有覆沙。岗地不断长高，沙层也不断加厚。夏季降水增多，晴天蒸发剧烈，地面常出现硬盖，表土下为松散心土层，底土为细沙。通体有石灰反应，以 922 号剖面为例，其剖面形态特征如下：

922 号剖面在四合乡合胜村境内小丘上，为新开垦的耕地，当年无植被，海拔高度 158 米，调查时间 1982 年 7 月 23 日。

As 层：0～19 厘米，灰棕色，粒状结构，沙壤，土体疏松，润，有多量植物根系，石灰反应较强烈。

AB 层：19～30 厘米，灰棕色，粒状结构，轻壤，土体松，润，有少量植物根系，石灰反应较弱。

B 层：30～90 厘米，灰棕色，粒状结构，轻壤，土体松，润，有极少植物根系，石灰反应较强烈。

BC 层：90～160 厘米，灰棕色，粒状结构，轻壤，土体松，润，无植物根系，石灰反应强烈。

岗地生草灰沙土物理性状见表 2-67。

表 2-67　岗地生草灰沙土物理性状

剖面号	采样深度（厘米）	容重（克/立方厘米）	田间持水量（%）	总孔隙度（%）	毛管孔隙度（%）	非毛管孔隙度（%）
937	10～15	1.39	26.60	48.00	—	—
	20～25	1.37	35.10	48.00	—	—

该土壤全剖面颜色深浅相似，质地较松，通体含沙量大，是逐渐堆积起来的。石灰反应上层弱，向下渐强，无钙积和草甸化现象。未垦地上生长植被稀疏，肥力不高，面积极小，发展农业生产，要以增施肥料、实行灌溉为核心的综合措施，加以改良发展牧业，还要加强草原保护，防止风蚀。

第六节　农田基础设施

为了保证农业生产的发展，林甸县农田建设受到历届政府的高度重视。在农田建设方面主要采取了生物措施和工程措施相结合的治理方法，针对不同农田的主要问题，采取了相应的治理措施。主要治理方法如下：

1. 兴修水利工程 到2009年，林甸县共有大型水库1座，小型水库3座，库容1.71亿立方米。机电井6 921眼。其中，大井4 149眼，小井2 772眼。节水灌溉面积6.41万公顷。其中，喷灌6.02万公顷，管道输水0.39万公顷。有效灌溉面积7.97万公顷。灌溉保证率48.1%。除涝面积4.49万公顷，占应除涝面积的55%。水土流失治理面积0.43万公顷，占应治理面积的32%。

2. 营造农田防护林 营造农田防护林是从1980年按照“三北防护林”一期工程规划进行了大规模的营林活动。到2009年，林甸县共有森林面积2.21万公顷。森林覆盖度8.25%。

3. 提高机械耕作水平 到2009年，林甸县农业机械总动力63.10万千瓦；农用大中型拖拉机14 234台，25.90万千瓦，机引农具9 616部；农用小型拖拉机11 369台，13万千瓦，机引农具42 964部；联合收割机2万千瓦；农业排灌机械6 454台。

与此同时，对一些盐碱、瘠薄、易涝、水土流失地采取了客土改良、深耕和施肥、田间工程相结合的配套措施，使这些耕地在一定程度内也得到了治理；至2009年，除涝面积4.49万公顷；治碱面积0.36万公顷；治理水土流失面积0.43万公顷。

这些农田基础设施建设对于提高林甸县耕地的综合生产能力起到了积极的作用，促进了林甸县产量的提高和农业生产的发展。

林甸县的农田基础设施建设虽然取得了显著的成绩，但与农业生产发展相比，农田基础设施还比较薄弱，抵御各种自然灾害的能力还不强。特别是近年来，农田基础建设相对滞后，林甸县的旱田还有将近60%没有灌溉条件，仍然处于靠天降水的状态，大多数旱田经常受天气旱灾的危害，影响了农作物产量的继续提高。水田和菜田虽能解决排灌问题，但灌溉方式落后。水田基本上仍采用土渠的输入方式，采用管道输水基本上没有，防渗渠道极少，所以在输水过程中，渗漏严重，水分利用率不高；菜田基本上是靠机井灌溉，方式多数是沟灌，滴灌、微灌面积不大。水田、菜田发展节水灌溉，引进先进设施，推广先进节水技术；旱田实行水浇，特别是逐步引进大型的农田机械，推行深松节水技术，是林甸县今后农业中必须解决的重大问题。

第三章　耕地地力评价技术路线

第一节　调查方法与内容

一、调查方法

本次耕地地力调查与质量评价是以《全国测土配方施肥技术规范》（以下简称《规范》）和全国农业技术推广服务中心《耕地地力评价指南》为依据，调查工作采取的方法是内业调查与外业调查相结合的方法。内业调查主要包括图件资料的收集、文字资料的收集；外业调查包括耕地的土壤调查、环境调查和农业生产情况的调查。

（一）内业调查

1. 基础资料准备　包括图件资料、文件资料和数字资料 3 种。

图件资料：主要包括第二次土壤普查编绘的 1∶50 000 的《林甸县土壤图》、国土资源局土地详查时编绘的 1∶100 000 的《林甸县土地利用现状图》、1∶100 000 的《林甸县行政区划图》等。

2. 数据资料　数据资料的收集内容包括：县级农村及农业生产基本情况资料、土地利用现状资料、土壤肥力监测资料等。主要采用林甸县统计局的统计数据资料。林甸县耕地总面积采用国土地资源局确认的面积为 1 415 185.8 公顷（只包括 85 个行政村面积），具体如下：

（1）近 3 年粮食单产、总产、种植面积统计资料。

（2）近 3 年肥料用量统计表及测土配方施肥获得的农户施肥情况调查表。

（3）土壤普查农化数据资料。

（4）测土配方施肥农户调查表。

（5）历年土壤肥力监测化验资料。

（6）测土配方施肥土壤样品化验结果表，包括土壤有机质、大量元素、微量元素及 pH、容重、含盐量等土壤理化性状化验资料。

（7）测土配方施肥田间试验、技术示范相关资料。

（8）县、乡、村编码表。

3. 文本资料　具体包括，第二次土壤普查编写的《林甸县土壤》、林甸县统计局的《林甸县统计年鉴》、国土局的《林甸县土地利用总体规划》等。

（二）外业调查

外业调查包括土壤调查、环境调查和农户生产情况调查。主要方法如下：

1. 布点　布点是调查工作的重要一环，正确的布点能保证获取信息的典型性和代表性；能提高耕地地力调查与质量评价成果的准确性和可靠性；能提高工作效率，节省人力和资金。

（1）布点原则：

代表性、兼顾均匀性：首先，考虑到林甸县耕地的典型土壤类型和土地利用类型；其次，耕地地力调查布点要与土壤环境调查布点相结合。

典型性：样本的采集必须能够正确反应样点的土壤肥力变化和土地利用方式的变化。采样点布设在利用方式相对稳定，避免各种非正常因素的干扰的地块。

比较性：尽可能在第二次土壤普查的采样点上布点，以反映第二次土壤普查以来的耕地地力和土壤质量的变化。

均匀性：同一土类、同一土壤利用类型在不同区域内应保证点位的均匀性。

（2）布点方法：采用专家经验法，聘请了熟悉全市情况，参加过第二次土壤普查的有关技术人员参加工作和黑龙江东北农业大学等有关部门的专家，依据以上布点原则，确定调查的采样点。

2. 采样　大田土样采样方法，大田土样在作物收获后取样。

（1）野外采样田块确定：根据点位图，到点位所在的村屯，首先向农民了解本村的农业生产情况，确定具有代表性的田块，田块面积要求在 0.07 公顷以上，依据田块的准确方位修正点位图上的点位位置，并用 GPS 定位仪进行定位。

（2）调查、取样：向已确定采样田块的户主，按调查表格的内容逐项进行调查填写。在该田块中按 0～20 厘米土层采样；采用 X 法、S 法、棋盘法其中任何一种方法，均匀随机采取 15 个采样点，充分混合后，四分法留取 1 千克。

二、调查内容及步骤

（一）调查内容

按照《耕地地力调查与质量评价规程》（以下简称《规程》）的要求，对所列项目，如立地条件、土壤属性、农田基础设施条件、栽培管理和污染等情况进行了详细调查。为更透彻的分析和评价，附表中所列的项目要无一遗漏，并按说明所规定的技术范围来描述。对附表未涉及，但对当地耕地地力评价又起着重要作用的一些因素，在表中附加，并将相应的填写标准在表后注明。

调查内容分为基本情况、化肥使用情况、农药使用情况、产品销售调查等。

（二）调查步骤

林甸县耕地地力调查与质量评价工作大体分为 4 个阶段。

1. 第一阶段：准备阶段　2007 年 9 月黑龙江省地力评价工作会议结束后，自 9 月 8 日—9 月 26 日，此阶段主要工作是收集、整理、分析资料。具体内容包括：

（1）统一野外编号：林甸县 8 个乡（镇），85 个行政村，县属国有牧、林、苇场 3 处。按照国家要求的调查点统一编号、调查点区内编号、调查点类型等。

（2）确定调查点数和布点：林甸县确定调查点位 2 038 个。依据这些点位所在的乡（镇）、村为单位，填写了“调查点登记表”，主要说明调查点的地理位置、野外编号和土壤名称，为外业做好准备工作。

（3）外业准备：在土壤化冻前对被确定调查的地块（采样点）进行实地确认，同时对地块所属农户的基本情况等进行调查。按照《规程》中所规定的调查项目，设计制订野外调查表格，统一项目、统一标准进行调查记载。在土壤化冻后进行采集土样，填写土样登记表，并用GPS卫星定位系统进行准确定位，同时补充第一次外业时遗漏的项目。

2. 第二阶段：第一次外业　分4步进行。

（1）组建外业调查组：为保证外业质量，选择一些有经验的、事业心较强的人员，由林甸县土壤肥料工作站站长挂帅，抽出包括乡（镇）在内的技术骨干，组成工作小组，每组负责1个乡（镇）的调查任务。

（2）培训和试点：人员和任务确定后，为使工作人员熟练掌握调查方法，明确调查内容、程序及标准，县农业技术推广中心组织有关技术人员进行专题技术培训。培训内容是调查表填写，土壤采集方法等。

（3）全面调查：调查组以1∶50 000乡（镇）土壤图为工作底图，确定了被调查的具体地块及所属农户的基本情况，完成了“采样点基本情况”“肥料使用情况”“农药、种子使用情况”“机械投入及产出情况”4个基础表格的填写，同时填写了乡（镇）、村、屯、户为单位的《调查点登记表》。

（4）审核调查：在第一次外业入户调查任务完成后，对各组填报的各种表格及调查登记表进行了统一汇总，并逐一作了审核。

3. 第三阶段：第二次外业调查　分3步进行。

（1）制订方案和培训：在第一次外业的基础上，进一步完善了第二次外业的工作方案，并制订采集土样登记表。准备工作安排就绪后，于10月12日举办了第二次培训班，对第二次外业的工作任务和采样的要求进行了系统的培训，并在土肥站技术人员的带领下，进行了实地讲解和演练。

（2）调查和采样：调查。第二次外业的主要任务是：补充调查所增加的点位，对所有确定为调查点位的地块采集耕层样本，按《规程》的要求，兼顾点位的均匀性及各土壤类型，采集了容重样本。

采样。对所有被确定为调查点位的地块，依据田块的具体位置，用GPS卫星定位系统进行定位，记录准确的经、纬度。面积较大地块采用X法或棋盘法，面积较小地块采用S法，均匀并随机采集15个采样点，充分混合用四分法留取1.0千克。每袋土样填写2张标签，内外各具1张。标签主要内容：该样本野外编号、土壤类型、采样深度、采样地点、采样时间和采样人等。

（3）汇总整理：对采集的样本逐一进行检查和对照，并对调查表格进行认真核对，无差错后统一汇总总结。

4. 第四阶段：化验分析阶段　本次耕地地力调查共化验了2 038个土壤样本，测定了有机质、pH、全氮、全磷、全钾、碱解氮、速效磷、速效钾以及铜、铁、锰、锌12个项目。对外业调查资料和化验结果进行了系统的统计和分析。

第二节　样品分析及质量控制

一、物理性状

土壤容重　采用环刀法。

二、化学性状

土壤样品

分析项目：pH、有机质、全磷、全氮、全钾、碱解氮、有效磷、速效钾、铜、锌、铁、锰。土壤样本化验项目及方法见表 3-1。

表 3-1　土壤样本化验项目及方法

分析项目	分析方法
pH	玻璃电极法
有机质	浓硫酸-重铬酸钾法
全氮	凯氏蒸馏法
碱解氮	碱解扩散法
有效磷	碳酸氢钠-钼锑抗比色法
全钾	氢氧化钠-火焰光度法
速效钾	乙酸铵-火焰光度法
有效铜、有效锌、有效铁、有效锰	DTPA 提取原子吸收光谱法
全磷	氢氧化钠-钼锑抗比色法

三、实验室基本要求

1. 实验室资格　通过省级（或省级以上）资格考核。

2. 实验室布局　合理、整洁、明亮，配备抽风排气、废水及废物处理设施。

3. 人员　按计量认证要求，配备相应专业技术人员，满足检验工作需要，持证上岗。

4. 仪器设备　满足承检项目的检验质量要求，必须计量检定合格。

5. 环境条件　适应承检项目、仪器设备的检测要求。

6. 实验室用水　用电热蒸馏和离子交换等方法制备，并符合 GB/T 6682—1992 的规定。

第三节　数据库的建立

一、属性数据库的建立

1. 测土软件　属性数据库的建立与录入独立于空间数据库，全国统一的调查表录入系统。主要属性数据表及其包括的数据内容见表 3-2。

2. 数据的审核、录入及处理　包括基本统计量、计算方法、频数分布类型检验、异常值的判断与剔除以及所有调查数据的计算机处理等。

表 3-2　主要属性数据表及其包括的数据内容

编号	名　称	内　容
1	采样点基本情况调查表	采样点基本情况，立地条件，剖面形状，土地整理，污染情况
2	采样点农业生产情况调查表	土壤管理，肥料、农药、种子等投入产出情况

在数据录入前经过仔细审核，数据审核中包括对数值型数据资料量纲的统一等；基本统计量的计算；最后进行异常值的判断与剔除、频数分布类型检验等工作。经过两次审核后进行录入。在录入过程中两人一组，采用边录入边对照的方法分组进行录入。

二、空间数据库的建立

采用图件扫描后屏幕数字化的方法建立空间数据库。图件扫描的分辨率为 300dpi，彩色图用 24 位真彩，单色图用黑白格式。数字化图件包括：土地利用现状图、土壤图、行政区划图等。

数字化软件统一采用 ArcView GIS，坐标系为 1954 北京坐标系，比例尺为 1∶100 000。评价单元图件的叠加、调查点点位图的生成、评价单元插值是使用 ArcInf 及 ArcView GIS 软件，文件保存格式为 .shp、.arc。

第四节　资料汇总与图件编制

一、资料汇总

完成大田采样点基本情况调查表、大田采样点农户调查表、蔬菜地采样点基本情况调查表、蔬菜地采样点农户调查表等野外调查表的整理与录入后，对数据资料进行分类汇总与编码。大田采样点与土壤化验样点采用相同的统一编码作为关键字段。

二、图件编制

1. 耕地地力评价单元图斑的生成　耕地地力评价单元图斑是在矢量化土壤图、土地利用现状图、基本农田保护区图的基础上，在 ArcView 中利用矢量图的叠加分析功能，将以上 3 个图件叠加，对叠加后生成的图斑当面积小于最小上图面积 0.04 平方厘米时，按照土地利用方式相同、土壤类型相近的原则将破碎图斑与相临图斑进行合并，生成评价单元图斑。

2. 采样点位图的生成　采样点位的坐标用 GPS 定位仪进行野外采集，在 ArcInfo 中将采集的点位坐标转换成与矢量图一致的 1954 北京坐标系。将转换后的点位图转换成可以与 ArcView 进行交换的 .shp 格式。

3. 专题图的编制　利用 Arcinfo 将采样点位图在 ARCMAP 中利用地理统计分析子模块中采用克立格插值法进行采样点数据的插值。生成土壤专题图件，包括全氮、有效磷，速效钾，有机质，有效锌等专题图。

4. 耕地地力等级图的编制 首先利用 ARCMAP 的空间分析子模块的区域统计方法，将生成的专题图件与评价单元图挂接。在耕地资源管理信息系统中根据专家打分、层次分析模型与隶属函数模型进行耕地生产潜力评价，生成耕地地力等级图。

第五节 技术准备

一、确定耕地地力评价因子

耕地地力评价因素的选择应考虑到气候因素、地形因素、土壤因素、水文及水文地质和社会经济因素等；同时，农田基础建设水平对耕地地力影响很大，也应是构成评价因素之一。本次评价工作侧重于为农业生产服务。因此，选择评价因素的原则是：选取的因子对耕地生产力有较大的影响；选取的因子在评价区域内的变异较大，便于划分耕地地力等级；选取的评价指标在时间序列上具有相对的稳定性，评价的结果能够有较长的有效性；选取的评价指标与评价区域的大小有关，在进行县域耕地地力评价时气候因素不作为参评指标。

基于以上考虑，结合林甸县本地的土壤条件、农田基础设施状况、当前农业生产中耕地存在的突出问题等认为：林甸县耕地地力主要受成土母质、不同地下水埋深、耕地养分等因素影响较大，各项指标对地力贡献的份额在不同地块也有较大的差别，并参照农业部《规范》、全国农业技术推广服务中心《耕地地力评价指南》中所确定的 62 项指标体系选取了包括土壤理化性状、耕层养分、障碍因素、剖面性状四大类 10 指标，作为林甸县耕地地力评价指标体系。最后确定了土壤有机质、有效锌、速效磷、速效钾、pH、容重、耕层厚度、田间持水量、障碍层厚度、耕层含盐量 10 项评价指标。每一个指标的名称、释义、量纲等定义如下：

1. 有机质 反映耕地土壤耕层（0～20 厘米）除碳酸盐以外的所有含碳化合物的总量，属数值型，量纲表示为克/千克。

2. 速效磷 反映耕地土壤耕层（0～20 厘米）能供作物吸收的磷元素的含量，属数值型，量纲表示为毫克/千克。

3. 速效钾 反映耕地土壤耕层（0～20 厘米）容易为作物吸收利用的钾素含量，属数值型，量纲表示为毫克/千克。

4. 有效锌 反映耕地土壤耕层（0～20 厘米）能供作物吸收的锌的含量，属数值型，量纲表示为毫克/千克。

5. pH 反映耕地土壤耕层（0～20 厘米）土壤酸碱度的指标，属数值型，无量纲。

6. 土壤容重 反映土壤结构的物理性指标，属数值型，量纲表示为克/立方厘米。

7. 田间持水量 反映排水良好的土壤在充分湿润、没有蒸发的情况下，土壤剖面中所保持的全部悬着水的含水量，属数值型，量纲表示为%。

8. 耕层厚度 反映耕种土壤表层的厚度，属数值型，量纲表示为厘米。

9. 障碍层厚度 反映耕种土壤中障碍层开始出现到结束的垂直距离，属数值型，量纲表示为厘米。

10. 耕层含盐量　反应耕层土壤中可溶解的盐的总量，以每千克土壤中所含盐分的克数表示，属数值型，量纲表示为克/千克。

全国耕地地力评价指标体系见表 3-3。

表 3-3　全国耕地地力评价指标体系

代码	要素名称	代码	要素名称
	气候		耕层理化性状
AL101000	≥10℃积温	AL401000	质地
AL102000	≥10℃积温	AL402000	土壤容重
AL103000	年降水量	AL403000	pH
AL104000	全年日照时数	AL404000	阳离子代换量（CEC）
AL105000	光能辐射总量		耕层养分状况
AL106000	无霜期	AL501000	有机质
AL107000	干燥度	AL502000	全氮
	立地条件	AL503000	有效磷
AL201000	经度	AL504000	速效钾
AL202000	纬度	AL505000	缓效钾
AL203000	高程	AL506000	有效锌
AL204000	地貌类型	AL507000	水溶态硼
AL205000	地形部位	AL508000	有效钼
AL206000	坡度	AL509000	有效铜
AL207000	坡向	AL501000	有效硅
AL208000	成土母质	AL501100	有效锰
AL209000	土壤侵蚀类型	AL501200	有效铁
AL201000	土壤侵蚀程度	AL501300	交换性钙
AL201100	林地覆盖率	AL501400	交换性镁
AL201200	地面破碎情况		障碍因素
AL201300	地表岩石露头状况	AL601000	障碍层类型
AL201400	地表砾石度	AL602000	障碍层出现位置
AL201500	地面坡度	AL603000	障碍层厚度
	剖面性状	AL604000	耕层含盐量
AL301000	剖面构型	AL605000	1 米土层含盐量
AL302000	质地构型	AL606000	盐化类型
AL303000	有效土层厚度	AL607000	地下水矿化度
AL304000	耕层厚度		土壤管理
AL305000	腐殖层厚度	AL701000	灌溉保证率
AL306000	田间持水量	AL702000	灌溉模数

（续）

代码	要素名称	代码	要素名称
AL307000	旱季地下水位	AL703000	抗旱能力
AL308000	潜水埋深	AL704000	排涝能力
AL309000	水型	AL705000	排涝模数
		AL706000	轮作制度
		AL707000	梯田化水平
		AL708000	设施类型（蔬菜地）

二、确定平均单元

耕地评价单元是由耕地构成因素组成的综合体。根据农业部《规范》、全国农业技术推广服务中心《耕地地力评价指南》的要求，采用综合方法确定评价单元，即用1∶50 000的林甸县土壤图、1∶100 000的林甸县土地利用现状图、1∶100 000的林甸县行政区划图先数字化，再在计算机上叠加复合生成评价单元图斑，然后进行综合取舍，形成评价单元。这种方法的优点是考虑全面，综合性强，形成的评价单元，同一评价单元内土壤类型相同、土地利用类型相同，既满足了对耕地地力和质量做出评价，又便于耕地利用与管理。本次林甸县调查共确定形成评价单元 2 714 个，评价面积 1 415 185.8 公顷。

第六节　耕地地力评价的基本原理

耕地地力是耕地自然要素相互作用所表现出来的潜在生产能力。耕地地力评价大体可分为以气候要素为主的潜力评价和以土壤要素为主的潜力评价。在一个较小的区域范围内（县域），气候要素相对一致，耕地地力评价可以根据所在区域的地形地貌、成土母质、土壤理化性状、农田基础设施等要素相互作用表现出来的综合特征，揭示耕地综合生产力的高低。

耕地地力评价可用两种表达方法：一是用单位面积产量来表示，其关系式为：

$$Y=b_0+b_1x_1+b_2x_2+\cdots+b_nx_n$$

式中：Y——单位面积产量；

x_1——耕地自然属性（参评因素）；

b_1——该属性对耕地地力的贡献率（解多元回归方程求得）。

单位面积产量表示法的优点是一旦上述函数关系建立，就可以根据调查点自然属性的数值直接估算要素，单位面积产量还因农民的技术水平、经济能力的差异而产生很大的变化。如果耕种者技术水平比较低或者主要精力放在外出务工，肥沃的耕地实际产量不一定高；如果耕种者具有较高的技术水平，并采用精耕细作的农事措施，自然条件较差的耕地上仍然可获得较高的产量。因此，上述关系理论上成立，实践上却难以做到。

耕地地力评价的另一种表达方法，是用耕地自然要素评价的指数来表示，其关系式为：

$$IFI = b_1x_1 + b_2x_2 + \cdots + b_nx_n$$

式中：IFI——耕地地力综合指数；

x_1——耕地自然属性（参评因素）；

b_1——该属性对耕地地力的贡献率（层次分析方法或专家直接评估求得）。

根据 IFI 的大小及其组成，不仅可以了解耕地地力的高低，而且可以揭示影响耕地地力的障碍因素及其影响程度。采用合适的方法，也可以将 IFI 值转换为单位面积产量，更直观地反映耕地的地力。

第四章　耕地土壤属性

本次耕地地力调查共采集土壤耕层样（0～20 厘米）2 038 个，分析了 pH、土壤有机质、全量氮磷钾、速效氮磷钾、有效锌、铜、铁、锰、硼、耕层含盐量；测定了田间持水量、土壤容重、耕层厚度、障碍层厚度等。现就以上数据整理分析如下：

第一节　土壤养分

土壤是地球陆地的表面由矿物质、有机质、水、空气和生物组成的，具有肥力的、能生长植物的未固定的结构层。

土壤养分主要指由土壤提供的植物生长所必需的营养元素。土壤中能直接或经转化后被植物根系吸收的矿质营养成分，是土壤肥力的重要物质基础。包括氮（N）、磷（P）、钾（K）、钙（Ca）、镁（Mg）、硫（S）、铁（Fe）、硼（B）、钼（Mo）、锌（Zn）、锰（Mn）、铜（Cu）和氯（Cl）13 种元素。在自然土壤中，主要来源于土壤矿物质和土壤有机质，其次是大气降水、坡渗水和地下水。在耕作土壤中，还来源于施肥和灌溉。

植物体内已知的化学元素达 40 余种，按照植物体内的化学元素含量多少，分为大量元素和微量元素两类。目前，已知的大量元素有碳（C）、氢（H）、氧（O）、氮（N）、磷（P）、钾（K）、钙（Ca）、镁（Mg）、硫（S）等，微量元素有铁（Fe）、锰（Mn）、硼（B）、钼（Mo）、铜（Cu）、锌（Zn）及氯（Cl）等。植物体内铁（Fe）含量较其他微量元素多（100 毫克/千克左右），所以也有人把它归于大量元素。

受自然因素和人为因素的综合影响，土壤在不停地发展和变化着。而作为基本特性的土壤肥力，也随之发展和变化。总的来看，土壤向良性方向发展。

根据土壤养分丰缺情况评价耕地土壤养分，我国各地也有不同的标准，林甸县参照黑龙江省耕地土壤养分分级标准，结合林甸实际情况制定了此次耕地地力评价的养分分级标准。黑龙江省耕地土壤养分分级标准见表 4 - 1，林甸县耕地土壤养分分级标准见表 4 - 2。

表 4 - 1　黑龙江省耕地土壤养分分级标准

项目	一级	二级	三级	四级	五级	六级
碱解氮（毫克/千克）	＞250.00	180.00～250.00	150.00～180.00	150.00～120.00	80.00～120.00	≤80.00
有效磷（毫克/千克）	＞100.00	40.00～100.00	20.00～40.00	10.00～20.00	5.00～10.00	≤5.00
速效钾（毫克/千克）	＞200.00	150.00～200.00	100.00～150.00	50.00～100.00	30.00～50.00	≤30.00
有机质（克/千克）	＞60.00	40.00～60.00	30.00～40.00	20.00～30.00	10.00～20.00	≤10.00

（续）

项目	一级	二级	三级	四级	五级	六级
全氮（克/千克）	＞2.50	2.00～2.50	1.50～2.00	1.00～1.50	≤1.00	
全磷（毫克/千克）	＞2 000.00	1 500.00～2 000.00	1 000.00～1 500.00	500.00～1 000.00	≤500.00	
全钾（克/千克）	＞30.00	25.00～30.00	20.00～25.00	10.00～20.00	≤10.00	
有效铜（毫克/千克）	＞1.80	1.00～1.80	0.20～1.00	0.10～0.20	≤0.10	
有效铁（毫克/千克）	＞4.50	3.00～4.50	2.00～3.00	≤2.00		
有效锰（毫克/千克）	＞15.00	10.00～15.00	7.50～10.00	5.00～7.50	≤5.00	
有效锌（毫克/千克）	＞2.00	1.50～2.00	1.00～1.50	0.50～1.00	≤0.50	
有效硫（毫克/千克）	＞40.00	24.00～40.00	12.00～24.00	≤12.00		
有效硼（毫克/千克）	＞1.20	0.80～1.20	0.40～0.80	≤0.40		

表 4-2　林甸县耕地土壤养分分级标准

	一级	二级	三级	四级	五级	六级
碱解氮（毫克/千克）	＞250.00	180.00～250.00	150.00～180.00	120.00～150.00	80.00～120.00	≤80.00
有效磷（毫克/千克）	＞30.00	25.00～30.00	20.00～25.00	15.00～20.00	10.00～15.00	≤10.00
速效钾（毫克/千克）	＞300.00	250.00～300.00	200.00～250.00	150.00～200.00	100.00～200.00	≤100.00
有机质（克/千克）	＞40.00	35.00～40.00	30.00～35.00	20.00～30.00	10.00～20.00	≤10.00
全氮（克/千克）	＞2.00	1.80～2.00	1.60～1.80	1.40～1.60	1.20～1.40	≤1.20
全磷（毫克/千克）	＞1 000.00	800.00～1 000.00	600.00～800.00	500.00～600.00	≤500.00	
全钾（克/千克）	＞30.00	29.00～30.00	28.00～29.00	26.00～28.00	24.00～26.00	≤24.00
有效锌（毫克/千克）	＞2.00	1.50～2.00	1.00～1.50	0.50～1.00	≤0.50	
有效铜（毫克/千克）	＞2.00	1.50～2.00	1.00～1.50	0.50～1.00	≤0.50	
有效铁（毫克/千克）	＞4.50	3.00～4.50	2.00～3.00	≤2.00		
有效锰（毫克/千克）	＞18.00	16.00～18.00	14.00～16.00	12.00～14.00	10.00～12.00	≤10.00
有效硼（毫克/千克）	＞1.20	0.80～1.20	0.40～0.80	≤0.40		
pH	＜7.70	7.70～7.90	7.90～8.10	8.10～8.30	≥8.30	
含盐量（克/千克）	≤0.35	0.35～0.40	0.40～0.45	0.45～0.50	＞0.50	

第二节　土壤有机质与大量元素

一、土壤有机质

土壤有机质是耕地地力的重要标志。它可以为植物生长提供必要的氮、磷、钾等营养元素；可以改善耕地土壤的结构性能以及生物学和物理、化学性质。通常在其他大的立地条件相似的情况下，有机质含量的多少，可以反映出耕地地力水平的高低。

1. 各乡（镇）耕地土壤有机质与土壤普查比较　本次调查结果表明（2011 年，下同），林甸县耕地土壤有机质含量平均为 29.80 克/千克，变化幅度为 8.30～64.20 克/千克。从点数上看，其中，含量大于等于 60 克/千克的只有 1 点，占 0.04%；含量为 40～60 克/千克的 62 点，占 2.28%；含量为 30～40 克/千克的 1 383 点，占 50.96%；含量为 20～30 克/千克的1 053点，占 38.80%；含量为 10～20 克/千克的 205 点，占 7.55%；含量小于 10 克/千克的 10 点，占 0.37%。大部分集中在 20～40 克/千克，占 89.76%。

第二次全国土壤普查（1980 年，下同），林甸县土壤有机质平均值为 35 克/千克，变化幅度为 1.90～81.50 克/千克。从点数上看，其中，含量大于等于 60 克/千克的占 0.90%，含量为 40～60 克/千克的占 28%，含量为 30～40 克/千克的占 44.80%，含量为 20～30 克/千克的占 18.30%，含量为 10～20 克/千克占 5.50%，含量小于 10 克/千克的占 2.40%。大部分集中在 33 克/千克以上，占 61%。

从结果分析中可以看出，经过 20 多年，土壤有机质从土壤普查的 35 克/千克降到 29.80 克/千克，降低了 5.20 克/千克，而且土壤有机质地分布也发生了相应地变化。土壤普查时土壤有机质集中于 30～60 克/千克的占 72.80%，而地力调查只有 53.20%。耕地土壤有机质变化频率（点数）分布比较见图 4-1。

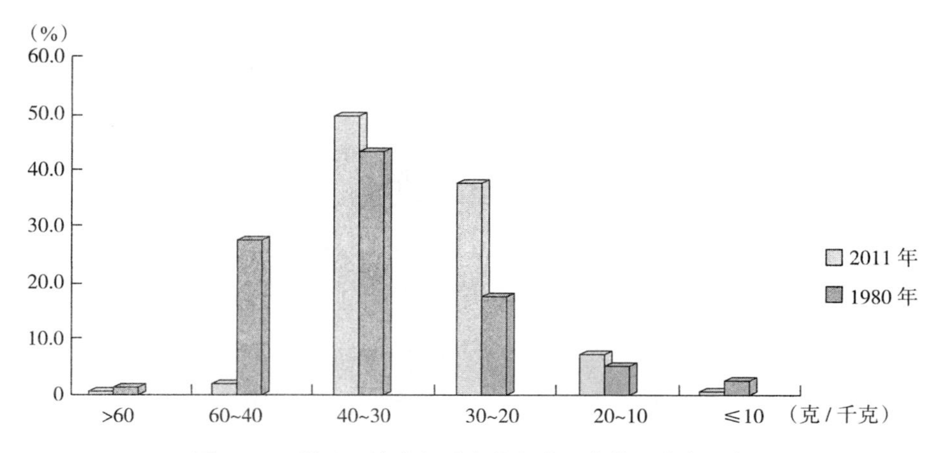

图 4-1　耕地土壤有机质变化频率（点数）分布比较

从各乡（镇）看，降幅最大的是东兴乡，下降了 17.40 克/千克；其次是四合乡、四季青镇、花园镇、三合乡，红旗镇增加较多，林甸镇、宏伟乡基本无变化（表 4-3）。

2. 各乡（镇）耕地土壤有机质分级面积变化情况　根据本次地力评价调查结果分析，按照黑龙江省耕地有机质养分分级标准，有机质养分一级耕地面积只有 66.30 公顷，占总耕地面积的 0.05%；有机质养分二级耕地面积的 4 369.60 公顷，占总耕地面积的 3.01%；有机质养分三级耕地面积 67 798.30 公顷，占总耕地面积的 46.70%；有机质养分四级耕地面积 60 190.50 公顷，占总耕地面积的 41.46%；有机质养分五级耕地面积 12 090.40公顷，占总耕地面积的 8.33%；有机质养分六级耕地面积 670.70 公顷，占总耕地面积的 0.46%。大部分耕地有机质在三级、四级，有机质含量 20～40 克/千克，占 88.20%。从乡（镇）看，以宏伟乡、林甸镇有机质含量等级较高，面积在三级、四级。东兴乡稍差（表 4－4）。

3. 耕地土壤类型有机质含量变化情况　从地力调查结果看，黑钙土有机质平均值为 29.80 克/千克，草甸土平均值为 29.40 克/千克，碱土类平均值为 32.50 克/千克，盐土类平均值为 29.30 克/千克，风沙土类平均值为 27 克/千克。第二次土壤普查结果，黑钙土平均值为 34.4 克/千克，草甸土平均值为 42.50 克/千克，碱土类平均值为 22.60 克/千克。黑钙土平均值下降了 4.60 克/千克，草甸土平均值下降了 13.10 克/千克，而碱土类平均值上升了 9.90 克/千克。从结果中可以看出，第二次土壤普查时基础肥力高的土壤下降幅度大，基础肥力低的土壤下降幅度小。而碱土类通过多年的耕作改良，增施有机肥等措施，有机质含量得到了提高，说明多年来的中低产田改土措施是有效的（表 4－5）。

4. 耕地土壤有机质分级面积统计　按照有机质养分分级标准，各土类情况如下：

黑钙土类：有机质养分一级耕地面积 66.30 公顷，占该土类耕地面积的 0.05%；有机质养分二级耕地面积 4 145.60 公顷，占该土类耕地面积的 3.16%；有机质养分三级耕地面积 61 965.50 公顷，占该土类耕地面积的 47.23%；有机质养分四级耕地面积 53 551.90公顷，占该土类耕地面积的 40.82%；有机质养分五级耕地面积 11 035.30 公顷，占该土类耕地面积的 8.41%；有机质养分六级耕地面积 423.30 公顷，占该土类耕地面积的 0.32%。

草甸土类：没有一级耕地；有机质养分二级耕地面积 216.20 公顷，占该土类耕地面积的 2.08%；有机质养分三级耕地面积 5 150.50 公顷，占该土类耕地面积的 49.66%；有机质养分四级耕地面积 3 701.50 公顷，占该土类耕地面积的 35.69%；有机质养分五级耕地面积 1 055.10 公顷，占该土类耕地面积的 10.17%；有机质养分六级耕地面积 247.40 公顷，占该土类耕地面积的 2.39%。

碱土类：有机质养分三级耕地面积 331.70 公顷，占该土类耕地面积的 34.71%；有机质养分四级耕地面积 624.00 公顷，占该土类耕地面积的 65.29%。

盐土类：有机质养分二级耕地面积 7.80 公顷，占该土类耕地面积的 0.35%；有机质养分三级耕地面积 350.60 公顷，占该土类耕地面积的 15.53%；有机质养分四级耕地面积 1 898.90 公顷，占该土类耕地面积的 84.12%。

风沙土类：有机质养分四级耕地面积 414.20 公顷，占该土类耕地面积的 100%。

耕地土壤有机质分级面积统计见表 4－6。

表 4-3 各乡(镇)耕地土壤有机质分级统计

单位:克/千克

乡(镇)	2011 年			各地力等级养分平均值						1980 年			对比(±)
	平均值	最大值	最小值	一级地	二级地	三级地	四级地	五级地	六级地	平均值	最大值	最小值	
林甸镇	32.40	44.70	20.60	39.60	35.00	33.20	31.00	26.30	23.70	30.90	50.90	5.70	1.50
红旗镇	32.80	44.60	17.90	38.30	34.80	32.60	30.90	27.10	19.10	20.30	51.80	4.90	12.50
东兴乡	22.60	43.70	8.30	38.10	33.40	31.20	28.10	23.00	14.80	40.00	64.90	23.60	−17.40
宏伟乡	35.40	64.20	24.70	39.40	35.60	32.40	30.80	26.50	—	35.30	48.10	17.00	0.10
三合乡	28.10	43.30	16.40	36.80	34.00	31.20	28.80	24.90	18.80	32.20	81.50	18.80	−4.10
花园镇	30.30	48.80	16.90	38.60	33.60	31.30	28.90	26.50	16.90	36.20	62.30	13.20	−5.90
四合乡	32.00	44.30	19.00	38.50	35.00	32.90	30.30	27.10	22.70	42.50	67.00	20.50	−10.50
四季青镇	29.10	39.60	17.90	34.90	33.80	31.70	29.50	26.10	19.30	37.00	57.60	20.00	−7.90
合　计	29.80	64.20	8.30	38.00	34.40	32.00	29.80	25.90	19.30	35.00	81.50	1.90	−5.20

表 4-4 各乡(镇)耕地土壤有机质分级面积统计

乡(镇)	总面积(公顷)	一级		二级		三级		四级		五级		六级	
		面积(公顷)	占总面积(%)	面积(公顷)	占总面积(%)	面积(公顷)	占总面积(%)	面积(公顷)	占总面积(%)	面积(公顷)	占总面积(%)	面积(公顷)	占总面积(%)
林甸镇	9 868.80	—	—	476.90	4.83	6 668.70	67.57	2 723.20	27.59	—	—	—	—
红旗镇	13 089.00	—	—	661.20	5.05	8 369.60	63.94	3 700.60	28.27	357.60	2.73	—	—
东兴乡	25 112.20	—	—	131.60	0.52	4 428.50	17.63	10 686.50	42.56	9 194.90	36.62	670.70	2.67
宏伟乡	10 060.80	66.30	0.66	1 461.80	14.53	7 944.10	78.96	588.60	5.85	—	—	—	—
三合乡	18 843.10	—	—	153.30	0.81	7 114.10	37.75	9 540.40	50.63	2 035.30	10.80	—	—
花园镇	25 660.80	—	—	522.10	2.03	11 852.10	46.19	13 191.30	51.41	95.30	0.37	—	—
四合乡	21 118.00	—	—	962.70	4.56	13 407.30	63.49	6 744.70	31.94	3.30	0.02	—	—
四季青镇	21 433.10	—	—	—	—	8 013.90	37.39	13 015.20	60.72	404.00	1.88	—	—
合　计	145 185.80	66.30	0.05	4 369.60	3.01	67 798.30	46.70	60 190.50	41.46	12 090.40	8.33	670.70	0.46

表 4-5　耕地土壤有机质含量统计

单位：克/千克

土壤类型	2011年			各地力等级养分平均值						第二次土壤普查		
	平均值	最大值	最小值	一级地	二级地	三级地	四级地	五级地	六级地	最大值	最小值	平均值
一、黑钙土类	29.80	64.20	8.30	38.40	34.50	32.30	29.80	25.30	16.00	81.50	1.90	34.40
1. 薄层黏底碳酸盐黑钙土	30.70	44.30	16.40	38.30	34.60	32.50	29.50	25.00	18.80	81.50	12.10	33.00
2. 中层黏底碳酸盐黑钙土	26.00	41.30	20.70	37.60	—	—	—	22.60	—	—	—	40.80
3. 薄层沙底碳酸盐黑钙土	32.00	36.60	26.50	—	35.10	32.90	30.00	27.60	—	50.30	12.10	32.20
4. 薄层粉沙底碳酸盐黑钙土	31.80	39.90	27.20	39.70	32.80	31.00	28.80	29.40	—	—	—	—
5. 薄层黏底碳酸盐草甸黑钙土	29.50	64.20	8.30	38.70	34.60	32.20	29.80	25.40	15.60	67.00	1.90	35.30
6. 中层黏底碳酸盐草甸黑钙土	33.10	41.70	10.70	37.90	34.10	33.20	32.30	26.80	14.70	44.40	11.90	36.50
7. 薄层粉沙底碳酸盐草甸黑钙土	27.80	38.10	11.80	34.40	32.00	31.90	30.40	23.10	14.80	—	—	—
8. 中层粉沙底碳酸盐草甸黑钙土	31.40	32.40	29.40	—	32.30	32.40	29.40	—	—	—	—	—
9. 薄层碱化草甸黑钙土	29.40	31.50	27.40	—	—	31.50	29.40	27.40	—	—	—	31.80
10. 薄层盐化草甸黑钙土	30.50	32.00	28.90	—	—	32.00	28.90	—	—	—	—	—
二、草甸土类	29.40	48.80	8.30	37.80	34.40	31.90	29.30	25.10	15.60	64.90	20.00	42.50
1. 薄层平地黏底碳酸盐草甸土	29.30	48.80	8.30	37.60	34.50	32.10	29.30	25.10	15.60	64.90	20.00	42.20
2. 薄层平地黏底潜育草甸土	33.60	40.50	29.40	39.10	33.00	29.70	—	—	—	47.70	38.90	43.30
三、碱土类	32.50	38.10	23.60	38.10	35.90	31.80	31.70	25.80	—	62.30	7.30	22.60
1. 结皮草甸碱土	34.60	38.10	29.30	38.10	35.90	31.80	—	—	—	45.90	7.30	18.80
2. 深位柱状苏打草甸碱土	26.30	31.70	23.60	—	—	—	31.70	25.80	—	62.30	10.40	26.30
四、盐土类	29.30	40.20	24.50	38.00	34.00	32.60	29.30	27.70	—	—	—	—
苏打碱化盐土	29.30	40.20	24.50	38.00	34.00	32.60	29.20	27.70	—	—	—	—
五、风沙土类	27.00	30.00	21.80	—	—	29.60	28.60	25.40	—	—	—	—
1. 薄层岗地黑钙土型沙土	27.50	30.00	24.20	—	—	29.60	29.50	25.50	—	—	—	—
2. 岗地生草灰沙土	26.00	27.40	21.80	—	—	—	27.20	25.20	—	—	—	—
合　计	29.80	64.20	8.30	38.30	34.60	32.20	29.70	25.40	15.90	81.50	1.90	35.00

表 4-6　耕地土壤有机质分级面积统计

土壤类型	总面积（公顷）	一级		二级		三级		四级		五级		六级	
		面积（公顷）	占总面积（%）	面积（公顷）	占总面积（%）	面积（公顷）	占总面积（%）	面积（公顷）	占总面积（%）	面积（公顷）	占总面积（%）	面积（公顷）	占总面积（%）
一、黑钙土类	131 187.90	66.30	0.05	4 145.60	3.16	61 965.50	47.23	53 551.90	40.82	11 035.30	8.41	423.30	0.32
1. 薄层黏底碳酸盐黑钙土	21 790.90	—	—	1 287.10	5.91	11 356.00	52.11	7 366.40	33.80	1 781.40	8.17	—	—
2. 中层黏底碳酸盐黑钙土	345.40	—	—	1.50	0.43	51.30	14.85	292.60	84.71	—	—	—	—
3. 薄层沙底碳酸盐黑钙土	1 639.00	—	—	—	—	783.40	47.80	855.60	52.20	—	—	—	—
4. 薄层粉沙底碳酸盐黑钙土	950.50	—	—	—	—	684.20	71.98	266.30	28.02	—	—	—	—
5. 薄层黏底碳酸盐草甸黑钙土	103 799.70	66.30	0.06	2 767.80	2.67	47 326.90	45.59	44 378.40	42.75	8 837.00	8.51	423.30	0.41
6. 中层黏底碳酸盐草甸黑钙土	1 769.20	—	—	89.20	5.04	1 313.40	74.24	144.80	8.18	221.80	12.54	—	—
7. 薄层粉沙底碳酸盐草甸黑钙土	725.50	—	—	—	—	392.40	54.09	138.00	19.02	195.10	26.89	—	—
8. 中层粉沙底碳酸盐草甸黑钙土	47.70	—	—	—	—	46.50	97.48	1.20	2.52	—	—	—	—
9. 薄层碱化草甸黑钙土	108.50	—	—	—	—	0.90	0.83	107.60	99.17	—	—	—	—
10. 薄层盐化草甸黑钙土	11.50	—	—	—	—	10.50	91.30	1.00	8.70	—	—	—	—
二、草甸土类	10 370.70	—	—	216.20	2.08	5 150.50	49.66	3 701.50	35.69	1 055.10	10.17	247.40	2.39
1. 薄层平地黏底碳酸盐草甸土	10 276.20	—	—	207.30	2.02	5 075.70	49.39	3 690.70	35.92	1 055.10	10.27	247.40	2.41
2. 薄层平地黏底潜育草甸土	94.50	—	—	8.90	9.42	74.80	79.15	10.80	11.43	—	—	—	—
三、碱土类	955.70	—	—	—	—	331.70	34.71	624.00	65.29	—	—	—	—
1. 结皮草甸碱土	329.10	—	—	—	—	319.30	97.02	9.80	2.98	—	—	—	—
2. 深位柱状苏打草甸碱土	626.60	—	—	—	—	12.40	1.98	614.20	98.02	—	—	—	—
四、盐土类	2 257.30	—	—	7.80	0.35	350.60	15.53	1 898.90	84.12	—	—	—	—
1. 苏打碱化盐土	2 257.30	—	—	7.80	0.35	350.60	15.53	1 898.90	84.12	—	—	—	—
五、风沙土类	414.20	—	—	—	—	—	—	414.20	100.00	—	—	—	—
1. 薄层岗地黑钙土型沙土	346.00	—	—	—	—	—	—	346.00	100.00	—	—	—	—
2. 岗地生草灰沙土	68.20	—	—	—	—	—	—	68.20	100.00	—	—	—	—
合　计	145 185.80	66.30	0.05	4 369.60	3.01	67 798.30	46.70	60 190.50	41.46	12 090.40	8.33	670.70	0.46

二、土壤全氮

土壤中的氮素仍然是我国农业生产中最重要的养分限制因子。氮是植物生长的必需养分，它是每个活细胞的组成部分。氮素是叶绿素的组成成分，氮也是植物体内维生素和能量系统的组成部分。氮素对植物生长发育的影响十分明显。当氮素充足时，植物可合成较多的蛋白质，促进细胞的分裂和增长，因此植物叶面积增长快，能有更多的叶面积用来进行光合作用。此外，氮素的丰缺与叶片中叶绿素含量有密切关系。在苗期，一般植物缺氮往往表现为生长缓慢，植株矮小，叶片薄而小，叶色缺绿发黄。禾本科作物则表现为分蘖少。生长后期严重缺氮时，则表现为穗短小，籽粒不饱满。增施氮肥以后，对促进植物生长有明显作用，往往施用后，叶色很快转绿，生长量增加。但是氮肥用量不宜过多，过量施用氮素时，叶绿素数量增多，能使叶子更长久地保持绿色，以致于延长作物生育期、有贪青晚熟的趋势。对一些块根、块茎作物，如糖用甜菜、马铃薯，氮素过多时，有时表现为叶子的生长量显著增加，但具有经济价值的块根、块茎产量却大量减少。

土壤中氮的总贮量及其存在状态，与作物的产量在某种条件下有一定的相关性，绝大部分土壤施用氮肥都有较显著的增产效果，在中性或石灰性土壤中，增施氮肥还可以提高磷的有效性。

土壤全氮是土壤供氮能力的重要指标，在生产实际中有着重要的意义。

1. 与土壤普查比较 耕地地力调查土壤中氮素含量平均为 1.55 克/千克，变化幅度为 0.40～2.47 克/千克。从点数上看，含量小于等于 1 克/千克占 5.11%，含量为 1.00～1.50 克/千克占 39.43%，含量为 1.50～2.00 克/千克占 52.39%，含量为 2.00～2.50 克/千克占 2.98%。

从土壤普查结果看，全氮平均值为 2.29 克/千克，变化幅度为 1.33～3.85 克/千克。从点数上看，含量小于等于 1 克/千克 的没有，含量为 1.00～1.50 克/千克占 4.05%，含量为 1.50～2.00 克/千克占 25.68%，含量为 2.00～2.50 克/千克占 43.24 %，含量大于 2.50 克/千克占 27.03%（图 4-2）。

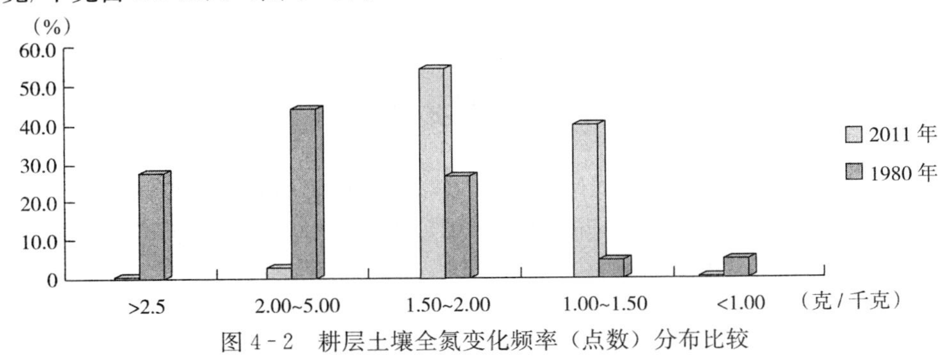

图 4-2 耕层土壤全氮变化频率（点数）分布比较

与第二次土壤普查比较，全氮降低了 0.74 克/千克。从含量分布上看，含量在 2 克/千克以上的点数只有 2.98%，而土壤普查时有 70.27%。从乡（镇）看，以宏伟乡、四合乡含量较高（表 4-7）。

2. 各乡（镇）耕地土壤全氮分级面积变化情况 根据本次地力评价调查结果分析，按照黑龙江省耕地全氮养分分级标准，全氮养分一级耕地没有；全氮养分二级耕地面积为

3 217.40 公顷，占总耕地面积的 2.22%；全氮养分三级耕地面积 84 763.60 公顷，占总耕地面积的 58.38%；全氮养分四级耕地面积 50 907.90 公顷，占总耕地面积的 35.06%；全氮养分五级耕地面积 6 296.90 公顷，占总耕地面积的 4.34%。大部分耕地全氮含量为三级、四级，全氮含量为 1.00～1.50 克/千克，占 93.44%。按乡（镇）看，以宏伟乡、四合乡全氮含量等级较高，面积均为三级、四级。东兴乡稍差（表 4 - 8）。

3. 耕地土壤类型全氮含量变化情况 从地力调查结果看，全氮黑钙土平均值为 1.55 克/千克，草甸土平均值为 1.53 克/千克，碱土类平均值为 1.69 克/千克，盐土类平均值为 1.53 克/千克，风沙土类平均值为 1.39 克/千克（表 4 - 9）。

4. 耕地土壤全氮分级面积统计 按照全氮养分分级标准，各土类情况如下：

黑钙土类：全氮养分二级耕地面积 2 708.90 公顷，占该土类耕地面积的 2.06%；全氮养分三级耕地面积 76 606.10 公顷，占该土类耕地面积的 58.39%；全氮养分四级耕地面积 46 538.70 公顷，占该土类耕地面积的 35.47%；全氮养分五级耕地面积 5 334.20 公顷，占该土类耕地面积的 4.07%。

草甸土类：全氮养分二级耕地面积 403.10 公顷，占该土类耕地面积的 3.89%；全氮养分三级耕地面积 6 194.60 公顷，占该土类耕地面积的 59.73%；全氮养分四级耕地面积 2 810.30 公顷，占该土类耕地面积的 27.10%；全氮养分五级耕地面积 962.70 公顷，占该土类耕地面积的 9.28%。

碱土类：全氮养分三级耕地面积 945.90 公顷，占该土类耕地面积的 98.97%；全氮养分四级耕地面积 9.80 公顷，占该土类耕地面积的 1.03%。

盐土类：全氮养分二级耕地面积 105.40 公顷，占该土类耕地面积的 4.67%；全氮养分三级耕地面积 1 011.20 公顷，占该土类耕地面积的 44.80%；全氮养分四级耕地面积 1 140.70公顷，占该土类耕地面积的 50.53%。

风沙土类：全氮养分三级耕地面积 5.80 公顷，占该土类耕地面积的 1.40%，全氮养分四级耕地面积 408.40 公顷，占该土类耕地面积的 98.60%。

耕地土壤全氮分级面积统计见表 4 - 10。

三、土壤全磷

磷是构成植物体的重要组成元素之一。磷在植物体内参与光合作用、呼吸作用、能量储存和传递、细胞分裂、细胞增大和其他一些生理生化过程。磷能促进植物早期根系的形成和生长，提高植物适应外界环境条件的能力，有助于植物耐过冬天的严寒。磷还能提高许多水果、蔬菜和粮食作物的品质，有助于增强一些植物的抗病性。

在土壤全磷很低的情况下，土壤有效磷的供应也常感不足。因此，全磷含量的高低也间接影响有效磷的高低。

1. 各乡（镇）全磷变化情况 林甸县耕地土壤全磷含量平均值为 652.3 毫克/千克，变化幅度为 293～1 305 毫克/千克。从点数分布看，1 000～1 500 毫克/千克的 75 点，占 2.76%；500～1 000 毫克/千克的 2 192 点，占 80.77%；小于等于 500 毫克/千克的 447 点，占 16.40%。大部分集中在小于 500 毫克/千克和 500～1 000 毫克/千克，占 97.24%（图 4 - 3）。

表 4-7　各乡(镇)耕地土壤全氮分级面积统计

单位:克/千克

乡(镇)	2011年			各地力等级养分平均值						1980年			对比(±)
	平均值	最大值	最小值	一级地	二级地	三级地	四级地	五级地	六级地	平均值	最大值	最小值	
林甸镇	1.69	2.08	1.22	1.79	1.62	1.59	1.51	1.31	0.89	—	—	—	—
红旗镇	1.66	2.21	0.96	1.78	1.69	1.63	1.68	1.62	1.17	—	—	—	—
东兴乡	1.24	2.10	0.40	1.84	1.75	1.63	1.59	1.47	—	—	—	—	—
宏伟乡	1.73	2.39	1.29	1.77	1.57	1.56	1.54	1.51	1.03	—	—	—	—
三合乡	1.48	2.20	0.96	1.84	1.71	1.71	1.65	1.61	1.34	—	—	—	—
花园镇	1.55	2.10	1.03	1.73	1.64	1.56	1.52	1.38	1.25	—	—	—	—
四合乡	1.70	2.47	1.02	1.80	1.67	1.68	1.70	1.70	1.51	—	—	—	—
四季青镇	1.52	2.08	0.93	1.58	1.63	1.59	1.55	1.45	1.17	—	—	—	—
合　计	1.55	2.47	0.40	1.77	1.66	1.62	1.59	1.50	1.19	2.29	3.85	1.33	−0.74

表 4-8　各乡(镇)耕地土壤全氮分级面积统计

乡(镇)	总面积(公顷)	一级		二级		三级		四级		五级		六级	
		面积(公顷)	占总面积(%)	面积(公顷)	占总面积(%)	面积(公顷)	占总面积(%)	面积(公顷)	占总面积(%)	面积(公顷)	占总面积(%)	面积(公顷)	占总面积(%)
林甸镇	9 868.80	—	—	102.30	1.04	7 345.10	74.43	2 421.40	24.54	—	—	—	—
红旗镇	13 089.00	—	—	396.30	3.03	9 856.20	75.30	2 788.40	21.30	48.10	0.370	—	—
东兴乡	25 112.20	—	—	131.60	0.52	5 586.10	22.24	13 270.10	52.84	6 124.40	24.39	—	—
宏伟乡	10 060.80	—	—	879.40	8.74	8 339.80	82.89	841.60	8.37	—	—	—	—
三合乡	18 843.10	—	—	137.40	0.73	8 522.00	45.23	10 059.80	53.39	123.90	0.66	—	—
花园镇	25 660.80	—	—	176.40	0.69	16 499.90	64.30	8 984.50	35.01	—	—	—	—
四合乡	21 118.00	—	—	1 359.70	6.44	16 762.40	79.37	2 995.90	14.19	—	—	—	—
四季青镇	21 433.10	—	—	34.30	0.16	11 852.10	55.30	9 546.20	44.54	0.50	—	—	—
合　计	145 185.80	—	—	3 217.40	2.22	84 763.60	58.38	50 907.90	35.06	6 296.90	4.34	—	—

表 4-9　耕地土壤全氮含量统计

单位:克/千克

土壤类型	2011 年			各地力等级养分平均值						第二次土壤普查		
	平均值	最大值	最小值	一级地	二级地	三级地	四级地	五级地	六级地	最大值	最小值	平均值
一、黑钙土类	1.55	2.39	0.40	1.79	1.66	1.63	1.59	1.46	0.99	—	—	—
1. 薄层黏底碳酸盐黑钙土	1.57	2.15	1.00	1.80	1.67	1.62	1.55	1.38	1.25	—	—	—
2. 中层黏底碳酸盐黑钙土	1.46	1.94	1.07	—	—	—	—	1.35	—	—	—	—
3. 薄层沙底碳酸盐黑钙土	1.62	1.80	1.48	—	1.71	1.63	1.56	1.56	—	—	—	—
4. 薄层粉沙底碳酸盐黑钙土	1.66	1.89	1.42	1.88	1.63	1.54	1.64	1.68	—	—	—	—
5. 薄层黏底碳酸盐草甸黑钙土	1.55	2.39	0.40	1.80	1.67	1.64	1.60	1.48	0.95	—	—	—
6. 中层黏底碳酸盐草甸黑钙土	1.64	2.21	0.76	1.75	1.63	1.71	1.92	1.65	1.01	—	—	—
7. 薄层粉沙底碳酸盐草甸黑钙土	1.40	1.84	0.73	1.49	1.54	1.62	1.65	1.25	0.86	—	—	—
8. 中层粉沙底碳酸盐草甸黑钙土	1.57	1.62	1.51	—	1.51	1.62	1.60	—	—	—	—	—
9. 薄层碱化草甸黑钙土	1.82	1.94	1.65	—	—	1.65	1.85	1.88	—	—	—	—
10. 薄层盐化草甸黑钙土	1.54	1.59	1.48	—	—	1.59	1.48	—	—	—	—	—
二、草甸土类	1.53	2.47	0.50	1.76	1.66	1.61	1.62	1.39	0.97	—	—	—
1. 薄层平地黏底碳酸盐草甸土	1.52	2.47	0.50	1.74	1.66	1.61	1.62	1.39	0.97	—	—	—
2. 薄层平地黏底潜育草甸土	1.68	1.91	1.52	1.90	1.65	1.53	—	—	—	—	—	—
三、碱土类	1.69	1.95	1.40	1.86	1.78	1.55	1.63	1.66	—	—	—	—
1. 结皮草甸碱土	1.71	1.89	1.40	1.86	1.78	1.55	—	—	—	—	—	—
2. 深位柱状苏打草甸碱土	1.66	1.95	1.54	—	—	—	1.63	1.66	—	—	—	—
四、盐土类	1.53	2.20	1.34	1.75	1.68	1.70	1.55	1.45	—	—	—	—
苏打碱化盐土	1.53	2.20	1.34	1.75	1.68	1.70	1.55	1.45	—	—	—	—
五、风沙土类	1.39	1.58	1.25	—	—	1.36	1.46	1.34	—	—	—	—
1. 薄层岗地黑钙土型沙土	1.40	1.58	1.28	—	—	1.36	1.53	1.33	—	—	—	—
2. 岗地生草灰沙土	1.36	1.44	1.25	—	—	—	1.34	1.37	—	—	—	—
合　计	1.55	2.47	0.40	1.79	1.67	1.63	1.59	1.45	0.98	3.85	1.33	2.29

表 4-10 耕地土壤全氮分级面积统计

土壤类型	总面积（公顷）	一级		二级		三级		四级		五级		六级	
		面积（公顷）	占总面积（%）	面积（公顷）	占总面积（%）	面积（公顷）	占总面积（%）	面积（公顷）	占总面积（%）	面积（公顷）	占总面积（%）	面积（公顷）	占总面积（%）
一、黑钙土类	131 187.90	—	—	2 708.90	2.06	76 606.10	58.39	46 538.70	35.47	5 334.20	4.07	—	—
1. 薄层黏底碳酸盐黑钙土	21 790.90	—	—	754.30	3.46	12 116.20	55.60	8 797.10	40.37	123.30	0.57	—	—
2. 中层黏底碳酸盐黑钙土	345.40	—	—	—	—	71.30	20.64	274.10	79.36	—	—	—	—
3. 薄层沙底碳酸盐黑钙土	1 639.00	—	—	—	—	1 351.40	82.45	287.60	17.55	—	—	—	—
4. 薄层粉沙底碳酸盐黑钙土	950.50	—	—	—	—	832.30	87.56	118.20	12.44	—	—	—	—
5. 薄层黏底碳酸盐草甸黑钙土	103 799.70	—	—	1 945.90	1.87	60 451.50	58.24	36 433.60	35.10	4 968.70	4.79	—	—
6. 中层黏底碳酸盐草甸黑钙土	1 769.20	—	—	8.70	0.49	1 215.00	68.68	424.30	23.98	121.20	6.85	—	—
7. 薄层粉沙底碳酸盐草甸黑钙土	725.50	—	—	—	—	401.70	55.37	202.80	27.95	121.00	16.68	—	—
8. 中层粉沙底碳酸盐草甸黑钙土	47.70	—	—	—	—	47.70	100.00	—	—	—	—	—	—
9. 薄层碱化草甸黑钙土	108.50	—	—	—	—	108.50	100.00	—	—	—	—	—	—
10. 薄层盐化草甸黑钙土	11.50	—	—	—	—	10.50	91.30	1.00	8.70	—	—	—	—
二、草甸土类	10 370.70	—	—	403.10	3.89	6 194.60	59.73	2 810.30	27.10	962.70	9.28	—	—
1. 薄层平地黏底碳酸盐草甸土	10 276.20	—	—	403.10	3.92	6 100.10	59.36	2 810.30	27.35	962.70	9.37	—	—
2. 薄层平地黏底潜育草甸土	94.50	—	—	—	—	94.50	100.00	—	—	—	—	—	—
三、碱土类	955.70	—	—	—	—	945.90	98.97	9.80	1.03	—	—	—	—
1. 结皮草甸碱土	329.10	—	—	—	—	319.30	97.02	9.80	2.98	—	—	—	—
2. 深位柱状苏打草甸碱土	626.60	—	—	—	—	626.60	100.00	—	—	—	—	—	—
四、盐土类	2 257.30	—	—	105.40	4.67	1 011.20	44.80	1 140.70	50.53	—	—	—	—
苏打碱化盐土	2 257.30	—	—	105.40	4.67	1 011.20	44.80	1 140.70	50.53	—	—	—	—
五、风沙土类	414.20	—	—	—	—	5.80	1.40	408.40	98.60	—	—	—	—
1. 薄层岗地黑钙土型沙土	346.00	—	—	—	—	5.80	1.68	340.20	98.32	—	—	—	—
2. 岗地生草灰沙土	68.20	—	—	—	—	—	—	68.20	100.00	—	—	—	—
合 计	145 185.80	—	—	3 217.40	2.22	84 763.60	58.38	50 907.90	35.06	6 296.90	4.34	—	—

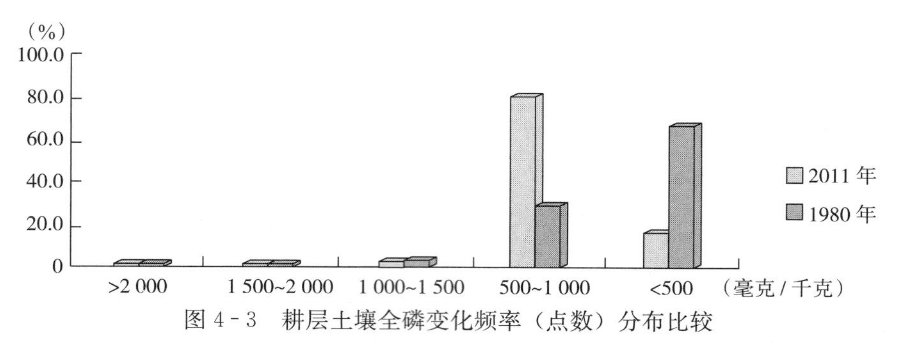

图 4-3 耕层土壤全磷变化频率（点数）分布比较

从第二次全国土壤普查结果看，全磷含量平均值为 387.2 毫克/千克，变化幅度为 130～1 130 毫克/千克。从所有的点数分布看，其中小于 500 毫克/千克的占 67.40%，500～1 000 毫克/千克的占 30.50%，大于 1 000 毫克/千克的占 2.10%。

与第二次土壤普查比较，全磷含量提高了 265.10 毫克/千克，增加的幅度较大。第二次普查结果大部分在 500 毫克/千克以下。

从乡（镇）情况看，变化不是十分明显，平均值均在 600 毫克/千克以上，只有红旗镇在 600 毫克/千克以下（表 4-11）。

2. 各乡（镇）耕地土壤全磷分级面积变化情况 根据本次地力评价调查结果分析，按照黑龙江省耕地全磷养分分级标准，全磷养分一级、二级没有耕地；全磷养分三级耕地面积 5 631.80 公顷，占总耕地面积的 3.88%；全磷养分四级耕地面积 114 799.80 公顷，占总耕地面积 79.07%；全氮养分五级耕地面积 24 755.20 公顷，占总耕地面积的 17.05%。大部分耕地全氮为五级（表 4-12）。

3. 耕地土壤类型全磷含量变化情况 从地力调查结果看，全磷黑钙土平均值为 651.90 毫克/千克，草甸土平均值为 683.50 毫克/千克，碱土类平均值为 600.40 毫克/千克，盐土类平均值为 654.40 毫克/千克，风沙土类平均值为 644.60 毫克/千克（表 4-13）。

4. 耕地土壤全磷分级面积统计 按照全磷养分分级标准，各土类情况如下：

黑钙土类：全磷养分三级耕地面积 5 078.70 公顷，占该土类耕地面积的 3.90%；全磷养分四级耕地面积 103 359.30 公顷，占该土类耕地面积的 78.79%；全磷养分五级耕地面积 22 749.80 公顷，占该土类耕地面积的 17.30%。

草甸土类：全磷养分三级耕地面积 274.10 公顷，占该土类耕地面积的 2.70%；全磷养分四级耕地面积 9 087 公顷，占该土类耕地面积的 87.62%；全磷养分五级耕地面积 1 009.60公顷，占该土类耕地面积的 9.74%。

碱土类：全磷养分三级耕地面积 344.70 公顷，占该土类耕地面积的 36.10%；全磷养分四级耕地面积 611 公顷，占该土类耕地面积的 63.90%。

盐土类：全磷养分三级耕地面积 278.90 公顷，占该土类耕地面积的 12.36%；全磷养分四级耕地面积 1619.40 公顷，占该土类耕地面积的 71.74%；全磷养分五级耕地面积 359 公顷，占该土类耕地面积的 15.90%。

风沙土类：全磷养分四级耕地面积 388.40 公顷，占该土类耕地面积的 93.77%，全磷养分五级耕地面积 25.80 公顷，占该土类耕地面积的 6.23%。

耕地土壤全磷分级面积统计见表 4-14。

表 4-11　各乡(镇)耕地土壤全磷分级统计

单位:毫克/千克

乡(镇)	2011年			各地力等级养分平均值						1980年			对比(±)
	平均值	最大值	最小值	一级地	二级地	三级地	四级地	五级地	六级地	平均值	最大值	最小值	
林甸镇	618.30	1 158.00	293.00	641.00	601.90	581.10	619.80	717.70	440.70	—	—	—	—
红旗镇	592.20	1 079.00	312.00	574.50	596.50	603.50	613.50	573.40	446.90	—	—	—	—
东兴乡	633.10	1 292.00	318.00	584.20	675.00	687.80	620.40	645.20	613.70	—	—	—	—
宏伟乡	664.00	1 289.00	305.00	643.40	673.40	715.90	626.50	620.60	—	—	—	—	—
三合乡	675.10	1 285.00	303.00	642.30	740.20	735.10	707.30	649.20	616.80	—	—	—	—
花园镇	669.70	1 305.00	297.00	690.90	675.10	686.80	674.50	640.60	567.00	—	—	—	—
四合乡	673.00	1 283.00	293.00	684.90	720.10	677.60	646.60	650.20	993.50	—	—	—	—
四季青镇	693.30	1 282.00	356.00	807.90	675.30	685.90	684.90	685.60	802.10	—	—	—	—
合　计	652.30	1 305.00	297.00	658.60	669.70	671.70	649.20	647.80	640.10	387.20	1 130.00	130.00	265.10

表 4-12　各乡(镇)耕地土壤全磷分级面积统计

乡(镇)	总面积(公顷)	一级		二级		三级		四级		五级		六级	
		面积(公顷)	占总面积(%)	面积(公顷)	占总面积(%)	面积(公顷)	占总面积(%)	面积(公顷)	占总面积(%)	面积(公顷)	占总面积(%)	面积(公顷)	占总面积(%)
林甸镇	9 868.80	—	—	—	—	293.10	2.97	6 697.20	67.86	2 878.50	29.17	—	—
红旗镇	13 089.00	—	—	—	—	110.30	0.84	8 541.90	65.26	4 436.80	33.90	—	—
东兴乡	25 112.20	—	—	—	—	579.70	2.31	20 167.10	80.31	4 365.40	17.38	—	—
宏伟乡	10 060.80	—	—	—	—	474.70	4.72	8 187.90	81.38	1 398.20	13.90	—	—
三合乡	18 843.10	—	—	—	—	848.70	4.50	15 914.80	84.46	2 079.60	11.04	—	—
花园镇	25 660.80	—	—	—	—	1 500.70	5.85	21 170.30	82.50	2 989.80	11.65	—	—
四合乡	21 118.00	—	—	—	—	1 061.10	5.02	16 259.10	76.99	3 797.80	17.98	—	—
四季青镇	21 433.10	—	—	—	—	763.50	3.56	17 860.50	83.33	2 809.10	13.11	—	—
合　计	145 185.80	—	—	—	—	5 631.80	3.87	114 798.80	79.07	24 755.20	17.05	—	—

表 4-13 耕地土壤全磷含量统计

单位:毫克/千克

土壤类型	2011年			各地力等级养分平均值						第二次土壤普查		
	平均值	最大值	最小值	一级地	二级地	三级地	四级地	五级地	六级地	最大值	最小值	平均值
一、黑钙土类	651.90	1 305.00	293.00	642.80	657.40	659.80	650.90	658.40	619.10	—	—	—
1. 薄层黏底碳酸盐黑钙土	657.80	1 184.00	293.00	640.20	676.20	660.70	662.90	660.50	625.50	—	—	—
2. 中层黏底碳酸盐黑钙土	686.70	784.50	436.00	532.30	—	—	—	733.00	—	—	—	—
3. 薄层沙底碳酸盐黑钙土	562.30	905.00	364.00	—	481.00	535.00	544.90	749.50	—	—	—	—
4. 薄层粉沙底碳酸盐黑钙土	666.20	1 045.00	342.50	625.50	843.80	602.50	628.80	585.50	—	—	—	—
5. 薄层黏底碳酸盐草甸黑钙土	650.40	1 305.00	293.00	619.50	648.70	658.50	651.50	655.00	619.50	—	—	—
6. 中层黏底碳酸盐草甸黑钙土	669.10	1 260.00	328.00	701.30	684.90	861.90	735.10	749.60	701.30	—	—	—
7. 薄层粉沙底碳酸盐草甸黑钙土	662.10	927.00	396.00	539.50	661.00	672.20	554.10	583.20	539.50	—	—	—
8. 中层粉沙底碳酸盐草甸黑钙土	743.70	849.00	675.00	—	849.00	707.00	675.00	—	—	—	—	—
9. 薄层碱化草甸黑钙土	529.50	750.00	354.80	—	—	595.00	566.00	354.80	—	—	—	—
10. 薄层盐化草甸黑钙土	662.20	695.20	629.20	—	—	695.20	629.20	—	—	—	—	—
二、草甸土类	683.50	1 305.00	306.00	689.40	734.00	732.80	678.90	640.50	592.20	—	—	—
1. 薄层平地黏底碳酸盐草甸土	681.30	1 305.00	306.00	592.20	734.10	719.80	678.90	640.50	592.20	—	—	—
2. 薄层平地黏底潜育草甸土	760.30	904.00	426.80	608.00	730.60	889.30	—	—	—	—	—	—
三、碱土类	600.40	957.40	365.50	851.90	637.20	503.10	913.00	577.50	—	—	—	—
1. 结皮草甸碱土	597.80	957.40	365.50	851.90	637.20	503.10	—	—	—	—	—	—
2. 深位柱状苏打草甸碱土	608.00	913.00	405.00	—	—	—	913.00	577.50	—	—	—	—
四、盐土类	654.40	1 285.00	396.00	660.50	568.30	742.90	701.50	592.40	—	—	—	—
苏打碱化盐土	654.40	1 285.00	396.00	660.50	568.30	742.90	701.50	592.40	—	—	—	—
五、风沙土类	644.60	877.00	494.00	—	—	683.20	702.10	599.00	—	—	—	—
1. 薄层岗地黑钙土型沙土	636.80	711.20	494.00	—	—	683.20	697.10	582.10	—	—	—	—
2. 岗地生草灰沙土	660.10	877.00	542.30	—	—	—	709.60	627.10	—	—	—	—
合计	655.00	1 305.00	293.00	648.20	668.80	664.20	657.70	651.80	615.90	387.20	1130.00	130.00

表 4-14　耕地土壤全磷分级面积统计

土壤类型	总面积（公顷）	一级		二级		三级		四级		五级		六级	
		面积（公顷）	占总面积（%）	面积（公顷）	占总面积（%）	面积（公顷）	占总面积（%）	面积（公顷）	占总面积（%）	面积（公顷）	占总面积（%）	面积（公顷）	占总面积（%）
一、黑钙土类	131 187.90	—	—	—	—	5 078.80	3.87	103 359.30	78.79	22 749.80	17.34	—	—
1. 薄层黏底碳酸盐黑钙土	21 790.90	—	—	—	—	620.30	2.85	18 333.00	84.13	2 837.60	13.02	—	—
2. 中层黏底碳酸盐黑钙土	345.40	—	—	—	—	—	—	293.60	85.00	51.80	15.00	—	—
3. 薄层沙底碳酸盐黑钙土	1 639.00	—	—	—	—	—	—	1 202.50	73.37	436.50	26.63	—	—
4. 薄层粉沙底碳酸盐黑钙土	950.50	—	—	—	—	85.00	8.94	797.60	83.91	67.90	7.14	—	—
5. 薄层黏底碳酸盐草甸黑钙土	103 799.70	—	—	—	—	4 367.70	4.21	80 631.30	77.68	18 800.70	18.11	—	—
6. 中层黏底碳酸盐草甸黑钙土	1 769.20	—	—	—	—	5.80	0.33	1 394.70	78.83	368.70	20.84	—	—
7. 薄层粉沙底碳酸盐草甸黑钙土	725.50	—	—	—	—	—	—	563.20	77.63	162.30	22.37	—	—
8. 中层粉沙底碳酸盐草甸黑钙土	47.70	—	—	—	—	—	—	47.70	100.00	—	—	—	—
9. 薄层碱化草甸黑钙土	108.50	—	—	—	—	—	—	84.20	77.60	24.30	22.40	—	—
10. 薄层盐化草甸黑钙土	11.50	—	—	—	—	—	—	11.50	100.00	—	—	—	—
二、草甸土类	10 370.70	—	—	—	—	274.10	2.64	9 087.00	178.17	1 009.60	19.16	—	—
1. 薄层平地黏底碳酸盐草甸土	10 276.20	—	—	—	—	274.10	2.67	9 001.40	87.59	1 000.70	9.74	—	—
2. 薄层平地黏底潜育草甸土	94.50	—	—	—	—	—	—	85.60	90.58	8.90	9.42	—	—
三、碱土类	955.70	—	—	—	—	—	—	344.70	36.07	611.00	63.93	—	—
1. 结皮草甸碱土	329.10	—	—	—	—	—	—	150.90	45.85	178.20	54.15	—	—
2. 深位柱状苏打草甸碱土	626.60	—	—	—	—	—	—	193.80	30.93	432.80	69.07	—	—
四、盐土类	2 257.30	—	—	—	—	278.90	12.36	1 619.40	71.74	359.00	15.90	—	—
苏打碱化盐土	2 257.30	—	—	—	—	278.90	12.36	1 619.40	71.74	359.00	15.90	—	—
五、风沙土类	414.20	—	—	—	—	—	—	388.40	93.77	25.80	6.23	—	—
1. 薄层岗地黑钙土型沙土	346.00	—	—	—	—	—	—	320.20	92.54	25.80	7.46	—	—
2. 岗地生草灰沙土	68.20	—	—	—	—	—	—	68.20	100.00	—	—	—	—
合　计	145 185.80	—	—	—	—	5 631.80	3.88	114 798.80	79.07	24 755.20	17.05	—	—

四、土壤全钾

钾是植物的主要营养元素，同时也是土壤中常因供应不足而影响作物产量的要素之一。钾呈离子状态溶于植物汁液之中，其主要功能与植物的新陈代谢有关。钾能够促进光合作用，缺钾使光合作用减弱。钾能明显地提高植物对氮的吸收和利用，并很快转化为蛋白质。钾还能促进植物经济用水。由于钾离子能较多地累积在植物细胞之中，因此使细胞渗透压增加并使水分从低浓度的土壤溶液中向高浓度的根细胞中移动。在钾供应充足时，植物能有效地利用水分，并保持在体内，减少水分的蒸腾作用。

钾的另一特点是有助于植物的抗逆性。钾的重要生理作用之一是增强细胞对环境条件的调节作用。钾能增强植物对各种不良状况的忍受能力，如干旱、低温、含盐量、病虫危害、倒伏等。

土壤全钾含量与土壤速效钾含量存在着动态平衡，全钾含量的高低直接影响速效钾的含量高低。

林甸县耕地土壤全钾含量平均值为 27.60 克/千克，变化幅度为 22.00～33.10 克/千克。从点数上看，其中，含量大于 30 克/千克的 358 点，占 13.19%；含量为 25～30 克/千克的 2 063 点，占 76.01%；含量为 20～25 克/千克的 293 点，占 10.80%；含量低于 20 克/千克没有。大部分在 25～30 克/千克（图 4 - 4）。

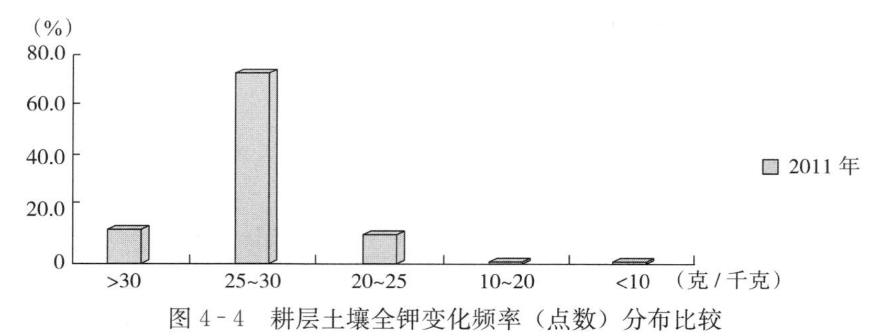

图 4 - 4　耕层土壤全钾变化频率（点数）分布比较

1. 各乡（镇）全钾变化情况　各乡（镇）全钾平均值为 27.10～28.10 克/千克，最大值为 32.40～33.10 克/千克；最小值为 22.10～22.40 克/千克。只有三合乡平均值在 28 克/千克以上。变化不大。各个地力等级之间全钾含量变化也不大（表 4 - 15）。

2. 各乡（镇）耕地土壤全钾分级面积变化情况　根据本次地力评价调查结果分析，按照黑龙江省耕地全钾养分分级标准，全钾养分一级耕地面积 21 000.8 公顷，占总耕地面积的 14.46%；全钾养分二级耕地面积 103 747.70 公顷，占总耕地面积 71.46%；全钾养分三级耕地面积 20 437.30 公顷，占总耕地面积的 14.08%。其中，红旗镇一级地占 18.31%，林甸镇、宏伟乡占 11.50%左右（表 4 - 16）。

3. 耕地土壤类型全钾含量变化情况　从地力调查结果看，全钾黑钙土平均值为 27.60 克/千克，草甸土平均值为 27.60 克/千克，碱土类平均值为 27.40 克/千克，盐土类平均值为 29 克/千克，风沙土类平均值为 27.10 克/千克（表 4 - 17）。

4. 耕地土壤全钾分级面积统计　按照全钾养分分级标准，各土类情况如下：

黑钙土类：全钾养分一级耕地面积 18 517.8 公顷，占该土类耕地面积的 14.12%；全钾养分二级耕地面积 94 727 公顷，占该土类耕地面积的 72.21%；全钾养分三级耕地面积 17 943.00 公顷，占该土类耕地面积的 13.68%。

草甸土类：全钾养分一级耕地面积 1 595.70 公顷，占该土类耕地面积的 15.39%；全钾养分二级耕地面积 6 437.70 公顷，占该土类耕地面积的 62.08%；全钾养分三级耕地面积 2 337.30 公顷，占该土类耕地面积的 22.54%。

碱土类：全钾养分一级耕地面积 12.40 公顷，占该土类耕地面积的 1.30%；全钾养分二级耕地面积 884.0 公顷，占该土类耕地面积的 92.50%；全钾养分三级耕地面积 59.30 公顷，占该土类耕地面积的 6.20%。

盐土类：全钾养分一级耕地面积 849.20 公顷，占该土类耕地面积的 37.62%；全钾养分二级耕地面积 1 371.90 公顷，占该土类耕地面积的 60.78%；全钾养分三级耕地面积 36.20 公顷，占该土类耕地面积的 1.60%。

风沙土类：全钾养分一级耕地面积 25.90 公顷 ，占该土类耕地面积的 6.25%；全钾养分二级耕地面积 327.10 公顷，占该土类耕地面积的 78.97%；全钾养分三级耕地面积 61.20 公顷，占该土类耕地面积的 14.78%（表 4 - 18）。

五、土壤碱解氮

土壤碱解氮是土壤矿物态氮和部分全氮中易分解的、比较简单的有机态氮，即铵态氮、硝态氮、氨基酸、酰胺和易水解的蛋白质的总和。土壤碱解氮的含量也与土壤全氮含量和质量有关，全氮含量高，熟化程度高，碱解氮含量就高，反之则低。土壤碱解氮是土壤当季供氮能力重要指标，在测土施肥指导实践中有重要的意义。

林甸县耕地土壤碱解氮含量平均值为 162.50 毫克/千克，变化幅度为 75.00～369.90 毫克/千克。从点数上看，其中，含量大于 250 毫克/千克的 187 点，占 6.89%；含量为 180～250 毫克/千克的 595 点，占 21.92%；含量为 150～180 毫克/千克的 557 点，占 20.52%；含量为 120～150 毫克/千克的 866 点，占 31.91%；含量为 80～120 毫克/千克的 489 点，占 18.02%；含量小于等于 80 毫克/千克的 20 点，占 0.74%。大部分集中在 120～250 毫克/千克，占 74.35%。

从第二次全国土壤普查结果看，碱解氮平均含量为 97.90 毫克/千克，变化幅度为6.80～784.00 毫克/千克。从点数（734 点）分布看，其中，含量大于等于的 250 毫克/千克的 2 点，占 0.30%；含量为 180～250 毫克/千克的 6 点，占 0.80%；含量为 150～180 毫克/千克的 27 点，占 3.70%；含量为 120～150 毫克/千克的 107 点，占 14.60%；含量为 80～120 毫克/千克的 376 点，占 51.20%；含量小于 80 毫克/千克的 216 点，占 29.40%（图 4 - 5）。

1. 各乡（镇）碱解氮变化情况　各乡（镇）碱解氮平均值为 133.90～198.10 毫克/千克，最大值为 369.20～327.50 毫克/千克；最小值为 90.20～75.00 毫克/千克。其中，宏伟乡平均值最高，为 198.10 毫克/千克；东兴乡平均值最低，为 133.90 毫克/千克（表 4 - 19）。

2. 各乡（镇）耕地土壤碱解氮分级面积变化情况　根据本次地力评价调查结果分析，按照黑龙江省耕地碱解氮养分分级标准，碱解氮养分一级耕地面积 11 313.80 公顷，占总耕地面积的 7.79%；碱解氮养分二级耕地面积 29 462 公顷，占总耕地面积的 20.29%；

表 4-15　各乡(镇)耕地土壤全钾分级统计

单位:克/千克

乡(镇)	2011 年			各地力等级养分平均值					
	平均值	最大值	最小值	一级地	二级地	三级地	四级地	五级地	六级地
林甸镇	27.60	33.10	22.10	28.20	27.60	27.40	27.90	26.80	25.30
红旗镇	27.90	33.10	22.40	29.10	28.40	27.00	26.90	28.30	28.50
东兴乡	27.60	32.40	22.20	27.40	28.50	27.50	26.90	27.90	27.60
宏伟乡	27.70	33.10	22.10	27.90	27.30	27.80	28.40	27.80	—
三合乡	28.10	33.00	22.20	28.20	28.30	27.50	28.30	27.90	28.50
花园镇	27.40	33.10	22.00	27.80	26.90	27.00	27.60	27.80	29.80
四合乡	27.10	33.00	22.00	26.60	26.70	27.30	27.50	26.80	30.10
四季青镇	27.50	33.10	22.20	28.00	27.60	27.60	27.60	27.30	28.00
合　计	27.60	33.10	22.00	27.90	27.70	27.40	27.60	27.60	28.20

表 4-16　各乡(镇)耕地土壤全钾分级面积统计

乡(镇)	总面积(公顷)	一级		二级		三级		四级		五级		六级	
		面积(公顷)	占总面积(%)	面积(公顷)	占总面积(%)	面积(公顷)	占总面积(%)	面积(公顷)	占总面积(%)	面积(公顷)	占总面积(%)	面积(公顷)	占总面积(%)
林甸镇	9 868.80	1 134.20	11.49	7 248.70	73.45	1 485.90	15.06	—	—	—	—	—	—
红旗镇	13 089.00	2 396.40	18.31	9 478.10	72.41	1 214.50	9.28	—	—	—	—	—	—
东兴乡	25 112.20	3 909.10	15.57	17 067.30	67.96	4 135.80	16.47	—	—	—	—	—	—
宏伟乡	10 060.80	1 169.60	11.63	7 393.70	73.49	1 497.50	14.88	—	—	—	—	—	—
三合乡	18 843.10	2 935.70	15.58	14 343.70	76.12	1 563.70	8.30	—	—	—	—	—	—
花园镇	25 660.80	3 696.90	14.41	17 989.10	70.10	3 974.80	15.49	—	—	—	—	—	—
四合乡	21 118.00	3 101.20	14.69	13 558.30	64.20	4 458.50	21.11	—	—	—	—	—	—
四季青镇	21 433.10	2 657.70	12.40	16 668.80	77.77	2 106.60	9.83	—	—	—	—	—	—
合　计	145 185.80	21 000.80	14.46	103 747.70	71.46	20 437.30	14.08	—	—	—	—	—	—

表 4-17 耕地土壤全钾含量统计

单位:克/千克

土壤类型	2011 年			各地力等级养分平均值					
	平均值	最大值	最小值	一级地	二级地	三级地	四级地	五级地	六级地
一、黑钙土类	27.60	33.10	22.00	27.99	27.64	27.42	27.56	27.51	27.65
1. 薄层黏底碳酸盐黑钙土	27.80	33.00	22.00	28.06	27.80	27.00	27.93	27.83	28.09
2. 中层黏底碳酸盐黑钙土	26.50	29.80	22.70	23.90	—	—	—	27.29	—
3. 薄层沙底碳酸盐黑钙土	27.00	31.50	23.90	—	28.09	24.54	27.68	28.81	—
4. 薄层粉沙底碳酸盐黑钙土	28.10	32.10	22.80	31.23	27.05	26.70	28.62	28.42	—
5. 薄层黏底碳酸盐草甸黑钙土	27.50	33.10	22.00	27.85	27.51	27.49	27.47	27.34	27.43
6. 中层黏底碳酸盐草甸黑钙土	28.50	33.10	24.00	28.19	28.05	28.11	27.71	30.30	29.76
7. 薄层粉沙底碳酸盐草甸黑钙土	29.40	32.10	25.50	30.42	28.02	29.10	30.17	28.97	29.03
8. 中层粉沙底碳酸盐草甸黑钙土	30.30	30.80	29.40	—	30.72	30.79	29.44	—	—
9. 薄层碱化草甸黑钙土	26.60	28.40	24.90	—	—	24.85	27.05	26.78	—
10. 薄层盐化草甸黑钙土	26.00	26.50	25.60	—	—	26.50	25.58	—	—
二、草甸土类	27.60	32.50	22.20	27.06	27.70	26.84	27.68	27.88	28.63
1. 薄层平地黏底碳酸盐草甸土	27.60	32.50	22.20	27.00	27.72	26.63	27.68	27.88	28.63
2. 薄层平地黏底潜育草甸土	28.20	29.60	25.10	27.54	26.82	29.31	—	—	—
三、碱土类	27.40	30.20	22.90	27.91	27.29	26.03	30.22	28.92	—
1. 结皮草甸碱土	26.90	28.90	22.90	27.91	27.29	26.03	—	—	—
2. 深位柱状苏打草甸碱土	29.00	30.20	27.70	—	—	—	30.22	28.92	—
四、盐土类	29.00	32.20	24.40	29.90	28.85	27.91	29.15	28.92	—
苏打碱化盐土	29.00	32.20	24.40	29.90	28.85	27.91	29.15	28.92	—
五、风沙土类	27.10	31.10	23.90	—	—	25.68	26.16	28.01	—
1. 薄层岗地黑钙土型沙土	27.60	31.10	24.00	—	—	25.68	26.95	28.71	—
2. 岗地生草灰沙土	26.10	28.80	23.90	—	—	—	24.97	26.85	—
合计	27.60	33.10	22.00	27.91	27.64	27.34	27.64	27.63	27.77

表 4-18　耕地土壤全钾分级面积统计

土壤类型	总面积（公顷）	一级		二级		三级		四级		五级		六级	
		面积（公顷）	占总面积（%）	面积（公顷）	占总面积（%）	面积（公顷）	占总面积（%）	面积（公顷）	占总面积（%）	面积（公顷）	占总面积（%）	面积（公顷）	占总面积（%）
一、黑钙土类	131 187.90	18 517.80	14.12	94 726.80	72.21	17 943.00	13.68	—	—	—	—	—	—
1. 薄层黏底碳酸盐黑钙土	21 790.90	2 949.80	13.54	16 187.00	74.28	2 653.90	12.18	—	—	—	—	—	—
2. 中层黏底碳酸盐黑钙土	345.40	—	—	294.10	85.15	51.30	14.85	—	—	—	—	—	—
3. 薄层沙底碳酸盐黑钙土	1 639.00	515.00	31.42	775.70	47.33	348.30	21.25	—	—	—	—	—	—
4. 薄层粉沙底碳酸盐黑钙土	950.50	258.30	27.18	191.00	20.09	501.20	52.73	—	—	—	—	—	—
5. 薄层黏底碳酸盐草甸黑钙土	103 799.70	13 993.00	13.48	75 580.00	72.81	14 227.00	13.71	—	—	—	—	—	—
6. 中层黏底碳酸盐草甸黑钙土	1 769.20	387.90	21.93	1 220.50	68.99	160.80	9.09	—	—	—	—	—	—
7. 薄层粉沙底碳酸盐草甸黑钙土	725.50	367.30	50.63	358.20	49.37	—	—	—	—	—	—	—	—
8. 中层粉沙底碳酸盐草甸黑钙土	47.70	46.50	97.48	1.20	2.52	—	—	—	—	—	—	—	—
9. 薄层碱化草甸黑钙土	108.50	—	—	107.60	99.17	0.90	0.83	—	—	—	—	—	—
10. 薄层盐化草甸黑钙土	11.50	—	—	11.50	100.00	—	—	—	—	—	—	—	—
二、草甸土类	10 370.70	1 595.70	15.39	6 437.70	62.08	2 337.30	22.54	—	—	—	—	—	—
1. 薄层平地黏底碳酸盐草甸土	10 276.20	1 595.70	15.53	6 343.20	61.73	2 337.30	22.74	—	—	—	—	—	—
2. 薄层平地黏底潜育草甸土	94.50	—	—	94.50	100.00	—	—	—	—	—	—	—	—
三、碱土类	955.70	12.40	1.30	884.00	92.50	59.30	6.20	—	—	—	—	—	—
1. 结皮草甸碱土	329.10	—	—	269.80	81.98	59.30	18.02	—	—	—	—	—	—
2. 深位柱状苏打草甸碱土	626.60	12.40	1.98	614.20	98.02	—	—	—	—	—	—	—	—
四、盐土类	2 257.30	849.20	37.62	1 371.90	60.78	36.20	1.60	—	—	—	—	—	—
苏打碱化盐土	2 257.30	849.20	37.62	1 371.90	60.78	36.20	1.60	—	—	—	—	—	—
五、风沙土类	414.20	25.90	6.25	327.10	78.97	61.20	14.78	—	—	—	—	—	—
1. 薄层岗地黑钙土型沙土	346.00	25.90	7.49	295.70	85.46	24.40	7.05	—	—	—	—	—	—
2. 岗地生草灰沙土	68.20	—	—	31.40	46.04	36.80	53.96	—	—	—	—	—	—
合　计	145 185.80	21 001.00	14.46	103 748.00	71.46	20 437.00	14.08	—	—	—	—	—	—

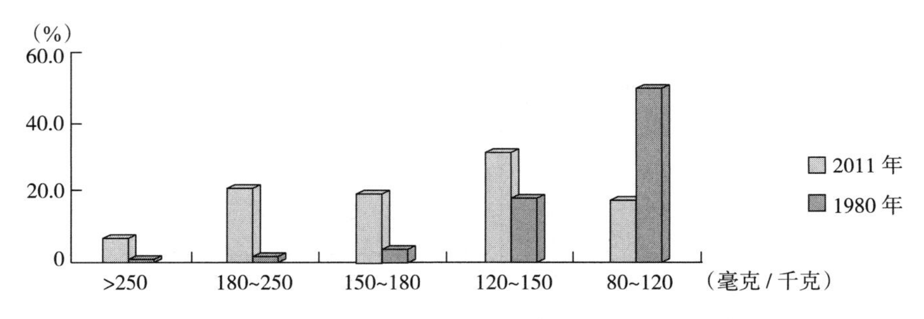

图 4-5　耕层土壤碱解氮变化频率（点数）分布比较

碱解氮养分三级耕地面积 27 154.70 公顷，占总耕地面积的 18.70%；碱解氮养分四级耕地面积 46 012.40 公顷，占总耕地面积的 31.69%；碱解氮养分五级耕地面积 30 304.40 公顷，占总耕地面积的 20.87%；碱解氮养分六级耕地面积 938.50 公顷，占总耕地面积的 0.65%。其中，宏伟乡一级地占 31.89%，四季青镇一级地占 4.77%，花园镇一级地占 3.95%（表 4-20）。

3. 耕地土壤类型碱解氮含量变化情况　从地力调查结果看，碱解氮黑钙土类平均值为 162.90 毫克/千克，草甸土类平均值为 163.40 毫克/千克，碱土类平均值为 163 毫克/千克，盐土类平均值为 147.20 毫克/千克，风沙土类平均值为 139.90 毫克/千克（表 4-21）。

4. 耕地土壤碱解氮分级面积统计　按照碱解氮养分分级标准，各土类情况如下：

黑钙土类：碱解氮养分一级耕地面积 11 088.90 公顷，占该土类耕地面积的 8.45%；碱解氮养分二级耕地面积 25 907.20 公顷，占该土类耕地面积的 19.75%；碱解氮养分三级耕地面积 25 644.80 公顷，占该土类耕地面积的 19.55%；碱解氮养分四级耕地面积 41 889.90 公顷，占该土类耕地面积的 31.93%；碱解氮养分五级耕地面积 25 796.90 公顷，占该土类耕地面积的 19.66%；碱解氮养分六级耕地面积 860 公顷，占该土类耕地面积的 0.66%。

草甸土类：碱解氮养分一级耕地面积 221.30 公顷，占该土类耕地面积的 2.13%；碱解氮养分二级耕地面积 3 107.80 公顷，占该土类耕地面积的 29.97%；碱解氮养分三级耕地面积 1 154.30 公顷，占该土类耕地面积的 11.13%；碱解氮养分四级耕地面积 2 294.90 公顷，占该土类耕地面积的 22.13%；碱解氮养分五级耕地面积 3 514.10 公顷，占该土类耕地面积的 33.88%；碱解氮养分六级耕地面积 78.88 公顷，占该土类耕地面积的 0.76%。

碱土类：碱解氮养分二级耕地面积 213.60 公顷，占该土类耕地面积的 22.35%；碱解氮养分三级耕地面积 115.50 公顷，占该土类耕地面积的 12.09%；碱解氮养分四级耕地面积 176.80 公顷，占该土类耕地面积的 18.50%；碱解氮养分五级耕地面积 449.8 公顷，占该土类耕地面积的 47.10%。

盐土类：碱解氮养分一级耕地面积 3.60 公顷，占该土类耕地面积的 0.16%；碱解氮养分二级耕地面积 9.30 公顷，占该土类耕地面积的 0.41%；碱解氮养分三级耕地面积 240.1 公顷，占该土类耕地面积的 10.64%；碱解氮养分四级耕地面积 1 522.90 公顷，占该土类耕地面积的 21.33%；碱解氮养分五级耕地面积 481.40 公顷，占该土类耕地面积的 21.33%。

风沙土类：碱解氮养分二级耕地面积 224.10 公顷，占该土类耕地面积的 54.10%；碱解氮养分四级耕地面积 127.90 公顷，占该土类耕地面积的 30.88%；碱解氮养分五级耕地面积 62.20 公顷，占该土类耕地面积的 15.02%（表 4-22）。

表 4-19　各乡(镇)耕地土壤碱解氮分级统计

单位:毫克/千克

乡(镇)	2011 年			各地力等级养分平均值						1980 年			对比(±)
	平均值	最大值	最小值	一级地	二级地	三级地	四级地	五级地	六级地	平均值	最大值	最小值	
林甸镇	155.70	355.90	77.00	246.50	195.60	155.50	134.00	100.20	89.00	—	—	—	—
红旗镇	180.60	367.40	90.20	260.10	202.40	166.80	148.50	125.70	93.90	—	—	—	—
东兴乡	133.90	369.20	77.00	257.90	211.00	175.50	151.70	124.90	97.30	—	—	—	—
宏伟乡	198.10	361.30	86.00	255.50	185.70	166.80	137.10	122.30	—	—	—	—	—
三合乡	156.10	369.90	75.00	253.50	213.10	18.00	148.90	125.30	93.00	—	—	—	—
花园镇	168.70	327.50	75.40	254.70	214.50	181.00	149.90	122.50	79.10	—	—	—	—
四合乡	163.50	355.70	75.80	28.00	226.20	157.20	131.80	107.10	93.80	—	—	—	—
四季青镇	160.60	363.20	81.50	317.50	210.10	177.20	149.50	130.40	93.40	—	—	—	—
合　计	162.50	369.90	75.00	234.20	207.30	149.80	143.90	119.80	91.40	97.90	784.00	6.80	64.60

表 4-20　各乡(镇)耕地土壤碱解氮分级面积统计

乡(镇)	总面积(公顷)	一级		二级		三级		四级		五级		六级	
		面积(公顷)	占总面积(%)	面积(公顷)	占总面积(%)	面积(公顷)	占总面积(%)	面积(公顷)	占总面积(%)	面积(公顷)	占总面积(%)	面积(公顷)	占总面积(%)
林甸镇	9 868.80	733.20	7.43	2 196.80	22.26	1 534.50	15.55	4 044.90	40.99	1 216.90	12.33	142.50	1.44
红旗镇	13 089.00	1 535.10	11.73	3 890.20	29.72	3 414.80	26.09	2 067.70	15.80	2 181.20	16.66	—	—
东兴乡	25 112.20	335.50	1.34	2 656.00	10.58	3 072.70	12.24	7 035.00	28.01	11 741.50	46.76	271.50	1.08
宏伟乡	10 060.80	3 207.90	31.89	2 955.60	29.38	2 365.30	23.51	1 064.80	10.58	467.20	4.64	—	—
三合乡	18 843.10	1 442.20	7.65	4 712.20	25.01	2 389.00	12.68	5 536.10	29.38	4 540.80	24.10	222.80	1.18
花园镇	25 660.80	1 014.20	3.95	7 142.90	27.84	5 559.90	21.67	9 796.30	38.18	1 928.80	7.55	218.70	0.85
四合乡	21 118.00	2 023.40	9.58	3 130.40	14.82	3 322.80	15.73	7 327.40	34.70	5 231.00	24.77	83.00	0.39
四季青镇	21 433.10	1 022.30	4.77	2 777.90	12.96	5 495.70	25.64	9 140.20	42.65	2 997.00	13.980	—	—
合　计	145 185.80	11 313.80	7.79	29 462.00	20.29	27 154.70	18.70	46 012.40	31.69	30 304.40	20.87	938.50	0.65

表 4-21　耕地土壤碱解氮含量统计

单位:毫克/千克

土壤类型	2011年			各地力等级养分平均值						第二次土壤普查		
	平均值	最大值	最小值	一级地	二级地	三级地	四级地	五级地	六级地	最大值	最小值	平均值
一、黑钙土类	162.90	369.90	75.00	265.10	205.80	166.90	143.50	122.30	96.60	—	—	—
1. 薄层黏底碳酸盐黑钙土	176.70	369.90	75.00	268.00	210.90	172.20	148.00	124.60	93.80	—	—	—
2. 中层黏底碳酸盐黑钙土	169.00	332.80	117.40	312.20	—	—	—	126.00	—	—	—	—
3. 薄层沙底碳酸盐黑钙土	165.80	221.20	118.50		200.60	159.00	155.70	135.30	—	—	—	—
4. 薄层粉沙底碳酸盐黑钙土	173.00	327.50	105.80	272.00	196.40	171.90	159.00	114.30	—	—	—	—
5. 薄层黏底碳酸盐草甸黑钙土	157.40	369.20	75.40	261.40	204.00	165.90	142.70	121.40	97.10	—	—	—
6. 中层黏底碳酸盐草甸黑钙土	200.90	319.40	83.00	250.80	206.50	178.50	152.00	13.00	95.40	—	—	—
7. 薄层粉沙底碳酸盐草甸黑钙土	182.30	363.20	87.30	339.60	213.90	163.40	132.00	124.40	98.40	—	—	—
8. 中层粉沙底碳酸盐草甸黑钙土	186.80	222.30	156.80	—	222.30	181.30	156.80	—	—	—	—	—
9. 薄层碱化草甸黑钙土	136.00	167.20	115.20	—	—	167.20	132.50	115.20	—	—	—	—
10. 薄层盐化草甸黑钙土	171.20	186.50	156.00	—	—	186.50	156.00	—	—	—	—	—
二、草甸土类	163.40	355.70	75.00	239.00	213.40	175.40	146.60	123.80	92.20	—	—	—
1. 薄层平地黏底碳酸盐草甸土	161.90	355.70	75.00	234.60	213.60	175.00	146.60	123.80	92.20	—	—	—
2. 薄层平地黏底潜育草甸土	217.80	323.50	177.90	277.00	205.60	179.50	—	—	—	—	—	—
三、碱土类	163.00	208.40	90.80	183.30	186.30	169.00	108.90	113.00	—	—	—	—
1. 结皮草甸碱土	180.30	208.40	154.60	183.30	186.30	169.00	—	—	—	—	—	—
2. 深位柱状苏打草甸碱土	112.60	125.60	90.80	—	—	—	108.90	113.00	—	—	—	—
四、盐土类	147.20	328.60	107.10	272.40	223.40	166.90	141.50	134.00	—	—	—	—
苏打碱化盐土	147.20	328.60	107.10	272.40	223.40	166.90	141.50	134.00	—	—	—	—
五、风沙土类	139.90	197.90	112.50	—	—	195.10	139.50	126.40	—	—	—	—
1. 薄层岗地黑钙土型沙土	146.60	197.90	116.50	—	—	195.10	142.00	129.90	—	—	—	—
2. 岗地生草灰沙土	126.60	138.80	112.50	—	—	—	135.70	120.50	—	—	—	—
合计	162.50	369.90	75.00	262.30	206.20	167.80	143.70	122.80	96.10	97.90	784.00	6.80

表 4-22 耕地土壤碱解氮分级面积统计

土壤类型	总面积（公顷）	一级		二级		三级		四级		五级		六级	
		面积（公顷）	占总面积（%）	面积（公顷）	占总面积（%）	面积（公顷）	占总面积（%）	面积（公顷）	占总面积（%）	面积（公顷）	占总面积（%）	面积（公顷）	占总面积（%）
一、黑钙土类	131 187.90	11 088.90	8.45	25 907.20	19.75	25 644.80	19.55	41 889.90	31.93	25 796.90	19.66	860.00	0.66
1. 薄层黏底碳酸盐黑钙土	21 790.90	3 647.40	16.74	5 917.90	27.16	3 738.10	17.15	4 625.60	21.22	3 682.10	16.90	180.00	0.83
2. 中层黏底碳酸盐黑钙土	345.40	52.80	15.29	—	—	—	—	285.80	82.74	6.80	1.97	—	—
3. 薄层沙底碳酸盐黑钙土	1 639.00	—	—	664.20	40.52	368.20	22.46	481.40	29.37	125.20	7.64	—	—
4. 薄层粉沙底碳酸盐黑钙土	950.50	24.20	2.55	251.10	26.42	648.10	68.19	12.40	1.30	14.70	1.55	—	—
5. 薄层黏底碳酸盐草甸黑钙土	103 799.70	6 929.00	6.68	17 892.10	17.24	20 616.50	19.86	36 111.90	34.79	21 569.80	20.78	680.00	0.65
6. 中层黏底碳酸盐草甸黑钙土	1 769.20	355.50	20.10	935.60	52.88	109.40	6.18	146.90	8.30	221.80	12.54	—	—
7. 薄层粉沙底碳酸盐草甸黑钙土	725.50	80.00	11.03	189.30	26.09	161.40	22.25	119.80	16.51	175.00	24.12	—	—
8. 中层粉沙底碳酸盐草甸黑钙土	47.70	—	—	46.50	97.48	1.20	2.52	—	—	—	—	—	—
9. 薄层碱化草甸黑钙土	108.50	—	—	—	—	0.90	0.83	106.10	97.79	1.50	1.38	—	—
10. 薄层盐化草甸黑钙土	11.50	—	—	10.50	91.30	1.00	8.70	—	—	—	—	—	—
二、草甸土类	10 370.70	221.30	2.13	3 107.80	29.97	1 154.30	11.13	2 294.90	22.13	3 514.10	33.88	78.50	0.76
1. 薄层平地黏底碳酸盐草甸土	10 276.20	177.10	1.72	3 068.30	29.86	1 143.50	11.13	2 294.90	22.33	3 514.10	34.20	78.50	0.76
2. 薄层平地黏底潜育草甸土	94.50	44.20	46.77	39.50	41.80	10.80	11.43	—	—	—	—	—	—
三、碱土类	955.70	—	—	213.60	22.35	115.50	12.09	176.80	18.50	449.80	47.06	—	—
1. 结皮草甸碱土	329.10	—	—	213.60	64.90	115.50	35.10	—	—	—	—	—	—
2. 深位柱状苏打草甸碱土	626.60	—	—	—	—	—	—	176.80	28.22	449.80	71.78	—	—
四、盐土类	2 257.30	3.60	0.16	9.30	0.41	240.10	10.64	1 522.90	67.47	481.40	21.33	—	—
苏打碱化盐土	2 257.30	3.60	0.16	9.30	0.41	240.10	10.64	1 522.90	67.47	481.40	21.33	—	—
五、风沙土类	414.20	—	—	224.10	54.10	—	—	127.90	30.88	62.20	15.02	—	—
1. 薄层岗地黑钙土型沙土	346.00	—	—	224.10	64.77	—	—	86.30	24.94	35.60	10.29	—	—
2. 岗地生草灰沙土	68.20	—	—	—	—	—	—	41.60	61.00	26.60	39.00	—	—
合　计	145 185.80	11 313.80	7.80	29 462.00	20.30	27 154.70	18.70	46 012.40	31.70	30 304.40	20.90	938.50	0.70

六、土壤有效磷

磷是构成植物体的重要组成元素之一。土壤有效磷中易被植物吸收利用的部分称之为速效磷，它是土壤磷供应水平的重要指标。了解土壤速效磷的情况，对施肥有直接的指导意义。

本次调查结果表明，林甸县耕地土壤有效磷含量平均值为 24.40 毫克/千克，变化幅度为 7.90～55.70 毫克/千克。从点数上看，其中，含量大于 100 毫克/千克的和小于等于 5 毫克/千克的 0 点；含量为 40～100 毫克/千克的 42 点，占 1.55%；含量为 20～40 毫克/千克的 1 961 点，占 72.25%；含量为 10～20 毫克/千克的 678 点，占 24.98%；含量为 5～10 毫克/千克的 33 点，占 1.22%。大部分集中含量为 20～40 毫克/千克。

从土壤普查结果看，有效磷含量平均值为 20.10 毫克/千克，变化幅度为 0.10～192.20 毫克/千克。从点数分布看，其中，含量大于 100 毫克/千克占 2.10%，含量为 40～100 毫克/千克占 7.70%，含量为 20～40 毫克/千克占 17.40%，含量为 10～20 毫克/千克占 36.20%，含量为 5～10 毫克/千克占 20.60%，含量小于等于 5 毫克/千克占 16%（图 4-6）。

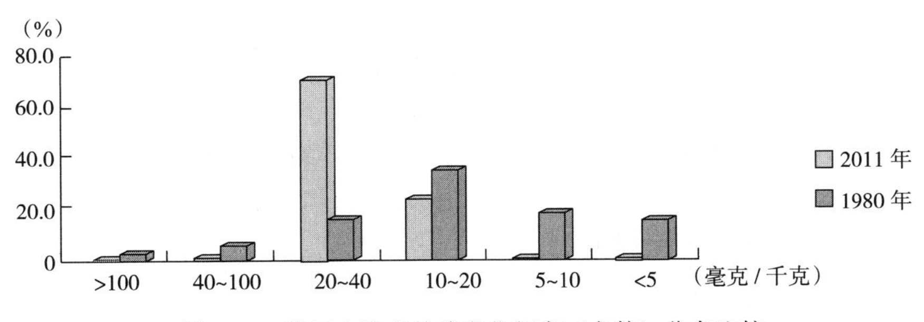

图 4-6　耕层土壤有效磷变化频率（点数）分布比较

1. 各乡（镇）有效磷变化情况　各乡（镇）有效磷平均值为 19.10～30.80 毫克/千克，最大值为 37.80～55.70 毫克/千克；最小值为 7.90～13.70 毫克/千克。宏伟乡平均值为 30.80 毫克/千克，东兴乡平均值只有 19.10 毫克/千克（表 4-23）。

2. 各乡（镇）耕地土壤有效磷分级面积变化情况　根据本次地力评价调查结果分析，按照黑龙江省耕地有效磷养分分级标准，林甸县没有一级耕地。有效磷养分二级耕地面积 2 348.10 公顷，占总耕地面积的 1.62%；有效磷养分三级耕地面积 99 837.10 公顷，占总耕地面积的 68.77%；有效磷养分四级耕地面积 41 141 公顷，占总耕地面积的 28.34%；有效磷养分五级耕地面积 1 859.60 公顷，占总耕地面积的 1.28%。其中，宏伟乡二级地比例最高占 11.2%（表 4-24）。

3. 耕地土壤类型有效磷含量变化情况　从地力调查结果看，有效磷黑钙土平均值为 24 毫克/千克，草甸土平均值为 24.20 毫克/千克，碱土类平均值为 25.40 毫克/千克，盐土类平均值为23.50毫克/千克，风沙土类平均值为23毫克/千克（表4-25）。

4. 耕地土壤有效磷分级面积统计 按照有效磷养分分级标准，各土类情况如下

黑钙土类：有效磷养分二级耕地面积2 309.80公顷，占该土类耕地面积的1.76%；有效磷养分三级耕地面积89 761公顷，占该土类耕地面积的68.42%；有效磷养分四级耕地面积37 470公顷，占该土类耕地面积的28.56%；有效磷养分五级耕地面积1 647.20公顷，占该土类耕地面积的1.26%。

草甸土类：有效磷养分二级耕地面积38.30公顷，占该土类耕地面积的0.37%；有效磷养分三级耕地面积7 401.90公顷，占该土类耕地面积的71.37%；有效磷养分四级耕地面积27 181.10公顷，占该土类耕地面积的26.21%；有效磷养分五级耕地面积212.40公顷，占该土类耕地面积的2.05%。

碱土类：有效磷养分三级耕地面积616.40公顷，占该土类耕地面积的64.50%；有效磷养分四级耕地面积339.30公顷，占该土类耕地面积的35.50%。

盐土类：有效磷养分三级耕地面积1 731.80公顷，占该土类耕地面积的76.72%；有效磷养分四级耕地面积525.50公顷，占该土类耕地面积的23.28%。

风沙土类：有效磷养分三级耕地面积326.10公顷，占该土类耕地面积的78.73%；有效磷养分四级耕地面积88.10公顷，占该土类耕地面积的21.27%。

耕地土壤有效磷分级面积统计见表4-26。

七、土壤速效钾

土壤速效钾是指水溶性钾和黏土矿物晶体外表面吸持的交换性钾，这一部分钾素植物可以直接吸收利用，对植物生长及其品质起着重要作用。其含量水平的高低反映了土壤供钾能力的程度，是土壤质量的主要指标。

林甸县耕地土壤多发育在黄土状母质上，土壤速效钾比较丰富。本次调查结果表明，林甸县耕地土壤速效钾含量平均值为207.05毫克/千克，变化幅度为62～467毫克/千克。从点数上看，其中，含量大于200毫克/千克的1 379点，占50.81%；含量为150～200毫克/千克的745点，占27.45%；含量为100～150毫克/千克的446点，占16.43%；含量为50～100毫克/千克的144点，占5.31%；含量30～50毫克/千克的及小于等于30毫克/千克的0点。大部分集中在150毫克/千克以上，占78.26%。

从土壤普查结果看，速效钾含量平均值为112毫克/千克，变化幅度为5.10～873.00毫克/千克。从点数分布看，其中，含量大于等于200毫克/千克占5%，含量为150～200毫克/千克占10.70%，含量为100～150毫克/千克占38.50%，含量为50～100毫克/千克占40.80%，含量为30～50克/千克占1.60%，含量小于30克/千克占3.60%。土壤普查时绝大部分含量为50～150毫克/千克（图4-7）。

1. 各乡（镇）速效钾变化情况 各乡（镇）速效钾平均值为168～253毫克/千克，宏伟乡最大253毫克/千克，东兴乡168毫克/千克。最大值在399～467毫克/千克之间；

表 4-23 各乡(镇)耕地土壤有效磷分级统计

单位:毫克/千克

乡(镇)	2011年			各地力等级养分平均值						1980年			对比(±)
	平均值	最大值	最小值	一级地	二级地	三级地	四级地	五级地	六级地	平均值	最大值	最小值	
林甸镇	23.50	43.20	9.40	32.20	27.10	23.60	21.30	19.50	12.40	—	—	—	—
红旗镇	25.60	39.90	8.20	31.60	28.40	25.80	21.50	18.30	13.70	—	—	—	—
东兴乡	19.10	43.20	8.10	37.50	30.60	25.60	22.90	18.10	13.00	—	—	—	—
宏伟乡	30.80	44.70	13.70	35.90	31.30	26.40	24.50	19.70	—	—	—	—	—
三合乡	23.80	45.00	8.20	33.80	31.40	27.40	24.50	20.10	13.30	—	—	—	—
花园镇	24.20	38.20	9.60	30.90	29.70	25.70	22.50	18.90	11.30	—	—	—	—
四合乡	25.30	55.70	10.10	35.70	28.80	25.20	23.60	19.40	14.80	—	—	—	—
四季青镇	22.60	37.80	7.90	32.00	29.40	25.90	22.20	18.80	10.40	—	—	—	—
合 计	24.40	55.70	7.90	33.70	29.60	25.70	22.90	19.10	12.70	20.10	192.20	0.10	4.30

表 4-24 各乡(镇)耕地土壤有效磷分级面积统计

乡(镇)	总面积(公顷)	一级		二级		三级		四级		五级		六级	
		面积(公顷)	占总面积(%)	面积(公顷)	占总面积(%)	面积(公顷)	占总面积(%)	面积(公顷)	占总面积(%)	面积(公顷)	占总面积(%)	面积(公顷)	占总面积(%)
林甸镇	9 868.80	—	—	199.70	2.02	7 517.10	76.17	1 750.30	17.74	401.70	4.07	—	—
红旗镇	13 089.00	—	—		—	9 781.80	74.73	3 259.10	24.90	48.10	0.37	—	—
东兴乡	25 112.20	—	—	366.70	1.46	8 243.90	32.83	15 532.40	61.85	969.20	3.86	—	—
宏伟乡	10 060.80	—	—	1 126.60	11.20	8 666.40	86.14	267.80	2.66	—	—	—	—
三合乡	18 843.10	—	—	12.60	0.07	12 649.10	67.13	6 006.30	31.88	175.10	0.93	—	—
花园镇	25 660.80	—	—	—	—	20 600.10	80.28	5 053.60	19.69	7.10	0.03	—	—
四合乡	21 118.00	—	—	642.50	3.04	17 775.50	84.17	2 700.00	12.79	—	—	—	—
四季青镇	21 433.10	—	—	—	—	14 603.20	68.13	6 571.50	30.66	258.40	1.21	—	—
合 计	145 185.80	—	—	2 348.10	1.62	99 837.10	68.77	41 141.00	28.34	1 859.60	1.28	—	—

表 4-25 耕地土壤有效磷含量统计

单位:毫克/千克

土壤类型	2011年			各地力等级养分平均值						第二次土壤普查		
	平均值	最大值	最小值	一级地	二级地	三级地	四级地	五级地	六级地	最大值	最小值	平均值
一、黑钙土类	24.00	55.70	7.90	34.30	29.80	25.40	22.60	19.00	13.10	81.50	1.90	34.40
1. 薄层黏底碳酸盐黑钙土	26.00	55.70	9.10	34.70	30.70	27.20	23.50	20.00	97.90	81.50	12.10	33.00
2. 中层黏底碳酸盐黑钙土	26.30	45.10	17.70	—	—	—	—	23.10	—	—	—	40.80
3. 薄层沙底碳酸盐黑钙土	25.40	30.70	19.70	—	28.20	27.30	23.20	20.20	—	50.30	12.10	32.20
4. 薄层粉沙底碳酸盐黑钙土	26.10	38.20	18.50	35.30	30.10	27.10	22.10	19.50	—	—	—	—
5. 薄层黏底碳酸盐草甸黑钙土	23.30	44.20	7.90	34.10	29.60	25.20	22.50	18.70	12.90	67.00	1.90	35.30
6. 中层黏底碳酸盐草甸黑钙土	27.20	42.20	12.00	33.90	29.50	20.60	18.80	15.10	14.30	44.40	11.90	36.50
7. 薄层粉沙底碳酸盐草甸黑钙土	24.10	44.70	12.40	32.40	30.80	25.40	23.80	17.70	14.10	—	—	—
8. 中层粉沙底碳酸盐草甸黑钙土	24.30	27.00	20.50	—	27.00	25.40	20.50	—	—	—	—	—
9. 薄层碱化草甸黑钙土	21.70	23.90	18.70	—	—	18.70	22.60	21.90	—	—	—	31.80
10. 薄层盐化草甸黑钙土	26.50	29.70	23.30	—	—	29.70	23.30	—	—	—	—	—
二、草甸土类	24.20	45.90	8.10	33.30	29.60	26.20	23.60	19.60	12.20	64.90	20.00	42.50
1. 薄层平地黏底碳酸盐草甸土	24.20	45.90	8.10	33.10	29.70	26.50	23.60	19.60	12.20	64.90	20.00	42.20
2. 薄层平地黏底潜育草甸土	27.30	38.80	22.70	34.70	25.00	22.90	—	—	—	47.70	38.90	43.30
三、碱土类	25.40	34.20	14.80	33.10	28.50	26.80	22.70	17.40	—	62.30	7.30	22.60
1. 结皮草甸碱土	28.00	34.20	24.90	33.10	28.50	26.80	—	—	—	45.90	7.30	18.80
2. 深位柱状苏打草甸碱土	17.80	22.70	14.80	—	—	—	22.70	17.40	—	62.30	10.40	26.30
四、盐土类	23.50	39.90	16.10	35.10	32.60	26.50	24.70	19.90	—	—	—	—
苏打碱化盐土	23.50	39.90	16.10	35.10	32.60	26.50	24.70	19.90	—	—	—	—
五、风沙土类	23.00	26.90	18.60	—	—	25.40	25.50	20.80	—	—	—	—
1. 薄层岗地黑钙土型沙土	22.70	26.90	18.60	—	—	25.40	24.60	20.40	—	—	—	—
2. 岗地生草灰沙土	23.70	26.90	19.70	—	—	—	26.80	21.60	—	—	—	—
合计	24.00	55.70	7.90	34.20	29.70	25.50	22.90	19.10	13.00	81.50	1.90	35.00

表 4-26 耕地土壤有效磷分级面积统计

土壤类型	总面积（公顷）	一级		二级		三级		四级		五级		六级	
		面积（公顷）	占总面积（%）	面积（公顷）	占总面积（%）	面积（公顷）	占总面积（%）	面积（公顷）	占总面积（%）	面积（公顷）	占总面积（%）	面积（公顷）	占总面积（%）
一、黑钙土类	131 187.90	—	—	2 309.80	1.76	89 761.10	68.42	37 470.00	28.56	1 647.20	1.26	—	—
1. 薄层黏底碳酸盐黑钙土	21 790.90	—	—	609.00	2.80	15 770.00	72.37	5 237.30	24.03	174.50	0.80	—	—
2. 中层黏底碳酸盐黑钙土	345.40	—	—	1.00	0.29	325.90	94.35	18.50	5.36	—	—	—	—
3. 薄层沙底碳酸盐黑钙土	1 639.00	—	—	—	—	1 224.20	74.69	414.80	25.31	—	—	—	—
4. 薄层粉沙底碳酸盐黑钙土	950.50	—	—	—	—	935.80	98.45	14.70	1.55			—	—
5. 薄层黏底碳酸盐草甸黑钙土	103 799.70	—	—	1 660.70	1.60	69 472.00	66.93	31 194.60	30.05	1 472.70	1.42	—	—
6. 中层黏底碳酸盐草甸黑钙土	1 769.20	—	—	12.20	0.69	1 364.20	77.11	392.80	22.20	—	—	—	—
7. 薄层粉沙底碳酸盐草甸黑钙土	725.50	—	—	26.90	3.71	502.20	69.22	196.40	27.07	—	—	—	—
8. 中层粉沙底碳酸盐草甸黑钙土	47.70	—	—	—	—	47.70	100.00	—	—	—	—	—	—
9. 薄层碱化草甸黑钙土	108.50	—	—	—	—	107.60	99.17	0.90	0.83	—	—	—	—
10. 薄层盐化草甸黑钙土	11.50	—	—	—	—	11.50	100.00	—	—	—	—	—	—
二、草甸土类	10 370.70	—	—	38.30	0.37	7 401.90	71.37	2 718.10	26.21	212.40	2.05	—	—
1. 薄层平地黏底碳酸盐草甸土	10 276.20	—	—	38.30	0.37	7 307.40	71.11	2 718.10	26.45	212.40	2.07	—	—
2. 薄层平地黏底潜育草甸土	94.50	—	—	—	—	94.50	100.00	—	—	—	—	—	—
三、碱土类	955.70	—	—	—	—	616.40	64.50	339.30	35.50	—	—	—	—
1. 结皮草甸碱土	329.10	—	—	—	—	329.10	100.00	—	—	—	—	—	—
2. 深位柱状苏打草甸碱土	626.60	—	—	—	—	287.30	45.85	339.30	54.15	—	—	—	—
四、盐土类	2 257.30	—	—	—	—	1 731.80	76.72	525.50	23.28	—	—	—	—
苏打碱化盐土	2 257.30	—	—	—	—	1 731.80	76.72	525.50	23.28	—	—	—	—
五、风沙土类	414.20	—	—	—	—	326.10	78.73	88.10	21.27	—	—	—	—
1. 薄层岗地黑钙土型沙土	346.00	—	—	—	—	284.50	82.23	61.50	17.77	—	—	—	—
2. 岗地生草灰沙土	68.20	—	—			41.60	61.00	26.60	39.00	—	—		
合 计	145 185.80	—	—	2 348.10	1.62	99 837.30	68.76	41 141.00	28.34	1 859.60	1.28	—	—

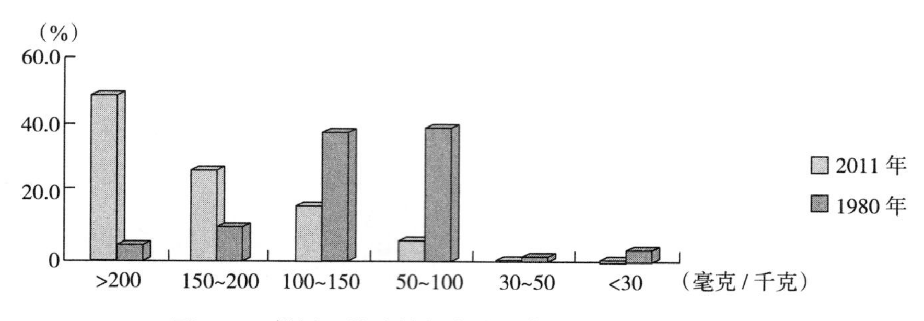

图 4-7 耕层土壤速效钾变化频率（点数）分布比较

最小值在 62～115 毫克/千克之间（表 4-27）。

2. 各乡（镇）耕地土壤速效钾分级面积变化情况 根据本次地力评价调查结果分析，按照黑龙江省耕地速效钾养分分级标准，速效钾养分一级耕地面积 70 021.80 公顷，占总耕地面积的 48.23%；速效钾养分二级耕地面积 41 111.80 公顷，占总耕地面积的 28.32%；速效钾养分三级耕地面积 25 173.60 公顷，占总耕地面积的 17.34%。速效钾养分三级耕地面积 8 878.60 公顷，占总耕地面积的 6.12%（表 4-28）。

3. 耕地土壤类型速效钾含量变化情况 从地力调查结果看，速效钾黑钙土平均值为 209.40 毫克/千克，草甸土平均值为 200.10 毫克/千克，碱土类平均值为 206.40 毫克/千克，盐土类平均值为 170.70 毫克/千克，风沙土类平均值为 156.20 毫克/千克（表 4-29）。

4. 耕地土壤速效钾分级面积统计 按照速效钾养分分级标准，各土类情况如下：

黑钙土类：速效钾养分一级耕地面积 63 360 公顷，占该土类耕地面积的 48.30%；速效钾养分二级耕地面积 36 837.30 公顷，占该土类耕地面积的 28.08%；速效钾养分三级耕地面积 22 863.50 公顷，占该土类耕地面积的 17.43%；速效钾养分四级耕地面积 8 126.20公顷，占该土类耕地面积的 6.19%。

草甸土类：速效钾养分一级耕地面积 5 895.70 公顷，占该土类耕地面积的 56.85%；速效钾养分二级耕地面积 2 079.40 公顷，占该土类耕地面积的 20.05%；速效钾养分三级耕地面积 1 643.20 公顷，占该土类耕地面积的 15.84%；速效钾养分四级耕地面积 752.40 公顷，占该土类耕地面积的 7.26%。

碱土类：速效钾养分一级耕地面积 610.80 公顷，占该土类耕地面积的 63.91%；速效钾养分二级耕地面积 332.50 公顷，占该土类耕地面积的 34.79%；速效钾养分三级耕地面积 12.40 公顷，占该土类耕地面积的 1.30%。

盐土类：速效钾养分一级耕地面积 154.50 公顷，占该土类耕地面积的 6.84%；速效钾养分二级耕地面积 1 573.90 公顷，占该土类耕地面积的 69.72%；速效钾养分三级耕地面积 528.90 公顷，占该土类耕地面积的 23.43%。

风沙土类：速效钾养分二级耕地面积 288.60 公顷，占该土类耕地面积的 69.68%；速效钾养分三级耕地面积 125.60 公顷，占该土类耕地面积的 30.32%。

耕地土壤速效钾分级面积统计见表 4-30。

表 4-27 各乡(镇)耕地土壤速效钾分级统计

单位:毫克/千克

乡(镇)	2011年			各地力等级养分平均值						1980年			对比(±)
	平均值	最大值	最小值	一级地	二级地	三级地	四级地	五级地	六级地	平均值	最大值	最小值	
林甸镇	231.00	448.00	64.00	335.00	285.00	226.00	209.00	163.00	132.00	—	—	—	—
红旗镇	208.00	439.00	62.00	301.00	236.00	188.00	173.00	152.00	74.00	—	—	—	—
东兴乡	168.00	467.00	62.00	348.00	298.00	263.00	217.00	152.00	99.00	—	—	—	—
宏伟乡	253.00	451.00	115.00	299.00	246.00	228.00	204.00	175.00	—	—	—	—	—
三合乡	177.00	441.00	64.00	287.00	239.00	209.00	170.00	145.00	95.00	—	—	—	—
花园镇	237.00	399.00	93.00	317.00	294.00	260.00	220.00	174.00	93.00	—	—	—	—
四合乡	235.00	448.00	70.00	314.00	298.00	237.00	209.00	176.00	143.00	—	—	—	—
四季青镇	181.00	424.00	66.00	321.00	242.00	211.00	173.00	142.00	92.00	—	—	—	—
合　计	207.00	467.00	62.00	315.00	267.00	228.00	197.00	160.00	104.00	112.00	873.00	5.10	95.00

表 4-28 各乡(镇)耕地土壤速效钾分级面积统计表

乡(镇)	总面积(公顷)	一级		二级		三级		四级		五级		六级	
		面积(公顷)	占总面积(%)	面积(公顷)	占总面积(%)	面积(公顷)	占总面积(%)	面积(公顷)	占总面积(%)	面积(公顷)	占总面积(%)	面积(公顷)	占总面积(%)
林甸镇	9 868.80	6 345.30	64.30	2 692.70	27.28	530.90	5.38	299.90	3.04	—	—	—	—
红旗镇	13 089.00	5 419.30	41.40	4 915.10	37.55	2 006.40	15.33	748.20	5.72	—	—	—	—
东兴乡	25 112.20	6 600.70	26.28	5 201.90	20.71	7 516.00	29.93	5 793.60	23.07	—	—	—	—
宏伟乡	10 060.80	8 248.50	81.99	1 690.00	16.80	122.30	1.22	—	—	—	—	—	—
三合乡	18 843.10	6 451.30	34.24	5 048.50	26.79	5 920.20	31.42	1 423.10	7.55	—	—	—	—
花园镇	25 660.80	16 985.00	66.19	7 198.30	28.05	1 382.20	5.39	95.30	0.37	—	—	—	—
四合乡	21 118.00	14 990.90	70.99	5 072.60	24.02	968.40	4.59	86.10	0.41	—	—	—	—
四季青镇	21 433.10	4 980.80	23.24	9 292.70	43.36	6 727.20	31.39	432.40	2.02	—	—	—	—
合　计	145 185.80	70 021.80	48.23	41 111.80	28.32	25 173.60	17.34	8 878.60	6.12	—	—	—	—

表 4-29 耕地土壤速效钾含量统计

单位:毫克/千克

土壤类型	2011年			各地力等级养分平均值						第二次土壤普查		
	平均值	最大值	最小值	一级地	二级地	三级地	四级地	五级地	六级地	最大值	最小值	平均值
一、黑钙土类	209.40	467.00	62.00	312.50	264.40	228.20	199.20	155.20	98.90	—	—	—
1. 薄层黏底碳酸盐黑钙土	207.60	441.00	64.00	305.00	253.90	213.20	181.40	141.70	97.90	—	—	—
2. 中层黏底碳酸盐黑钙土	185.30	448.00	115.00	352.70	—	—	—	135.10	—	—	—	—
3. 薄层沙底碳酸盐黑钙土	170.00	260.00	123.00	—	210.20	162.00	157.50	136.00	—	—	—	—
4. 薄层粉沙底碳酸盐黑钙土	266.20	372.00	184.00	343.50	325.00	273.80	220.00	199.00	—	—	—	—
5. 薄层黏底碳酸盐草甸黑钙土	208.20	467.00	62.00	318.90	269.10	230.90	202.00	158.80	98.00	—	—	—
6. 中层黏底碳酸盐草甸黑钙土	242.30	409.00	76.00	297.00	260.00	207.00	219.50	147.80	93.80	—	—	—
7. 薄层粉沙底碳酸盐草甸黑钙土	223.60	318.00	80.00	283.70	282.70	256.10	211.30	174.50	122.50	—	—	—
8. 中层粉沙底碳酸盐草甸黑钙土	224.00	254.00	184.00	254.00	234.00	184.00	—	—	—	—	—	—
9. 薄层碱化草甸黑钙土	215.60	230.00	195.00	—	—	228.00	206.70	230.00	—	—	—	—
10. 薄层盐化草甸黑钙土	187.00	204.00	170.00	—	—	204.00	170.00	—	—	—	—	—
二、草甸土类	200.10	399.00	67.00	279.20	257.90	227.50	194.40	146.40	90.30	—	—	—
1. 薄层平地黏底碳酸盐草甸土	198.10	399.00	67.00	273.50	257.90	226.20	194.40	146.40	90.30	—	—	—
2. 薄层平地黏底潜育草甸土	274.20	399.00	242.00	328.30	255.00	243.30	—	—	—	—	—	—
三、碱土类	206.40	302.00	139.00	261.00	226.80	184.90	139.00	190.70	—	—	—	—
1. 结皮草甸碱土	213.40	302.00	174.00	261.00	226.80	184.90	—	—	—	—	—	—
2. 深位柱状苏打草甸碱土	186.00	224.00	139.00	—	—	—	139.00	190.70	—	—	—	—
四、盐土类	170.70	283.00	122.00	258.00	226.50	189.30	167.40	159.90	—	—	—	—
苏打碱化盐土	170.70	283.00	122.00	258.00	226.50	189.30	167.40	159.90	—	—	—	—
五、风沙土类	156.20	196.00	123.00	—	—	195.50	157.60	145.50	—	—	—	—
1. 薄层岗地黑钙土型沙土	160.40	196.00	142.00	—	—	195.50	157.70	148.00	—	—	—	—
2. 岗地生草灰沙土	147.80	162.00	123.00	—	—	—	157.50	141.30	—	—	—	—
合计	207.10	467.00	62.00	308.70	261.40	226.90	196.50	154.60	97.90	873.00	5.10	112.00

表 4-30　耕地土壤速效钾分级面积统计

土壤类型	总面积（公顷）	一级		二级		三级		四级		五级		六级	
		面积（公顷）	占总面积（%）	面积（公顷）	占总面积（%）	面积（公顷）	占总面积（%）	面积（公顷）	占总面积（%）	面积（公顷）	占总面积（%）	面积（公顷）	占总面积（%）
一、黑钙土类	131 187.90	63 360.00	48.30	36 837.30	28.08	22 863.50	17.43	8 126.20	6.19	—	—	—	—
1. 薄层黏底碳酸盐黑钙土	21 790.90	10 351.00	47.50	5 035.20	23.11	5 062.10	23.23	1 342.20	6.16	—	—	—	—
2. 中层黏底碳酸盐黑钙土	345.40	52.80	15.29	16.60	4.81	276.00	79.91	—	—	—	—	—	—
3. 薄层沙底碳酸盐黑钙土	1 639.00	192.00	11.71	978.50	59.70	468.50	28.58	—	—	—	—	—	—
4. 薄层粉沙底碳酸盐黑钙土	950.50	935.80	98.45	14.70	1.55	—	—	—	—	—	—	—	—
5. 薄层黏底碳酸盐草甸黑钙土	103 799.70	49 773.00	47.95	30 656.00	29.53	16 745.00	16.13	6 625.20	6.38	—	—	—	—
6. 中层黏底碳酸盐草甸黑钙土	1 769.20	1 388.90	78.50	25.80	1.46	233.30	13.19	121.20	6.85	—	—	—	—
7. 薄层粉沙底碳酸盐草甸黑钙土	725.50	523.80	72.20	85.50	11.78	78.60	10.83	37.60	5.18	—	—	—	—
8. 中层粉沙底碳酸盐草甸黑钙土	47.70	46.50	97.48	1.20	2.52	—	—	—	—	—	—	—	—
9. 薄层碱化草甸黑钙土	108.50	85.70	78.99	22.80	21.01	—	—	—	—	—	—	—	—
10. 薄层盐化草甸黑钙土	11.50	10.50	91.30	1.00	8.70	—	—	—	—	—	—	—	—
二、草甸土类	10 370.70	5 895.70	56.85	2 079.40	20.05	1 643.20	15.84	752.40	7.26	—	—	—	—
1. 薄层平地黏底碳酸盐草甸土	10 276.20	5 801.20	56.45	2 079.40	20.24	1 643.20	15.99	752.40	7.32	—	—	—	—
2. 薄层平地黏底潜育草甸土	94.50	94.50	100.00	—	—	—	—	—	—	—	—	—	—
三、碱土类	955.70	610.80	63.91	332.50	34.79	12.40	1.30	—	—	—	—	—	—
1. 结皮草甸碱土	329.10	178.00	54.09	151.10	45.91	—	—	—	—	—	—	—	—
2. 深位柱状苏打草甸碱土	626.60	432.80	69.07	181.40	28.95	12.40	1.98	—	—	—	—	—	—
四、盐土类	2 257.30	154.50	6.84	1 573.90	69.72	528.90	23.43	—	—	—	—	—	—
苏打碱化盐土	2 257.30	154.50	6.84	1 573.90	69.72	528.90	23.43	—	—	—	—	—	—
五、风沙土类	414.20	—	—	288.60	69.68	125.60	30.32	—	—	—	—	—	—
1. 薄层岗地黑钙土型沙土	346.00	—	—	255.70	73.90	90.30	26.10	—	—	—	—	—	—
2. 岗地生草灰沙土	68.20	—	—	32.90	48.24	35.30	51.76	—	—	—	—	—	—
合　计	145 185.80	70 021.00	48.20	41 111.70	28.30	25 173.60	17.30	8 878.60	6.10	—	—	—	—

第三节　土壤微量元素

土壤微量元素是人们依据各种化学元素在土壤中存在的数量划分的一部分含量很低的元素。土壤中微量元素含量很少，一般不超过千分之几，但作物对其反映却特别敏感。微量元素与其他大量元素一样，在植物生理功能上是同等重要的，并且是不可相互替代的。当土壤中缺乏某种微量元素时，植物就会表现出某种缺素症状，并影响植物正常生长发育。土壤养分库中微量元素的含量不足也会影响作物的生长发育、产量和品质。相反，土壤中微量元素含量过多，也会毒害植物。因此，土壤中微量元素的多少也是耕地地力的重要指标。

土壤中微量元素的含量与土壤类型、母质以及土壤所处的环境条件有密切关系。同时，也与土地开垦时间、微量元素肥料和有机肥料施入量有关。在一块地长期种植一种作物，也会对土壤中微量元素含量有较大地影响。不同作物对不同的微量元素的敏感性也不相同，如玉米对锌比较敏感，缺锌时玉米出现白叶病；大豆对硼、钼的需要量较多；马铃薯需要较多的硼、铜，而氯过多则会影响其品质。

一、有 效 锌

锌是农作物生长发育不可缺少的微量营养元素，在缺锌土壤上容易发生玉米“花白苗”。因此，土壤有效锌是影响作物产量和质量的重要因素。

本次调查结果表明，林甸县耕地土壤有效锌含量平均值为 1.22 毫克/千克，变化幅度为 0.23～2.28 毫克/千克。从点数上看，其中，含量大于 2 毫克/千克的 46 点，占 1.69%；含量为 1.50～2.00 毫克/千克的 543 点，占 20.01%；含量为 1.00～1.50 毫克/千克的 1 395 点，占 51.40%；含量为 0.50～1.00 毫克/千克的 684 点，占 25.20%；含量小于等于 0.50 毫克/千克的 46 点，占 1.69%。大部分集中在 0.50～1.50 毫克/千克，占 96.61%（图 4 - 8）。

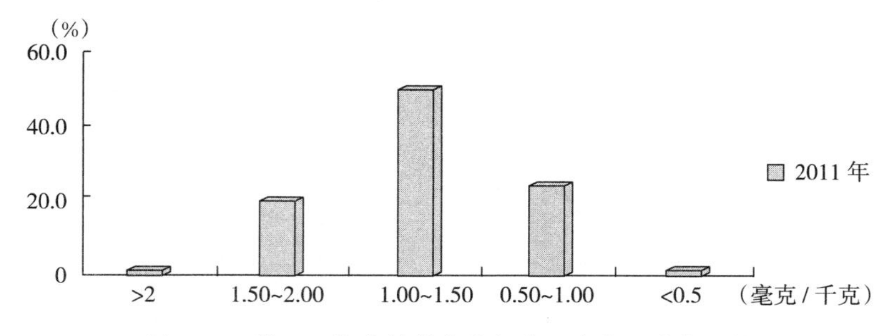

图 4 - 8　耕地土壤有效锌变化频率（点数）分布比较

1. 各乡（镇）有效锌变化情况　各乡（镇）有效锌平均值为 0.97～1.48 毫克/千克，最大值为 1.94～2.28 毫克/千克；最小值为 0.23～0.51 毫克/千克。红旗镇平均值为 1.48 毫克/千克，东兴乡平均值为 0.97 毫克/千克（表 4 - 31）。

表 4-31　各乡（镇）耕地土壤有效锌分级统计

单位：毫克/千克

乡（镇）	2011年			各地力等级养分平均值						1980年			对比（±）
	平均值	最大值	最小值	一级地	二级地	三级地	四级地	五级地	六级地	平均值	最大值	最小值	
林甸镇	1.21	1.95	0.51	1.6	1.40	1.23	1.15	0.87	0.69	—	—	—	—
红旗镇	1.48	2.18	0.45	1.97	1.72	1.42	1.21	0.94	0.51	—	—	—	—
东兴乡	0.97	2.28	0.27	1.93	1.59	1.39	1.17	0.94	0.62	—	—	—	—
宏伟乡	1.28	1.94	0.36	1.40	1.22	1.33	1.12	0.98	—	—	—	—	—
三合乡	1.25	2.26	0.42	1.94	1.79	1.54	1.23	0.98	0.62	—	—	—	—
花园镇	1.18	1.98	0.44	1.54	1.52	1.32	1.07	0.82	0.55	—	—	—	—
四合乡	1.20	2.01	0.33	1.45	1.37	1.22	1.12	1.04	0.46	—	—	—	—
四季青镇	1.28	2.14	0.23	2.03	1.77	1.51	1.26	0.99	0.52	—	—	—	—
合　计	1.22	2.28	0.23	1.73	1.55	1.37	1.17	0.95	0.57	—	—	—	—

表 4-32　各乡（镇）耕地土壤有效锌分级面积统计

乡（镇）	总面积（公顷）	一级		二级		三级		四级		五级		六级	
		面积（公顷）	占总面积（%）	面积（公顷）	占总面积（%）	面积（公顷）	占总面积（%）	面积（公顷）	占总面积（%）	面积（公顷）	占总面积（%）	面积（公顷）	占总面积（%）
林甸镇	9 868.80	—	—	1 706.70	17.29	6 511.50	65.98	1 650.60	16.73	—	—	—	—
红旗镇	13 089.00	1 380.20	10.54	4 008.80	30.63	4 951.80	37.83	2 172.50	16.60	575.70	4.40	—	—
东兴乡	25 112.20	300.80	1.20	2 439.80	9.72	6 260.70	24.93	14 725.60	58.64	1 385.30	5.52	—	—
宏伟乡	10 060.80	—	—	2 764.80	27.48	6 270.60	62.33	857.70	8.53	167.70	1.67	—	—
三合乡	18 843.10	655.50	3.48	6 271.80	33.28	5 963.90	31.65	5 768.40	30.61	183.50	0.97	—	—
花园镇	25 660.80	—	—	4 276.30	16.66	12 297.70	47.92	8 659.90	33.75	426.90	1.67	—	—
四合乡	21 118.00	97.10	0.46	3 140.00	14.87	13 364.80	63.29	4 289.50	20.31	226.60	1.07	—	—
四季青镇	21 433.10	491.90	2.30	3 904.20	18.22	12 079.80	56.36	4 588.40	21.41	368.80	1.72	—	—
合　计	145 185.80	2 925.50	2.02	2 8512.40	19.64	67 700.80	46.63	42 712.60	29.42	3 334.50	2.30	—	—

表 4-33 耕地土壤有效锌含量统计

单位：毫克/千克

土壤类型	2011年			各地力等级养分平均值						第二次土壤普查		
	平均值	最大值	最小值	一级地	二级地	三级地	四级地	五级地	六级地	最大值	最小值	平均值
一、黑钙土类	1.22	2.28	0.23	1.67	1.53	1.33	1.16	0.95	0.62	—	—	—
1. 薄层黏底碳酸盐黑钙土	1.28	2.26	0.42	1.70	1.50	1.40	1.20	1.00	0.60	—	—	—
2. 中层黏底碳酸盐黑钙土	1.02	1.52	0.76	1.30	—	—	—	0.90	—	—	—	—
3. 薄层沙底碳酸盐黑钙土	1.33	1.88	0.89	—	1.70	1.30	1.30	1.00	—	—	—	—
4. 薄层粉沙底碳酸盐黑钙土	1.08	1.55	0.61	1.40	1.40	1.10	0.90	0.70	—	—	—	—
5. 薄层黏底碳酸盐草甸黑钙土	1.19	2.28	0.23	1.70	1.50	1.30	1.20	0.90	0.60	—	—	—
6. 中层黏底碳酸盐草甸黑钙土	1.42	2.18	0.60	1.70	1.60	1.20	1.10	0.90	0.70	—	—	—
7. 薄层粉沙底碳酸盐草甸黑钙土	1.29	2.14	0.63	1.90	1.50	1.40	1.10	0.90	0.70	—	—	—
8. 中层粉沙底碳酸盐草甸黑钙土	1.65	1.90	1.34	—	1.90	1.70	1.30	—	—	—	—	—
9. 薄层碱化草甸黑钙土	1.33	1.42	1.23	—	—	1.20	1.30	1.40	—	—	—	—
10. 薄层盐化草甸黑钙土	1.49	1.63	1.34	—	—	1.60	1.30	—	—	—	—	—
二、草甸土类	1.25	2.14	0.44	1.71	1.57	1.42	1.17	0.98	0.58	—	—	—
1. 薄层平地黏底碳酸盐草甸土	1.24	2.14	0.44	1.70	1.60	1.40	1.20	1.00	0.60	—	—	—
2. 薄层平地黏底潜育草甸土	1.64	1.78	1.42	1.60	1.40	1.80	—	—	—	—	—	—
三、碱土类	1.30	1.77	0.65	1.37	1.49	1.49	0.70	0.75	—	—	—	—
1. 结皮草甸碱土	1.49	1.77	1.24	1.40	1.50	1.50	—	—	—	—	—	—
2. 深位柱状苏打草甸碱土	0.74	0.84	0.65	—	—		0.70	0.70	—	—	—	—
四、盐土类	1.20	2.00	0.75	1.98	1.67	1.33	1.22	1.05	—	—	—	—
苏打碱化盐土	1.20	2.00	0.75	2.00	1.70	1.30	1.20	1.10	—	—	—	—
五、风沙土类	1.19	1.48	0.80	—	—	1.48	1.18	1.13	—	—	—	—
1. 薄层岗地黑钙土型沙土	1.26	1.48	0.99	—	—	1.50	1.20	1.20	—	—	—	—
2. 岗地生草灰沙土	1.06	1.19	0.80	—	—	—	1.10	1.00	—	—	—	—
合计	1.22	2.28	0.23	1.67	1.54	1.35	1.17	0.96	0.61	—	—	—

表 4-34　耕地土壤有效锌分级面积统计

土壤类型	总面积（公顷）	一级		二级		三级		四级		五级		六级	
		面积（公顷）	占总面积（%）	面积（公顷）	占总面积（%）	面积（公顷）	占总面积（%）	面积（公顷）	占总面积（%）	面积（公顷）	占总面积（%）	面积（公顷）	占总面积（%）
一、黑钙土类	131 187.90	2 916.50	2.22	25 811.4	19.68	60 522.50	46.13	38 885.30	29.64	3 052.20	2.33	—	—
1. 薄层黏底碳酸盐黑钙土	21 790.90	752.60	3.45	7 600.80	34.88	8 010.50	36.76	5 252.50	25.26	174.50	0.84	—	—
2. 中层黏底碳酸盐黑钙土	345.40	—	—	1.50	0.43	200.50	58.05	143.40	41.52	—	—	—	—
3. 薄层沙底碳酸盐黑钙土	1 639.00	—	—	317.30	19.36	906.90	55.33	414.80	25.31	—	—	—	—
4. 薄层粉沙底碳酸盐黑钙土	950.50	—	—	315.30	33.17	282.70	29.74	352.50	37.09	—	—	—	—
5. 薄层黏底碳酸盐草甸黑钙土	103 799.70	1 954.60	1.88	16 628.00	16.02	50 343.00	48.50	31 996.40	30.83	2 877.70	2.77	—	—
6. 中层黏底碳酸盐草甸黑钙土	1 769.20	173.50	9.81	574.30	32.46	559.70	31.64	461.70	26.10	—	—	—	—
7. 薄层粉沙底碳酸盐草甸黑钙土	725.50	35.80	4.93	317.20	43.72	108.50	14.96	264.00	36.39	—	—	—	—
8. 中层粉沙底碳酸盐草甸黑钙土	47.70	—	—	46.50	97.48	1.20	2.52	—	—	—	—	—	—
9. 薄层碱化草甸黑钙土	108.50	—	—	—	—	108.50	100.00	—	—	—	—	—	—
10. 薄层盐化草甸黑钙土	11.50	—	—	10.50	91.30	1.00	8.70	—	—	—	—	—	—
二、草甸土类	10 370.70	9.00	0.09	2 525.70	24.35	5 042.50	48.62	2 511.20	24.21	282.30	2.72	—	—
1. 薄层平地黏底碳酸盐草甸土	10 276.20	9.00	0.09	2 455.20	23.89	5 018.50	48.84	2 511.20	24.44	282.30	2.75	—	—
2. 薄层平地黏底潜育草甸土	94.50	—	—	70.50	74.60	24.00	25.40	—	—	—	—	—	—
三、碱土类	955.70	—	—	157.80	16.51	171.30	17.92	626.60	65.56	—	—	—	—
1. 结皮草甸碱土	329.10	—	—	157.80	47.95	171.30	52.05	—	—	—	—	—	—
2. 深位柱状苏打草甸碱土	626.60	—	—	—	—	—	—	626.60	10.00	—	—	—	—
四、盐土类	2 257.30	—	—	17.40	0.77	1 612.60	71.44	627.30	27.79	—	—	—	—
苏打碱化盐土	2 257.30	—	—	17.40	0.77	1 612.60	71.44	627.30	27.79	—	—	—	—
五、风沙土类	414.20	—	—	—	—	352.00	84.98	62.20	15.02	—	—	—	—
薄层岗地黑钙土型沙土	346.00	—	—	—	—	310.40	89.71	35.60	10.29	—	—	—	—
岗地生草灰沙土	68.20	—	—	—	—	41.60	61.00	26.60	39.00	—	—	—	—
合　计	145 185.80	2 925.50	2.02	28 512.30	19.64	67 700.90	46.63	42 712.60	29.42	3 334.50	2.30	—	—

2. 各乡（镇）耕地土壤有效锌分级面积变化情况 根据本次地力评价调查结果分析，按照黑龙江省耕地有效锌养分分级标准，有效锌养分一级耕地面积 2 925.50 公顷，占总耕地面积的 2.02%；有效锌养分二级耕地面积 28 512.40 公顷，占总耕地面积的 19.64%；有效锌养分三级耕地面积 67 700.80 公顷，占总耕地面积的 46.63%；有效锌养分四级耕地面积 42 712.60 公顷，占总耕地面积的 29.42%；有效锌养分五级耕地面积 3 334.50公顷，占总耕地面积的 2.30%（表 4－32）。

3. 耕地土壤类型有效锌含量变化情况 从地力调查结果看，有效锌黑钙土平均值为 1.22 毫克/千克，草甸土平均值为 1.25 毫克/千克，碱土类平均值为 1.30 毫克/千克，盐土类平均值为 1.20 毫克/千克，风沙土类平均值为 1.19 毫克/千克（表 4－33）。

4. 耕地土壤有效锌分级面积统计 按照有效锌养分分级标准，各土类情况如下：

黑钙土类：有效锌养分一级耕地面积 2 916.50 公顷，占该土类耕地面积的 2.22%；有效锌养分二级耕地面积 25 811.4 公顷，占该土类耕地面积的 19.68%；有效锌养分三级耕地面积 60 522.50 公顷，占该土类耕地面积的 46.13%；有效锌养分四级耕地面积 38 885.30公顷，占该土类耕地面积的 29.64%；有效锌养分五级耕地面积 3 052.20 公顷，占该土类耕地面积的 2.33%。

草甸土类：有效锌养分一级耕地面积 9 公顷，占该土类耕地面积的 0.09%；有效锌养分二级耕地面积 2 525.70 公顷，占该土类耕地面积的 24.35%；有效锌养分三级耕地面积 5 042.50 公顷，占该土类耕地面积的 48.62%；有效锌养分四级耕地面积 2 511.20 公顷，占该土类耕地面积的 24.21%；有效锌养分五级耕地面积 282.30 公顷，占该土类耕地面积的 2.72%。

碱土类：有效锌养分二级耕地面积 157.80 公顷，占该土类耕地面积的 16.51%；有效锌养分三级耕地面积 171.30 公顷，占该土类耕地面积的 17.92%；有效锌养分四级耕地面积 626.60 公顷，占该土类耕地面积的 65.56%。

盐土类：有效锌养分二级耕地面积 17.40 公顷，占该土类耕地面积的 0.77%；有效锌养分三级耕地面积 1 612.60 公顷，占该土类耕地面积的 71.44%；有效锌养分四级耕地面积 627.30 公顷，占该土类耕地面积的 27.79%。

风沙土类：有效锌养分三级耕地面积 352 公顷，占该土类耕地面积的 84.98%；有效锌养分四级耕地面积 62.20 公顷，占该土类耕地面积的 15.02%。

耕地土壤有效锌分级面积统计见表 4－34。

二、有 效 铜

铜是植物正常生命活动所必需的 7 种微量元素之一，参与植物生长发育过程中的多种代谢反应。铜是多酚氧化酶、抗坏血酸氧化酶、细胞色素氧化酶等的组成成分，参与植物体内的氧化还原过程。它也存在于叶绿体的质体蓝素中，参与光合作用的电子传递。

本次调查结果表明，林甸县耕地土壤有效铜含量平均值为 1.20 毫克/千克，变化幅度为 0.16～3.38 毫克/千克。从点数上看，其中，含量大于 1.80 毫克/千克的 288 点，占 10.61%；含量为 1.00～1.80 毫克/千克的 1 549 点，占 57.07%；含量为 0.20～1.00 毫克/千克的 872 点，占 32.13%；含量为 0.10～0.20 毫克/千克的 4 点，占 0.15%；含量小于等于 0.10 毫克/千克的仅有 1 点，占 0.04%。大部分集中在 0.20～1.80 毫克/千克，占 89.20%。耕地土壤有效铜变化频率（点数）分布比较见图 4-9。

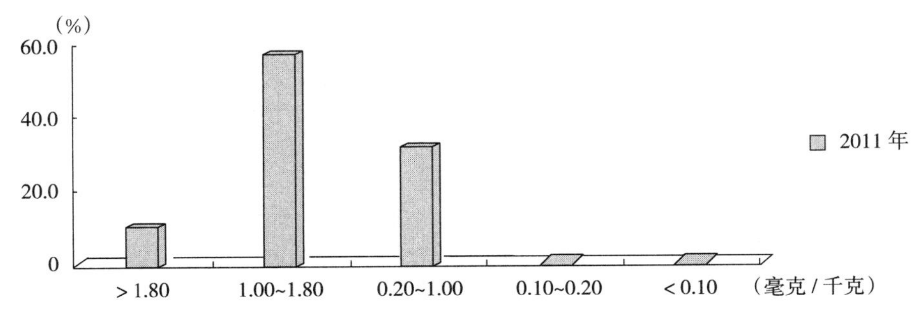

图 4-9　耕地土壤有效铜变化频率（点数）分布比较

1. 各乡（镇）有效铜变化情况　各乡（镇）有效铜平均值为 1.00～2.01 毫克/千克，最大值为 1.44～3.38 毫克/千克；最小值为 0.16～0.93 毫克/千克。林甸镇平均值为 2.01 毫克/千克，东兴乡平均值为 1.00 毫克/千克（表 4-35）。

2. 各乡（镇）耕地土壤有效铜分级面积变化情况　根据本次地力评价调查结果分析，按照黑龙江省耕地有效铜养分分级标准，有效铜养分一级耕地面积 13 154.50 公顷，占总耕地面积的 9.06%；有效铜养分二级耕地面积 88 555.20 公顷，占总耕地面积的 60.99%；有效铜养分三级耕地面积 43 347.20 公顷，占总耕地面积的 29.86%；有效铜养分四级耕地面积 87 公顷，占总耕地面积的 0.06%；有效铜养分五级耕地面积 41.90 公顷，占总耕地面积的 0.03%（表 4-36）。

3. 耕地土壤类型有效铜含量变化情况　从地力调查结果看，有效铜黑钙土平均值为 1.22 毫克/千克，草甸土平均值为 1.13 毫克/千克，碱土类平均值为 0.83 毫克/千克，盐土类平均值为 1.06 毫克/千克，风沙土类平均值为 0.98 毫克/千克（表 4-37）。

4. 耕地土壤有效铜分级面积统计　按照有效铜养分分级标准，各土类情况如下：

黑钙土类：有效铜养分一级耕地面积 12 429.80 公顷，占该土类耕地面积的 9.47%；有效铜养分二级耕地面积 80 911.9 公顷，占该土类耕地面积的 61.68%；有效铜养分三级耕地面积 37 717.40 公顷，占该土类耕地面积的 28.75%；有效铜养分四级耕地面积 87 公顷，占该土类耕地面积的 0.07%；有效铜养分五级耕地面积 41.90 公顷，占该土类耕地面积的 0.03%。

草甸土类：有效铜养分一级耕地面积 724.70 公顷，占该土类耕地面积的 6.99%；有效铜养分二级耕地面积 5 910.20 公顷，占该土类耕地面积的 6.99%；有效铜养分三级耕地面积 3 735.80 公顷，占该土类耕地面积的 36.02%。

碱土类：有效铜养分二级耕地面积 300.60 公顷，占该土类耕地面积的 31.45%；有效铜养分三级耕地面积 655.10 公顷，占该土类耕地面积的 68.55%。

盐土类：有效铜养分二级耕地面积 1 278.20 公顷，占该土类耕地面积的 56.63%；有效铜养分三级耕地面积 979.10 公顷，占该土类耕地面积的 43.37%。

风沙土类：有效铜养分二级耕地面积 154 公顷，占该土类耕地面积的 37.18%；有效铜养分三级耕地面积 260.20 公顷，占该土类耕地面积的 62.82%（表 4-38）。

表 4-35　各乡（镇）耕地土壤有效铜分级统计

单位：毫克/千克

乡（镇）	2011 年			各地力等级养分平均值						1980 年			对比（±）
	平均值	最大值	最小值	一级地	二级地	三级地	四级地	五级地	六级地	平均值	最大值	最小值	
林甸镇	2.01	3.16	0.93	1.95	1.91	1.97	2.08	2.07	1.94	—	—	—	—
红旗镇	1.46	3.38	0.41	1.51	1.54	1.25	1.31	1.81	2.29	—	—	—	—
东兴乡	1.00	1.60	0.33	1.04	0.96	0.95	0.91	0.96	1.07	—	—	—	—
宏伟乡	1.22	2.54	0.50	1.18	1.27	1.18	1.28	1.05	—	—	—	—	—
三合乡	1.10	3.26	0.16	1.17	1.30	1.44	0.98	1.03	1.05	—	—	—	—
花园镇	1.11	2.14	0.41	1.13	1.10	1.12	1.11	1.13	0.44	—	—	—	—
四合乡	1.01	1.44	0.43	1.05	1.04	1.04	1.00	0.92	0.65	—	—	—	—
四季青镇	1.14	2.15	0.43	1.14	1.18	1.18	1.15	1.11	1.06	—	—	—	—
合计	1.20	3.38	0.16	1.27	1.29	1.26	1.23	1.26	1.25	—	—	—	—

表 4-36　各乡（镇）耕地土壤有效铜分级面积统计表

乡（镇）	总面积（公顷）	一级		二级		三级		四级		五级		六级	
		面积（公顷）	占总面积（%）	面积（公顷）	占总面积（%）	面积（公顷）	占总面积（%）	面积（公顷）	占总面积（%）	面积（公顷）	占总面积（%）	面积（公顷）	占总面积（%）
林甸镇	9 868.80	7 566.20	76.67	2 301.80	23.32	0.80	0.01	—	—	—	—	—	—
红旗镇	13 089.00	5 026.40	38.40	2 944.00	22.49	5 118.60	39.11	—	—	—	—	—	—
东兴乡	10 060.80	8.00	0.08	8 330.50	82.80	1 722.30	17.12	—	—	—	—	—	—
宏伟乡	25 112.20	—	—	15 620.80	62.20	9 438.50	37.59	52.90	0.21	—	—	—	—
三合乡	18 843.10	338.80	1.80	11 529.20	61.19	6 899.10	36.61	34.10	0.18	41.90	0.22	—	—
花园镇	25 660.80	73.60	0.29	19 090.60	74.40	6 496.60	25.21	—	—	—	—	—	—
四合乡	21 118.00	—	—	13 233.20	62.66	7 884.80	37.34	—	—	—	—	—	—
四季青镇	21 433.10	141.50	0.66	15 505.10	72.34	5 786.50	27.00	—	—	—	—	—	—
合　计	145 185.80	13 154.50	9.06	88 555.20	60.99	43 347.20	29.86	87.00	0.06	41.90	0.03	—	—

表 4-37　耕地土壤有效铜含量统计

单位：毫克/千克

土壤类型	2011年			各地力等级养分平均值						第二次土壤普查		
	平均值	最大值	最小值	一级地	二级地	三级地	四级地	五级地	六级地	最大值	最小值	平均值
一、黑钙土类	1.22	3.38	0.16	1.25	1.35	1.25	1.24	1.12	1.13	—	—	—
1. 薄层黏底碳酸盐黑钙土	1.10	3.38	0.16	1.11	1.23	1.16	1.14	1.00	0.90	—	—	—
2. 中层黏底碳酸盐黑钙土	1.28	1.38	1.07	1.11	—	—	—	1.34	—	—	—	—
3. 薄层沙底碳酸盐黑钙土	0.57	0.71	0.41		0.54	0.61	0.54	0.55	—	—	—	—
4. 薄层粉沙底碳酸盐黑钙土	1.28	1.44	0.96	1.28	1.34	1.24	1.24	1.29	—	—	—	—
5. 薄层黏底碳酸盐草甸黑钙土	1.23	3.26	0.33	1.28	1.34	1.25	1.25	1.15	1.16	—	—	—
6. 中层黏底碳酸盐草甸黑钙土	1.76	3.05	0.69	1.61	1.99	2.42	2.18	1.11	1.19	—	—	—
7. 薄层粉沙底碳酸盐草甸黑钙土	1.28	3.02	0.48	1.03	0.68	1.55	1.85	1.18	1.10	—	—	—
8. 中层粉沙底碳酸盐草甸黑钙土	1.28	1.37	1.16	—	1.37	1.32	1.16	—	—	—	—	—
9. 薄层碱化草甸黑钙土	0.87	1.29	0.72	—	—	1.29	0.79	0.72	—	—	—	—
10. 薄层盐化草甸黑钙土	1.12	1.16	1.08	—	—	1.16	1.08	—	—	—	—	—
二、草甸土类	1.13	2.95	0.45	1.27	1.16	1.21	1.08	1.07	1.01	—	—	—
1. 薄层平地黏底碳酸盐草甸土	1.12	2.95	0.45	1.26	1.16	1.19	1.08	1.07	1.01	—	—	—
2. 薄层平地黏底潜育草甸土	1.38	1.59	0.85	1.34	1.40	1.41	—	—	—	—	—	—
三、碱土类	0.83	1.40	0.46	1.33	0.81	0.54	1.21	1.12	—	—	—	—
1. 结皮草甸碱土	0.73	1.40	0.46	1.33	0.81	0.54	—	—	—	—	—	—
2. 深位柱状苏打草甸碱土	1.13	1.28	0.88	—	—	—	1.21	1.12	—	—	—	—
四、盐土类	1.06	1.40	0.60	1.01	1.18	0.83	1.07	1.08	—	—	—	—
苏打碱化盐土	1.06	1.40	0.60	1.01	1.18	0.83	1.07	1.08	—	—	—	—
五、风沙土类	0.98	1.38	0.52	—	—	0.53	1.09	1.03	—	—	—	—
1. 薄层岗地黑钙土型沙土	0.81	1.29	0.52	—	—	0.53	0.92	0.85	—	—	—	—
2. 岗地生草灰沙土	1.34	1.38	1.30	—	—	—	1.35	1.32	—	—	—	—
合计	1.20	3.38	0.16	1.25	1.29	1.23	1.21	1.11	1.11	—	—	—

表 4-38 耕地土壤有效铜分级面积统计

土壤类型	总面积（公顷）	一级		二级		三级		四级		五级		六级	
		面积（公顷）	占总面积（%）	面积（公顷）	占总面积（%）	面积（公顷）	占总面积（%）	面积（公顷）	占总面积（%）	面积（公顷）	占总面积（%）	面积（公顷）	占总面积（%）
一、黑钙土类	131 187.90	12 429.8	9.47	80 911.9	61.68	37 717.40	28.75	87.00	0.07	41.90	0.03	—	—
1. 薄层黏底碳酸盐黑钙土	21 790.90	371.40	1.70	13 848.00	63.55	7 495.40	34.40	34.10	0.16	41.90	0.19	—	—
2. 中层黏底碳酸盐黑钙土	345.40	—	—	345.40	100.00	—	—	—	—	—	—	—	—
3. 薄层沙底碳酸盐黑钙土	1 639.00	—	—			1 639.00	100.00	—	—	—	—	—	—
4. 薄层粉沙底碳酸盐黑钙土	950.50	—	—	720.20	75.77	230.30	24.23	—	—	—	—	—	—
5. 薄层黏底碳酸盐草甸黑钙土	103 799.70	11 439.00	11.02	64 528.00	62.17	27 780.00	26.76	52.90	0.05	—	—	—	—
6. 中层黏底碳酸盐草甸黑钙土	1 769.20	610.90	34.53	810.20	45.79	348.10	19.68	—	—	—	—	—	—
7. 薄层粉沙底碳酸盐草甸黑钙土	725.50	8.50	1.17	600.00	82.70	117.00	16.13	—	—	—	—	—	—
8. 中层粉沙底碳酸盐草甸黑钙土	47.70	—	—	47.70	100.00	—	—	—	—	—	—	—	—
9. 薄层碱化草甸黑钙土	108.50	—	—	0.90	0.83	107.60	99.17	—	—	—	—	—	—
10. 薄层盐化草甸黑钙土	11.50	—	—	11.50	100.00	—	—	—	—	—	—	—	—
二、草甸土类	10 370.70	724.70	6.99	5 910.20	56.99	3 735.80	36.02	—	—	—	—	—	—
1. 薄层平地黏底碳酸盐草甸土	10 276.20	724.70	7.05	5 851.00	56.94	3 700.50	36.01	—	—	—	—	—	—
2. 薄层平地黏底潜育草甸土	94.50	—	—	59.20	62.65	35.30	37.35	—	—	—	—	—	—
三、碱土类	955.70	—	—	300.60	31.45	655.10	68.55	—	—	—	—	—	—
1. 结皮草甸碱土	329.10	—	—	106.80	32.45	222.30	67.55	—	—	—	—	—	—
2. 深位柱状苏打草甸碱土	626.60	—	—	193.80	30.93	432.80	69.07	—	—	—	—	—	—
四、盐土类	2 257.30	—	—	1 278.20	56.63	979.10	43.37	—	—	—	—	—	—
苏打碱化盐土	2 257.30	—	—	1 278.20	56.63	979.10	43.37	—	—	—	—	—	—
五、风沙土类	414.20	—	—	154.00	37.18	260.20	62.82	—	—	—	—	—	—
1. 薄层岗地黑钙土型沙土	346.00	—	—	85.80	24.80	260.20	75.20	—	—	—	—	—	—
2. 岗地生草灰沙土	68.20	—	—	68.20	100.00	—	—	—	—	—	—	—	—
合　计	145 185.80	13 155.00	9.10	88 554.90	61.00	43 347.60	29.90	87.00	0.10	41.90	0.03	—	—

三、有 效 锰

锰是植物维持正常的生命活动所必需的微量元素之一。尽管植物对锰的需求量很小，但其对植物的光合放氧、维持细胞器的正常结构、活化酶活性等方面具有不可替代的作用。

本次调查结果表明，林甸县耕地土壤有效锰含量平均值为 13.91 毫克/千克，变化幅度为 8.25～41.10 毫克/千克。从点数上看，其中，含量大于 15 毫克/千克的 680 点，占 25.06%；含量为 10～15 毫克/千克的 1 942 点，占 71.55%；含量为 7.50～10.00 毫克/千克的 92 点，占 3.39%；含量为 5.00～7.50 毫克/千克和小于等于 5 毫克/千克的 0 点。大部分集中在含量大于 10 毫克/千克，占 96.61%（图 4－10）。

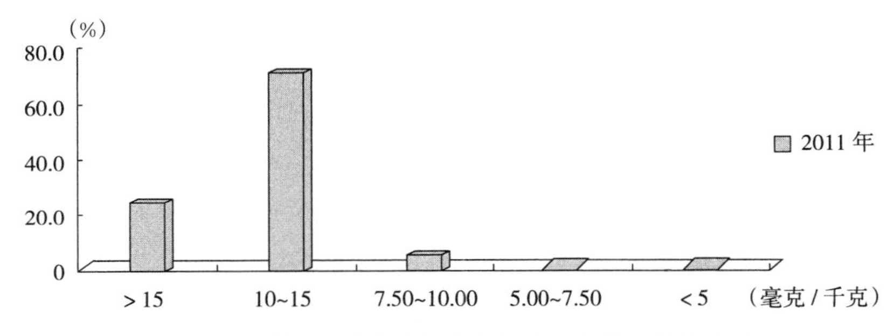

图 4－10　耕地土壤有效锰变化频率（点数）分布比较

1. 各乡（镇）有效锰变化情况　各乡（镇）有效锰平均值为 12.50～16.00 毫克/千克，最大值为 18.70～41.10 毫克/千克；最小值为 8.30～10.10 毫克/千克。林甸镇平均值为 16 毫克/千克 ，三合乡平均值为 12.50 毫克/千克（表 4－39）。

2. 各乡（镇）耕地土壤有效锰分级面积变化情况　根据本次地力评价调查结果分析，按照黑龙江省耕地有效锰养分分级标准，有效锰养分一级耕地面积 36 568.20 公顷，占总耕地面积的 25.19%；有效锰养分二级耕地面积 102 558.40 公顷，占总耕地面积的 70.64%；有效锰养分三级耕地面积 6 059.20 公顷，占总耕地面积的 4.17%（表 4－40）。

3. 耕地土壤类型有效锰含量变化情况　从地力调查结果看，有效锰黑钙土平均值为 13.90 毫克/千克，草甸土平均值为 14.24 毫克/千克，碱土类平均值为 15.50 毫克/千克，盐土类平均值为 11.62 毫克/千克，风沙土类平均值为 11.81 毫克/千克（表 4－41）。

4. 耕地土壤有效锰分级面积统计　按照有效锰养分分级标准，各土类情况如下：

黑钙土类：有效锰养分一级耕地面积 33 869.5 公顷，占该土类耕地面积的 25.82%；有效锰养分二级耕地面积 91 819.6 公顷，占该土类耕地面积的 69.99%；有效锰养分三级耕地面积 5 499.30 公顷，占该土类耕地面积的 4.2%。

草甸土类：有效锰养分一级耕地面积 2 537.70 公顷，占该土类耕地面积的 24.47%；有效锰养分二级耕地面积 7 595 公顷，占该土类耕地面积的 73.40%；有效锰养分三级耕地面积 238 公顷，占该土类耕地面积的 2.29%。

碱土类：有效锰养分一级耕地面积 159.60 公顷，占该土类耕地面积的 16.70%；有效锰养分二级耕地面积 796.10 公顷，占该土类耕地面积的 83.30%。

表 4-39　各乡（镇）耕地土壤有效锰分级统计

单位：毫克/千克

乡（镇）	2011 年			各地力等级养分平均值						1980 年			对比（±）
	平均值	最大值	最小值	一级地	二级地	三级地	四级地	五级地	六级地	平均值	最大值	最小值	
林甸镇	16.00	38.40	9.40	16.30	16.10	14.90	16.70	16.20	16.90	—	—	—	—
红旗镇	15.80	41.10	10.10	16.70	14.90	17.20	14.90	15.20	12.80	—	—	—	—
东兴乡	14.30	25.70	9.20	15.00	14.10	14.00	14.00	13.90	14.80	—	—	—	—
宏伟乡	12.80	20.50	9.20	12.90	12.00	13.20	14.50	12.70	—	—	—	—	—
三合乡	12.50	19.80	8.30	11.60	11.50	13.10	12.60	12.70	13.60	—	—	—	—
花园镇	13.60	18.90	9.20	14.60	13.30	13.60	13.20	14.00	17.00	—	—	—	—
四合乡	14.10	31.80	9.20	15.00	13.80	14.40	13.70	13.60	19.60	—	—	—	—
四季青镇	13.00	18.70	8.60	12.60	12.70	12.60	12.80	13.50	12.50	—	—	—	—
合计	13.90	41.10	8.30	14.30	13.60	14.10	14.10	14.00	15.30	—	—	—	—

表 4-40　各乡（镇）耕地土壤有效锰分级面积统计

乡（镇）	总面积（公顷）	一级		二级		三级		四级		五级		六级	
		面积（公顷）	占总面积（%）	面积（公顷）	占总面积（%）	面积（公顷）	占总面积（%）	面积（公顷）	占总面积（%）	面积（公顷）	占总面积（%）	面积（公顷）	占总面积（%）
林甸镇	9 868.80	3 762.50	38.13	5 974.10	60.54	132.20	1.34	—	—	—	—	—	—
红旗镇	13 089.00	5 053.10	38.61	8 035.90	61.39	—	—	—	—	—	—	—	—
东兴乡	25 112.20	7 203.00	28.68	16 517.60	65.78	1 391.60	5.54	—	—	—	—	—	—
宏伟乡	10 060.80	1 382.50	13.74	8 224.60	81.75	453.70	4.51	—	—	—	—	—	—
三合乡	18 843.10	2 684.60	14.25	14 926.30	79.21	1 232.20	6.54	—	—	—	—	—	—
花园镇	25 660.80	6 527.50	25.44	18 118.80	70.61	1 014.50	3.95	—	—	—	—	—	—
四合乡	21 118.00	6 971.60	33.01	13 440.60	63.65	705.80	3.34	—	—	—	—	—	—
四季青镇	21 433.10	2 983.40	13.92	17 320.50	80.81	1 129.20	5.27	—	—	—	—	—	—
合　计	145 185.80	36 568.20	25.19	102 558.40	70.64	6 059.20	4.17	—	—	—	—	—	—

表 4-41　耕地土壤有效锰含量统计

单位：毫克/千克

土壤类型	2011年			各地力等级养分平均值						第二次土壤普查		
	平均值	最大值	最小值	一级地	二级地	三级地	四级地	五级地	六级地	最大值	最小值	平均值
一、黑钙土类	13.90	41.10	8.25	13.93	13.28	14.26	13.95	13.73	14.43	—	—	—
1. 薄层黏底碳酸盐黑钙土	13.08	31.84	8.25	13.15	12.42	13.54	12.98	13.13	13.80	—	—	—
2. 中层黏底碳酸盐黑钙土	11.61	13.69	9.92	13.58	—	—	—	11.02	—	—	—	—
3. 薄层沙底碳酸盐黑钙土	17.17	25.43	11.73	—	17.24	19.99	15.91	13.40	—	—	—	—
4. 薄层粉沙底碳酸盐黑钙土	14.04	18.93	9.20	17.21	12.28	12.35	14.14	15.42	—	—	—	—
5. 薄层黏底碳酸盐草甸黑钙土	14.06	41.10	9.06	14.20	13.47	14.33	14.07	13.92	14.41	—	—	—
6. 中层黏底碳酸盐草甸黑钙土	13.89	24.26	10.00	14.43	13.11	12.25	16.64	15.50	14.21	—	—	—
7. 薄层粉沙底碳酸盐草甸黑钙土	14.97	23.49	8.57	14.21	16.93	14.05	14.67	11.93	17.06	—	—	—
8. 中层粉沙底碳酸盐草甸黑钙土	11.68	12.71	9.94	—	9.94	12.41	12.71	—	—	—	—	—
9. 薄层碱化草甸黑钙土	12.41	15.55	9.95	—	—	15.55	12.19	9.95	—	—	—	—
10. 薄层盐化草甸黑钙土	15.53	16.82	14.25	—	—	14.25	16.82	—	—	—	—	—
二、草甸土类	14.24	30.73	9.36	15.32	13.63	14.58	14.24	13.87	15.24	—	—	—
1. 薄层平地黏底碳酸盐草甸土	14.25	30.73	9.36	15.69	13.64	14.53	14.24	13.87	15.24	—	—	—
2. 薄层平地黏底潜育草甸土	13.77	15.40	11.03	12.07	13.42	15.23	—	—	—	—	—	—
三、碱土类	15.50	30.10	10.06	10.25	14.61	19.72	—	13.14	—	—	—	—
1. 结皮草甸碱土	16.23	30.10	10.06	10.25	14.61	19.72	—	—	—	—	—	—
2. 深位柱状苏打草甸碱土	13.38	15.83	12.40	—	—	—	15.83	13.14	—	—	—	—
四、盐土类	11.62	16.44	9.50	13.99	11.73	13.69	11.49	11.30	—	—	—	—
苏打碱化盐土	11.62	16.44	9.50	13.99	11.73	13.69	11.49	11.30	—	—	—	—
五、风沙土类	11.81	13.90	10.16	13.67	11.25	11.69	—	—	—	—	—	—
1. 薄层岗地黑钙土型沙土	12.44	13.90	10.18	—	—	13.67	11.82	12.31	—	—	—	—
2. 岗地生草灰沙土	10.54	11.45	10.16	—	—	—	10.40	10.64	—	—	—	—
合计	13.91	41.10	8.25	14.06	13.39	14.40	13.84	13.63	14.53	—	—	—

表 4-42　耕地土壤有效锰分级面积统计表

土壤类型	总面积（公顷）	一级		二级		三级		四级		五级		六级	
		面积（公顷）	占总面积（%）	面积（公顷）	占总面积（%）	面积（公顷）	占总面积（%）	面积（公顷）	占总面积（%）	面积（公顷）	占总面积（%）	面积（公顷）	占总面积（%）
一、黑钙土类	131 187.90	33 869.50	25.82	91 819.60	69.99	5 499.30	4.19	—	—	—	—	—	—
1. 薄层黏底碳酸盐黑钙土	21 790.90	4 930.20	22.63	15 930.00	73.10	930.80	4.27	—	—	—	—	—	—
2. 中层黏底碳酸盐黑钙土	345.40	—	—	344.50	99.74	0.90	0.26	—	—	—	—	—	—
3. 薄层沙底碳酸盐黑钙土	1 639.00	740.70	45.19	898.30	54.81	—	—	—	—	—	—	—	—
4. 薄层粉沙底碳酸盐黑钙土	950.50	115.40	12.14	716.90	75.42	118.20	12.44	—	—	—	—	—	—
5. 薄层黏底碳酸盐草甸黑钙土	103 799.70	27 439	26.43	72 159.00	69.52	4 202.10	4.05	—	—	—	—	—	—
6. 中层黏底碳酸盐草甸黑钙土	1 769.20	308.70	17.45	1 387.20	78.41	73.30	4.14	—	—	—	—	—	—
7. 薄层粉沙底碳酸盐草甸黑钙土	725.50	333.60	45.98	243.50	33.56	148.40	20.45	—	—	—	—	—	—
8. 中层粉沙底碳酸盐草甸黑钙土	47.70	—	—	23.60	49.48	24.10	50.52	—	—	—	—	—	—
9. 薄层碱化草甸黑钙土	108.5	0.90	0.83	106.10	97.79	1.50	1.38	—	—	—	—	—	—
10. 薄层盐化草甸黑钙土	11.50	1.00	8.70	10.50	91.30	—	—	—	—	—	—	—	—
二、草甸土类	10 370.70	2 537.70	24.47	7 595.00	73.24	238.00	2.29	—	—	—	—	—	—
1. 薄层平地黏底碳酸盐草甸土	10 276.20	2 526.90	24.59	7 511.30	73.09	238.00	2.32	—	—	—	—	—	—
2. 薄层平地黏底潜育草甸土	94.50	10.80	11.43	83.70	88.57	—	—	—	—	—	—	—	—
三、碱土类	955.70	159.60	16.70	796.10	83.30	—	—	—	—	—	—	—	—
1. 结皮草甸碱土	329.10	147.20	44.73	181.90	55.27	—	—	—	—	—	—	—	—
2. 深位柱状苏打草甸碱土	626.60	12.40	1.98	614.20	98.02	—	—	—	—	—	—	—	—
四、盐土类	2 257.30	1.50	0.07	1 933.90	85.67	321.90	14.26	—	—	—	—	—	—
苏打碱化盐土	2 257.30	1.50	0.07	1 933.90	85.67	321.90	14.26	—	—	—	—	—	—
五、风沙土类	414.20	—	—	414.20	100.00	—	—	—	—	—	—	—	—
1. 薄层岗地黑钙土型沙土	346.00	—	—	346.00	100.00	—	—	—	—	—	—	—	—
2. 岗地生草灰沙土	68.20	—	—	68.20	100.00	—	—	—	—	—	—	—	—
合　计	145 185.80	36 568.30	25.19	102 558.8	70.64	6 059.20	4.17	—	—	—	—	—	—

盐土类：有效锰养分一级耕地面积 1.50 公顷，占该土类耕地面积的 0.07%；有效锰养分二级耕地面积 1 933.90 公顷，占该土类耕地面积的 85.67%；有效锰养分三级耕地面积 321.90 公顷，占该土类耕地面积的 14.26%。

风沙土类：有效锰养分二级耕地面积 414.20 公顷，占该土类耕地面积的 100%。耕地土壤有效铜含量统计见表 4-42。

四、有 效 硼

硼也是植物生长和发育必需的微量营养元素，硼在植物体内参与碳水化合物的转化和运输，调节水分吸收和养分平衡以及氧化还原过程，对生长点的生长，生殖器官的形成以及开花结实，有着特殊的功能。

根据调查，林甸县有效硼平均值为 0.96 毫克/千克，变化幅度为 0.17～1.69 毫克/千克。根据点数统计，有效硼含量小于 0.60 毫克/千克的占 16.30%，含量为 0.60～0.80 毫克/千克的占 21.30%，含量为 0.80～1.00 毫克/千克的占 18.80%，含量为 1.00～1.20 毫克/千克的占 12.50%，含量大于 1.20 毫克/千克的占 31.30%（图 4-11）。

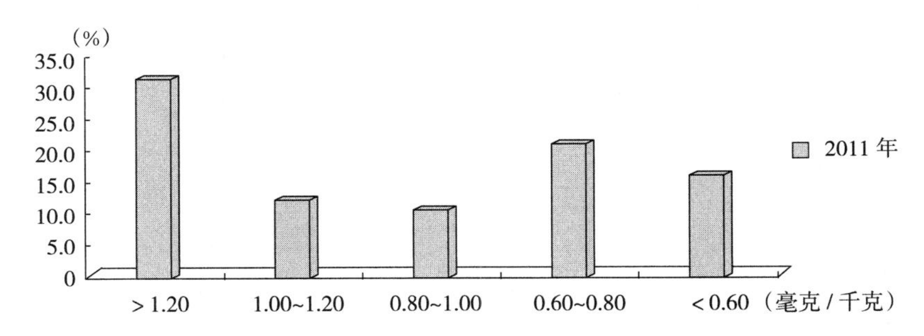

图 4-11　2011 年耕层土壤有效硼变化频率（点数）分布比较

从行政区划看，红旗镇、三合乡含量较高，花园乡、黎明乡含量降低（表 4-43）。

表 4-43　土壤有效硼含量比较

单位：毫克/千克

乡（镇）	地力调查（2011 年）		
	平均值	最大值	最小值
花园乡	0.56	1.11	0.17
四合乡	0.87	1.48	0.47
三合乡	1.30	1.58	0.99
东兴乡	0.90	1.42	0.66
黎明乡	0.78	1.21	0.20
林甸镇	0.90	1.34	0.43
宏伟乡	1.29	1.69	0.92
红旗镇	1.37	1.59	0.70
合计	0.96	1.69	0.17

第四节　土壤理化性状

一、土壤 pH

土壤酸碱度是土壤形成过程综合因子作用的结果，是土壤的很多化学性质特别是盐基状况的综合反映，在土壤分类依据中也占重要的地位。土壤 pH 直接影响作物营养元素的有效性和土壤质量评价指标的取值范围。土壤酸碱度是影响土壤肥力的一个重要因素，如土壤中的微生物的活动，土壤全氮的合成与分解，氮、磷、钾等营养元素的转化和释放、微量元素的有效量、土壤保肥能力强弱以及土壤中各元素的迁移等，都与土壤酸碱度有关。各种作物的正常生长也要求一定的酸碱度范围，超过这一范围，作物生长发育就会受到阻碍，因此，了解土壤酸碱度十分重要。通常把土壤酸碱度分为 7 种：强酸性 pH＜4.50；酸性 pH 为 4.50～5.50；微酸性 pH 为 5.50～6.50；中性 pH 为 6.50～7.50；微碱性 pH 为 7.50～8.00；碱性 pH 为 8～9；强碱性 pH≥9。

本次调查结果表明，林甸县耕地土壤 pH 平均值为 8.01，变化幅度为 7.49～8.50。从点数上看，其中，pH 小于 7.70 的 82 点，占 3.02%；pH 为 7.70～7.90 的 637 点，占 23.47%；pH 为 7.90～8.10 的 1 161 点，占 42.78%；pH 为 8.10～8.30 的 654 点，占 24.10%；pH 大于等于 8.30 的 180 点，占 6.63%。大部分集中在 pH 为 7.70～8.30，占 90.35%（图 4 - 12）。

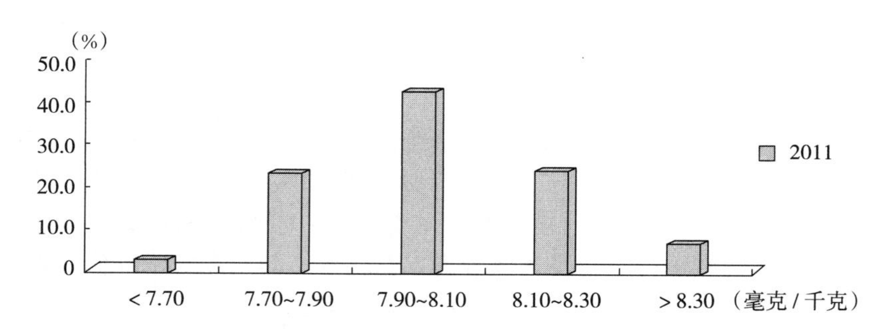

图 4 - 12　耕地土壤 pH 变化频率（点数）分布比较

1. 各乡（镇）pH 变化情况　全县 pH 平均值为 8.01。各乡（镇）pH 平均值为 7.82～8.18，最大值为 8.28～8.53；最小值为 7.49～7.71。宏伟乡最小，pH 平均值为 7.82，东兴乡最大，pH 为平均值为 8.18（表 4 - 44）。

2. 各乡（镇）耕地土壤 pH 分级面积变化情况　根据本次地力评价调查结果分析，按照林甸县耕地 pH 分级标准，pH 一级耕地面积 6 334.50 公顷，占总耕地面积的 4.36%；pH 二级耕地面积 30 027.40 公顷，占总耕地面积的 20.68%；pH 三级耕地面积 57 886.90公顷，占总耕地面积的 39.87%；pH 四级耕地面积 40 696 公顷，占总耕地面积的 28.03%；pH 五级耕地面积 10 241 公顷，占总耕地面积的 7.05%（表 4 - 45）。

3. 耕地土壤类型 pH 变化情况　从地力调查结果看，黑钙土 pH 平均值为 8.0，草甸土 pH 平均值为 7.90，碱土类 pH 平均值为 8.06，盐土类 pH 平均值为 8.03，风沙土类 pH 平均值为 8.08（表 4 - 46）。

表 4-44　各乡（镇）耕地土壤 pH 分级统计

乡（镇）	2011 年			各地力等级养分平均值						1980 年			对比（±）
	平均值	最大值	最小值	一级地	二级地	三级地	四级地	五级地	六级地	平均值	最大值	最小值	
林甸镇	8.00	8.41	7.63	7.78	7.89	8.00	8.05	8.16	8.14	—	—	—	—
红旗镇	7.96	8.37	7.52	7.73	7.87	7.99	8.08	8.18	8.32	—	—	—	—
东兴乡	8.18	8.50	7.70	7.82	7.91	7.99	8.08	8.19	8.35	—	—	—	—
宏伟乡	7.82	8.28	7.60	7.73	7.82	7.87	7.95	8.07	—	—	—	—	—
三合乡	8.04	8.48	7.58	7.76	7.86	7.94	8.02	8.13	8.34	—	—	—	—
花园镇	8.02	8.49	7.61	7.76	7.82	7.95	8.08	8.21	8.35	—	—	—	—
四合乡	7.93	8.29	7.49	7.74	7.81	7.92	7.99	8.06	8.14	—	—	—	—
四季青镇	8.08	8.53	7.71	7.88	7.91	7.98	8.08	8.18	8.41	—	—	—	—
合计	8.01	8.53	7.49	7.76	7.85	7.95	8.04	8.15	8.34	—	—	—	—

表 4-45　各乡（镇）耕地土壤 pH 分级面积统计

乡（镇）	总面积（公顷）	一级		二级		三级		四级		五级		六级	
		面积（公顷）	占总面积（%）	面积（公顷）	占总面积（%）	面积（公顷）	占总面积（%）	面积（公顷）	占总面积（%）	面积（公顷）	占总面积（%）	面积（公顷）	占总面积（%）
林甸镇	9 868.80	392.30	3.98	2 112.10	21.40	6 105.60	61.87	1 160.70	11.76	98.10	0.99	—	—
红旗镇	13 089.00	1 142.50	8.73	3 155.50	24.11	4 677.20	35.73	3 413.70	26.08	700.10	5.35	—	—
东兴乡	25 112.20	2 157.80	21.45	6 107.20	60.70	1 575.60	15.66	220.20	2.19	—	—	—	—
宏伟乡	10 060.80	39.20	0.16	1 388.60	5.53	5 543.00	22.07	11 437.70	45.54	6 703.70	26.69	—	—
三合乡	18 843.10	513.60	2.73	4 278.00	22.70	6 806.00	36.12	5 856.60	31.08	1 388.90	7.37	—	—
花园镇	25 660.80	693.10	2.70	5 734.90	22.35	10 297.70	40.13	8 495.30	33.11	439.80	1.71	—	—
四合乡	21 118.00	1 396.00	6.61	6 003.00	28.43	12 255.30	58.03	1 463.70	6.93	—	—	—	—
四季青镇	21 433.10	—	—	1 248.10	5.82	10 626.50	49.58	8 648.10	40.35	910.40	4.25	—	—
合　计	145 185.80	6 334.50	4.36	30 027.40	20.68	57 886.90	39.87	40 696.00	28.03	10 241.00	7.05	—	—

表 4-46　耕地土壤 pH 平均值统计

土壤类型	2011 年			各地力等级养分平均值						第二次土壤普查		
	平均值	最大值	最小值	一级地	二级地	三级地	四级地	五级地	六级地	最大值	最小值	平均值
一、黑钙土类	8.00	8.53	7.49	7.77	7.88	7.96	8.05	8.15	8.34	—	—	—
1. 薄层黏底碳酸盐黑钙土	7.96	8.48	7.49	7.74	7.82	7.92	8.03	8.11	8.34	—	—	—
2. 中层黏底碳酸盐黑钙土	8.06	8.23	7.73	7.75	—	—	—	8.15	—	—	—	—
3. 薄层沙底碳酸盐黑钙土	8.04	8.25	7.72	—	7.89	8.04	8.08	8.20	—	—	—	—
4. 薄层粉沙底碳酸盐黑钙土	8.02	8.27	7.68	7.75	7.86	8.00	8.11	8.24	—	—	—	—
5. 薄层黏底碳酸盐草甸黑钙土	8.03	8.53	7.52	7.76	7.85	7.96	8.05	8.17	8.34	—	—	—
6. 中层黏底碳酸盐草甸黑钙土	7.90	8.36	7.62	7.75	7.85	7.96	8.01	8.21	8.32	—	—	—
7. 薄层粉沙底碳酸盐草甸黑钙土	8.03	8.48	7.67	7.88	7.94	7.91	8.03	8.16	8.34	—	—	—
8. 中层粉沙底碳酸盐草甸黑钙土	8.00	8.09	7.93	—	7.97	7.93	8.09	—	—	—	—	—
9. 薄层碱化草甸黑钙土	7.98	8.00	7.95	—	—	8.00	7.98	7.95	—	—	—	—
10. 薄层盐化草甸黑钙土	8.00	8.05	7.95	—	—	7.95	8.05	—	—	—	—	—
二、草甸土类	7.90	8.48	7.58	7.79	7.78	7.88	8.02	8.16	8.36	—	—	—
1. 薄层平地黏底碳酸盐草甸土	8.02	8.48	7.58	7.77	7.85	7.94	8.02	8.16	8.36	—	—	—
2. 薄层平地黏底潜育草甸土	7.79	7.84	7.72	7.80	7.72	7.81	—	—	—	—	—	—
三、碱土类	8.06	8.28	7.76	7.81	7.86	7.97	8.26	8.21	—	—	—	—
1. 结皮草甸碱土	7.90	8.04	7.76	7.81	7.86	7.97	—	—	—	—	—	—
2. 深位柱状苏打草甸碱土	8.21	8.28	8.09	—	—	—	8.26	8.21	—	—	—	—
四、盐土类	8.03	8.14	7.73	7.76	7.87	7.93	8.03	8.08	—	—	—	—
苏打碱化盐土	8.03	8.14	7.73	7.76	7.87	7.93	8.03	8.08	—	—	—	—
五、风沙土类	8.08	8.19	7.94	—	—	7.95	8.05	8.12	—	—	—	—
1. 薄层岗地黑钙土型沙土	8.05	8.19	7.94	—	—	7.95	8.05	8.10	—	—	—	—
2. 岗地生草灰沙土	8.10	8.18	8.02	—	—	—	8.04	8.14	—	—	—	—
合计	8.01	8.53	7.49	7.76	7.85	7.95	8.04	8.15	8.34	—	—	—

表 4-47 耕地土壤 pH 分级面积统计

土壤类型	总面积（公顷）	一级		二级		三级		四级		五级		六级	
		面积（公顷）	占总面积（%）	面积（公顷）	占总面积（%）	面积（公顷）	占总面积（%）	面积（公顷）	占总面积（%）	面积（公顷）	占总面积（%）	面积（公顷）	占总面积（%）
一、黑钙土类	131 187.90	6 202.00	4.73	27 023.60	20.60	51 734.1	39.44	36 934.90	28.15	9 293.40	7.08	—	—
1. 薄层黏底碳酸盐黑钙土	21 790.90	2 153.80	9.88	6 716.70	30.82	7 269.60	33.36	4 369.50	20.05	1 281.30	5.88	—	—
2. 中层黏底碳酸盐黑钙土	345.40	—	—	52.80	15.29	—	—	292.60	84.71	—	—	—	—
3. 薄层沙底碳酸盐黑钙土	1 639.00	—	—	221.20	13.50	723.90	44.17	693.90	42.34	—	—	—	—
4. 薄层粉沙底碳酸盐黑钙土	950.50	24.20	2.55	248.50	26.14	502.40	52.86	175.40	18.45	—	—	—	—
5. 薄层黏底碳酸盐草甸黑钙土	103 799.70	3 899.90	3.76	18 491.00	17.81	42 555.00	41.00	31 074.10	29.94	7 779.80	7.50	—	—
6. 中层黏底碳酸盐草甸黑钙土	1 769.20	97.20	5.49	1 001.70	56.62	303.70	17.17	227.20	12.84	139.40	7.88	—	—
7. 薄层粉沙底碳酸盐草甸黑钙土	725.50	26.90	3.71	291.70	40.21	211.80	29.19	102.20	14.09	92.90	12.80	—	—
8. 中层粉沙底碳酸盐草甸黑钙土	47.70	—	—	—	—	47.70	100.00	—	—	—	—	—	—
9. 薄层碱化草甸黑钙土	108.50	—	—	—	—	108.50	10.00	—	—	—	—	—	—
10. 薄层盐化草甸黑钙土	11.50	—	—	—	—	11.50	10.00	—	—	—	—	—	—
二、草甸土类	10 370.70	132.50	1.28	2 814.90	27.14	4 305.30	41.51	2 170.40	20.93	947.60	9.14	—	—
1. 薄层平地黏底碳酸盐草甸土	10 276.20	132.50	1.29	2 720.40	26.47	4 305.30	41.90	2 170.40	21.12	947.60	9.22	—	—
2. 薄层平地黏底潜育草甸土	94.50	—	—	94.50	10.00	—	—	—	—	—	—	—	—
三、碱土类	955.70	—	—	178.00	18.63	421.40	44.09	356.30	37.28	—	—	—	—
1. 结皮草甸碱土	329.10	—	—	178.00	54.09	151.10	45.91	—	—	—	—	—	—
2. 深位柱状苏打草甸碱土	626.60	—	—	—	—	270.30	43.14	356.30	56.86	—	—	—	—
四、盐土类	2 257.30	—	—	11.40	0.51	1 101.40	48.79	1 144.50	50.70	—	—	—	—
苏打碱化盐土	2 257.30	—	—	11.40	0.51	1 101.40	48.80	1 144.50	50.70	—	—	—	—
五、风沙土类	414.20	—	—	—	—	324.30	78.30	89.90	21.70	—	—	—	—
1. 薄层岗地黑钙土型沙土	346.00	—	—	—	—	291.40	84.22	54.60	15.78	—	—	—	—
2. 岗地生草灰沙土	68.20	—	—	—	—	32.90	48.24	35.30	51.76	—	—	—	—
合 计	145 185.80	6 334.50	4.40	30 027.90	20.70	57 886.5	39.90	40 696.00	28.00	10 241.00	7.10	—	—

4. 耕地土壤pH分级面积统计 按照pH分级标准，各土类情况如下：

黑钙土类：pH一级耕地面积6 202公顷，占该土类耕地面积的4.73%；pH二级耕地面积27 023.60公顷，占该土类耕地面积的20.60%；pH三级耕地面积51 734.50公顷，占该土类耕地面积的39.44%；pH四级耕地面积36 934.90公顷，占该土类耕地面积的28.15%；pH五级耕地面积9 293.40公顷，占该土类耕地面积的7.08%。

草甸土类：pH一级耕地面积132.50公顷，占该土类耕地面积的1.28%；pH二级耕地面积2 814.90公顷，占该土类耕地面积的27.14%；pH三级耕地面积4 305.30公顷，占该土类耕地面积的41.51%；pH四级耕地面积2 170.40公顷，占该土类耕地面积的20.93%；pH五级耕地面积947.60公顷，占该土类耕地面积的9.14%。

碱土类：pH二级耕地面积178公顷，占该土类耕地面积的18.63%；pH三级耕地面积421.40公顷，占该土类耕地面积的44.09%。；pH四级耕地面积356.30公顷，占该土类耕地面积的37.28%。

盐土类：pH二级耕地面积11.40公顷，占该土类耕地面积的0.51%；pH三级耕地面积1 101.40公顷，占该土类耕地面积的48.79%；pH四级耕地面积1 144.50公顷，占该土类耕地面积的50.70%。

风沙土类：pH三级耕地面积324.30公顷，占该土类耕地面积的78.30%；pH四级耕地面积89.90公顷，占该土类耕地面积的21.70%（表4-47）。

二、耕层土壤含盐量

土壤中水溶盐分过多，使作物吸水困难，种子发芽和幼苗生长都受影响。同时，在吸收水分和养分时，吸收过多盐分就会中毒，降低生活能力。因此，土壤盐分含量多少与土壤肥力有直接关系。

本次调查结果表明，林甸县耕地土壤含盐量平均值为0.37克/千克，变化幅度为0.28～0.55克/千克。从点数上看，其中，含量小于等于0.35克/千克的813点，占29.96%；含量为0.35～0.40克/千克的1 156点，占42.59%；含量为0.40～0.45克/千克的631点，占23.25%；含量为0.45～0.50克/千克的106点，占3.91%；含量大于0.50克/千克的8点，占0.29%。大部分部集中在含量为0.25～0.45克/千克（图4-13）。

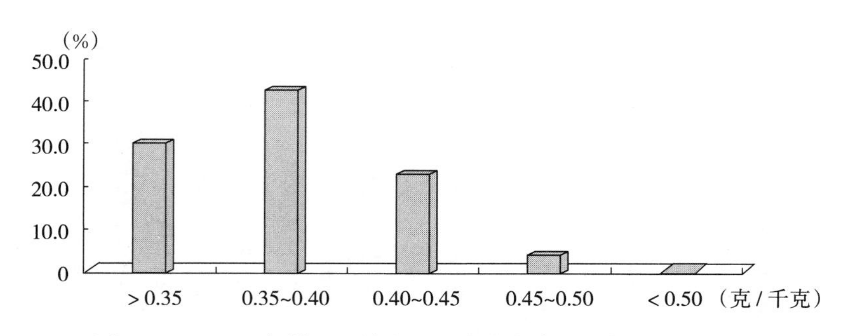

图4-13 2011年耕地土壤含盐量变化频率（点数）分布比较

表 4-48 各乡（镇）耕地土壤含盐量分级统计

单位：克/千克

乡（镇）	2011 年			各地力等级养分平均值						1980 年			对比（±）
	平均值	最大值	最小值	一级地	二级地	三级地	四级地	五级地	六级地	平均值	最大值	最小值	
林甸镇	0.37	0.53	0.28	0.32	0.34	0.36	0.39	0.42	0.44	—	—	—	—
红旗镇	0.36	0.50	0.29	0.34	0.34	0.36	0.38	0.41	0.46	—	—	—	—
东兴乡	0.40	0.55	0.29	0.33	0.35	0.35	0.38	0.41	0.43	—	—	—	—
宏伟乡	0.35	0.46	0.28	0.33	0.34	0.35	0.41	0.41	—	—	—	—	—
三合乡	0.38	0.51	0.28	0.33	0.33	0.34	0.38	0.41	0.42	—	—	—	—
花园镇	0.36	0.47	0.28	0.33	0.33	0.35	0.38	0.40	0.43	—	—	—	—
四合乡	0.38	0.52	0.28	0.33	0.34	0.37	0.40	0.41	0.40	—	—	—	—
四季青镇	0.37	0.47	0.28	0.33	0.34	0.36	0.38	0.40	0.42	—	—	—	—
合计	0.37	0.55	0.28	0.33	0.34	0.35	0.39	0.41	0.43	—	—	—	—

表 4-49 各乡（镇）耕地土壤含盐量分级面积统计

乡（镇）	总面积（公顷）	一级		二级		三级		四级		五级		六级	
		面积（公顷）	占总面积（%）	面积（公顷）	占总面积（%）	面积（公顷）	占总面积（%）	面积（公顷）	占总面积（%）	面积（公顷）	占总面积（%）	面积（公顷）	占总面积（%）
林甸镇	9 868.80	3 784.00	38.34	3 571.40	36.19	2 159.10	21.88	222.70	2.26	131.60	1.33	—	—
红旗镇	13 089.00	4 380.20	33.46	5 978.50	45.68	1 579.60	12.07	1 150.70	8.79	—	—	—	—
东兴乡	25 112.20	3 090.40	12.31	9 016.40	35.90	10 075.70	40.12	2 637.60	10.50	292.10	1.16	—	—
宏伟乡	10 060.80	6 132.20	60.95	2 738.10	27.22	1 187.40	11.80	3.10	0.03	—	—	—	—
三合乡	18 843.10	6 385.60	33.89	5 761.50	30.58	5 462.80	28.99	1 165.40	6.18	67.80	0.36	—	—
花园镇	25 660.80	8 455.00	32.95	11 021.60	42.95	5 502.60	21.44	681.60	2.66	—	—	—	—
四合乡	21 118.00	5 614.70	26.59	9 003.40	42.63	6 013.30	28.47	485.30	2.30	1.30	0.01	—	—
四季青镇	21 433.10	4 370.20	20.39	11 693.00	54.56	4 913.70	22.93	456.20	2.13	—	—	—	—
合　计	145 185.80	42 212.30	29.07	58 783.90	40.49	36 894.20	25.41	6 802.60	4.69	492.80	0.34	—	—

表 4-50　耕地土壤含盐量含量统计

单位：克/千克

土壤类型	2011年			各地力等级养分平均值						第二次土壤普查		
	平均值	最大值	最小值	一级地	二级地	三级地	四级地	五级地	六级地	最大值	最小值	平均值
一、黑钙土类	0.37	0.55	0.28	0.33	0.33	0.36	0.39	0.40	0.43	—	—	—
1. 薄层黏底碳酸盐黑钙土	0.37	0.51	0.28	0.33	0.33	0.35	0.39	0.41	0.42	—	—	—
2. 中层黏底碳酸盐黑钙土	0.39	0.45	0.31	0.33	—	—	—	0.41	—	—	—	—
3. 薄层沙底碳酸盐黑钙土	0.37	0.40	0.33	—	0.34	0.39	0.36	0.37	—	—	—	—
4. 薄层粉沙底碳酸盐黑钙土	0.35	0.41	0.30	0.32	0.31	0.33	0.38	0.38	—	—	—	—
5. 薄层黏底碳酸盐草甸黑钙土	0.38	0.55	0.28	0.33	0.34	0.36	0.39	0.40	0.44	—	—	—
6. 中层黏底碳酸盐草甸黑钙土	0.34	0.47	0.28	0.32	0.32	0.31	0.37	0.42	0.42	—	—	—
7. 薄层粉沙底碳酸盐草甸黑钙土	0.37	0.47	0.30	0.31	0.35	0.37	0.42	0.39	0.41	—	—	—
8. 中层粉沙底碳酸盐草甸黑钙土	0.32	0.35	0.28	—	0.28	0.32	0.35	—	—	—	—	—
9. 薄层碱化草甸黑钙土	0.38	0.43	0.30	—	—	0.30	0.39	0.43	—	—	—	—
10. 薄层盐化草甸黑钙土	0.36	0.36	0.35	—	—	0.35	0.36	—	—	—	—	—
二、草甸土类	0.37	0.49	0.28	0.33	0.34	0.35	0.39	0.40	0.43	—	—	—
1. 薄层平地黏底碳酸盐草甸土	0.37	0.49	0.28	0.33	0.34	0.36	0.39	0.40	0.43	—	—	—
2. 薄层平地黏底潜育草甸土	0.31	0.34	0.29	0.32	0.30	0.30	—	—	—	—	—	—
三、碱土类	0.35	0.42	0.32	0.34	0.34	0.34	0.37	0.39	—	—	—	—
1. 结皮草甸碱土	0.34	0.37	0.32	0.34	0.34	0.34	—	—	—	—	—	—
2. 深位柱状苏打草甸碱土	0.39	0.42	0.37	—	—	—	0.37	0.39	—	—	—	—
四、盐土类	0.40	0.46	0.30	0.34	0.32	0.37	0.39	0.43	—	—	—	—
苏打碱化盐土	0.40	0.46	0.30	0.34	0.32	0.37	0.39	0.43	—	—	—	—
五、风沙土类	0.40	0.45	0.34	—	—	0.36	0.39	0.41	—	—	—	—
1. 薄层岗地黑钙土型沙土	0.40	0.45	0.35	—	—	0.36	0.40	0.42	—	—	—	—
2. 岗地生草灰沙土	0.39	0.43	0.34	—	—	—	0.36	0.41	—	—	—	—
合计	0.37	0.55	0.28	0.33	0.33	0.36	0.39	0.41	0.43	—	—	—

表 4-51　耕地土壤含盐量分级面积统计表

土壤类型	总面积（公顷）	一级		二级		三级		四级		五级		六级	
		面积（公顷）	占总面积（%）	面积（公顷）	占总面积（%）	面积（公顷）	占总面积（%）	面积（公顷）	占总面积（%）	面积（公顷）	占总面积（%）	面积（公顷）	占总面积（%）
一、黑钙土类	131 187.90	38 981.00	29.71	52 293.00	39.86	33 614.60	25.62	5 806.80	4.43	492.80	0.38	—	—
1. 薄层黏底碳酸盐黑钙土	21 790.90	9 409.90	43.18	6 292.60	28.88	5 074.90	23.29	945.70	4.34	67.80	0.31	—	—
2. 中层黏底碳酸盐黑钙土	345.40	52.80	15.29	118.50	34.31	174.10	50.41	—	—	—	—	—	—
3. 薄层沙底碳酸盐黑钙土	1 639.00	479.00	29.23	1 066.60	65.08	93.40	5.70	—	—	—	—	—	—
4. 薄层粉沙底碳酸盐黑钙土	950.50	775.10	81.55	167.20	17.59	8.20	0.86	—	—	—	—	—	—
5. 薄层黏底碳酸盐草甸黑钙土	103 799.70	26 646.00	25.67	44 060.00	42.45	27 902.00	26.88	4 767.00	4.59	425.00	0.41	—	—
6. 中层黏底碳酸盐草甸黑钙土	1 769.20	1 220.50	68.99	325.20	18.38	175.10	9.90	48.40	2.74	—	—	—	—
7. 薄层粉沙底碳酸盐草甸黑钙土	725.50	339.80	46.84	154.60	21.31	185.40	25.55	45.70	6.30	—	—	—	—
8. 中层粉沙底碳酸盐草甸黑钙土	47.70	46.50	97.48	1.20	2.52	—	—	—	—	—	—	—	—
9. 薄层碱化草甸黑钙土	108.50	0.90	0.83	106.10	97.79	1.50	1.38	—	—	—	—	—	—
10. 薄层盐化草甸黑钙土	11.50	10.50	91.30	1.00	8.70	—	—	—	—	—	—	—	—
二、草甸土类	10 370.70	2 969.90	28.64	4 287.90	41.35	2 441.10	23.54	671.80	6.48	—	—	—	—
1. 薄层平地黏底碳酸盐草甸土	10 276.20	2 875.40	27.98	4 287.90	41.73	2 441.10	23.75	671.80	6.54	—	—	—	—
2. 薄层平地黏底潜育草甸土	94.50	94.50	100.00	—	—	—	—	—	—	—	—	—	—
三、碱土类	955.70	242.10	25.33	676.00	70.73	37.60	3.93	—	—	—	—	—	—
1. 结皮草甸碱土	329.10	242.10	73.56	87.00	26.44	—	—	—	—	—	—	—	—
2. 深位柱状苏打草甸碱土	626.60	—	—	589.00	94.00	37.60	6.00	—	—	—	—	—	—
四、盐土类	2 257.30	17.40	0.77	1 224.40	54.24	691.50	30.63	324.00	14.35	—	—	—	—
苏打碱化盐土	2 257.30	17.40	0.77	1 224.40	54.24	691.50	30.63	324.00	14.35	—	—	—	—
五、风沙土类	414.20	2.10	0.51	302.30	72.98	109.80	26.51	—	—	—	—	—	—
1. 薄层岗地黑钙土型沙土	346.00	—	—	265.50	76.73	80.50	23.27	—	—	—	—	—	—
2. 岗地生草灰沙土	68.20	2.10	3.08	36.80	53.96	29.30	42.96	—	—	—	—	—	—
合　计	145 185.80	42 212.5	29.10	58 783.6	40.50	36 894.6	25.40	6 802.60	4.70	492.80	0.30	—	—

1. 各乡（镇）含盐量变化情况 全县平均值为0.37克/千克。各乡（镇）含盐量平均值在0.35～0.40克/千克，最大值为0.46～0.55克/千克；最小值为0.28～0.29克/千克。宏伟乡最小，平均0.35克/千克，东兴乡最大，平均0.40克/千克（表4-48）。

2. 各乡（镇）耕地土壤含盐量分级面积变化情况 根据本次地力评价调查结果分析，按照林甸县耕地含盐量分级标准，含盐量一级耕地面积42 212.30公顷，占总耕地面积的29.07%；含盐量二级耕地面积58 783.90公顷，占总耕地面积的40.49%；含盐量三级耕地面积36 894.20公顷，占总耕地面积的25.41%；含盐量四级耕地面积6 802.60公顷，占总耕地面积的4.69%；含盐量五级耕地面积492.80公顷，占总耕地面积0.34%（表4-49）。

3. 耕地土壤类型含盐量含量变化情况 从地力调查结果看，含盐量黑钙土平均值为0.37克/千克，草甸土平均值为0.37克/千克，碱土类平均值为0.35克/千克，盐土类平均值为0.40克/千克，风沙土类平均值为0.40克/千克（表4-50）。

4. 耕地土壤含盐量分级面积统计 按照含盐量分级标准，各土类情况如下：

黑钙土类：含盐量一级耕地面积38 981公顷，占该土类耕地面积的29.71%；含盐量二级耕地面积52 293公顷，占该土类耕地面积的39.86%；含盐量三级耕地面积33 614.60公顷，占该土类耕地面积的25.62%；含盐量四级耕地面积5 806.80公顷，占该土类耕地面积的4.40%；含盐量五级耕地面积492.80公顷，占该土类耕地面积的0.38%。

草甸土类：含盐量一级耕地面积2 969.90公顷，占该土类耕地面积的28.64%；含盐量二级耕地面积4 287.90公顷，占该土类耕地面积的41.35%；含盐量三级耕地面积2 441.10公顷，占该土类耕地面积的23.54%；含盐量四级耕地面积671.80公顷，占该土类耕地面积的6.48%。

碱土类：含盐量一级耕地面积242.10公顷，占该土类耕地面积的25.33%；含盐量二级耕地面积676公顷，占该土类耕地面积的70.73%；含盐量三级耕地面积37.60公顷，占该土类耕地面积的3.93%。

盐土类：含盐量一级耕地面积17.40公顷，占该土类耕地面积的0.77%；含盐量二级耕地面积1 224.40公顷，占该土类耕地面积的54.24%；含盐量三级耕地面积691.50公顷，占该土类耕地面积的30.63%；含盐量四级耕地面积324公顷，占该土类耕地面积的14.35%。

风沙土类：含盐量一级耕地面积2.10公顷，占该土类耕地面积的0.51%；含盐量二级耕地面积302.30公顷，占该土类耕地面积的72.98%；含盐量三级耕地面积109.80公顷，占该土类耕地面积的26.51%（表4-51）。

第五章　耕地地力评价

本次耕地地力评价是一种一般性的目的的评价，并不针对某种土地利用类型，而是根据所在地区特定气候区域以及地形地貌、成土母质、土壤理化性状、农田基础设施等要素相互作用表现出来的综合特征，揭示耕地潜在生产能力的高低。通过耕地地力评价，可以全面了解林甸县的耕地质量现状，为合理调整农业结构；生产无公害农产品、绿色食品、有机食品；针对耕地土壤存在的障碍因素，改造中低产田，保护耕地质量，提高耕地的综合生产能力；建立耕地资源数据网络，对耕地质量实行有效地管理等提供科学依据。

第一节　耕地地力评价的原则和方法

一、耕地地力评价的原则

耕地地力的评价是对耕地的基础地力及其生产能力的全面鉴定。因此，在评价时应遵循以下 3 个原则。

（一）综合因素研究与主导因素分析相结合的原则

耕地地力是各类要素的综合体现，综合因素研究是对地形地貌、土壤理化性状以及相关的社会经济因素进行综合研究、分析与评价，以全面了解耕地地力状况。主导因素是指对耕地地力起决定作用的，相对稳定的因子，在评价中要着重对其进行研究分析。

（二）定性与定量相结合的原则

影响耕地地力的因素有定性的和定量的，评价时定量和定性评价相结合。可定量的评价因子按其数值参与计算评价；对非数量化的定性因子要充分应用专家知识，先进行数值化处理，再进行计算评价。

（三）采用 GIS 支持的自动化评价方法的原则

充分应用计算机技术，通过建立数据库、评价模型，实现评价流程的全数字化、自动化。应代表我国目前耕地地力评价的最新技术方法。

二、耕地地力评价的方法

本次评价工作一方面充分收集有关林甸县耕地情况资料，建立起耕地质量管理数据库；另一方面还进行了外业的补充调查（包括土壤调查和农户的入户调查两部分）和室内化验分析。在此基础上，通过 GIS 系统平台，采用 ArcView GIS 软件对调查的数据和图件进行数值化处理，最后利用扬州土壤肥料工作站开发的《全国耕地力调查与质量评价软件系统 3.0》进行耕地地力评价。主要的工作流程见图 5－1。

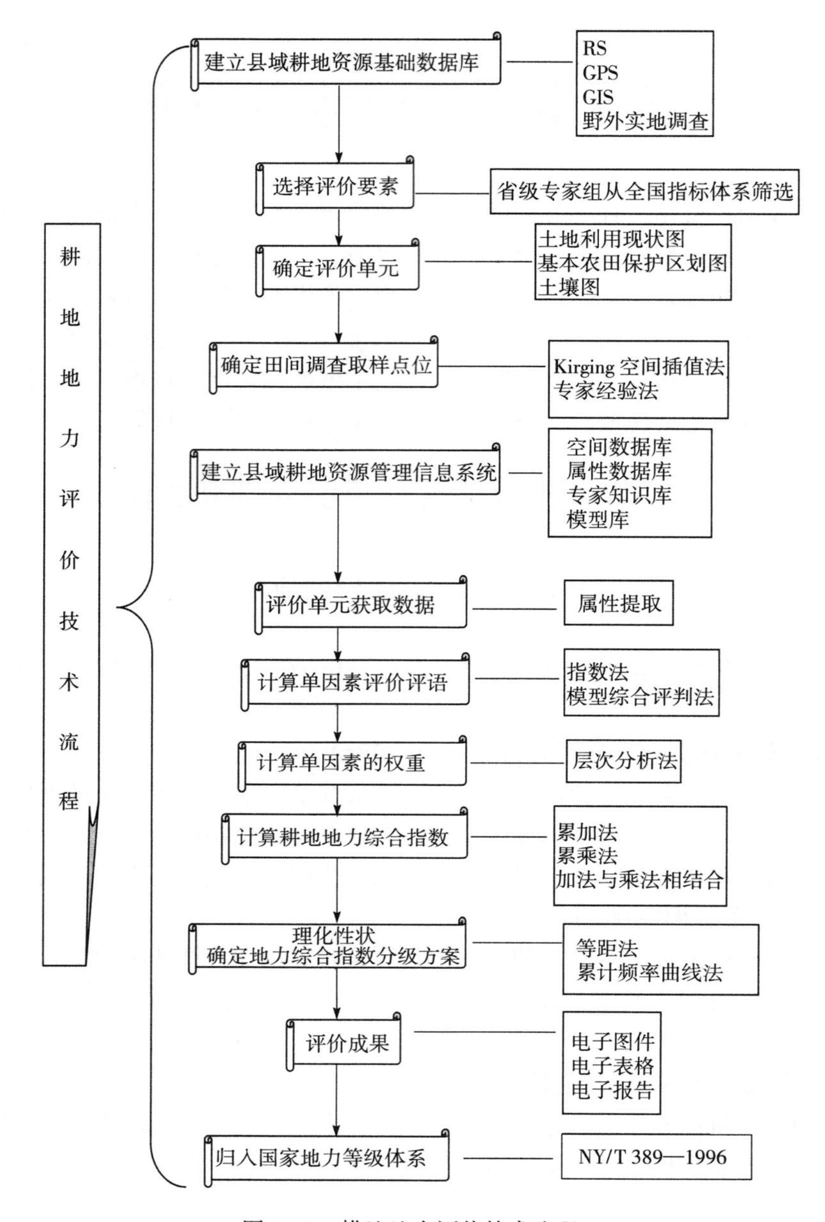

图5-1 耕地地力评价技术流程

三、评价单元赋值

根据各评价因子的空间分布图或属性数据库，将各评价因子数据赋值给评价单元，主要采取以下方法：

1. 对点位数据 如有机质、有效磷、有效钾等，采用插值的方法将其转换形成栅格图，再与评价单元图叠加，通过加权统计给评价单元赋值。

2. 对矢量分布图　如耕层厚度、容重等，将其直接与评价单元图叠加，通过加权统计、属性提取，给评价单元赋值。

四、确定指标权重

采用特尔斐法与层次分析法相结合的方法确定每一个评价因素对耕地综合地力的贡献大小。

1. 构造评价指标层次结构图　根据各个评价因素间的关系，构造了层次结构图。林甸县耕地地力评价指标结构见图 5－2。

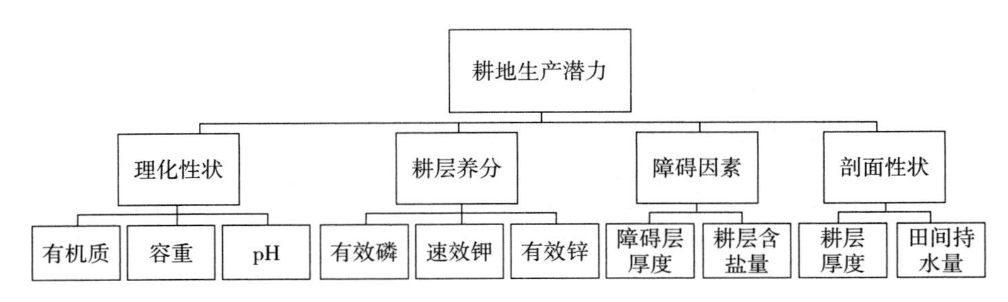

图 5－2　林甸县耕地地力评价指标结构

2. 建立层次判断矩阵　采用专家评估法，比较同一层次各因素对上一层次的相对重要性，给出数量化的评估。专家评估的初步结果经合适的数学处理后（包括实际计算的最终结果——组合权重）反馈给专家，请专家重新修改或确认。经多轮反复形成最终的判断矩阵。

3. 确定各评价因素的综合权重　利用层次分析计算方法确定每一个评价因素的综合评价权重。目标层判别矩阵原始资料见表 5－1。

表 5－1　目标层判别矩阵原始资料

项　目	理化性状	耕层养分	障碍因素	剖面性状
理化性状	1.000 0	4.000 0	5.998 8	5.000 0
耕层养分	0.250 0	1.000 0	4.000 0	3.003 0
障碍因素	0.166 7	0.250 0	1.000 0	0.500 0
剖面性状	0.200 0	0.333 0	2.000 0	1.000 0

特征向量：[0.580 7，0.239 4，0.069 4，0.110 6]

最大特征根为：4.137 9

CI=4.595 850 059 857 24E−02

RI=0.9

$CR=CI/RI$=0.051 065 00< 0.10

该判断矩阵一致性检验通过

准则层（1）判别矩阵原始资料见表 5－2。

表 5-2　准则层（1）判别矩阵原始资料

项　目	容重	有机质	pH
容重	1.000 0	0.166 7	0.500 0
有机质	6.000 0	1.000 0	5.000 0
pH	2.000 0	0.200 0	1.000 0

特征向量：[0.103 3，0.722 5，0.174 1]

最大特征根为：3.029 3

CI=1.466 585 312 646 58E−02

RI=0.58

$CR=CI/RI$=0.025 285 95< 0.10

该判断矩阵一致性检验通过

准则层（2）判别矩阵原始资料见表 5-3。

表 5-3　准则层（2）判别矩阵原始资料

项　目	有效磷	速效钾	有效锌
有效磷	1.000 0	3.000 0	5.000 0
速效钾	0.333 3	1.000 0	4.000 0
有效锌	0.200 0	0.250 0	1.000 0

特征向量：[0.619 5，0.284 1，0.009 64]

最大特征根为：3.086 9

CI=4.344 639 666 333 01E−02

RI=0.58

$CR=CI/RI$=0.074 907 58<0.10

该判断矩阵一致性检验通过

准则层（3）判别矩阵原始资料见表 5-4。

表 5-4　准则层（3）判别矩阵原始资料

项　目	耕层含盐量	障碍层厚度
耕层含盐量	1.000 0	4.000 0
障碍层厚度	0.250 0	1.000 0

特征向量：[0.800 0，0.200 0]

最大特征根为：2.000 0

CI=0

RI=0

$CR=CI/RI$=0.000 000 000<0.10

该判断矩阵一致性检验通过

准则层（4）判别矩阵原始资料见表 5-5。

表 5-5　准则层（4）判别矩阵原始资料

项　目	耕层厚度	田间持水量
耕层厚度	1.000 0	4.000 0
田间持水量	0.250 0	1.000 0

特征向量：[0.800 0，0.200 0]

最大特征根为：2.000 0

$CI=0$

$RI=0$

$CR=CI/RI=0.000\,000\,000<0.10$

该判断矩阵一致性检验通过

层次分析结果见表 5-6。

表 5-6　层次分析结果

层次 A	层次 C				
	理化性状 0.580 7	土壤养分 0.239 4	立地条件 0.069 4	剖面组成 0.110 6	组合权重 $\sum C_iA_i$
容重	0.103 3				0.060 0
有机质	0.722 5				0.419 5
pH	0.174 1				0.101 1
有效磷		0.619 5			0.148 3
有效钾		0.284 1			0.068 0
有效锌		0.096 4			0.023 1
耕层含盐量			0.800 0		0.055 5
障碍层厚度			0.200 0		0.0139
耕层厚度				0.800 0	0.088 5
田间持水量				0.200 0	0.022 1

五、确定评价因子隶属度

确定评价因子的隶属度，就是要对每一个评价单元不同数量级、不同量纲的评价指标数据进行 0～1 化。对定量数据的标准化，采用特尔斐法与隶属函数相结合的方法确定各评价因子的隶属函数，将各评价因子代入隶属函数，计算相应的隶属度；对定性数据的标准化采用特尔斐法直接给出相应的隶属度。

模糊评价法是数值标准化最通用的方法。它是采用模糊数学的原理，建立起评价指标值与耕地生产能力的隶属函数关系，其数学表达式 $\mu=f(x)$。μ 是隶属度，这里代表生产能力；x 代表评价指标值。根据隶属函数关系，可以对于每个 x 算出其对应的隶属度 μ，是 0→1 中间的数值。在本次评价中，我们将选定的评价指标与耕地生产能力的关系分为戒上型函数、戒下型函数、峰型函数以及概念型 4 种类型的隶属函数。前 3 种类型可以先通过专家打分的办法对一组评价单元值评估出相应的一组隶属度，根据这两组数据拟合隶属函数，计算所有评价单元的隶属度；后一种是采用专家直接打分评估法，确定每一种概念型的评价单元的隶属度。以下是各个评价指标隶属函数的建立和标准化结果：

1. 有机质

（1）专家评估：有机质隶属度评估见表5-7。

表5-7 有机质隶属度评估

有机质（克/千克）	60.00	50.00	40.00	30.00	20.00	10.00	5.00
专家评估值	1.00	0.90	0.70	0.55	0.40	0.30	0.25

（2）建立隶属函数：土壤有机质隶属函数曲线（戒上型）见图5-3。

$Y=1/[1+0.000\,889\times(X-61.306\,357)^2]$　　$a=0.000\,889$　$c=61.306\,357$　$ut_1=5$

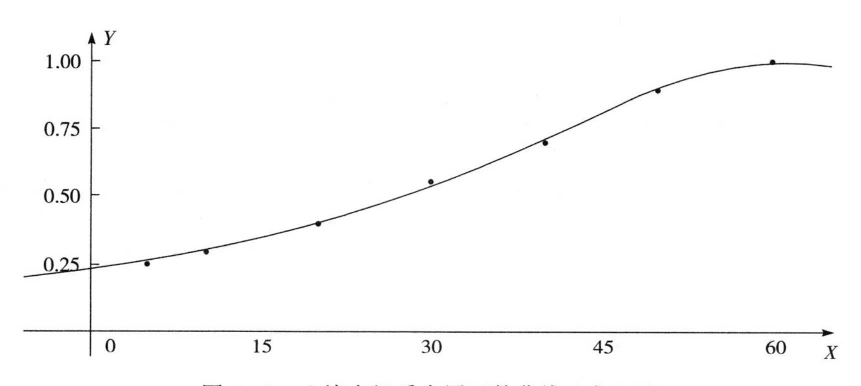

图5-3 土壤有机质隶属函数曲线（戒上型）

2. 有效磷

（1）专家评估：有效磷隶属度评估见表5-8。

表5-8 有效磷隶属度评估

有效磷（毫克/千克）	60.00	55.00	50.00	45.00	40.00	35.00	30.00	25.00	20.00	15.00	10.00	5.00
专家评估值	1.00	0.98	0.95	0.90	0.80	0.75	0.68	0.58	0.50	0.45	0.38	0.35

（2）建立隶属函数：土壤有效磷隶属函数曲线（戒上型）见图5-4。

$Y=1/[1+0.000\,654\times(X-58.361\,228)^2]$　　$a=0.000\,654$　$c=58.361\,228$　$ut_1=2$

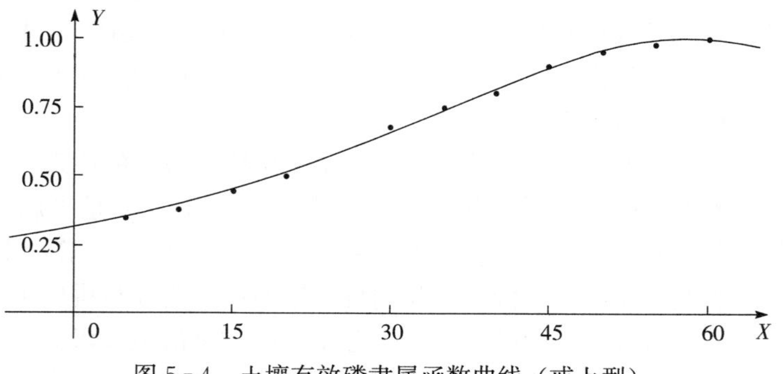

图5-4 土壤有效磷隶属函数曲线（戒上型）

3. 速效钾

（1）专家评估：速效钾隶属度评估见表 5 - 9。

表 5 - 9　速效钾隶属度评估

速效钾（毫克/千克）	450.00	400.00	350.00	300.00	250.00	200.00	150.00	100.00	50.00
专家评估值	1.00	0.90	0.80	0.70	0.60	0.50	0.40	0.35	0.30

（2）建立隶属函数：土壤速效钾隶属函数曲线（戒上型）见图 5 - 5。

$Y=1/[1+0.000\,012\times(X-497.071\,305)^2]$　　$a=0.000\,012$　　$c=497.071\,305$　　$ut_1=50$

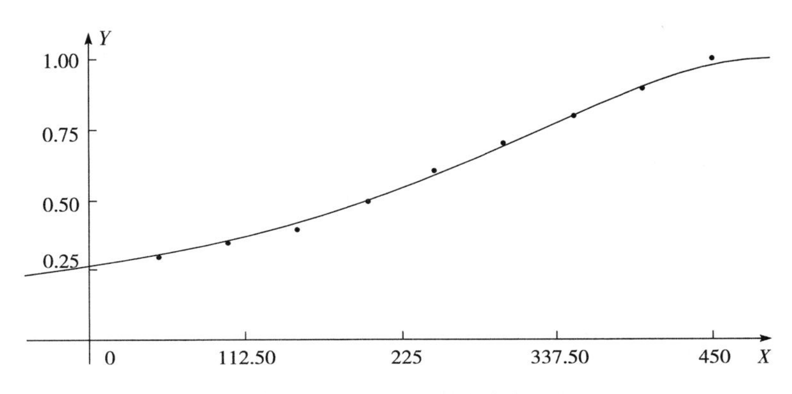

图 5 - 5　土壤速效钾隶属函数曲线（戒上型）

4. 有效锌

（1）专家评估：有效锌隶属度评估见表 5 - 10。

表 5 - 10　有效锌隶属度评估

有效锌（毫克/千克）	2.30	2.00	1.70	1.40	1.10	0.80	0.50	0.20
专家评估值	1.00	0.90	0.80	0.70	0.60	0.50	0.40	0.35

（2）建立隶属函数：土壤有效锌隶属函数曲线（戒上型）见图 5 - 6。

$Y=1/[1+0.342\,439\times(X-2.530\,714)^2]$　　$a=0.342\,439$　　$c=2.530\,714$　　$ut_1=0.2$

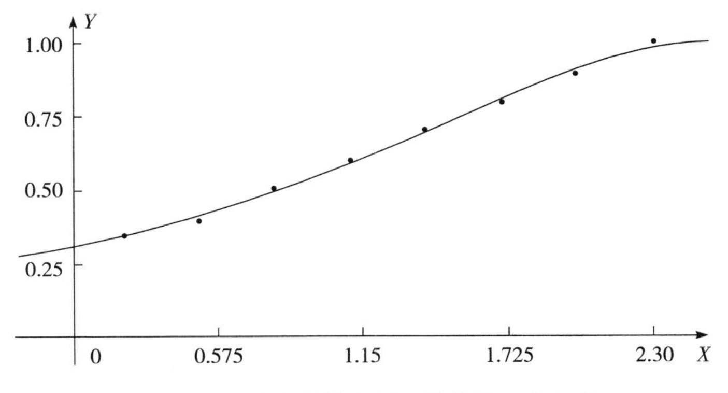

图 5 - 6　土壤有效锌隶属函数曲线（戒上型）

5. 耕层厚度

（1）专家评估：耕层厚度隶属度评估见表 5 - 11。

表 5 - 11　耕层厚度隶属度评估

耕层厚度（厘米）	24.00	23.00	22.00	21.00	20.00	19.00	18.00	17.00	16.00	15.00	14.00	13.00
专家评估值	1.00	0.95	0.90	0.85	0.80	0.75	0.70	0.65	0.60	0.55	0.50	0.45

（2）建立隶属函数：土壤耕层厚度隶属函数曲线图（戒上型）见图 5 - 7。

$Y=1/\ [1+0.000\ 012\times\ (X-497.071\ 305)^2]$　　$a=0.007\ 226$　　$c=25.754\ 708$　　$ut_1=13$

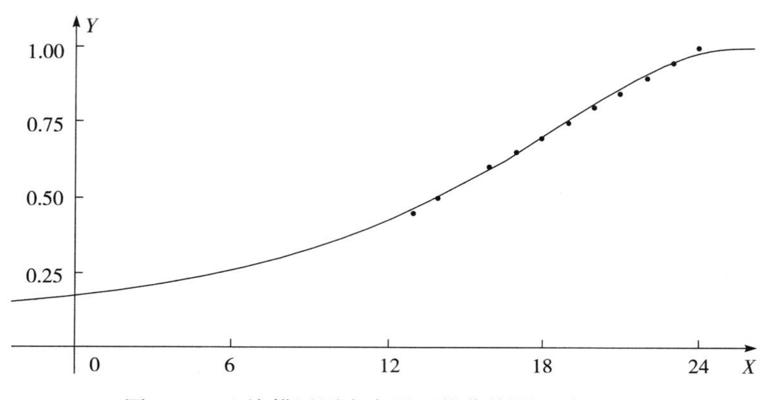

图 5 - 7　土壤耕层厚度隶属函数曲线图（戒上型）

6. pH

（1）专家评估：pH 隶属度评估见表 5 - 12。

表 5 - 12　pH 隶属度评估

pH	7.50	7.70	7.90	8.10	8.30	8.50	8.60
专家评估值	1.00	0.90	0.80	0.70	0.60	0.50	0.45

（2）建立隶属函数：土壤耕层 pH 隶属函数曲线（戒下型）见图 5 - 8。

$Y=1/\ [1+0.744\ 926\times\ (X-7.336\ 037)^2]$　　$a=0.744\ 926$　　$c=7.255\ 326$　　$ut_1=7.5$

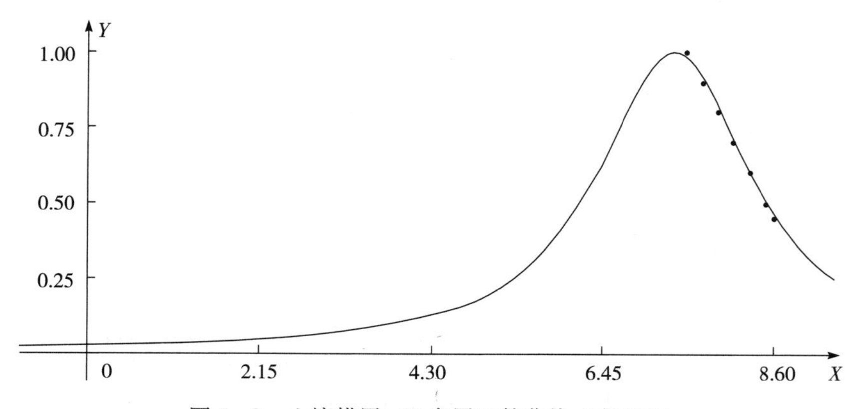

图 5 - 8　土壤耕层 pH 隶属函数曲线（戒下型）

7. 土壤容重

（1）专家评估：土壤容重隶属度评估见表 5－13。

表 5－13　土壤容重隶属度评估

土壤容重（克/立方厘米）	1.00	1.05	1.10	1.15	1.20	1.25	1.30	1.35	1.40
专家评估值	0.80	0.93	1.00	0.93	0.85	0.70	0.60	0.45	0.35

（2）建立隶属函数：土壤容重隶属函数曲线（峰型）见图 5－9。

$Y=1/[1+20.617\ 025\times(X-1.108\ 705)^2]$　　$a=20.617\ 025$　　$c=1.100\ 000$　　$ut_1=1$　　$ut_2=1.40$

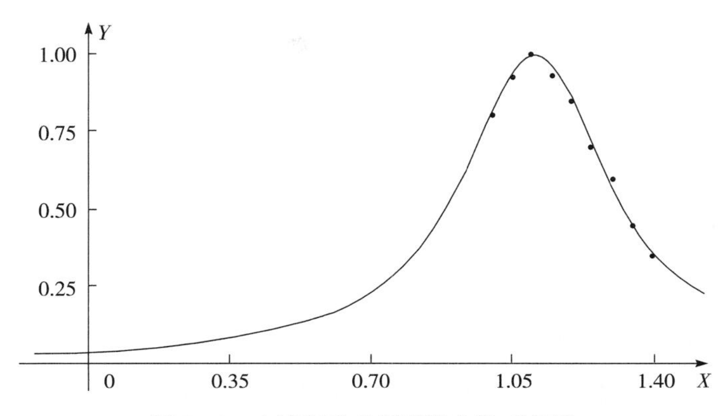

图 5－9　土壤容重隶属函数曲线（峰型）

8. 田间持水量

（1）专家评估：田间持水量隶属度评估见表 5－14。

表 5－14　田间持水量隶属度评估

田间持水量（%）	48.00	44.00	40.00	36.00	32.00	28.00	24.00	20.00	16.00
专家评估值	1.00	0.95	0.90	0.85	0.80	0.75	0.68	0.60	0.55

（2）建立隶属函数：田间持水量隶属函数曲线（戒上型）见图 5－10。

$Y=1/[1+0.000\ 589\times(X-52.843\ 851)^2]$　　$a=0.000\ 589$　　$c=52.843\ 851$　　$ut_1=16$

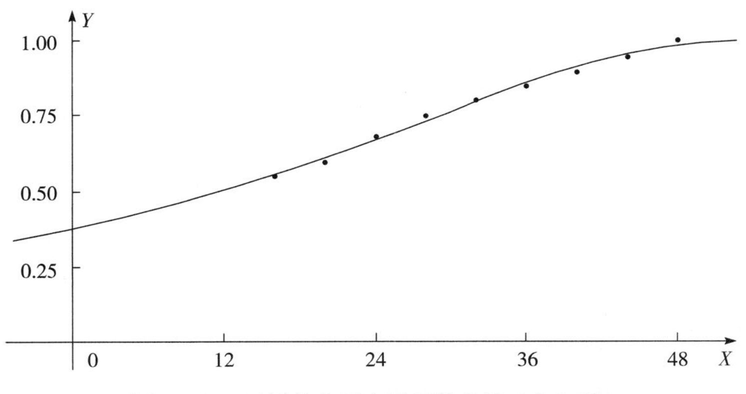

图 5－10　田间持水量隶属函数曲线（戒上型）

9. 耕层含盐量

（1）专家评估：耕层含盐量隶属度评估见表 5－15。

表 5－15　耕层含盐量隶属度评估

耕层含盐量（克/千克）	0.28	0.32	0.36	0.40	0.44	0.48	0.52	0.55
专家评估值	1.00	0.90	0.80	0.70	0.60	0.50	0.40	0.35

（2）建立隶属函数：耕层含盐量隶属函数曲线（戒下型）见图 5－11。

$Y=1/[1+19.864731\times(X-0.251139)^2]$　$a=19.864731$　$c=0.251139$　$ut_1=0.60$

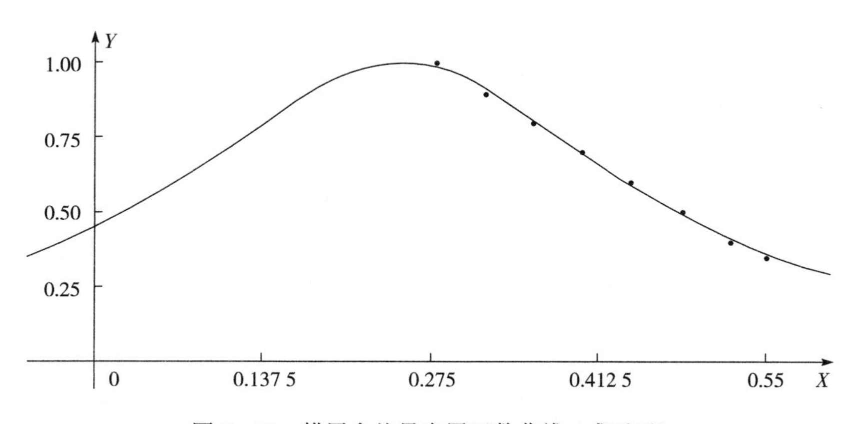

图 5－11　耕层含盐量隶属函数曲线（戒下型）

10. 障碍层厚度

（1）专家评估：障碍层厚度隶属度评估见表 5－16。

表 5－16　障碍层厚度隶属度评估

障碍层厚度（厘米）	8.00	9.00	10.00	11.00	12.00	13.00	14.00	15.00
专家评估值	1.00	0.98	0.93	0.88	0.83	0.78	0.73	0.65

（2）建立隶属函数：障碍层厚度隶属函数曲线（戒下型）见图 5－12。

$Y=1/[1+0.008334\times(X-7.114953)^2]$　$a=0.008334$　$c=7.114953$　$ut_1=16$

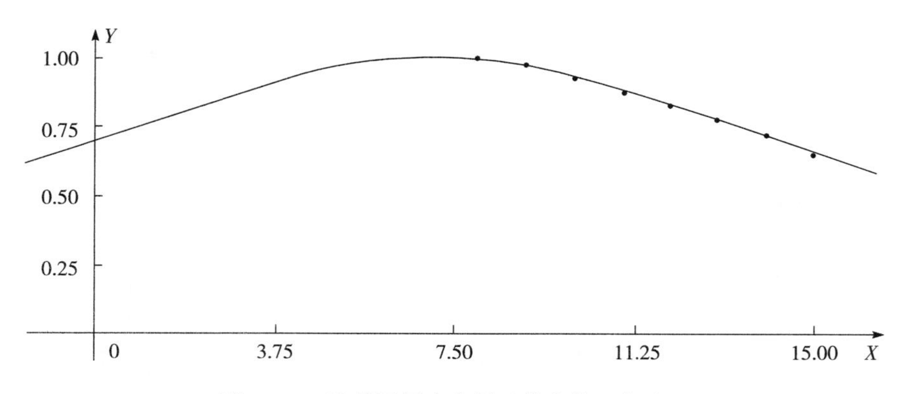

图 5－12　障碍层厚度隶属函数曲线（戒下型）

第二节 确定耕地地力综合指数分级方案

一、耕地地力生产性能综合指数（*IFI*）

采用累加法计算每个评价单元的综合地力指数

$$IFI = \sum (F_i \times C_i)$$

式中，IFI——耕地地力综合指数。

F_i——第 i 个评价因子的隶属度。

C_i——第 i 个评价因子的组合权重。

采取累积曲线分级法划分耕地地力等级，用加法模型计算耕地生产性能综合指数（*IFI*），将林甸县耕地地力划分为 6 级（表 5 - 17）。

表 5 - 17 耕地地力综合指数

地力分级	地力综合指数分级（*IFI*）
一级	＞0.666 8
二级	0.589 1～0.666 8
三级	0.536 0～0.589 1
四级	0.494 1～0.536 0
五级	0.410 0～0.494 1
六级	＜0.410 0

二、耕地地力等级省级及国家级标准

耕地地力的另一种表达方式，即以产量表达耕地地力水平。农业部于 1997 年颁布了《全国耕地类型区耕地地力等级划分》农业行业标准，将全国耕地地力根据粮食单产水平划分为 10 个等级。年单产大于 13 500 千克/公顷为一级地，小于 1 500 千克/公顷为十级地，每 1 500 千克为一个等级。黑龙江省根据粮食单产水平也划分为 9 个等级，每 750 千克为一个等级。黑龙江省耕地地力（国家级）分级统计见表 5 - 18。

表 5 - 18 黑龙江省耕地地力（国家级）分级统计

省级框架	产量水平（千克/公顷）	国家级框架	产量水平（千克/公顷）
一级	＞6 750	一级	＞13 500
二级	6 000～6 750	二级	12 000～13 500
三级	5 250～6 000	三级	10 500～12 000
四级	4 500～5 250	四级	9 000～10 500
五级	3 750～4 500	五级	7 500～9 000

（续）

省级框架	产量水平（千克/公顷）	国家级框架	产量水平（千克/公顷）
六级	3 000～3 750	六级	6 000～7 500
七级	2 250～3 000	七级	4 500～6 000
八级	1 500～2 250	八级	3 000～4 500
九级	＜1 500	九级	1 500～3 000
		十级	＜1 500

注：由于此标准制定时间较久，随着农业生产技术的发展，作物产量逐渐提高，因此标准与实际有一定的差距。

每一个地力等级内随机选取一定比例的管理单元，调查近 3 年实际的年平均产量，经济作物统一折算为谷类作物产量，归入国家和省等级。对林甸县 1 339 个抽取单元 3 年实际年平均产量调查数据分析，与国家等级标准比较，林甸县耕地地力等级一级属于国家的四级，面积 17 557.60 公顷，占总耕地面积的 12.09%；二级、三级属于国家的五级，面积 47 035.20 公顷，占总耕地面积的 32.40%；四级、五级属于国家的六级，面积 67 219.10公顷，占总耕地面积的 46.30%；六级属于国家七级，面积 13 373.90 公顷，占总耕地面积的 9.21%。与黑龙江省等级比，一级、二级、三级、四级地属于省级地一级，面积 96 069.70 公顷，占总耕地面积的 66.17%；五级地属于省级二级地，面积 35 742.20 公顷，占总耕地面积的 21.55%；六级地属于省级三级地，面积 13 373.90 公顷，占总耕地面积的 8.06%。林甸县耕地地力评价等级归入国家地力等级见表 5-19。

表 5-19　林甸县耕地地力评价等级归入国家地力等级

县内地力等级	管理单元数	抽取单元数	近 3 年平均产量	参照国家农业标准归入国家地力等级	省级框架
一级	295	142	＞9 000	四级	一级
二级	432	213	8 250～9 000	五级	一级
三级	546	276	7 500～8 250	五级	一级
四级	562	281	6 750～7 500	六级	一级
五级	663	305	6 000～6 750	六级	二级
六级	216	122	＜6 000	七级	三级

第三节　耕地地力等级划分

根据综合地力指数分布，采用累积曲线法确定分级方案，划分地力等级，绘制耕地地力等级图。

林甸县耕地面积 2010 年为 165 800 公顷，本次耕地地力调查和质量评价只涉及 85 个行政村的 145 185.80 公顷的集体土地。将林甸县农田划分为 2 714 个评价单元，6 个等级。一级地 295 个单元，占 10.90%，面积 17 557.60 公顷，占总耕地面积的 12.09%；二级地 432 个单元，占 15.90%，面积 18 571.40 公顷，占总耕地面积的 12.79%；三级地546个单元，占20.10%，面积28 463.80公顷，占总耕地面积的19.61%；四级地562个单元，占20.70%，面积31 476.90公顷，占总耕地面积的21.68%；五级地663个单元，占24.40%，面积35 742.20公顷，占总耕地面积的24.62%；六级地216个单元，占8%，面积13 373.90公顷，占总耕地面积的9.21%。耕地地力等级划分统计见表5-20。

表5-20　耕地地力等级划分统计

地力分级	地力综合指数分级（*IFI*）	单元		面积	
		个	%	公顷	%
一级	>0.666 8	295	10.90	17 557.60	12.09
二级	0.589 1～0.666 8	432	15.90	18 571.40	12.79
三级	0.536 0～0.589 1	546	20.10	28 463.80	19.61
四级	0.494 1～0.536 0	562	20.70	31 476.90	21.68
五级	0.410 0～0.494 1	663	24.40	35 742.20	24.62
六级	<0.410 0	216	8.00	13 373.90	9.21
合计		2 714		145 185.80	

林甸县各乡（镇）等级面积见表5-21。

表5-21　林甸县各乡（镇）地力等级面积统计

单位：公顷

乡（镇）	面积	一级	二级	三级	四级	五级	六级
林甸镇	9 868.80	1 722.80	1 100.60	2 092.80	3 821.30	630.50	500.80
红旗镇	13 089.00	2 094.20	2 766.60	3 656.00	1 530.60	2 293.40	748.20
东兴乡	25 112.20	1 345.10	1 358.90	2 268.40	2 398.90	8 856.10	8 884.80
宏伟乡	10 060.80	4 761.70	2 887.30	1 087.10	986.00	3 38.70	—
三合乡	18 843.10	2 476.10	3 089.80	1 918.30	2 173.10	6 837.40	2 348.40
花园镇	25 660.80	1 738.10	4 425.70	6 201.40	6 483.40	6 716.90	95.30
四合乡	21 118.00	2 499.60	1 618.00	6 459.10	7 304.20	3 196.90	40.20
四季青镇	21 433.10	920.00	1 324.50	4 780.70	6 779.40	6 872.30	756.20
合计	145 185.80	17 557.60	18 571.40	28 463.80	31 476.90	35 742.20	13 373.90

根据地力分级结果看，一级、二级地主要分布在宏伟乡、三合乡的建华村、建国村、建新村一带、四合乡的合村、永和村一带、红旗镇先进村、红旗村一带，林甸镇015国道东侧、黎明乡西南方；三级、四级地主要分布在花园镇、红旗镇、林甸镇015国道西侧、东兴乡西部；五级、六级地分布在东兴乡东部、四合乡、三合乡靠近县城的村。

一、一 级 地

林甸县一级地总面积17 557.60公顷，占耕地总面积的12.09%，主要分布在宏伟、红旗、三合、四合4个乡（镇）。其中，宏伟乡分布面积最大，为4 761.70公顷，占一级地总面积的 27.12%，占本乡面积的 47.33%；其次是四合乡，为 2 499.60 公顷，占一级地总面积的 14.24%，占本乡面积的 11.84%；第三是三合乡，面积 2 476.10 公顷，占一级地面积的 14.10%，占本乡耕地的 13.14%。见表 5-22。

表 5-22　林甸县一级地行政分布面积统计

乡（镇）	耕地面积（公顷）	一级地面积（公顷）	占全县一级地面积（%）	占全县耕地面积（%）	占本乡耕地面积（%）
林甸镇	9 868.80	1 722.80	9.81	1.19	17.46
红旗镇	13 089.00	2 094.20	11.93	1.44	16.00
东兴乡	25 112.20	1345.10	7.66	0.93	5.36
宏伟乡	10 060.80	4 761.70	27.12	3.28	47.33
三合乡	18 843.10	2 476.10	14.10	1.71	13.14
花园镇	25 660.80	1 738.10	9.90	1.20	6.77
四合乡	21 118.00	2 499.60	14.24	1.72	11.84
四季青镇	21 433.10	920.00	5.24	0.63	4.29

林甸县一级地土壤类型主要以黑钙土和草甸土为主。黑钙土 16 815.10 公顷，占全县一级耕地面积的 95.77%，占黑钙土耕地面积的 12.82%；草甸土 721.10 公顷，占全县一级地面积 4.10%，占草甸土耕地面积的 6.95%。二者共占全县一级耕地面积的 99.88%。只有很少部分碱土、盐土，沙土一级地无分布（表 5-23，图 5-13）。

表 5-23　林甸县一级地土壤分布面积统计

土壤类型	耕地面积（公顷）	一级地面积（公顷）	占全县一级地面积（%）	占本土类耕地面积（%）
黑钙土	131 187.90	16 815.10	95.77	12.82
草甸土	10 370.70	721.10	4.10	6.95
碱　土	955.70	11.50	0.07	1.20
盐　土	2 257.30	9.90	0.06	0.44
风沙土	414.20	—	—	—
合　计	145 185.80	17 557.60		

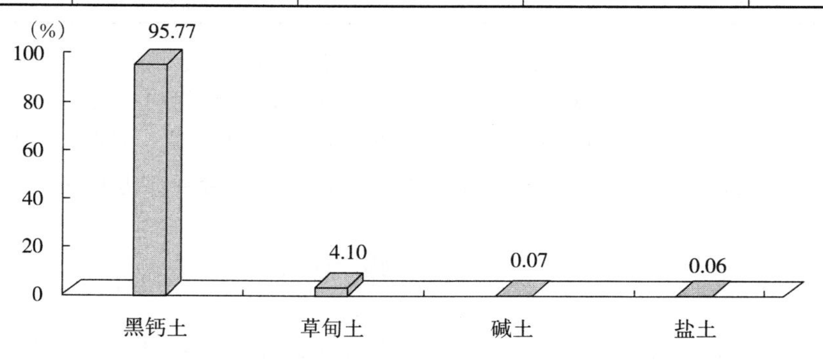

图 5-13　各类土壤占一级地面积比例示意图

一级地耕层较深，一般在20厘米以上。结构较好，多为团粒状结构，质地适宜，一般为轻壤土或中壤土。容重适中，平均值为1.11克/立方厘米。pH大部分为7.49～7.95。土壤有机质含量高，平均值为38.30克/千克，养分丰富。有效磷平均值为34.20毫克/千克，速效钾平均值为308.70毫克/千克（表5-24）。

表5-24　一级地耕地土壤理化性状统计表

项　目	平均值	样本值分布范围
有机质（克/千克）	38.30	32.80～64.20
全氮（克/千克）	1.80	1.38～2.39
全磷（毫克/千克）	648.20	293.00～1 289.00
全钾（克/千克）	27.90	22.20～33.08
有效氮（毫克/千克）	262.30	151.20～369.90
有效磷（毫克/千克）	34.20	21.60～55.70
速效钾（毫克/千克）	308.70	163.00～467.00
有效锌（毫克/千克）	1.67	0.76～2.28
pH	7.76	7.49～7.95
含盐量（克/千克）	0.33	0.28～0.38
耕层厚度（厘米）	20.00	16.00～24.00
容重（克/立方厘米）	1.11	1.01～1.21
田间持水量（%）	41.00	31.00～48.00

该级地属高肥广适应性土壤，适于种植玉米、大豆、水稻等高产作物，产量水平较高，一般在9 000千克/公顷以上。一级地相当于国家四级地，相当于省级一级地。但林甸县一级地面积较少。占总耕地面积的12.09%。

二、二 级 地

林甸县二级地总面积18 571.40公顷，占总耕地面积的12.79%，主要分布在花园、红旗、三合、宏伟4个乡（镇）。其中，花园镇分布面积最大，为4 425.70公顷，占二级地总面积的23.83%，占本乡面积的17.25%；其次是三合乡，为3 089.80公顷，占二级地总面积的16.64%，占本乡面积的16.40%；宏伟乡2 887.30公顷，占二级地面积的15.55%，占本乡面积的28.70%；红旗镇2 766.60公顷，占二级地面积的14.90%，占本乡面积的21.14%（表5-25）。

表5-25　林甸县二级地行政分布面积统计

乡（镇）	耕地面积（公顷）	二级地面积（公顷）	占全县二级地面积（%）	占全县耕地面积（%）	占本乡耕地面积（%）
林甸镇	9 868.80	1 100.60	5.93	0.76	11.15
红旗镇	13 089.00	2 766.60	14.90	1.91	21.14

（续）

乡（镇）	耕地面积（公顷）	二级地面积（公顷）	占全县二级地面积（%）	占全县耕地面积（%）	占本乡耕地面积（%）
东兴乡	25 112.20	1 358.90	7.32	0.94	5.40
宏伟乡	10 060.80	2 887.30	15.55	1.99	28.70
三合乡	18 843.10	3 089.80	16.64	2.13	16.40
花园镇	25 660.80	4 425.70	23.83	3.05	17.25
四合乡	21 118.00	1 618.00	8.71	1.11	7.66
四季青镇	21 433.10	1 324.50	7.13	0.91	6.18

二级地土壤类型主要以黑钙土、草甸土为主。其中，黑钙土面积最大，为 16 586 公顷，占二级地总面积的 89.31%，占本土类面积的 12.64%；草甸土为 1 781.70 公顷，占二级地面积的 9.59%，占本土类面积的 17.18%；碱土面积 196.20 公顷，占本土类面积的 20.53%；沙土二级地无分布（表 5-26、图 5-14）。

表 5-26　林甸县二级地土壤分布面积统计

土壤类型	耕地面积（公顷）	二级地面积（公顷）	占全县二级地面积（%）	占本土类耕地面积（%）
黑钙土	131 187.90	16 586.00	89.31	12.64
草甸土	10 370.70	1 781.70	9.59	17.18
碱　土	955.70	196.20	1.06	20.53
盐　土	2 257.30	7.50	0.04	0.33
风沙土	414.20	—	—	—
合　计	145 185.80	18 571.40		

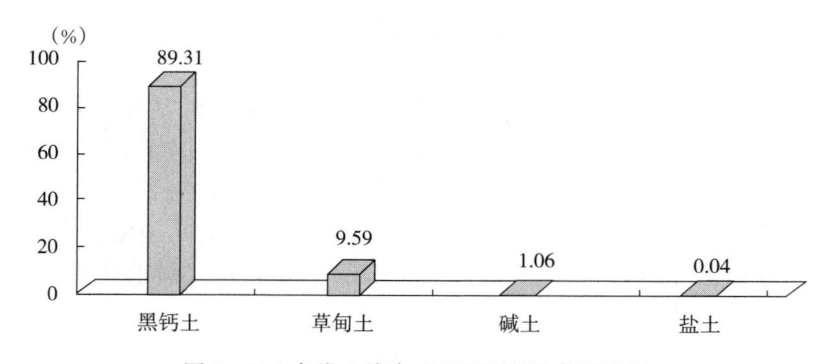

图 5-14　各类土壤占二级地面积比例示意图

二级地耕层较深，一般在 18 厘米以上。结构较好，多为团粒状结构。质地适宜，一般为中壤土。容重适中，平均为 1.15 克/立方厘米。pH 大部分为 7.62～8.04。土壤全氮含量高，平均值为 1.67 克/千克，养分丰富。有效磷平均值为 29.73 毫克/千克 ，速效钾平均值为 261.40 毫克/千克（表 5-27）。

表 5-27　二级地耕地土壤理化性状统计表

项　　目	平均值	样本值分布范围
有机质（克/千克）	34.56	29.40～39.30
全氮（克/千克）	1.67	1.33～2.10
全磷（毫克/千克）	668.84	297.00～1 121.00
全钾（克/千克）	27.64	21.99～33.09
有效氮（毫克/千克）	206.20	136.10～355.70
有效磷（毫克/千克）	29.73	18.10～41.00
速效钾（毫克/千克）	261.40	153.00～448.00
有效锌（毫克/千克）	1.54	0.76～1.99
pH	7.85	7.62～8.04
含盐量（克/千克）	0.33	0.28～0.40
耕层厚度（厘米）	18.00	16.00～22.00
容重（克/立方厘米）	1.15	1.01～1.26
田间持水量（%）	36.00	26.00～46.00

该级地属高肥广适应性土壤，适于种植玉米、大豆、水稻等高产作物，产量水平较高，一般在 8 250～9 000 千克/公顷。二级地相当于国家的五级地，相当于省级的一级地。

三、三 级 地

林甸县三级地总面积 28 463.80 公顷，占总耕地面积的 19.61%，主要分布在四合、花园、四季青、红旗 4 个乡（镇）。其中，四合乡面积最大，为 6 459.10 公顷，占三级地总面积的 22.69%，占本乡面积的 30.59%；其次是花园镇，为 6 201.40 公顷，占三级地总面积的 21.79%，占本乡面积的 24.17%；四季青镇面积 4 780.70 公顷，占全县三级地面积的 16.80%，占本乡面积的 23.31%；红旗镇三级地面积 3 656 公顷，占全县三级地面积的 12.84%，占本乡面积的 27.93%（表 5-28）。

表 5-28　林甸县三级地行政分布面积统计

乡（镇）	耕地面积（公顷）	三级地面积（公顷）	占全县三级地面积（%）	占全县耕地面积（%）	占本乡耕地面积（%）
林甸镇	9 868.80	2 092.80	7.35	1.44	21.21
红旗镇	13 089.00	3 656.00	12.84	2.52	27.93
东兴乡	25 112.20	2 268.40	7.97	1.56	9.03
宏伟乡	10 060.80	1 087.10	3.82	0.75	10.81
三合乡	18 843.10	1 918.30	6.74	1.32	10.18
花园镇	25 660.80	6 201.40	21.79	4.27	24.17
四合乡	21 118.00	6 459.10	22.69	4.45	30.59
四季青镇	21 433.10	4 780.70	16.80	3.29	22.31

土壤类型主要以黑钙土、草甸土为主。其中黑钙土面积最大，为 26 358.10 公顷，占三级地总面积的 92.60%，占本土类面积的 20.09%；草甸土为 1 746.30 公顷，占三级地面积的 6.14%，占本土类面积的 16.84%；碱土 121.40 公顷，占三级地的 0.43%，占本土类面积的 12.70%；风沙土 224.10 公顷，占三级地面积的 0.79%，占本土类面积的 54.10%。（表 5－29、图 5－15）。

表 5－29　林甸县三级地土壤分布面积统计

土壤类型	耕地面积（公顷）	三级地面积（公顷）	占全县三级地面积（%）	占本土类耕地面积（%）
黑钙土	131 187.90	26 358.10	92.60	20.09
草甸土	10 370.70	1 746.30	6.14	16.84
碱　土	955.70	121.40	0.43	12.70
盐　土	2 257.30	13.90	0.05	0.62
风沙土	414.20	224.10	0.79	54.10
合　计	145 185.80	28 463.80		

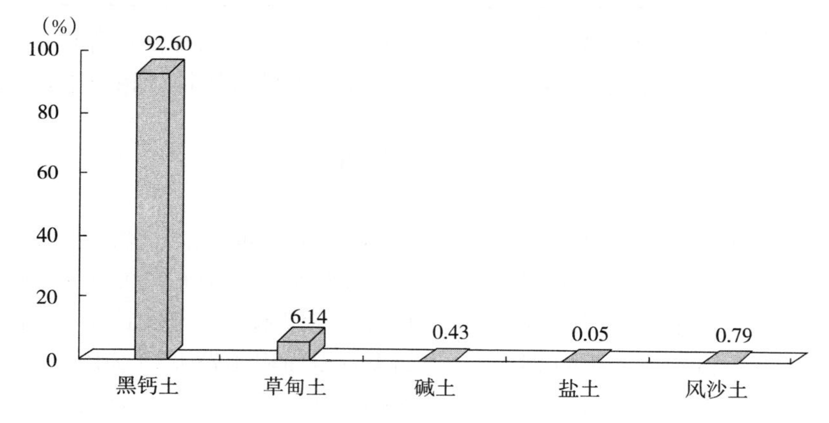

图 5－15　各类土壤占三级地面积比例示意图

三级地耕层平均 17 厘米。结构较好，多为团粒状结构。质地较适宜，一般为中壤土或重壤土。容重适中，平均为 1.21 克/立方厘米。pH 大部分在 7.71～8.29。土壤全氮含量较高，平均为 1.63 克/千克，养分较丰富。有效磷平均 25.50 毫克/千克 ，速效钾平均 226.90 毫克/千克（表 5－30）。

表 5－30　三级地耕地土壤理化性状统计

项　　目	平均值	样本值分布范围
有机质（克/千克）	32.23	26.20～38.10
全氮（克/千克）	1.63	1.19～2.13
全磷（毫克/千克）	664.17	293.00～1 282.00
全钾（克/千克）	27.34	22.00～33.04
有效氮（毫克/千克）	167.80	105.50～288.40

（续）

项　　目	平均值	样本值分布范围
有效磷（毫克/千克）	25.50	16.00～37.30
速效钾（毫克/千克）	226.90	116.00～408.00
有效锌（毫克/千克）	1.35	0.63～1.89
pH	7.95	7.71～8.29
含盐量（克/千克）	0.36	0.28～0.46
耕层厚度（厘米）	17.00	14.00～20.00
容重（克/立方厘米）	1.21	1.02～1.30
田间持水量（%）	32.00	22.00～40.00

该级地属中等肥力土壤，比较适于种植玉米、大豆等高产作物，产量水平较高，一般在 7 500～8 250 千克/公顷以上。三级地相当于国家的五级地，相当于省级的一级地，面积较大。

四、四 级 地

林甸县四级地总面积 31 476.90 公顷，占总耕地面积的 21.68%，主要分布在四合、四季青、花园、林甸等乡（镇）。其中四合乡面积最大，为 7 304.20 公顷，占四级地总面积的 23.20%，占本乡面积的 34.59%；其次，是四季青镇，为 6 779.40 公顷，占四级地总面积的 21.54%，占本乡面积的 31.63%；花园镇 6 483.40 公顷，占全县四级地面积的 20.60%，占本乡面积的 25.27%；林甸镇 3 821.30 公顷，占全县四级地面积的 12.14%，占本乡面积的 38.72%（表 5 - 31）。

表 5 - 31　林甸县四级地行政分布面积统计

乡（镇）	耕地面积（公顷）	四级地面积（公顷）	占全县四级地面积（%）	占全县耕地面积（%）	占本乡耕地面积（%）
林甸镇	9 868.80	3 821.30	12.14	2.63	38.72
红旗镇	13 089.00	1 530.60	4.86	1.05	11.69
东兴乡	25 112.20	2 398.90	7.62	1.65	9.55
宏伟乡	10 060.80	986.00	3.13	0.68	9.80
三合乡	18 843.10	2 173.10	6.90	1.50	11.53
花园镇	25 660.80	6 483.40	20.60	4.47	25.27
四合乡	21 118.00	7 304.20	23.20	5.03	34.59
四季青镇	21 433.10	6 779.40	21.54	4.67	31.63

土壤类型主要以黑钙土、草甸土为主。其中，黑钙土面积最大，为 27 398.20 公顷，占四级地总面积的 87.04%。草甸土为 2 945 公顷，占四级地面积的 9.36%。盐土 1 078.80公顷，占四级地的 3.43%（表 5 - 32、图 5 - 16）。

表 5-32 林甸县四级地土壤分布面积统计

土壤类型	耕地面积（公顷）	四级地面积（公顷）	占全县四级地面积（%）	占本土类耕地面积（%）
黑钙土	131 187.90	27 398.20	87.04	20.88
草甸土	10 370.70	2 945.00	9.36	28.40
碱　土	955.70	12.40	0.04	1.30
盐　土	2 257.30	1 078.80	3.43	47.79
风沙土	414.20	42.50	0.14	10.26
合　计	145 185.80	31 476.90		

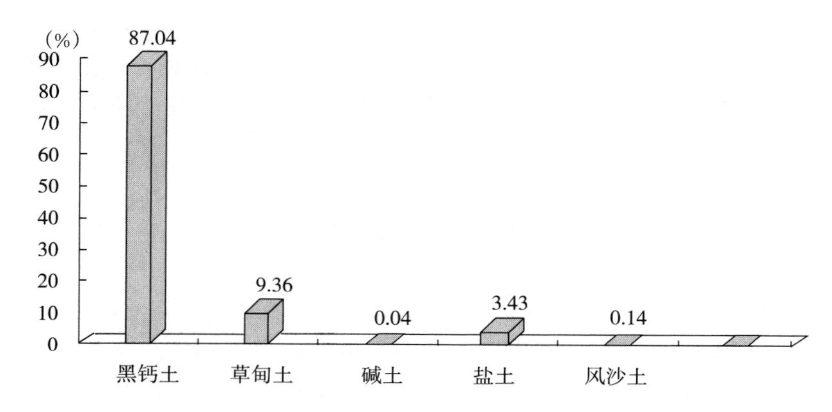

图 5-16 各类土壤占四级地面积比例示意图

四级地耕层较浅，平均在 16 厘米左右。土壤结构较差，多为块状结构。质地较差，一般为重壤土、轻黏或沙壤土。容重平均为 1.25 克/立方厘米。pH 大部分为 7.83～8.26。土壤全氮含量较低，平均为 1.59 克/千克，养分稍低。有效磷平均 22.80 毫克/千克，速效钾平均 196.50 毫克/千克。理化性状见表 5-33。

表 5-33 四级地耕地土壤理化性状统计

项　目	平均值	样本值分布范围
有机质（克/千克）	29.70	24.90～35.00
全氮（克/千克）	1.59	1.14～2.47
全磷（毫克/千克）	657.74	308.00～1 305.00
全钾（克/千克）	27.64	22.09～2.58
有效氮（毫克/千克）	143.7	100.50～204.75
有效磷（毫克/千克）	22.80	15.70～31.70
速效钾（毫克/千克）	196.50	96.00～327.00
有效锌（毫克/千克）	1.17	0.58～1.69
pH	8.04	7.83～8.26
含盐量（克/千克）	0.39	0.32～0.46

（续）

项　　目	平均值	样本值分布范围
耕层厚度（厘米）	16.00	14.00～18.00
容重（克/立方厘米）	1.25	1.18～1.32
田间持水量（%）	28.00	20.00～35.00

该级地属低产土壤，能够种植玉米、大豆、杂粮等作物，产量水平较低，一般产量在6 750～7 500千克/公顷。归并国家耕地地力标准，相当于六级地，与省级一级地相当。

五、五 级 地

林甸县五级地总面积35 742.20公顷，占耕地总面积的24.62%，主要分布在东兴、四季青、三合、花园等乡（镇）。其中，东兴乡面积最大，为8 856.10公顷，占五级地总面积的24.78%，占本乡面积的35.27%；其次是四季青镇，为6 872.30公顷，占五级地总面积的19.23%，占本乡面积的32.06%；三合乡6 837.40公顷，占五级地总面积的19.13%，占本乡面积的36.29%；花园镇6 716.90公顷，占五级地总面积的18.79%，占本乡面积的26.18%（表5-34）。

表5-34　林甸县五级地行政分布面积统计

乡（镇）	耕地面积（公顷）	五级地面积（公顷）	占全县五级地面积（%）	占全县耕地面积（%）	占本乡耕地面积（%）
林甸镇	9 868.80	630.50	1.76	0.43	6.39
红旗镇	13 089.00	2 293.40	6.42	1.58	17.52
东兴乡	25 112.20	8 856.10	24.78	6.10	35.27
宏伟乡	10 060.80	338.70	0.95	0.23	3.37
三合乡	18 843.10	6 837.40	19.13	4.71	36.29
花园镇	25 660.80	6 716.90	18.79	4.63	26.18
四合乡	21 118.00	3 196.90	8.94	2.20	15.14
四季青镇	21 433.10	6 872.30	19.23	4.73	32.06

土壤类型为黑钙土、草甸土。其中，黑钙土面积最大，为32 022.80公顷，占五级地总面积的89.59%，占本土类面积的24.41%；草甸土为1 810.40公顷，占五级地面积的5.07%，占本土类面积的17.46%；盐土1 147.20公顷，占五级地面积的3.21%，占本土类面积的50.82%（表5-35、图5-17）。

表5-35　林甸县五级地土壤分布面积统计

土壤类型	耕地面积（公顷）	五级地面积（公顷）	占全县五级地面积（%）	占本土类耕地面积（%）
黑钙土	131 187.90	32 022.80	89.59	24.41
草甸土	10 370.70	1 810.40	5.07	17.46

（续）

土壤类型	耕地面积（公顷）	五级地面积（公顷）	占全县五级地面积（%）	占本土类耕地面积（%）
碱　土	955.70	614.20	1.72	64.27
盐　土	2 257.30	1 147.20	3.21	50.82
风沙土	414.20	147.60	0.41	35.63
合　计	145 185.80	35 742.20		

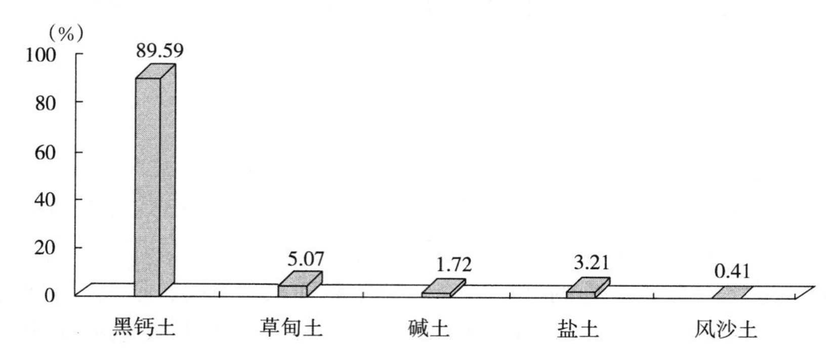

图 5-17　各类土壤占五级地面积比例示意图

五级地耕层较浅，一般在 15 厘米左右。土壤结构差。质地差，多为轻黏土。容重适中，平均为 1.29 克/立方厘米。pH 大部分为 7.87～8.49。土壤全氮含量低，平均为 1.45 克/千克，养分低。有效磷平均 19.10 毫克/千克 ，速效钾平均 154.60 毫克/千克（表 5-36）。

表 5-36　五级地耕地土壤理化性状统计

项　目	平均值	样本值分布范围
有机质（克/千克）	25.40	17.60～33.40
全氮（克/千克）	1.45	0.99～2.21
全磷（毫克/千克）	651.82	294.00～1 285.00
全钾（克/千克）	27.63	22.19～33.11
有效氮（毫克/千克）	122.80	75.40～163.90
有效磷（毫克/千克）	19.10	9.60～29.50
速效钾（毫克/千克）	154.60	64.00～283.00
有效锌（毫克/千克）	0.96	0.33～1.67
pH	8.15	7.87～8.49
含盐量（克/千克）	0.41	0.34～0.52
耕层厚度（厘米）	15.00	14.00～17.00
容重（克/立方厘米）	1.29	1.17～1.39
田间持水量（%）	25.00	16.00～31.00

该级地属低产土壤，可以种植杂粮等耐瘠薄作物，产量水平较低，一般在 6 000～

6 750千克/公顷。五级地相当于国家的六级地，省级的二级地。

六、六 级 地

林甸县六级地总面积13 373.90公顷，占耕地总面积的9.21%，主要分布在东兴、三合等乡（镇）。其中，东兴乡面积最大，为8 884.80公顷，占六级地总面积的66.43%，占本乡面积的35.38%；其次是三合乡2 348.30公顷，占六级地总面积的17.56%，占本乡面积的12.46%（表5-37）。

表5-37　林甸县六级地行政分布面积统计

乡（镇）	耕地面积（公顷）	六级地面积（公顷）	占全县六级地面积（%）	占全县耕地面积（%）	占本乡耕地面积（%）
林甸镇	9 868.80	500.80	3.74	0.34	5.07
红旗镇	13 089.00	748.20	5.59	0.52	5.72
东兴乡	25 112.20	8 884.80	66.43	6.12	35.38
宏伟乡	10 060.80	—	—	—	—
三合乡	18 843.10	2 348.40	17.56	1.62	12.46
花园镇	25 660.80	95.30	0.71	0.07	0.37
四合乡	21 118.00	40.20	0.30	0.03	0.19
四季青镇	21 433.10	756.20	5.65	0.52	3.53

土壤类型为黑钙土、草甸土。其中，黑钙土面积为12 007.70公顷，占六级地总面积的89.78%，占本土类面积的9.15%；草甸土为1 366.20公顷，占六级地面积的10.22%，占本土类面积的13.17%（表5-38、图5-18）。

表5-38　林甸县六级地土壤分布面积统计

土壤类型	耕地面积（公顷）	六级地面积（公顷）	占全县六级地面积（%）	占本土类耕地面积（%）
黑钙土	131 187.90	12 007.70	89.78	9.15
草甸土	10 370.70	1 366.20	10.22	13.17
碱　土	955.70	—	—	—
盐　土	2 257.30	—	—	—
风沙土	414.20	—	—	—
合　计	145 185.80	13 373.90		

六级地耕层较浅，一般在14厘米左右。土壤结构差。质地差，多为轻黏土。容重较大，平均为1.34克/立方厘米。pH大部分为8.02～8.53。土壤全氮含量低，平均为0.98克/千克，养分低。有效磷平均13毫克/千克，速效钾平均97.90毫克/千克（表5-39）。

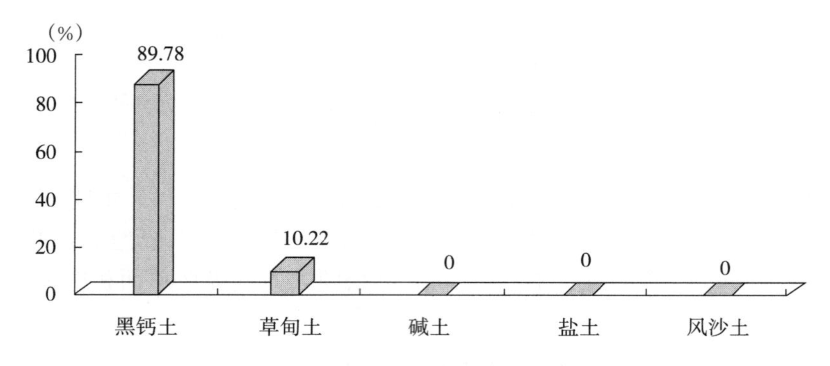

图 5-18 各类土壤占六级地面积比例示意图

表 5-39 六级地耕地土壤理化性状统计

项　　目	平均值	样本值分布范围
有机质（克/千克）	15.94	8.30～24.80
全氮（克/千克）	0.98	0.40～1.57
全磷（毫克/千克）	615.87	317.00～1 292.00
全钾（克/千克）	27.77	22.42～32.91
有效氮（毫克/千克）	96.10	75.00～126.00
有效磷（毫克/千克）	13.00	7.90～19.40
速效钾（毫克/千克）	97.90	62.00～215.00
有效锌（毫克/千克）	0.61	0.23～0.90
pH	8.34	8.02～8.53
含盐量（克/千克）	0.43	0.35～0.55
耕层厚度（厘米）	14.00	13.00～16.00
容重（克/立方厘米）	1.34	1.29～1.39
田间持水量（%）	20.00	16.00～25.00

该级地属低产土壤，可以种植杂粮等耐瘠薄作物，产量水平较低，一般低于 6 000 千克/公顷。六级地相当于国家的七级地，省级的三级地。

第四节　中低产田类型

依据《全国中低产田类型划分和改良技术规范》，林甸县中低产田主要有 4 种类型，一是干旱灌溉型；二是盐碱耕地型；三是瘠薄培肥型；四是渍涝排水型。

林甸县耕地等级划分的一级、二级地属高产田土壤，面积共 36 129 公顷，占总耕地面积的 24.88%（一级 12.09%、二级 12.79%）；三级、四级为中产田土壤，面积为 59 940.70公顷，占总耕地面积的 41.29%（三级 19.61%、四级 21.68%）；五级、六级为低产田土壤，面积 49 116.10 公顷，占总耕地面积的 33.83%（五级 24.62%、六级 9.21%）。中低产田合计 109 056.80 公顷，占总耕地面积的 75.12%。林甸县中低产田类型分布及面积见表 5－40。

表 5－40　林甸县中低产田类型分布及面积

乡（镇）	干旱灌溉型		盐碱耕地型		瘠薄培肥型		渍涝排水型		合计（公顷）
	面积（公顷）	占本乡（镇）（%）	面积（公顷）	占本乡（镇）（%）	面积（公顷）	占本乡（镇）（%）	面积（公顷）	占本乡（镇）（%）	
林甸镇	3 505.60	49.76	1 852.60	26.30	1 168.50	16.59	518.70	7.36	7 045.40
红旗镇	1 788.70	21.74	1 669.50	20.29	3 339.00	40.58	1 431.00	17.39	8 228.20
东兴乡	9 742.70	43.48	974.30	4.35	1 948.50	8.70	9 742.70	43.48	22 408.20
宏伟乡	574.30	23.81	382.80	15.87	478.50	19.84	976.20	40.48	2 411.80
三合乡	6 792.90	51.16	2 068.70	15.58	2 856.40	21.51	1 559.20	11.74	13 277.20
花园镇	9 904.80	50.80	3 127.90	16.04	4 691.80	24.06	1 772.50	9.09	19 497.00
四合乡	6 442.70	37.90	4 269.90	25.12	5 045.40	29.68	1 242.40	7.31	17 000.40
四季青镇	6 552.20	34.15	936.10	4.88	4 680.10	24.39	7 020.20	36.59	19 188.60
合计	45 303.90	—	15 281.80	—	24 208.20	—	24 262.90	—	109 056.80

从表 5－40 得出，林甸县中低产田类型各乡（镇）都有分布，从面积上看以花园镇、东兴乡、四季青镇、四合乡较多。干旱灌溉型面积 45 303.90 公顷，主要分布在花园镇、四合乡、四季青镇、东兴乡；盐碱耕地型面积 15 281.80 公顷，主要分布在四合乡、花园镇；瘠薄培肥型面积 24 208.20 公顷，主要分布在花园镇、四合乡、四季青镇；渍涝排水型 24 262.90 公顷，主要分布于东兴乡、四季青镇等。

第六章　土壤改良与利用措施

第一节　土壤不良性状

经过本次耕地地力调查，对林甸县耕地土壤进行了综合分析，认为当前存在的主要问题如下：

一、黑土层薄，养分贮量少，比例失调

黑土层即腐殖质层，这一层厚薄影响有机质含量多少，标志着耕地肥力的高低。因为有机质不仅是作物所需养分的宝库，同时也能直接影响土壤的物理和化学性质，影响土壤的结构，决定土壤的通透性、吸附性和缓冲性。林甸县耕地黑土层不超过20厘米的面积约占耕地面积的97%以上。土壤有机质在2%～4%，由于只重视氮磷钾使用而忽视微量肥料施用，使土壤养分比率失调。土体中含有较多的钙、钠及碳酸根，对作物生长不利，影响土壤物理性质。使土体湿时分散泥泞，干时坚硬，水气关系失调。由于黑土层薄，加之机械小，在耕作时，只能耕翻表土层，年年如此。表层土壤耕作层，成为农作物生产尽情掠夺的层次，肥力逐渐减退。林甸县有些中低产田耕层只有十二三厘米，影响了根系的发育，同时也影响了土壤对水分的调节能力。活土层以下则是土壤紧实、质地黏重的犁底层，达十几厘米。这一层通透性不良，根系较少或很少。由于作物根系下扎受阻，只能在活土层纵横发展，作物极易倒伏。加上干旱气候的不良影响，降水偏少，土壤渗水、蓄水能力较弱。由大气干旱引起土体干燥，使作物生育不健壮，有时出现春季抓苗难，夏季不发棵，秋季瘪粒多的局面，致使林甸县农业生产单产不高，总产不稳。

二、土壤板结，犁底层厚

土壤板结是指表层土壤结构破坏，造成土质黏朽、死板的不良土壤状态，它使土壤的肥力下降，生产能力减退，耕作管理困难，构成了林甸县的土壤问题之一。

1. 土壤板结　自开垦以来，由于长期耕种，加上有些利用不当，水土流失、污染、耕作粗放和施肥不足等原因，林甸县耕地土壤程度不同地出现了板结现象。特别是20世纪90年代以后，施肥以化肥为主，农家肥施用量越来越少，造成土壤团粒结构的破坏，土壤板结情况更加严重。主要表现是地越种越硬，耕性变坏，土质瘠薄，怕旱怕涝，产量不稳。土壤板结是林甸县发展农业生产的障碍因素之一。

2. 土壤板结的危害　土壤板结的危害是多方面的。但是，简单来说，就是土壤结构破坏，使土壤中的“水、肥、气、热”四性不协调，限制了农作物不同生育期对土壤条件的要求，给耕作和管理带来困难，就其主要危害叙述如下：

（1）土质黏重、理化性质变坏：板结土壤的固相组成中，有机质含量在表层显著下降，小于０．01毫米的物理性黏粒相对增多，板结土壤的有机质比同类型的土壤有机质的平均值低35%～45%，物理性黏粒普遍比物理性沙粒多。由于有机质地减少，使形成土壤良性结构（水稳性和多孔性）的胶结物质大量降低。与此同时，依靠土壤有机质维持生命的微生物，由于失去生存条件而大量减少，使土壤结构遭到破坏，由有团粒到粒状，由有结构到无结构，造成土壤的理化性质恶化。

（2）加剧了水土流失的程度：由于土壤板结，使表层土壤的理化性质恶化，土壤结构破坏，毛管孔隙增多，通气孔隙大幅度减少，土壤的饱和持水量低，蓄水能力差，透水能力大大减弱。表层的饱和持水量大大降低，地表极易产生径流。板结土壤透水性差，结构体遇水后，抗蚀性能明显减弱，表面过分饱和，细小土粒失去了黏结性、黏着性而悬浮在水中，在一定坡度条件下形成地表径流，加上这种土壤生产能力低，地面覆盖少，雨水与风等外力容易直接接触地表表面，加重了水土流失。

（3）怕旱怕涝，抗御自然灾害的能力降低：板结土壤结构破坏，土粒细小，比表面大，粒间孔隙很小，毛管作用显著。因此，干旱时蒸发量大，使土壤中的水分大量散失，加重了旱象。同时，由于干旱土壤干缩成坚硬的土块，龟裂现象严重，拉断了植物吸水吸肥的根系，更加重了土壤的干旱程度，透水性差，渗透速度小，湿涨，涝不蓄水，使地表易受渍害，加上土质黏重，最大吸湿量增加，饱和持水量减少，极易造成涝象。

（4）宜耕期短，耕性差：板结土壤土质黏重，土壤结构破坏，干时硬成块，湿时黏成糊，给土壤耕作带来很大困难。由于土性黏重，粒间的黏结力和土壤的黏着力增强，耕性差而费力，干时僵硬起生块，不仅费力，而且伤根压苗，跑风跑墒；板结土壤的黏结性、黏着性强，塑性范围大，其下塑限含水量低，黏结性降低时的含水量高。因此，土壤宜耕含水量范围小，宜耕期短，否则易成硬块、黏条，加重土壤的板结程度。

（5）不便管理，降低了产量：土壤板结，铲蹚困难，干时起垡块，湿时起黏条，费工、费力、耗油多。另外，板结土壤种子发芽顶土困难，易造成缺苗断空，浪费种子，增加播种量。同时，根系下扎也困难，块根、块茎不易膨大。弱根系的作物难于生长，使土壤的适种性减弱。由于土壤肥力地降低，板结土壤的生产能力大幅度下降，在相近的土壤类型条件下，土壤板结较重的与土壤条件较好的相比，产量相差很多。

3. 犁底层位于耕层之下　犁底层在林甸县各地深浅不一，厚度变化范围较大，一般耕层变化为13～20厘米，犁底层厚度变化为10～15厘米，分布的范围极广，到处可见，只是程度不同。犁底层土质黏重，孔隙少，土层坚硬紧实，通气孔隙少，微毛细管孔隙多，通透性差，渗透速度低，滞水性大，物理性状恶化。坚硬的犁底层对农业生产危害很大，它使土壤的蓄水能力大幅度降低。由于渗透慢，使地表降水、灌水不易储存，造成地表径流。不仅跑水，而且将耕层的土、肥流失掉，造成严重水土流失。对低洼地，使地表过湿易涝。其次，作物根系不易下扎，缩小了根系营养面积，影响作物正常发育。

三、石灰含量高，积聚层次厚

林甸县各类型土壤中均含有石灰，这是最大的特点。耕种土壤由于含有钙，固结土壤，增加黏着力，耕性不好，板结性强，耕作阻力大。草原土壤由于表层生长较多的草本植物，地下部根系只分布在表层10厘米左右的土层内，出现了比较疏松的草根层，光板的盐碱土地表有一很薄的淋溶层，下面就是不太厚的腐殖层。上述几类土壤下部都有石灰淀积层，有的呈假菌丝体状，有的呈斑状结核。就是水下沼泽土也有较多的石灰。各类土壤通体全有石灰反应，不同土壤碳酸钙含量不同，同类土壤不同层次含石灰量也不一致。其顺序是黑钙土＞草甸土＞盐碱土＞沼泽土＞风沙土。石灰淀积层是一个障碍层次，大部分是在表土30厘米就有明显的石灰积聚，厚薄不一，集中分布在60～100厘米，即碳酸钙强烈反应区。因为出现的部位高，阻碍了作物根系的生长。在整个生长发育过程中，不能穿透钙积层，减少吸收水分、养分的领域和机会，处于供不应求的局面。在这种恶劣的条件下，土壤呈碱性反应，限制了微生物的活动，养分转化慢，土壤潜在肥力发挥不出来，还因为石灰具有强烈的吸湿性，使土壤水分不足，土体干燥，既不能维持根部的正常活动，又不能溶解土壤养分，不能充分发挥根系的吸收与疏导作用。以上种种原因，对作物根系产生了不同程度的危害，根部不发达，生长势弱，不能较好的发挥根部生理作用，使作物个体出现上下生长发育不协调，地上部表现植株短小，生育不旺盛，结实穗小、粒瘦，不丰满，产量低（表6-1）。

表6-1　石灰部位统计

单位：厘米

土种名称	石灰反应部位
薄层黏底碳酸盐黑钙土	30～138
薄层黏底碳酸盐草甸黑钙土	26～134
苏打碱化盐土	50～129
深位柱状苏打草甸碱土	42～107
薄层粉沙底碳酸盐草甸黑钙土	25～135
薄层平地黏底碳酸盐草甸土	36～107
薄层碱化草甸黑钙土	25～121
薄层碱化草甸土	19～57
中层黏底碳酸盐黑钙土	25～150
薄层平地黏底碳酸盐潜育草甸土	22～117
中层黏底碳酸盐草甸黑钙土	33～140
薄层沙底碳酸盐黑钙土	23～129
中度薄层盐化草甸土	78～139
薄层岗地黑钙土型沙土	45～120
中层粉沙底碳酸盐草甸黑钙土	44～130
小叶樟草甸沼泽土	25～85

四、含盐量高，碱性大

林甸县土壤全部含有石灰，并含有很多的可溶盐。至于一些盐化土壤，可溶盐含量很高，主要是碳酸钠和碳酸氢钠，土壤溶液浓大，毒害植物，根衰苗死，呈微碱性到碱性反应。林甸县食用水 pH 约为 7.50，而土壤表层却达 8.50 左右。越向下层越高，有的地方高达 10 左右。

由于 pH 较高影响了土壤有效养分的正常转化，特别是降低了土壤中磷素的有效性。从耕地土壤调查分析看出，含盐量越高 pH 越大，则磷的有效性越低。盐碱除直接危害庄稼外，还使土壤物理性质变劣，这在钱褡子上表现最为明显，平时高处干硬，犁锄不进，小苗萎蔫，低处黏朽，通透不良，耕地阻力大，土发冷浆；湿时低地积水不渗，淹苗窒死。高处遭受雨水冲刷，地表滑泞，是返盐的集中点。全面看凡属含盐碱的土壤，结构不好，蹚地出明沟，铲地不入锄，这是一种怕旱、怕涝、保苗难、产量低的低产土壤。林甸县这种土壤面积约占耕地面积的近 10%。这种土壤的亩产量仅有 400 千克左右。要想在这种土壤上提高单位面积产量，必须从改善土壤物理性质入手，增加施肥量，进行精耕细作，合理灌溉、排水，实行综合治理，减少含盐量，协调四性，为作物生长、发育创造条件，达到逐步提高产量水平的目的。

五、土壤侵蚀较为严重

林甸县地处旱地区，地势平坦，全县无陡坡与漫岗，是一片开阔地。就大地形而言，水蚀现象很少，微域地形受径流影响也不严重。只有个别地方由于水流冲刷高地，携带一些土壤汇集到低地，长期受水浸，土壤变朽，耕性变坏，此种土壤面积不大。20 世纪 80 年代以前，风灾是林甸县一大灾害。由于受西伯利亚和蒙古草原气候影响强烈，冬、春季西北大风来势凶猛，畅通无阻，次数多，风力大，尤以春季为重。大风次数最高年分达 20 次，风力达八到九级，极大风力高达十级。遇此情况则漫天迷瞪，飞沙走石路难行，土地遭受风蚀，常常刮走表土，毁地毁苗，风搬运细沙，埋苗没垄，毁种补地面积年年发生。群众把这种地称跑风地。林甸县从西北刮来的大风，有 3 条主要风道常常是沿风道疾走，第 1 条风道，风口在西北部三合乡的胜利、富饶村，经由红旗镇先锋、红旗村，直向东南经由花园镇的丰收、富强、永远村出境，第 2 条风道由四合乡永合村入境，经由林甸镇奔向长青林场。第 3 条风道由四合乡长胜村入境奔向东兴乡，这是 3 条风蚀中心线，入口处风大速急，向内逐渐减慢，风蚀程度也由西北向东南逐渐减弱，中心线两侧受害程度较轻。林甸全县普遍受风蚀，只是在程度上有轻重之分，耕地重于草原，西部重于东部，河漫滩重于阶地平原，上风头重于下风头。其中，耕地严重风蚀面积为 2 万公顷左右，占总面积的 5.87%，占耕地面积的 13.78。风蚀刮走了表土，耕层变薄，肥力减退，地板转硬，耕作阻力加大，常常造成补种、毁种，乃至违误农时，到秋遭霜，风灾加霜害，颗粒不收。春季刮走的表土全部是肥丰，常常填满了屯边壕沟。在常遭风剥的土地上，增施有机肥和化肥，一遭大风剥蚀，几年培肥效果一风吹。西北大风过常常带来细沙，埋没小苗，地面覆沙危害农田。20 世纪 80 年代后，由于对这类农田实行综合治理，增加保护措施，特别是三北防护林的建设，逐步实现农田林网化，保护好草原，保持生态平衡，减少了风蚀程度，促进农牧业生产。

六、高低不平的地貌

林甸县地形地貌从大的方面看，属于平原地貌，地势较平坦。但小地形变化复杂，多“钱褡子地”，闭合“锅底坑”星罗棋布，到处可见。遇降雨积水严重，排水不畅造成局部内涝。

第二节　土壤改良利用措施

针对林甸县耕地土壤存在的主要问题及利用方向，当前改良林甸县耕地土壤应采取综合措施，因土而定，因条件而别，改良与利用相结合，用地与养地相结合，使其地尽所用。主要目标是增加土壤的养分，减低土壤盐分，改良土壤理化性状；调节土壤水分储供能力，恢复和提高土壤肥力，增强抗旱耐涝能力，逐步建设高产、稳产农田。

一、合理深耕，合理轮作

实行合理深耕是改良土壤的有效途径，也是实行边用边养、用养结合的良好措施。林甸县耕地地瘦、地硬，耕性不良，阻碍了产量的提高。可采取逐渐深耕的办法解决，用深松犁深松，破碎了土壤板结坚实耕层，打破犁底层，增加活土层的厚度，由现在的13～16厘米逐渐到20厘米左右。要深耕深松相结合，不打乱原先的土壤层次，使死土变活土。深耕与施用有机肥相结合，增加土壤全氮，改善土壤物理性质，增加毛管孔隙度，降低土壤容重，使土壤四性协调，有效养分得以转化和释放。由于土壤物理性质改良好，增加了土壤的渗透性，当降雨或灌溉时地表可溶盐随水下渗，由于深耕深松切断了毛管水上升的通道，形成了隔离层，可减少表土盐分的积累，防止返盐。地表pH降低，给有益微生物创造了良好的生活环境，加速全氮的分解，增加有效养分含量，提高土壤供肥能力。有利于作物深扎根和形成庞大根系，使得根深苗旺，植株健壮。但要特别注意的是林甸县黑土层薄，富含石灰，有暗碱，当地春旱又十分严重，耕翻不当就会把暗碱和黄土翻上来，使表土性质变坏，加重土壤干旱，不利于保苗。因此，在耕翻时一定要因地制宜，不能强求。在耕翻的方法上可采取以下几个措施。

1. 实行秋整地，少搞春整地，翻松结合，不搞连翻　林甸县春季干旱，不适于春整地，以防加重旱情，影响播种出苗。秋整地优于春整地，在翻地时，应以不翻上黄土层为标准，表土翻转，下土层还在原来的位置，用深松犁深松，保持土层不乱。

2. 间隔深松　就是用深松机械在整地时进行深松，也可以在中耕时实行深松。也能收到表土细碎，心土活暄的效果，改变土壤物理性质，增强抗旱、保墒能力。

总之，要逐步建立起一个以抗旱为中心、用地养地为目的的松、翻、耙、搅相结合的耕作制。

3. 合理轮作是平衡土壤养分和改善土壤结构的重要措施　各种作物由于生物学特性的差异，对土壤中营养元素的吸收和利用各不相同，土壤中水分的吸收与残存液不一样，所以说“调茬如上粪”。豆科作物与禾本科作物实行轮作，深根作物与浅根作物交替生长，能互相调节养分和水分，防止土壤水分和某种养分的过度消耗。可以有效地利用地力，给以休养生息和补充的机会。当前由于不合理的轮作和连作，打乱了换茬的顺序，出现了重迎茬，致使杂草、病虫害增多，影响了单位面积产量的提高。

二、增施肥料，合理施肥

增施肥料。有粪不怕碱，说明施肥对改良盐渍土具有一定作用。培肥地力，是改善土壤养分供应状况、改良土壤的有效措施。由于林甸县土壤全氮含量少，pH 偏高，土体黏重，结构不良，增加全氮肥料使用量是一项切实可行的有效措施，通过增施有机肥，合理施用化肥，秸秆还田，适当种植绿肥，多方面施行以肥改土，改善土壤理化性状，变低产土壤为高产土壤。

1. 增施有机肥料　有机肥是一种养分全、肥劲长、肥效比较高、来源广、经济成本比较低的理想肥料。增施有机肥料是种地养地相结合的有效方法。林甸县是半农半牧县，畜禽粪便量大。同时，林甸县农民有积攒农家肥的习惯。增加有机肥的使用量有有利条件。

2. 秸秆还田技术是近几年推广的技术　由于林甸县玉米面积较大，秸秆还田以玉米根茬粉碎还田和秸秆造肥还田为主，随着根茬还田机械的推广，还田面积越来越大。

3. 改进化肥施用技术　化肥是一种速效性肥料，单一养分含量高。由于林甸县土壤含碱，所以有些养分被固定，不能充分发挥作用。因此，在施用上要科学用肥，尽量施用酸性肥料，避免碱性肥料。随着先进施肥技术的推广，特别是近几年测土配方施肥技术地推广，逐步改变了农民传统施肥习惯，降低了施肥成本，提高了化肥肥效。

4. 种植绿肥　绿肥是生物肥，是新的肥源。种植绿肥是改良土壤的一项重要措施，特别是对林甸县盐渍化土壤更为有效。实践证明，种植绿肥也是种地养地相结合的正确方向。绿肥茎叶和根茬翻入土中，增加了全氮，同时在分解过程中产生有机酸，中和土壤碱性。20 世纪 80 年代，林甸县绿肥种植面积较大，对改良盐渍化土壤效果很好，既改良了土壤，增加全氮含量，又能提高脱盐效果，绿肥茎叶又可喂牲畜。

5. 增施生物肥料　包括固氮菌肥料、解磷解钾菌肥等。以减少化肥的施用量，降低生产成本，提高产品质量。

三、推广旱改水，调整种植业结构

东部引嫩灌区的东兴乡、四季青镇和西北部东升水库三合乡，在水源充足的情况下，可以旱田改水田。对改良土壤、增加粮食产量可以起到明显作用。

四、搞好农田基本建设

环境条件对土壤具有改良和保护作用，特别是前些年，由于无计划扩大开荒、破坏了草原，生态环境遭到破坏。所以必须搞好农田基本建设，保护农田和草原，促进农牧业相应发展。

1. 发展水利事业 林甸县地下水储量丰富，地面有东升水库和引嫩运河，还有大量的机电井，只要能够合理利用，可以供给作物充足的水分。合理灌溉能淋洗土壤盐分，调节土壤溶液的浓度，改善土壤的理化性状，可使土壤盐分向稳定脱盐方向发展。充分发挥水资源的优势，扩建水利工程，推广喷灌和滴灌技术，扩大灌溉面积。

在做好灌溉的同时，要做好田间排水沟渠的建设，在降水较大时，能够将田间积水及时排出去，减少由于渍涝对农业生产的危害，提高耕地的抗旱抗涝能力。

2. 搞好林业建设 林甸县春秋两季风多风大，有些地方土壤有轻度风蚀，风大还增加了土壤干旱程度。春季不利于播种、保苗，秋季不利于保产增收。搞好屏障建设很重要，植树造林可以降低风速，减少风害，减少蒸发，减轻地表翻盐、碱，能抑制盐碱化，又增加了覆被率。

3. 增加自然环境保护 保护好自然环境，维持生态平衡，不仅是为了农业生产的需要，更重要的是维护人类生存的利益，确保生物界正常发展，要改变那种盲目开荒、毁草毁林的做法。不搞广种薄收，不搞单一农业，要发挥当地优势，宜农则农，宜牧则牧，宜林则林，合理利用资源，做到全面发展。

五、采用其他化学方法

盐渍化严重地块采用必要的化学改良方法，改土效果较为明显，通常能增加土壤钙的含量，改变土壤反应，清除被盐渍土吸附的钠离子，达到化学改良的目的。可以增施石膏、粗硫酸、硫酸亚铁、炉渣等钙作用剂、脱钙剂，能取代钠盐，或使盐渍土中富含的钙活化，改良土质，改善土壤物理性状。

第七章　对策与建议

第一节　耕地地力建设与土壤改良利用对策与建议

一、耕地地力分析及耕地地力建设现状

林甸县现有各类耕地面积145 185.80公顷。其中，大部分是旱田，水田只有5 000多公顷。按本次地力调查中对地力评价的要求，对现有的基本农田进行了评价，结果是将耕地划分为6个等级。其中一级地和二级地为高产类型田，其面积为36 129公顷，占农田总面积的24.88%；三级地四级地为中产类型田，其面积为59 940.70公顷，占农田总面积的41.29%；五级地和六级地为低产类型田，其面积为49 116.10公顷，占农田总面积的33.83%。中低产田面积为109 056.80公顷，占农田面积的75.11%。

以上的统计数字说明，在林甸县各类农田中，有一多半的农田仍属中低产类型田。其主要原因是由于长期以来，在农业生产中，耕地地力建设尚未引起人们的高度重视，对土地存在着只使用不培育的倾向，耕地地力建设严重滞后。

林甸县的农田自第二次土壤普查以来的30多年间，在农田基本建设方面，虽然有一些进展，但田间工程措施并不完善。林甸县属于黑龙江省西部干旱地区，十年九春旱，有效灌溉面积只占播种面积的1/3，仍有大部分农田靠天吃饭。近20多年来，农家肥数量减少、化肥施用也不尽合理；特别是大型拖拉机保有量严重不足，耕作措施落后，使得旱田耕地土壤的耕层变浅，土壤板结，犁底层升高变硬，耕层土壤自我调节能力下降，土壤自身抗旱抗涝能力降低，耕层土壤中各种有效养分含量失衡等，导致土壤肥力下降。

二、土壤改良利用对策与建议

林甸县的耕地土壤主要是碳酸盐型黑钙土及草甸土，碱性大，盐分含量高。改良土壤要采用综合措施，因土而定，因条件而别，改良与利于相结合，用地与养地相结合。对于现有耕地应实行合理利用并采取适当措施进行有效改良，以便充分发挥现有耕地的资源优势，遏制地力下降的趋势，使耕地地力得以恢复和提高，实现农业可持续发展。

1. 根据不同地区进行合理轮作　林甸县主要作物为玉米，其次是水稻、杂粮等。不同乡（镇）应根据种植作物不同进行合理轮作。花园、红旗以玉米种植为主的乡（镇），轮作方式为玉米-玉米。其他乡（镇）轮作方式玉米-杂豆-杂粮（马铃薯、葵花）等。尽量避免连作，这样既避免了草荒又利于土壤养分的均衡供应。

2. 改土培肥，提高土地生产力　盐渍土的肥力特征，可以用“瘦、冷、死、板”来加以概括。瘦，是指由于盐分含量高的限制，盐渍土上的植被和作物生长不良，全氮来源少，同时盐分的化学组成也降低了某些养分元素的有效性，不能提供作物生长所需要的养

分。冷，是指盐渍土全氮含量低，盐分吸湿能力强，土壤物理性状差，早春增温慢，晚秋降温快。死，一是指土壤微生物和土壤动物量少，生物活性低；二是指播种后难出苗，早期不发苗。板，就是土壤板结，耕性差。同时，盐渍土的物理性状很差，难于耕作，不适合作物生长。因此，培肥土壤、提高地力，就是提高和发挥盐渍土生产潜力的保证。

盐渍土培肥所遵循的基本原理是，根据盐渍土中肥、盐之间存在的相互制约的关系，不断调节和控制土壤的肥、盐动态，逐步实现肥、盐在良性循环基础上的动态平衡。研究表明，迅速提高土壤有机质含量对土壤培肥和抑盐有着巨大的作用：一是通过地面覆盖和先锋作物的根系穿伸，改善土壤结构，减少地面蒸发，同时由于蒸腾作用，收到抑盐和促进排盐的效果；二是土壤腐殖质本身具有强大的吸附能力，对某些盐分离子（如钠离子）有较好地吸附作用，减轻其危害；三是有利于土壤微生物的繁衍，增加土壤中的酶活性和有机酸，能促进土壤养分释放和盐分排出。

应该明确指出的是，土壤肥力的培育和改善，土地生产力的提高，是个长期而艰巨的工作，尤其是对盐渍化较重的土壤，更是如此。因此，必须在一个较长的时间内，综合运用各种措施（包括物理的、化学的、生物的）对土壤加以治理和改造。除上述已经提及的以外，我们还应研究优良品种的引进利用，微量元素肥料的合理施用，以及适当耕翻、镇压中耕等，对改善土壤理化、生物性状，提高土壤肥力和土地生产力有积极的意义。

根据盐渍土的肥力特征和水、肥、盐之间的相互关系，盐渍土培肥的主要任务是增加土壤有机质含量。广辟有机肥料来源就成了关键。解决的基本途径：一是尽可能把土壤生产的全氮归还土壤；二是通过合理的作物布局和耕作措施的调整来减少土壤全氮的消耗。应采取以下几项措施：其一，在盐渍土得到初步治理后，采用紫花苜蓿和草木樨等耐盐碱、抗逆性较强的先锋作物作为绿肥来播种，通过2～3年的绿肥种植，增加地面覆盖，降低积盐过程，既改善了土壤理化性状又增加了有机肥源。其二，增施有机肥，提高土壤全氮的含量和品质。这一措施对旱田、水田都十分重要。不断补充土壤全氮，不仅能不断提高土壤全氮的含量，也能使土壤全氮不断得到更新。在盐渍化低产地区的改造初期，为了尽快地改善农民的生活条件，必须迅速提高生产力，仅靠大面积种植牧草和绿肥来获得有机肥源，实际上存在较大难度。而适当使用化肥，提高作物和秸秆产量，是提高农民生活水平，解决农村“三料”俱缺的重要措施，也是获得大量秸秆和畜禽粪便等有机肥来源的可靠途径。随着畜牧业发展和农作物产量地提高，畜禽粪便和农作物秸秆的数量也在逐年增多，这是十分宝贵的资源，应当充分加以利用。其三，结合农田防护林网建设，积极推行植树造林。在盐渍化平原地区造林，还有利于防风固沙、保持水土，减轻盐碱危害，减少地面蒸发。其四，积极研究和开发秸秆的多途径利用方式，提高秸秆的还田率和利用率。根据盐渍化低产地区综合治理阶段的进展，当地农村经济和农民生活的发展水平，在采用秸秆直接还田的基础上，积极研究推广秸秆直接或加工（如青贮、微生物发酵等）后过腹还田和生产沼气后的副产品还田，既解决了养殖业生产饲料不足的问题，提高了秸秆的利用价值；又为农民生活提供了能源，还为农田生产提供了优质有机肥。缓和了农村燃料、饲料、肥料三者之间的矛盾，可以说是一举多得。

3. 改革耕作方式，推行深松耕作技术 林甸县的旱田，其肥力下降的主要表现之一就是耕层变浅。由于多年浅耕，已形成了较坚实的犁底层，土壤蓄水能力下降，降低了农田自身的抗旱抗涝能力。林甸县位于半干旱气候区，旱田大部分是依靠自然降水，增强土壤本身的蓄水能力，是提高水分利用率的最经济最有效的措施。应根据实际情况，尽快建立以深松为主的耕作技术体系，逐步优化土壤的理化性状。

4. 推行平衡施肥技术，促进土壤的养分平衡 林甸县在施肥上，氮肥磷肥用量属于中等，但施肥比例和使用方法不当，肥料利用率低。

5. 继续进行农田生态环境整治工程 干旱、盐碱是限制林甸盐渍化低产地区农业生产力发展的主要障碍因素，其核心是水。即水少了旱、水多了涝。因此，盐渍化低产地区综合治理的关键是治水，不治水就无法改土，水利工程措施是整个综合治理农业工程措施的基础和前提，采取以工程措施为主，生物、土壤措施为辅的方法，有效地控制地下潜水位，进行农田生态环境的整治工程，搞好林业建设，加强环境保护，以解决盐碱、旱、涝、薄等突出问题。

第二节 耕地资源合理配置与种植业结构调整对策与建议

一、耕地资源利用配置的现状和存在的主要问题

2010年，林甸县耕地面积145 185.80公顷。从种植作物来看，有玉米、水稻、豆类、蔬菜等作物，这些作物面积合计约占农田总数的95%左右。在几种作物之中又以玉米的面积的最大，玉米面积约占农田总面积的70%；其次是杂豆，其种植面积约占农田总面积的15%。林甸县的土壤类型以黑钙土为主，其面积占耕地总面积的近94.70%。草甸土占4.10%。从土壤类型、林甸县的气候以及水利状况等自然条件看，以玉米、水稻、豆类、杂粮、经济作物为主的作物布局基本上是合理的。在总体合理的前提下，耕地资源的配置也存在一些不容忽视的问题。

1. 林甸县位于松嫩平原西部风沙、盐碱、干旱地区 有许多土壤类型呈复区分布，在农田中还存在一部分碱斑、碱包、蝶形洼地和闭合锅底坑等少数不利于农作物生长的农田。

2. 水稻种植面积偏少 在林甸县145 185.8公顷的耕地中，水稻只有8 000多公顷，水稻是旱涝保收作物，在水分条件许可的情况下，应扩大水稻面积。

3. 主要农作物的品种相对单一，优质品种过少 林甸县的农作物中，以玉米面积为最大，但到目前为止，所种植的品种基本上还是单一的不同粮用型玉米，而且多半是高产量低质量的类型。水稻品种多半是产量高抗逆性能强，米质欠佳的品种。大豆品种多半是普通型的品种。这样的品种布局，使得林甸县的粮食质量较差，市场需求不旺，农民收益不高，影响了农业进一步发展。

二、合理利用和配置耕地资源的对策与建议

林甸县现有的耕地以黑钙土为主，基础肥力较好，结构性好，具有发展农业的得天独厚的耕地资源。合理利用和配置这些资源，就能充分发挥这些资源的优势，变资源优势为

经济优势。现就林甸县耕地资源的利用情况和问题及今后应采取的对策简述如下。

1. 积极发展畜牧业，努力实现农林牧综合发展，建立良性循环的优化农田生态系统 在盐渍化低产地区的综合治理过程中，积极发展畜牧业生产，既可以加速盐渍化农田生态系统的综合治理，又为综合发展建立良性循环的农业生态经济系统提供了必要的基础。要逐步形成以种植业为基础，养殖业为纽带来带动和促进农副产品加工业的发展，实现农林牧全面发展，种养加综合经营的农业生态经济系统。农区发展畜牧业，实行农牧结合，不仅是提高林甸县畜牧业生产水平，满足人民生活需要的主要途径，而且也是促进农业发展，提高农民收入的重要措施。在盐渍化低产地区的综合治理过程中，积极发展畜牧业生产，既可以加速盐渍化农田生态系统的综合治理，又为综合发展建立良性循环的农业生态经济系统提供了必要的基础。

2. 适当扩大水稻、杂粮、饲料作物的种植面积，推行玉米-大豆-杂粮轮作 林甸县东部有引嫩灌区，西北部有东升水库，在水量允许的情况下，可以扩大水田面积。对于没有灌溉条件的农田，增加耐干旱、耐瘠薄的杂粮作物面积。

3. 大力推广高产优质品种，建立优质农产品生产基地 玉米是林甸县第一大作物，在品种的选择上，要打破单一种植普通粮用型品种的格局，要根据市场的需求，建立专用型玉米生产基地。如高油玉米、高淀粉玉米、高赖氨酸玉米等。实行“订单农业”，进行产业化经营，专业化生产。同时，要根据畜牧业发展的需要，逐步扩大饲用型玉米的种植面积。使玉米的品种由单一的普通粮用型转变为“粮-经-饲”的三元结构。在粮用型玉米种植区域内，要淘汰产量高质量差的品种，大力推广增产潜力大、低含水量高容重的品种，以提高林甸县的玉米质量。水稻在品种选择上，要淘汰质量差的品种，以生产优质米为目标，建立优质米生产基地，提高在市场上的竞争力。

第三节　作物平衡施肥对策与建议

一、实行平衡施肥的必要性

进入20世纪80年代以后，农业生产特别是粮食生产取得了长足发展，粮食产量连续大幅度增长。到2010年，林甸县粮食总产达到135万吨。公顷产量由2000年的2 937千克增加到2010年的9 083千克。其中，化肥施用量的逐年增加是促使粮食增产的决定性因素之一。1990年，林甸县化肥施用量为5 480吨，粮食总产为152 056吨；2000年，化肥施用量增加到12 458吨，粮食总产增加到174 906吨；2010年，化肥施用量增加到20 749吨，粮食总产增加到135万吨。从以上数据可以看出，化肥的使用已经成为促进粮食增产不可取代的一项重要措施。

虽然化肥的大量施用增加了粮食产量，但农民施肥过程中也存在着以下突出问题：

1. 重化肥轻农肥的倾向严重 原因：一是由于施用化肥方便、见效快、增产效果明显；二是由于饲养牲畜数量少，有机肥源少。现在有近95%的农户施肥靠化肥而不施用农家肥。

2. 化肥的使用方法和比例不合理 农民普遍采用传统的施肥方法，施用方法越简单越好，重视种肥施用，忽略底肥，在追肥上普遍偏晚。在施肥比例上重视氮磷肥，忽视钾肥、微肥的作用，要想提高化肥利用率，保持肥料的增产效果，就必须改变施肥不合理的状况，大力推广平衡施肥技术。

二、实施平衡施肥的对策与建议

平衡施肥是根据作物吸肥特性和土壤的供肥能力而进行的科学施肥技术体系。其目的一是满足农作物生长的需要，促进作物的生长发育，获得高额的经济产量；二是要提高肥料的利用率，减少肥料的损失浪费，防止肥料对土壤及环境的污染；三是要促进耕地地力的恢复和提高，不断增强耕地的生产能力。搞好平衡施肥，应采取以下对策：

1. 开辟有机肥源，增加土壤全氮含量　有机肥不但能提供作物所需的各种营养元素，还能够改善土壤的理化性状，提高化肥的利用率。因此，增加有机肥的施用量是开展好平衡施肥的一个重要方面。

2. 配方施肥技术的研究和应用　合理的氮、磷、钾、微量元素肥配合比例对协调土壤供肥能力和作物产量的关系有很重要的意义；合理的氮、磷肥配合比例对于提高氮、磷肥的利用率有很重要的理论和现实意义；合理的氮、磷肥配合比例也有利于减少施肥对环境的污染。

3. 进一步完善县级土肥测试中心　林甸县现有基本农田 124 694 公顷，每年至少需要完成几十万亩的测试任务，才能有效指导全县的平衡施肥工作。现有的测试手段只能检测养分数据，对于影响林甸县耕地地力的盐碱化验项目还没有开展，须要尽快注入资金，加以完善和提高。

4. 要连续不断持久地开展田间试验　推广平衡施肥需要有一些准确的技术参数，只有通过大量田间试验才能准确地得到这些技术参数。而且，耕地的养分含量以及供给养分的能力都是处在不断变化之中，只有通过大量田间试验才能掌握这些变化，对技术参数不断地加以修正，提高平衡施肥的效果。

5. 建立县级配肥站　推广平衡施肥须要对不同作物、不同地块或不同区域提出相应的施肥配方，现在化肥厂出售的肥料很难直接满足平衡施肥的需要。建立配肥站就可以按照不同的配方加工成农民可以直接使用的肥料（BB 肥），既可以保证平衡施肥的落实，又方便了群众。

6. 应加大对农民的培训力度　农民对平衡施肥的认识程度决定了平衡施肥的推广程度。因此，要采取各种有效措施，加强对农民的技术培训，提高农民的认识水平和技术素质。

第四节　加强耕地质量管理的对策与建议

土地是人们赖以生存和发展的最基本的物质基础，是一切物质生产最基本的源泉，而耕地则是土地的精华，是人们获得粮食及其他农产品所不可替代的最基本的生产资料。随着社会的不断进步和经济的发展，人口必然会不断增加，同时耕地面积也会不断减少，这是两大不可逆转的趋势。特别是我国人多地少，土地的后备资源十分匮乏，在现代化建设过程中，土地的压力会越来越大。解决这一问题的途径，除了保护好现有耕地，减缓耕地减少的速度，以缓解这种压力之外，最根本的方法就是要提高耕地质量，不断地提高耕地的承载能力和耕地的综合生产水平，使有限的耕地生产出更多的农副产品，以满足不断增长的现代化建设的需要。因此，在保护好现有耕地的同时，提高耕地的质量是带有根本性和长远性的大计。加强耕地管理，保护好现有耕地，提高耕地质量，更是关系到国家的长治久安的重中之重的大事。加强耕地管理，保护好现有耕地，提高耕地质量已经刻不容缓，特别是提高耕地质量，不是一朝一夕就能见效的，必须从现在开始，采取法律的行政的经济的各种措施，年年抓，常年抓，常抓不懈。

一、严格执行有关的法律法规，保护好现有的耕地

对现有耕地的保护，国家及地方政府已经出台了一系列法律法规，如《中华人民共和国土地管理法》《基本农田保护条例》等，对现有的这些法律法规，要认真贯彻执行，做到有法必依，执法必严。

二、尽快建立和完善耕地质量管理法律法规，为提高耕地质量提供法律保障

健全耕地保养管理法律法规体系，依法加强耕地地力建设与保养管理。对耕地的保护，应包括数量和质量两个方面，应尽快出台有关提高耕地质量方面的法律法规，以弥补现有法律法规偏重数量保护，忽视质量保护的不足。林甸县的耕地土壤绝大部分是黑钙土和草甸土，基础地力好，但由于长期以来存在着只使用不培育的倾向，忽视了耕地质量建设，有的地方甚至出现了只顾当前夺高产，不管长远谋发展的掠夺式经营，致使耕地土壤出现了严重的退化现象。在这种情况下，制定和完善耕地质量管理的法律法规，为提高耕地质量提供法律保障就显得更为重要和迫切。

三、建立耕地质量监测网点，完善耕地质量监测体系

主要是建立健全耕地质量监测体系和耕地资源管理信息系统，对耕地质量进行动态管理。耕地质量处于不断地变化中，必须及时掌握这种变化，才能制订出适宜的培肥措施，实现提高耕地质量的目标。应该首先在粮食主产区建立耕地质量监测网点，制订技术规范，配备相应设备，对耕地质量进行长期动态监测，以便采取相应措施，培肥土壤，提高地力。

附　　录

附录 1　林甸县耕地地力评价与平衡施肥专题调查报告

第一节　概　　况

林甸县是黑龙江省畜牧业大县，同时也是国家重点商品粮基地县。至 2010 年末，林甸县有耕地面积 165 806 公顷。在国家和省市各级政府的领导和大力扶持下，农业生产特别是粮食生产取得了长足发展。进入 20 世纪 80 年代，特别是家庭承包经营以来，粮食产量持续大幅度增长，连续上了几个台阶。1983 年，林甸县粮食单产 2 290 千克/公顷，总产 111 990 吨，经过 8 年时间，到 1991 年，单产 3 125 千克/公顷，增产近 36.46%，总产上升为 205 087 吨，将近翻了一番；又经过 10 多年时间，到 2005 年，单产为 4 594 千克/公顷，增产 47%，总产达到了 461 103 吨；至 2010 年，单产 9 083 千克/公顷，单产将近翻了一番，总产达到 1 350 506 吨。在粮食增产的背后，化肥施用量的逐年增加是促使粮食增产的决定性因素之一。1983 年，林甸县化肥施用量为 5 262 吨；1991 年，化肥用量为 6 335 吨；2005 年，化肥施用量增加到 19 186 吨；2010 年，达到 20 749 吨。从 1983—2010 年，近 30 多年里化肥施用量增加了 4 倍，而粮食产量增加了 12 倍多。除了因耕地面积增加和调整种植结构因素外，可以说化肥的使用已经成为促进粮食增产不可取代的一项重要措施。

一、开展专题调查的背景

（一）林甸县肥料使用的历史

林甸县垦殖时间只有 100 多年的历史，肥料应用还不到百年，从肥料应用和发展历史来看，大致可分为 4 个阶段：

1. 20 世纪 60 年代以前　耕地主要依靠有机肥料来维持作物生产和保持土壤肥力，主要为草木灰、厩肥、过圈肥等，作物产量不高，只有 1 800 千克/公顷左右，施肥面积占耕地的 20%左右，应用作物主要是小麦、玉米、谷子等作物，没有化肥使用。

2. 20 世纪 60～80 年代　林甸县建设了磷肥厂，从 1966 年开始使用化肥，公顷施肥量只有 20.50 千克。因此，仍以有机肥为主，应用作物主要是粮食作物和少量经济作物，90%以上为磷肥，而氮肥施用量较少。化肥品种主要是过磷酸钙和尿素。

3. 20 世纪 80～90 年代　在中共十一届三中全会后，农村实行了家庭承包经营，农民有了土地的自主经营权，随着化肥在粮食生产作用的显著提高，特别是进口磷酸二铵在农田上的施用，使农民认可了化肥对粮食增产的作用，化肥开始大面积推广应用，化肥总量达近万吨，施用有机肥的面积和数量逐渐减少。20 世纪 80 年代初，开展了农作物专用肥的试验、示范、推广和因土、因作物的诊断配方施肥，氮、磷、钾的配施在农业生产得到应用，氮肥主要是碳酰胺，磷肥以磷酸二铵、过磷酸钙为主，钾肥、微肥、生物肥和叶面肥推广面积也逐渐增加。

4. 20 世纪 90 年代至 2000 年 随着农业部配方施肥技术地深化和推广，各地开展了推荐施肥技术和测土配方施肥技术的研究，广大农业科技工作者积极参与，针对当地农业生产实际进行了施肥技术的重大改革。1998 年，开始对林甸县耕地土壤进行化验分析，根据测土结果形成相应配方指导农民科学施用肥料。

5. 2000 年至今 国家开始实施的测土配方施肥项目使化肥施用水平得到了进一步提高，实现了氮、磷、钾和微量元素的配合使用。2010 年，化肥总量达 20 749 吨，比 1995 年增加了 157.40%。其中，复合肥 12 530 吨，占化肥总量的 60.39%。

（二）林甸县肥料化肥肥效演变分析

从 20 世纪 60 年代林甸县施用过磷酸钙开始，化肥肥效的增产作用非常明显。到 80 年代，引进磷酸二铵肥效更是提高了许多，通过推广作物专用肥，农民施肥水平得到了进一步提高。由于化肥对农作物的增产效果明显，让部分农民加大了化肥的投入量，由于长期只重视化肥而忽视有机肥的施用，且施肥比例不当，加之农民施肥技术水平较低，使肥料的肥效逐渐降低，千克化肥的增产量逐渐下降。

二、开展专题调研的必要性

耕地是作物生长基础。随着多年的耕种，耕地的土壤属性也发生了变化。特别是长期不恰当的生产经营，重种轻养，长期施用化肥，有机肥的投入明显减少致使土壤养分耗竭，耕层变浅，土壤微生物群落减少，理化性状渐趋恶化，使土壤逐步从肥沃走向贫瘠，土壤日趋板结，抗旱涝能力降低，耕性越来越差。因此，对耕地进行保护性生产及土壤属性的长期监测、研究，摸清土壤养分现状、变化趋势是开展耕地质量建设和测土配方施肥工作的重要内容。了解耕地土壤的地力状况和供肥能力是实施平衡施肥最重要的技术环节，开展耕地地力调查，查清耕地的各种营养元素的状况，对提高科学施肥技术水平，提高化肥的利用率，改善作物品质，防止环境污染，维持农业可持续发展等都有着重要的意义。

1. 开展耕地地力调查，提高平衡施肥技术水平，是稳定粮食生产保证粮食安全的需要 保证和提高粮食产量是人类生存的基本需要。粮食安全不仅关系到经济发展和社会稳定，还有深远的政治意义。近几年，我国一直把粮食安全作为各项工作的重中之重，随着经济和社会地不断发展，耕地逐渐减少和人口不断增加的矛盾将更加激烈。21 世纪，人类将面临粮食等农产品不足的巨大压力。林甸县作为国家商品粮基地是维持国家粮食安全的坚强支柱，必须充分运用科学技术保证粮食持续稳产和高产。平衡施肥技术是节本增效、增加粮食产量的一项重要技术。随着作物品种地更新、布局地变化，土壤的基础肥力也发生了变化，在原有基础上建立起来的平衡施肥技术已不能适应新形势下粮食生产的需要，必须结合本次耕地地力调查和评价结果对平衡施肥技术进行重新研究，制订适合本地生产实际的平衡施肥技术措施。

2. 开展耕地地力调查，提高平衡施肥技术水平，是增加农民收入的需要 林甸县以农牧业为主，粮食生产收入占农民收入的比重很大，是维持农民生产和生活所需的根本。在现有条件下，自然生产力低下，农民不得不靠投入大量化肥来维持粮食的高产，化肥投入占整个生产投入的50%以上，但化肥效益却逐年下降。科学合理地搭配肥料品种和使用科学施用技术，以达到提高化肥利用率，增加产量、提高效益的目的。要实现这一目的就必须结合本次耕地地力调查进行平衡施肥技术的研究。

3. 开展耕地地力调查，提高平衡施肥技术水平，是实现绿色农业的需要 随着生活水平地提高，人们对农产品品质提出了更高的要求。农产品流通不畅就是由于产品质量低、成本高造成的。农业生产必须从单纯地追求高产、高效向绿色（无公害）农产品方向发展，这对施肥技术提出了更高、更严的要求。这些问题地解决都必须要求了解和掌握耕地土壤肥力状况、掌握绿色（无公害）农产品对肥料施用的质化和量化的要求。也因此对平衡施肥技术提出了更高、更严的要求。所以，必须进行平衡施肥的专题研究。

第二节 测土配方施肥技术

一、测土配方施肥概念

测土配方施肥在国际上通称平衡施肥，是联合国在世界上推广的先进农业技术。概括来说，一是测土，就是取土样测定土壤养分含量；二是配方，就是根据土壤养分含量，结合农作物需要的肥料开方配药；三是合理施肥，就是根据作物生长发育过程中需要肥料的时期进行定量施肥，或者是在科技人员的指导下施肥。

二、测土配方施肥内容

测土配方施肥是在对土壤做出诊断，分析作物需肥规律，掌握土壤供肥和肥料释放相关条件变化特点的基础上，确定施用肥料的种类，配比肥料用量，按方施用。从广义上讲，应当包括农肥和化肥配合施用。在这里可以打一个比方，补充土壤养分、施用农肥比为“食补”，施用化肥比为“药补”。人们常说“食补好于药补”，因为农家肥中含有大量有机质，可以增加土壤团粒结构，改善土壤水、肥、气、热状况，不仅能补充土壤中含量不足的氮、磷、钾三大元素，又可以补充各种中、微量元素。实践证明，农家肥和化肥配合施用，可以提高化肥利用率的5%～10%。

测土配方施肥技术是一项较复杂的技术，农民掌握起来不容易，只有把该技术物化后，才能够真正实现。即测、配、产、供、施一条龙服务。由专业部门进行测土、配方，由化肥企业按配方进行生产供给农民，由农业技术人员指导科学施用。简单地说，就是农民直接买配方肥，再按具体方案施用。这样，就把一项复杂的技术变成了一件简单的事情，这项技术才能真正应用到农业生产中去，才能发挥出它应有的作用。

三、测土配方实施环节

测土配方施肥是根据土壤测试结果、田间试验、作物需肥规律、农业生产要求等，在合理施用有机肥的基础上，提出氮、磷、钾、中量元素、微量元素等肥料数量与配比，并在适宜时间，采用适宜方法施用的科学施肥方法。测土配方施肥包括9项关键技术环节。

1. 田间试验 田间试验是获得各种作物最佳施肥量、施肥时期、施肥方法的根本途径，也是筛选、验证土壤养分测试技术、建立施肥指标体系的基本环节。通过田间试验掌握各个施肥单元不同作物优化施肥量，基、追肥分配比例，施肥时期和施肥方法；摸清土壤养分校正系数、土壤供肥量、农作物需肥参数和肥料利用率等基本参数；构建作物施肥模型，为施肥分区和肥料配方提供依据。

2. 土壤测试 测试土壤氮、磷、钾、中微量元素养分含量，了解土壤供肥能力状况。

3. 配方设计 通过总结田间试验、土壤养分数据等，划分不同区域施肥分区；同时，根据气候、地貌、土壤、耕作制度等相似性和差异性，结合专家经验，提出不同作物的施肥配方。

4. 校正试验 在每个施肥分区单元，设置配方施肥、农户习惯施肥、空白施肥3个处理，以当地主要作物及其主栽品种为研究对象，对比配方施肥的增产效果，校验施肥参数，验证并完善肥料配方，改进测土配方施肥技术参数。

5. 配方加工 不同地区有不同的模式，但最主要的运作模式就是市场化运作、工厂化加工、网络化经营。

6. 示范推广 建立测土配方施肥示范区，为农民创建窗口，树立样板，全面展示测土配方施肥技术效果。

7. 宣传培训 农民是测土配方施肥技术的最终使用者，迫切需要向农民传授科学施肥方法和模式；同时，加强对各级技术人员、肥料生产企业、肥料经销商的系统培训，逐步建立技术人员和肥料商持证上岗制度。

8. 效果评价 检验测土配方施肥的实际效果，及时获得农民的反馈信息，不断完善管理体系、技术体系和服务体系。同时，为科学地评价测土配方施肥的实际效果，必须对一定的区域进行动态调查。

9. 技术研发 技术研发是保证测土配方施肥工作长效性的科技支撑。重点开展田间试验方法、土壤养分测试技术、肥料配制方法、数据处理方法等方面的研发工作，不断提升测土配方施肥技术水平。

四、配方施肥的方法与原理

（一）配方施肥基本原理

测土配方施肥，是作物、土壤、肥料体系的紧密相互联系，其遵循的基本原理主要有：

1. 养分归还律 养分归还律是德国化学家李比希1843年提出的。他从植物、土壤和肥料中营养物质变化及其相互关系得出，人类在土地上种植作物，并把产物拿走，作物从土壤中吸收矿物质元素，就必然会使地力逐渐下降，从而土壤中所含养分将会越来越少，就必须归还由于作物收获而从土壤中取走的全部养分，否则地力将衰竭。

2. 最小养分律　最小养分律是指土壤中有效养分相对含量最少（即土壤的供给能力最低）的那种养分。说明要保证作物的正常生长发育，获得高产，就必须满足它们所需要的一切元素的种类和数量及其比例。若其中有一个达不到需要的数量，作物生长就会受到影响，产量就受这一最小元素所制约。

3. 报酬递减律　报酬递减律是在假定其他生产要素相对稳定的条件下，随着施肥量的增加，作物的产量也会随之增加，但单位重量的肥料所增加的产品数量却下降。在某一特定生产阶段中，一般来说，生产要素是相对稳定的，所以报酬递减律也是客观存在的。报酬递减律揭示了施肥与经济效益的关系，即在不断提高肥料用量达到一定限度的情况下会导致经济效益的下降。

4. 因子综合作用律　为了充分发挥肥料的最大增产效益，施肥必须与选用良种、肥水管理耕作制度、气候变化等影响肥效的诸因素相结合，这就是因子综合作用律。

（二）测土配方施肥的实施过程

测土配方施肥的实施主要包括 8 个步骤：采集土样→土壤化验→确定配方→组织配方肥→按方购肥→科学用肥→田间监测→修订配方。

测土配方施肥的关键：一是确定施肥量，就像医生针对病人的病症“开出药方、按方配药”，根据土壤缺什么，确定补什么；二是根据作物营养特点、不同肥料的供肥特性，确定施肥时期及各时期的肥料用量；三是选择切实可行的施肥方法，制订与施肥相配套的农艺措施，以发挥肥料的最大增产作用。

1. 配方施肥量的确定　当前所推广的配方施肥技术主要从定量施肥的不同依据来划分，可以归纳为以下几个类型：

（1）地力分区（级）配方法：按土壤肥力高低分成若干等级。或划出一个肥力均等的片区，作为一个配方区。利用土壤普查资料和过去田间试验成果，结合群众的实践经验，估算出这一配方区比较适宜的肥料种类及其施用量。

（2）目标产量配方法：根据作物产量的构成，由土壤和肥料 2 个方面供给养分的原理来计算肥料的施用量。目标产量确定后，计算作物需要吸收多少养分来施用多少肥料。目前，主要采用养分平衡法，就是以土壤养分测定值来计算土壤供肥量。肥料需要量可按下列公式计算：

化肥施用量＝［（作物单位吸收量×目标产量）－土壤供肥量］÷（肥料养分含量×肥料当季利用率）

式中，作物单位吸收量×目标产量＝作物吸收量；土壤供肥量＝土壤测试值×0.15×校正系数；土壤测试值以毫克/千克表示，0.15 为养分换算系数，校正系数通过田间试验获得。

（3）肥料效应函数法：不同肥料施用量对产量的影响，称为肥料效应。肥料用量和产量之间存在着一定的函数关系。通过不同肥料用量的田间试验，得出函数方程，用以计算出肥料最适宜的用量。常用的有氮、磷、钾比例法；通过田间肥料测试，得出氮、磷、钾最适用量，然后计算出氮、磷、钾之间的比例，确定其中一个肥料元素的用量，就可以按比例计算出其他元素的用量，如以氮定磷、定钾，以磷定氮、定钾等。

（4）计算机推荐施肥法：在实际生产中，由人工计算配方施肥的施肥量是一项较复杂的工作，农民不容易掌握，为此广西土肥站近年应用计算机技术，通过对大量数据处理和专家知识的归纳总结，开发了一套广西测土配方施肥专家系统。通过系统对土壤养分结果的录入和运算，计算机能很快地提出作物的预测产量（生产能力）和最佳施肥配比和施肥量，指导农民科学施肥。

2. 施肥时期的确定 作物的一生对养分的要求常有两个极其重要的时期，这就是作物营养临界期和作物营养最大效率期。在生产中应及时满足作物在这两个时期对养分的要求，才能显著提高作物产量。

（1）作物营养临界期：指在作物生育过程中，有一时期对某种养分要求绝对量不多，但很敏感，需要迫切。此时如缺乏这种养分，对作物生育的影响极其明显，且由此造成的损失，即使以后补施该种养分也很难纠正和弥补。这一时期一般是在幼苗期。

（2）作物营养最大效率期：指在作物生长发育过程中还有一个时期，植物需要养分的绝对数量最多，吸收速率最快，肥料的作用最大，增产效率最高，这时就是作物营养最大效率期。此时作物生长旺盛，对施肥的反应最为明显。如玉米氮素最大效率期在喇叭口到抽雄初期，水稻在拔节到抽穗期。

3. 施肥方法的确定 常用的施肥方法，基肥有全层施肥法、分层施肥法、撒施法、条施和穴施法等；追肥有撒施法、条施法、穴施法、环施法、冲施法、喷施法等；种肥有拌种法、浸种法、沾秧根法、盖种肥法等。应根据作物种类、土壤条件、耕作方式、肥料用量和性质，采用不同的施用方法。

（三）各地测土配方施肥的主要模式

各地根据农业部的总体部署，扎实开展测土配方施肥的推广工作，探索出各种不同的运行机制和技术模式，归纳目前各地创造性的、不拘一格的测土配方施肥运行机制，主要有以下 3 种模式：

1. 全程服务型 全程服务型即由农业部门开展“测土、配方、生产、供肥和施肥指导”全程服务。

2. 联合服务型 联合服务型即由农业部门土肥技术推广机构进行测土和配方筛选，联合或委托复混肥料生产企业进行定点生产，实行定向供应，并由土肥技术推广机构发放施肥通知单，或对农民的具体施肥环节进行直接培训和指导服务。

3. 单一指导型 单一指导型即由农业部门进行测土和配方筛选，然后根据辖区内的土壤类型和作物布局等进行施肥分区，在确定目标产量后，制作施肥通知单，或印发明白纸、发放技术挂图，开展多种形式的技术培训，指导农民科学施肥。农民根据需要，自主在市场上购买单质肥料进行配施，或选择基础复混肥进行灵活调节。

五、农作物缺素症状诊断

1. 缺氮 新梢细且短，叶小直立，颜色灰绿，叶柄、叶脉和表层发红；花少果小，果实早熟，很容易脱落，根系发育不健全，红根多，大根少，新根发黄。

2. 缺磷　不同的作物表现各不相同。当玉米缺乏磷肥时，会表现为苗期生长缓慢，5叶之后症状比较明显，叶片紫色，籽粒不饱满。当小麦缺磷肥时则表现为幼苗生长缓慢，根系发育不良，分蘖减少，茎基部呈紫色，叶色暗绿，略带紫色，穗小粒少。

3. 缺钾　初期表现为下部叶片尖端变黄，沿叶片边缘逐渐变黄，但叶脉两边和叶脉仍然保持原来的绿色。严重时，会从下部叶片逐渐向上发展，最后导致大部分叶片枯黄，叶片边缘呈火烧状。禾谷类作物则会导致分蘖力减弱，节间短小，叶片软弱下垂，茎秆柔软容易倒伏。而双子叶植物则会导致叶片卷曲，逐渐皱缩，有时叶片残缺，但叶片中部仍保持绿色。块根类作物会导致根重量下降，质量低劣。

第三节　调查方法和内容

一、样点布设

依据《规程》，利用林甸县的土壤图、行政区划和土地利用现状图叠加产生的图斑作为耕地地力调查的调查单元。林甸县耕地面积145 185.80公顷，本次共布设样点2 038个，样点密度为71.20公顷。样点布设覆盖了林甸县85个村和主要的土壤类型。

二、调查内容

布点完成后，对取样农户农业生产基本情况进行了入户调查，调查内容主要为肥料情况。

肥料施用情况

（1）农家肥：分为牲畜过圈肥、秸秆肥、堆肥、沤肥等，单位为吨。

（2）有机商品肥：是指经过工厂化生产并已经商品化，在市场上购买的有机肥。

（3）有机无机复合肥：是指经过工厂化并已经商品化，在市场销售的有机无机复合（混）肥。

（4）氮素化肥、磷素化肥、钾素化肥：应填写肥料的商品名称、养分含量、购买价格、生产企业。

（5）无机复合（混）肥：调查地块施入的复合（混）肥的含量，购买价格等。

（6）微肥：被调查地块施用微肥的数量、购买价格、生产企业等。

（7）微生物肥料：指调查地块施用微生物肥料的数量。

（8）叶面肥：用于叶面喷施的肥料。

三、样品采集

土样采集是在秋收后封冻前进行的。在采样时，首先向农民了解作物种植情况，按照《规程》要求逐项填写调查内容，并用GPS定位仪进行定位，在选定的地块上进行采样，大田采样深度为0～20厘米，每块地平均选取9～15个点，用四分法留取土样1千克做化验分析。

第四节　专题调查的结果与分析

一、耕地肥力状况调查结果与分析

本次耕地地力调查与质量评价工作，共对2 038个土样的有机质、全量氮磷钾、碱解氮、有效磷、速效钾和微量元素有效锌等进行了分析，部分化验了有效硼。平均含量见附表1-1。

附表1-1　林甸县耕地养分含量平均值

项目	平均	变幅
有机质（克/千克）	29.80	8.40～64.20
全　氮（克/千克）	1.55	0.40～2.47
全　钾（克/千克）	27.60	21.99～33.11
全　磷（毫克/千克）	655.10	293.00～1 305.00
碱解氮（毫克/千克）	162.60	75.00～369.90
有效磷（毫克/千克）	24.00	7.90～55.70
速效钾（毫克/千克）	207.10	62.00～467.00
有效锌（毫克/千克）	1.22	0.23～2.28
有效铜（毫克/千克）	1.20	0.16～3.36
有效锰（毫克/千克）	13.90	8.30～41.10
有效硼（毫克/千克）	0.96	0.17～1.69

（一）土壤有机质及大量元素

1. 土壤有机质　林甸县耕地土壤有机质含量平均值为29.80克/千克，变化幅度为8.40～64.20克/千克。从点数上看，其中，含量大于等于60克/千克的只有1点，占0.04%；含量为40～60克/千克的62点，占2.28%；含量为30～40克/千克的1 383点，占50.96%；含量为20～30克/千克的1 053点，占38.80%；10～20克/千克的205点，占7.55%；小于10克/千克的10点，占0.37%。大部分集中在20～40克/千克，占89.76%。与第二次土壤普查比降低了5.20克/千克（第二次土壤普查35克/千克）。

2. 土壤全氮　地力调查耕地土壤中氮素含量平均值为1.55克/千克，变化幅度为0.40～2.47克/千克。从点数上看，含量小于等于1克/千克占5.09%，含量为1.00～1.50克/千克占39.43%，含量为1.50～2.00克/千克占52.39%，含量2.00～2.50克/千克占2.98%。与第二次土壤普查比较（全氮平均2.29克/千克），全氮降低了0.74克/千克。

3. 土壤全磷　林甸县耕地土壤全磷含量平均值为24.0毫克/千克，变化幅度为7.90～55.70毫克/千克。从点数分布看，含量为1 000～1 500毫克/千克的75点，占

2.76%；含量为500～1 000毫克/千克的2 192点，占80.77%；含量小于等于500毫克/千克的447点，占16.40%。大部分集中在小于500毫克/千克和500～1 000毫克/千克，占97.24%。比第二次土壤普查增加265.10毫克/千克（第二次土壤普查390毫克/千克）。

4. 土壤全钾　林甸县耕地土壤全钾含量平均值为27.60克/千克，变化幅度为1.99～33.11克/千克。从点数上看，其中，含量大于30克/千克的358点，占13.19%；含量为25～30克/千克的2 063点，占76.01%；含量为20～25克/千克的293点，占10.80%；含量低于20克/千克没有。大部分含量在25～30克/千克。

5. 土壤碱解氮　林甸县耕地土壤碱解氮含量平均值为162.60毫克/千克，变化幅度在75.00～369.90毫克/千克。从点数上看，其中，含量大于250毫克/千克的187点，占6.89%；含量为180～250毫克/千克的595点，占21.92%；含量为150～180毫克/千克的557点，占20.52%；120～150毫克/千克的866点，占31.91%；含量为80～120毫克/千克的489点，占18.02%；含量小于等于80毫克/千克的20点，占0.74%。大部分含量集中在120～250毫克/千克，占74.35%。比第二次土壤普查结果增加64.70毫克/千克（第二次土壤普查平均含量为97.90毫克/千克）。

6. 土壤有效磷　林甸县耕地土壤有效磷含量平均值为24毫克/千克，变化幅度为7.90～55.70毫克/千克。从点数上看，其中，含量大于100毫克/千克和小于等于5毫克/千克的0点；含量为40～100毫克/千克的42点，占1.55%；含量为20～40毫克/千克的1 961点，占72.25%；含量为10～20毫克/千克的678点，占24.98%；含量为5～10毫克/千克的33点，占1.22%。比第二次土壤普查增加3.90毫克/千克（第二次土壤普查有效磷含量平均值为20.10毫克/千克）。

7. 土壤速效钾　林甸县耕地土壤多发育在黄土状母质上，土壤速效钾比较丰富。本次调查结果表明，林甸县耕地土壤速效钾含量平均值为207.10毫克/千克，变化幅度为62～467毫克/千克。从点数上看，其中，含量大于200毫克/千克的1 379点，占50.81%；含量为150～200毫克/千克的745点，占27.45%；含量为100～150毫克/千克的446点，占16.43%；含量为50～100毫克/千克的144点，占5.31%；含量为30～50毫克/千克的及小于等于30毫克/千克的0点。大部分含量集中在150毫克/千克以上，占78.26%。与第二次土壤普查比增加95.10毫克/千克（速效钾含量平均为112毫克/千克）。

从以上结果可以看出，土壤有机质和全氮呈下降趋势，主要是有机肥施用和秸秆还田量不足所致，全磷和速效养分有所增加，与长期施用化肥有关。

（二）微量元素

土壤微量元素虽然作物需求量不大，但它们同大量元素一样，在植物生理功能上是同样重要和不可替代的，微量元素的缺乏不仅会影响作物生长发育、产量和品质，而且会造成一些生理性病害。如缺锌导致玉米“花白病”。因此，现在耕地地力调查和质量评价中把微量元素作为衡量耕地地力的一项重要指标。以下为这次调查耕地土壤微量元素情况。

1. 土壤有效锌　林甸县耕地土壤有效锌含量平均值为1.22毫克/千克，变化幅度为0.23～2.28毫克/千克。从点数上看，其中，含量大于2毫克/千克的46点，占1.69%；含量为1.50～2.00毫克/千克的543点，占20.01%；含量为1.00～1.50毫克/千克的

1 395点，占 51.40%；含量为 0.50～1.00 毫克/千克的 684 点，占 25.20%；小于等于 0.50 毫克/千克的 46 点，占 1.69%。大部分含量集中在 0.50～1.50 毫克/千克，占96.61%。

林甸县属于缺锌地区，锌对林甸县农业生产影响较大，特别是玉米、水稻、大豆等作物，从 20 世纪 80 年代初在玉米上推广应用锌肥，经过 30 年施用，作物缺锌症明显减少，但仍有些地块还表现出缺锌症状。

2. 有效铜 林甸县耕地土壤有效铜含量平均值为 1.20 毫克/千克，变化幅度为 0.16～3.36 毫克/千克。从点数上看，其中，含量大于 1.80 毫克/千克的 288 点，占 10.61%；含量为 1.00～1.80 毫克/千克的 1 549 点，占 57.07%；含量为 0.20～1.00 毫克/千克的 872 点，占 32.13%；含量为 0.10～0.20 毫克/千克的 4 点，占 0.15%；含量小于等于 0.10 毫克/千克的仅有 1 点，占 0.04%。大部分含量集中在 0.20～1.80 毫克/千克，占 89.20%。

林甸县铜含量相对丰富，在生产实际中，缺铜症状并不明显。

3. 有效锰 林甸县耕地土壤有效锰含量平均值为 13.90 毫克/千克，变化幅度为 8.30～41.10 毫克/千克。从点数上看，其中，含量大于 15 毫克/千克的 680 点，占 25.06%；含量为 10～15 毫克/千克的 1 942 点，占 71.55%；含量为 7.50～10.00 毫克/千克的 92 点，占 3.39%；含量为 5.00～7.50 毫克/千克和小于等于 5 毫克/千克的 0 点。大部分含量集中在大于 10 毫克/千克，占 96.61%。

缺锰作物主要有大豆，由于近几年大豆种植面积减少。因此，缺锰面积较少。

4. 有效硼 林甸县有效硼平均值为 0.96 毫克/千克，变化幅度为 0.17 ～1.69 毫克/千克。根据点数统计，其中，有效硼含量小于 0.60 毫克/千克的占 16.30%，含量为 0.60～0.80 毫克/千克的占 21.30%，含量为 0.80～1.00 毫克/千克的占 18.80%，含量为 1.00～1.20 毫克/千克占 12.50%，含量大于 1.20 毫克/千克的占 31.30%。

对硼敏感的作物为甜菜、向日葵，在农业生产中表现不十分明显。

二、林甸县施肥情况调查与分析

（一）施肥量变化情况

林甸县化肥施用时间较长，但施肥水平在全省范围内属于较低水平，总量不多，单位面积施用量较少。随着测土配方施肥技术的推广应用，已由过去的单质碳酰胺、过磷酸钙、磷酸二铵、钾肥向高浓度复合化、长效化复合（混）肥方向发展，复合肥比例已上升到 60%以上。但是氮、磷、钾肥的施用比例不尽合理，与科学施肥相比还有一定差距。

1. 施肥总量变化 从 1983—1990 年，年均施肥 4 780.80 吨；1991—2000 年，年均施肥 9 021.50 吨；2001—2010 年，年均施肥 18 100.30 吨。施肥总量每隔 10 年增加 1 倍。复合肥施用量，1983—1990 年，年均施用量只有 592.30 吨；1991—2010 年，年均施用量增加到 3 524.60 吨；2011—2010 年，年均施用量 8 842.70 吨。第 1 个 10 年增加了 5 倍，第 2 个 10 年增加了 1.50 倍。说明复合肥施用比例越来越大，在氮磷钾三元素中，钾肥的施用量明显增加（附表 1 - 2）。

附表 1-2　1983—2010 年化肥施用量（纯量）

单位：吨

年度	施用总量	氮	磷	钾	复合肥
1983—1990	4 780.80	1 255.90	2 548.40	339.30	592.30
1991—2000	9 021.50	3 116.50	1 879.50	492.80	3 524.60
2000	12 458.00	3 898.00	1 805.00	734.00	6 021.00
2001	13 449.00	3 894.00	2 262.00	875.00	6 418.00
2002	13 522.00	3 941.00	2 568.00	1 330.00	5 683.00
2003	17 416.00	5 654.00	2 962.00	1 591.00	7 209.00
2004	13 648.00	3 833.00	2 397.00	1 821.00	5 597.00
2005	19 186.00	6 233.00	3 081.00	1 908.00	7 964.00
2006	18 831.00	6 092.00	3 449.00	1 487.00	7 603.00
2007	16 179.00	4 197.00	2 659.00	1 720.00	7 606.00
2008	22 103.00	4 424.00	3 140.00	1 404.00	13 135.00
2009	25 920.00	6 227.00	3 314.00	1 697.00	14 682.00
2010	20 749.00	4 403.00	2 335.00	1 481.00	12 530.00
2000—2010	18 100.30	4 889.80	2 816.70	1 531.40	8 842.70

2. 单位施肥量变化情况　公顷施肥量，1983—1990 年，年均 59.50 千克；1991—2000 年，年均 108.10 千克；2001—2010 年，年均 157.70 千克。公顷面积，施肥量 1983—1990 年，年均 59.50 千克；1991—2000 年，年均 108.10 千克；2001—2010 年，年均 157.70 千克。1991—2000 年比 1983—1990 年增加近 1 倍，2001—2010 年比 1991—2000 年增加 45.88%（附表 1-3）。

附表 1-3　1983—2010 年单位面积施肥量

年度	面积（公顷）	施用总量（千克/公顷）	氮（千克/公顷）	磷（千克/公顷）	钾（千克/公顷）	复合肥（千克/公顷）
1983—1990	80 672.90	59.50	15.60	31.90	4.20	7.20
1991—2000	83 314.40	108.10	37.40	22.60	5.90	42.20
2001	83 653.00	160.80	46.50	27.00	10.50	76.70
2002	83 653.00	161.60	47.10	30.70	15.90	67.90
2003	83 653.00	208.20	67.60	35.40	19.00	86.20
2004	118 998.00	114.70	32.20	20.10	15.30	47.00
2005	119 193.00	161.00	52.30	25.80	16.00	66.80
2006	122 683.00	153.50	49.70	28.10	12.10	62.00
2007	124 694.00	129.70	33.70	21.30	13.80	61.00
2008	124 694.00	177.30	35.50	25.20	11.30	105.30
2009	150 357.00	172.40	41.40	22.00	11.30	97.60
2010	150 357.00	138.00	29.30	15.50	9.80	83.30
平均	116 193.50	157.70	43.50	25.10	13.50	75.40

3. 施肥比例变化情况 20世纪80年代，由于有磷肥厂，施用磷肥较多。80年代后期，开始进口磷酸二铵，由于含磷量高，增产效果明显，农民大量应用。而氮肥、磷肥施用量相对较少。所以80年代，施肥比例明显不合理。这一时期氮肥主要是碳酰胺、磷酸二铵；磷肥主要是过磷酸钙、磷酸二铵；钾肥主要是作物专用肥。

1991—2000年，大量施用复合肥，随着作物钾缺乏明显，农民逐渐增加了对钾肥的施用量，但由于优质钾肥较少，施用量还是不足。

2000—2010年，开展测土配方施肥，推荐按作物按地块施肥，农民不合理的施肥习惯得以改变，施肥比例趋于合理，但仍有不合理之处。

1983—2010年，氮磷钾比例变化情况见附表1-4。

附表1-4 1983—2010年氮磷钾比例变化情况

年度	总量 （千克/公顷）	氮 （千克/公顷）	磷 （千克/公顷）	钾 （千克/公顷）	氮磷钾比例 （千克/公顷）
1983—1990	59.50	18.90	35.20	4.90	1.00∶1.86∶0.26
1991—2010	108.10	56.60	41.80	9.70	1.00∶0.74∶0.17
2001—2010	157.70	81.20	55.30	21.00	1.00∶0.68∶0.26

（二）农户施肥情况调查

本次耕地地力调查共调查农户508户，对农户肥料施用情况进行分析的结果见附表1-5。

附表1-5 林甸各类作物施肥情况统计

单位：千克/公顷

作物	有机肥	N	P_2O_5	K_2O	N∶P_2O_5∶K_2O	微肥
玉米	7 500	98.50	51.40	26.40	1.00∶0.52∶0.27	3.45
水稻		112.80	57.80	34.70	1.00∶0.51∶0.31	
大豆		33.40	49.50	8.50	1.00∶1.48∶0.25	

在调查508户农户中，有12户施用农家肥，占总调查户数的2.36%，农家肥施用比例低、施用量少，平均施用量7 500千克/公顷左右，主要是禽畜过圈粪。还有部分施用有机商品肥和有机无机复合肥。但是，林甸县农作物高茬还田面积较大，每年在8万公顷左右。在调查的508户农户中85%农户能够做到氮、磷、钾搭配施用，15%农户主要使用磷酸二铵、碳酰胺、硫酸锌。生物肥、叶面肥等也有了较大范围的推广应用，硫酸锌等微肥施用比例60%；生物钾肥主要用于瓜菜等，施用比例在13%，叶面肥大田主要用于玉米苗期约占21%、水稻约占25%、大豆约占22%。

从作物看，玉米、水稻、大豆等整体施肥水平较高，而向日葵、杂豆、杂粮施肥水平较低；从地域看，花园乡、林甸镇、宏伟乡施肥量施肥水平较高，边远乡村施肥量较低。因此，边远乡村通过调整施肥量和施肥水平对作物的增产潜力很大。

第五节　耕地土壤养分与肥料施用存在的问题

一、化肥总量不足，品种结构不合理

虽然近几年林甸县化肥施用量增加较多，但若按单位面积计算，化肥施用量在黑龙江省处于中下水平。考虑到种植结构调整后水稻、玉米、经济作物等用肥量较多的作物面积增加，总用肥量仍将继续增加。除总量不足外，品种结构也不尽合理。仍有部分农户施用单一肥料。

二、耕地土壤养分失衡

本次耕地地力调查表明，林甸县耕地土壤中有机质和全氮含量降低，而土壤速效养分碱解氮、有效磷和速效钾增加的幅度比较大，这有利于土壤有效养分的供应。在微量元素中水溶性硼、铁较丰富，锌、镁、锰的含量较低，满足不了作物需求，508 个样本调查中有效锌含量 65％，低于临界值。另外 35％的土壤缺锌，因此应重视锌肥的施用。

三、重化肥轻农肥的倾向严重，有机肥投入少、质量差

目前，农业生产中普遍存在着重化肥轻农肥的现象，过去传统的积肥方法已不复存在。由于农村农业机械的普及，有机肥源相对集中在少量养殖户家中，这势必造成农肥施用的不均衡和施用总量的不足。由于农肥积造上没有专门场地，基本上是露天存放，风吹雨淋势必造成养分流失，使有效养分降低，影响有机肥的施用效果。

四、化肥的使用比例不合理

随着高产作物品种的普及推广，化肥的施用量逐年增加，但施用化肥数量并不是完全符合作物生长所需，化肥投入氮肥偏少，磷肥偏高，钾肥不足，造成了氮、磷、钾比例不平衡。加之施用方法不科学，特别是有些农民为了省工省时，未从耕地土壤的实际情况出发，实行一次性施肥不追肥，这样在保水保肥条件不好的瘠薄性地块，容易造成养分流失、脱肥，尤其是氮肥流失严重，降低肥料的利用率，作物高产限制因素未消除，大量的化肥投入并未发挥出群体增产优势，高投入未能获得高产出。因此，应根据林甸县各土壤类型的实际情况，有针对性地制定新的施肥指导意见。

五、平衡施肥服务不配套

平衡施肥技术已经普及推广了多年，并已形成一套比较完善的技术体系，但在实际应用过程中，技术推广与物资服务相脱节，购买不到所需肥料，造成平衡施肥难以发挥应有的科技优势。而我们在现有的条件下不能为农民提供测、配、产、供、施配套服务。今

后，我们要探索一条方便快捷、科学有效的技物相结合的服务体系。

第六节　平衡施肥规划和对策

一、林甸县耕地地力分级

依据《耕地地力调查与质量评价规程》，林甸县耕地划分为6个等级（附表1-6）。

附表1-6　各等级农田面积统计

单位：公顷

等级	一级	二级	三级	四级	五级	六级	合计
面积	17 557.60	18 571.40	28 463.80	31 476.90	35 742.20	13 373.90	145 185.80

根据各类土壤评等定级标准，把林甸县各类土壤划分为3个耕地类型：

1. 高产田　包括一级地和二级地。

2. 中产田　包括三级地和四级地。

3. 低产田　包括五级地和六级地。

二、根据3个耕地土壤类型制定林甸县作物平衡施肥总体规划

（一）玉米平衡施肥技术

玉米是林甸县第一主栽作物，年播种面积在10万公顷以上，占总播种面积的70%以上。林甸县是黑龙江省畜牧业大县，畜牧业的快速发展为玉米生产提供了巨大的发展空间。为了保证种植业和产业结构调整的需要，在保证种植面积的前提下，必须实施测土配方施肥，以提高玉米单产。

1. 配方施肥方法

（1）养分平衡法：（测土配方）根据氮、磷、钾肥的施肥参数，进行取土样化验分析，按“养分平衡”原理制定目标产量计算氮、磷、钾肥施用量。

$$\text{化肥施用量}=\frac{(\text{作物单位吸收量}\times\text{目标产量})-(\text{土壤养分测定值}\times 0.15\times\text{校正系数})}{\text{肥料养分含量}\times\text{肥料当季利用率}}$$

基础参数：

①每生产100千克玉米需要吸收氮2.50～4.00千克，五氧化二磷1.20～2.40千克，氧化钾3.50千克。

②土壤供肥系数（校正系数）。速效氮为，高肥力0.51，中肥力0.41，低肥力0.30；速效磷为，高肥力1.50，中肥力1.20，低肥力0.80；速效钾为，高肥力0.50，中肥力0.40，低肥力0.2。

③化肥利用率。氮肥，高肥力30%，中肥力40%～50%，低肥力60%；磷肥，高肥力10%、中肥力10%～20%、低肥力30%；钾肥，高肥力40%～50%、中肥力45%～55%，低肥力50%～60%。

（2）氮、磷、钾比例法：根据不同地力，实行分区划片配方比例，就是以地力分区划片为基础，以土定产、以产定肥。

（3）施用作物专用肥：采取制定配方，提供配方给厂家生产专用肥，使配方施肥技术简便易行地应用到田块。施用N∶P∶K＝18∶15∶12的玉米专用肥，亩施用15千克做底肥，5～10千克做种肥，于玉米大喇叭口期追磷酰胺10～15千克。同时，建议每亩施用硫酸锌1千克。

2. 玉米施肥技术　玉米的需肥规律从玉米内、外部发育特征看，玉米一生可划分为4个生育阶段：

（1）出苗阶段：出苗到第3片叶以前，这时玉米所需的养分主要由种子自身供给。

（2）出苗-拔节阶段：玉米从第4片叶开始，植株利用的养分才从土壤中吸收。这时的根系和叶面积都不发达，生长缓慢，吸收的养分较少。这时的吸氮量约占一生的2%，吸磷量约占一生的1%，吸钾量约占一生的3%。

（3）拔节-抽雄阶段：玉米从拔节开始，对营养元素的需要量逐渐增加，此时需氮量占一生的35%。五氧化二磷占一生的46%，氧化钾占一生的70%。

（4）抽雄-成熟阶段：抽雄期的玉米对养分的吸收量达到盛期，在仅占生育期的7%～8%的短暂时间里，对氮、磷的吸收量接近所需总量的20%，钾占28%左右。这一阶段植株的生育状况在很大程度上取决于前一生育期的养分供应及植株长势。

玉米籽粒灌浆期间同样须吸收较多养分，此期须吸收的氮量占一生吸氮量45%，五氧化二磷占35%。氮充足能延长叶片的功能期，稳定较大的绿叶面积，避免早衰，对增加粒重有重要作用。钾虽然在开花前都已吸收结束，但是吸收数量不足，会使果穗发育不良，顶部籽粒不饱满，出现败育或植株倒伏而减产。

3. 施肥模式　根据林甸县耕地地力等级、玉米种植方式、产量水平及有机肥使用情况，确定林甸县玉米平衡施肥技术指导意见（附表1-7）。

附表1-7　林甸县玉米不同地力等级施肥模式

地力等级		目标产量（千克/公顷）	有机肥（吨）	N（千克/公顷）	P_2O_5（千克/公顷）	K_2O（千克/公顷）	$N:P_2O_5:K_2O$
高产田	一级	>9 000.00	15.00	198.00	78.80	52.50	1∶0.40∶0.27
	二级	8 250.00～9 000.00	15.00	189.90	72.00	48.00	1∶0.38∶0.25
中产田	三级	7 500.00～8 250.00	15.00	164.60	65.30	43.50	1∶0.40∶0.26
	四级	6 750.00～7 500.00	15.00	156.50	58.50	39.00	1∶0.37∶0.25
低产田	五级	6 000.00～6 750.00	15.00	131.10	51.80	34.50	1∶0.39∶0.26
	六级	<6 000.00	15.00	123.00	45.00	30.00	1∶0.37∶0.24

在肥料施用上，提倡底肥、种肥和追肥相结合。氮肥：全部氮肥的1/3做底肥，2/3做追肥。磷肥：全部磷肥的60%做底肥，40%做种肥。钾肥：做底肥，随氮肥和磷肥深层施入。

（二）水稻平衡施肥技术

1. 配方施肥方法

（1）养分平衡法：（测土配方）根据氮、磷、钾肥的施肥参数，进行取土样化验分析，按“养分平衡”原理制定目标产量计算氮、磷、钾肥施用量：这一方法是在农技部门的指导下实施。

$$化肥施用量=\frac{（作物单位吸收量×目标产量）-（土壤养分测定值×0.15×校正系数）}{肥料养分含量×肥料当季利用率}$$

基础参数：

①每生产100千克稻谷须要吸收氮2.00～2.50千克，五氧化二磷1.50～2.50千克，氧化钾3.00～3.50千克。目标产量一般为500千克。

②土壤供肥系数（校正系数）。速效氮为0.24～0.33；速效磷为，高肥力0.8，中肥力0.60，低肥力0.20，速效钾为，高肥力0.65，中肥力为0.55，低肥力为0.45。

③化肥利用率。磷肥，高肥力20%，中肥力20%～40%，低肥力45%；氮肥，高肥力30%，中肥力40%～50%，低肥力60%；钾肥，高肥力40%，中肥力40%～50%，低肥力70%。

（2）氮、磷、钾比例法：根据不同的地力，实行分区划片配方比例，就是以地力分区划片为基础，以土定产、以产定肥，氮、五氧化二磷、氧化钾的比例一般按1.00∶0.4∶0.40的比例实施。根据大量试验，单产在550千克左右时，施纯氮8.40～10.50千克/亩；五氧化二磷3.40～4.30千克/亩；氧化钾3.40～4.30千克/亩较接近经济合理的施肥方案。折合碳酰胺18.30～22.80千克/亩；重过磷酸钙7.40～9.30千克/亩；氯化钾5.70～7.20千克/亩。

（3）施用作物专用肥：采取制定配方，提供配方给厂家生产专用肥，使配方施肥技术简便易行地应用到田块。施用N∶P∶K=15∶15∶15的水稻专用肥，亩施用22.50～27.50千克做基肥，补施尿素10～15千克作追肥，每亩补充锌肥2～3千克。

2. 水稻施肥技术 肥料的施用为农业近年来的快速增长做出了巨大的贡献。但是农户在施肥中还存在不少问题，如重氮肥轻磷钾肥，重化肥轻有机肥，不因地制宜施肥，不看苗施肥等，造成了肥料不必要的浪费，而该施的却又施肥不足，影响了农民种田效益的提高。下面就水稻的需肥特性、吸肥规律和施肥技术作一简要介绍。

（1）水稻的需肥特性：水稻各生育期的吸肥规律。水稻各生育期内的养分含量，一般是随着生育期的发展，植株干物质积累量的增加，氮、磷、钾含有率渐趋减少。但对不同营养元素、不同施肥水平和不同水稻类型，变化情况并不完全一样。据研究，稻体内的氮素含有率在分蘖期以后急剧下降，拔节以后比较平稳；含氮高峰，早稻一般在返青期，晚稻在分蘖期。但在供氮水平较高时，早、晚稻的含氮高峰期可分别延至分蘖期和拔节期。磷在水稻整个生育期内含量变化较小，为0.40%～1.00%，晚稻含量比早稻高，但含磷高峰期均在拔节期，以后逐渐减少。钾在稻体内的含有率，早稻高于晚稻，含钾量的变幅也是早稻大于晚稻，但含钾高峰均在拔节期。

水稻各生育阶段的养分与吸收量是不同的，且受品种、土壤、施肥、灌溉等栽培措施的影响，单季稻生育期长，一般存在2个吸肥高峰，分别相当于分蘖盛期和幼穗分化后期。

（2）施肥量与施肥期的决定：

①施肥量。水稻施肥量，可根据水稻对养分的需要量，土壤养分的供给量以及所施肥

料的养分含量和利用率进行全面考虑。水稻对土壤的依赖程度与土壤肥力关系密切，土壤肥力越高，土壤供给养分的比例越大。林甸县水稻土普遍缺氮，大部分缺磷，部分缺钾。为了充分发挥施化肥的增产效应，不仅要氮、磷、钾配合施用，还应推行测土配方施肥。我国稻区当季化肥利用率大致范围是：氮肥为30%～60%，磷肥为10%～25%，钾肥为40%～70%。

②施肥期的确定。水稻高产的施肥时期一般可分为基肥、分蘖肥、穗肥、粒肥4个时期。

基肥：水稻移栽前施入土壤的肥料为基肥，基肥要有机肥与无机肥相结合，达到既满足有效分蘖期内有较高的速效养分供应，又肥效稳长。氮肥作基肥，可提高肥效，减少逸失。基肥中氮的用量，因品种、栽培方法、栽培季节和土壤肥力而定。田肥的宜少些，田瘦的宜多些；缺磷、缺钾土壤，基肥中还应增施磷、钾肥。

分蘖肥：分蘖期是增加根数的重要时期，宜在施足基肥的基础上早施分蘖肥，促进分蘖，提高成穗率，增加有效穗。若稻田肥力水平高，底肥足，不宜多施分蘖肥。“三高一稳”栽培法及质量群体栽培法，其施肥特点就是减少前期施肥用量，增加中、后期肥料的比重，使各生育阶段吸收适量的肥料，达到平稳促进。

穗肥：根据追肥的时期和所追肥料的作用，可分为促花肥和保花肥。促花肥是在穗轴分化期至颖花分化期施用，此期施氮具促进枝梗和颖花分化的作用，增加每穗颖花数。保花肥是在花粉细胞减数分裂期稍前施用，防止颖花退化，增加茎鞘贮藏物积累的作用。穗肥的施用，除直接增大“产量容器”外，还可增强最后三片叶的光合功能，养根保叶，增加粒重，减少空秕粒，增“源”畅“流”的作用。前期营养水平高，穗肥应以保花肥为主，穗肥宜早施，做到促、保结合。

粒肥：粒肥具有延长叶片功能，提高光合强度，增加粒重，减少空秕粒的作用。尤其群体偏小的稻田及穗型大、灌浆期长的品种，施用粒肥显得更有意义。

（3）几种施肥法：

①“前促”施肥法。其特点是将全部肥料施于水稻生长前期，多采用重施基肥、早施攻蘖肥的分配方式，一般基肥占总施肥量的70%～80%，其余肥料在移栽返青后即全部施用。

②前促、中控、后补施肥法。注重稻田的早期施肥，强调中期限氮和后期氮素补给，一般基蘖肥占总肥量的80%～90%，穗、粒肥占10%～20%，适用于生育期较长，分蘖穗比重大的杂交稻。

③前稳、中促、后保施肥法。减少前期施氮量，中期重施穗肥，后期适当施用粒肥，一般基、蘖肥占总肥量的50%～60%。穗、粒肥占40%～50%。

林甸县水稻面积较少，但产量稳定，根据林甸县实际，提出水稻田施肥技术模式（附表1-8）。

根据水稻氮素的两个高峰期（分蘖期和幼穗分化期），采用前重、中轻、后补的施肥原则。前期40%的氮肥做底肥，分蘖肥占30%，粒肥占30%。磷肥：做底肥一次施入。钾肥：底肥和拔节肥各占50%。除氮、磷、钾肥外，水稻对锌、硅等微量元素需要量也较大，因此要适当施用硫酸锌和含硅等微肥，每亩施用量1千克左右。

附表 1-8 水稻施肥技术模式

地力等级	目标产量（千克/公顷）	有机肥（吨）	N（千克/公顷）	P_2O_5（千克/公顷）	K_2O（千克/公顷）	N、P、K 比例
高产田	8 625.00	15.00	150.00	60.00	60.00	1.00∶0.40∶0.40
中产天	7 875.00	15.00	145.00	56.00	56.00	1.00∶0.39∶0.39
低产田	7 125.00	15.00	123.00	50.50	50.50	1.00∶0.41∶0.41

（三）大豆平衡施肥技术

1. 大豆的需肥特点

（1）大豆自身有固氮作用：大豆生长发育需要的肥料由根瘤菌供给和从土壤中吸收。根瘤菌固定空气中的氮素为大豆利用，固氮作用高峰集中于开花至鼓粒期，开花前和鼓粒后期固氮能力较弱。

（2）大豆是需肥较多的作物：每生产 100 千克大豆，须吸收纯氮 6.50 千克，有效磷 1.50 千克，有效钾 3.20 千克。三者比例大致为 4∶1∶2，比水稻、玉米都高，而根瘤菌只能固定氮素，且供给大豆的氮也仅占大豆需氮量的 50%～60%。因此，还必须施用一定数量的氮、磷、钾才能满足其正常生长发育的需要。

（3）大豆的吸肥规律：大豆生长发育分为苗期、分枝期、结荚期、鼓粒期和成熟期，全生育期 90～130 天。其吸肥规律为：吸氮率，出苗和分枝期占全生育期吸氮总量的 15%，分枝至盛花期占 16.40%，盛花至结荚期占 28.30%，鼓豆期占 24%，开花至鼓粒期是大豆吸氮的高峰期；吸磷率，苗期至初花期占 17%，初花至鼓粒期占 70%，鼓粒至成熟期占 13%，大豆生长中期对磷的需要最多；吸钾率，开花前累计吸钾量占 43%，开花至鼓粒期占 39.50%，鼓粒至成熟期仍吸收 17.20%的钾。由此可见，开花至鼓粒期既是大豆干物质累积的高峰期，又是吸收氮磷钾养分的高峰期。

2. 大豆施肥技术

（1）多施有机肥：用较多的有机肥作底肥不仅有利于大豆生长发育，而且有利于根瘤菌的繁殖和根瘤的形成，增强固氮能力。大豆全生育周期亩施农家肥 1 500～2 000 千克，或商品有机肥 250～300 千克。

（2）巧施氮肥：大豆需氮虽多，但由于其自身具有固氮能力，因此须要施用的氮肥并不太多，关键是要突出一个“巧”字。

中等以下肥力的田块，适时适量施用氮肥有较好的增产效果，肥力较高的田块则不明显，施用过多不仅浪费，而且还会造成减产。一般地块每亩可施尿素 5 千克，高肥田可少施或不施氮肥，薄地用少量氮肥作种肥效果更好，有利于大豆壮苗和花芽分化。但种肥用量较少，且要做到肥种隔离，以免烧种。一般地块种肥亩施尿素 3～5 千克，同时配施10～15 千克过磷酸钙为宜，或每亩施碳酰胺 2～3 千克，加磷酸二铵 3 千克增产更明显。

根据林甸县大豆耕地地力分级结果，作物生育特性和需肥规律，提出大豆土施肥技术模式。

大豆施肥技术模式附表 1-9。

附表 1-9　大豆施肥模式

地力等级	有机肥（吨）	目标产量（千克/公顷）	N（千克/公顷）	P_2O_5（千克/公顷）	K_2O（千克/公顷）	N、P、K 比例
高产田	15.00	2 625.00	45.00	55.00	50.00	1.00∶1.22∶1.11
中产田	15.00	2 250.00	40.00	45.00	40.00	1.00∶1.13∶1.00
低产田	15.00	1 875.00	30.00	35.00	30.00	1.00∶1.17∶1.00

根据大豆需肥规律，肥料底肥占60%，种肥占40%。除氮、磷、钾肥外，在苗期喷两遍叶面肥。林甸县耕地土壤锌比较缺乏，因此要适当施用硫酸锌等微肥，每亩施用量1千克左右。

三、平衡施肥对策

林甸县通过开展耕地地力调查与质量评价、施肥情况调查和平衡施肥技术，总结出林甸县总体施肥概况为：有机肥施用量很少，化肥总量偏低，氮磷钾比例失调、施用方法不尽合理。具体表现在氮肥普遍偏低，磷肥投入偏高，钾和微量元素肥料相对不足。根据林甸县农业生产实际，科学合理施用的总的原则是增氮、减磷、加钾和补微。围绕种植业生产制定出平衡施肥的相应对策和措施。

1. 有机肥与无机肥的平衡施用，增施优质有机肥料，保持和提高土壤肥力　积极引导农民转变观念，从农业生产的长远利益和大局出发，加大有机肥积造数量，提高有机肥质量，扩大有机肥施用面积。在施肥环节上要加大有机肥料施用比重，扭转重无机肥轻有机肥的施肥习惯。有机肥养分齐全、肥效持久；化学肥料养分单一，但含量高，见效快。两者配合使用能取长补短，提高肥效。在工作措施上：一是要狠抓秸秆还田技术的推广应用，在根茬还田的基础上，逐步实现高根茬还田，秸秆还田，扩大秸秆还田面积。重点推广水稻、玉米秸秆腐熟剂的应用，增加土壤有机质含量。二是大力发展畜牧业，通过过腹还田，补充、增加堆肥、沤肥数量，提高肥料质量。三是大力推广畜禽养殖场，将粪肥工厂化处理，发展有机复合肥生产，实现有机肥的产业化、商品化。四是针对不同类型土壤制定出不同的技术措施，并对这些土壤进行跟踪化验，建立技术档案，设点监测观察结果。

2. 调整化肥施用结构　要改变目前“重氮、磷，轻钾、微肥”的传统施肥习惯。必须调整化肥施用结构，按照“增氮、减磷、加钾、补微，分次施用；有机肥当家，配方施用”的施肥思路，提高测土配方施肥的比重，减少磷酸二铵、过磷酸钙等单质肥的施用比重。

3. 加大平衡施肥的技术普及和配套服务　平衡施肥尚未真正全面实现。不同农户、不同作物、不同肥料之间还不平衡。一是大力推广测土配方施肥技术。让所有农户掌握此项技术。二是做好配套服务。推广平衡施肥技术，关键在技术和物资的配套服务，解决有方无肥、有肥不专的问题。必须实行“测、配、产、供、施”一条龙服务，通过配肥站的建立，生产出各施肥区域、各种作物所需的专用型肥料，农民依据配肥站提供的技术档案购买到自己所需的配方肥料，确保此项技术实施到位。

4. 实施耕地保养的长效机制　《黑龙江省耕地保养条例》虽然已颁布，但实际工作中并没有得到很好地执行。所以，为了加强耕地保养的管理，防止耕地质量下降，不断提高土壤肥力，切实保护耕地资源，建立科学耕地养护机制，使耕地发展利用向良性方向发展。各级人民政府应加强本行政区域内耕地保养的监督管理工作，并组织实施本条例。

附录 2　耕地地力评价与中低产田改良专题调查报告

第一节　概　　况

一、中低产田改良的必要性和可行性

我国土地资源及利用形势十分严峻，土地与人口、环境及发展的矛盾异常突出，造成这些矛盾的根本原因在于长期以来不合理的土地利用方式，如在土地开发中只注重外延开发而忽视内涵开发，片面追求耕地数量，忽视耕地质量的提高；在土地投入上重无机肥轻有机肥等。这种土地利用方式是以牺牲土地资源的综合生产能力为代价，走的是掠夺开发、粗放经营、低效浪费和生态破坏的不可持续道路。从发展农业，满足国民经济和人民生活需要的角度看，在我国人口不断增加，耕地不断减少的情况下，要保持农作物增长的态势，提高耕地单位面积的产量，确保土地资源的永续利用性，就必须加强对中低产田的改造和治理，挖掘中低产田的生产潜力，以实现土地资源的可持续利用和经济的可持续发展。

林甸县中低产田相对比较集中、水土资源比较丰富，开发潜力较大。对于旱地、瘠薄地、低洼地、盐碱地进行综合治理和开发，可以提高中低产田的单产，增加农作物的产量。

二、土地资源概况

林甸县 2010 年土地总面积 340 718 公顷，耕地面积 165 800 公顷，本次耕地地力评价面积 145 185.80 公顷，涉及 85 个行政村，占耕地面积的 94.67%。耕地土壤主要为黑钙土和草甸土。占全部耕地面积的 95%以上。

三、农业生产概况

林甸县是产粮大县，同时也是畜牧业大县。林甸县作物有玉米、水稻、高粱、谷子、小麦、糜子、马铃薯、葵花、大豆、杂豆、蔬菜等。近几年，种植作物主要为玉米、水稻、杂豆、蔬菜等。种植制度为一年一熟。据林甸县统计局统计，2010 年，玉米种植面积 133 282 公顷，总产 1 242 935 吨，单产 9 326 千克/公顷；水稻 8 008 公顷，总产79 020 吨，单产 9 868 千克/公顷；豆类 4 024 公顷，总产 8 156 吨，单产 2 116 千克/公顷。

第二节　中低产田类型

一、林甸县耕地等级划分

1. 一级地　林甸县一级地总面积 17 557.60 公顷，占耕地总面积的 12.09%，主要分

布在宏伟、红旗、三合、四合 4 个乡（镇）。其中，宏伟乡面积最大，为 4 761.70 公顷，占一级地总面积的 27.12%，占本乡面积的 47.33%；其次是四合乡，为 2 499.60 公顷，占一级地总面积的 14.24%，占本乡面积的 11.84%；第三是三合乡，面积 2 476.10 公顷，占一级地面积的 14.10%，占本乡耕地的 13.14%（附表 2 - 1）。

附表 2 - 1　林甸县一级地行政分布面积统计

乡（镇）	耕地面积（公顷）	一级地面积（公顷）	占全县一级地面积（%）	占全县耕地面积（%）	占本乡耕地面积（%）
林甸镇	9 868.80	1 722.80	9.81	1.19	17.46
红旗镇	13 089.00	2 094.20	11.93	1.44	16.00
东兴乡	25 112.20	1 345.10	7.66	0.93	5.36
宏伟乡	10 060.80	4 761.70	27.12	3.28	47.33
三合乡	18 843.10	2 476.10	14.10	1.71	13.14
花园镇	25 660.80	1 738.10	9.90	1.20	6.77
四合乡	21 118.00	2 499.60	14.24	1.72	11.84
四季青镇	21 433.10	920.00	5.24	0.63	4.29

林甸县一级地土壤类型主要是黑钙土和草甸土。黑钙土 16 815.10 公顷，占全县一级耕地面积的 92.18%，占黑钙土耕地面积的 12.82%；草甸土 721.10 公顷，占全县一级地面积 4.11%，占草甸土耕地面积的 6.95%。二者共占 96.29%。只有很少部分碱土、盐土（附表 2 - 2、附图 2 - 1）。

附表 2 - 2　林甸县一级地土壤分布面积统计

土壤类型	耕地面积（公顷）	一级地面积（公顷）	占全县一级地面积（%）	占本土类耕地面积（%）
黑钙土	131 187.90	16 815.10	95.77	12.82
草甸土	10 370.70	721.10	4.11	6.95
碱　土	955.70	11.50	0.07	1.15
盐　土	2 257.30	9.90	0.06	0.44
风沙土	414.20	—	—	—
合　计	145 185.80	17 557.60		

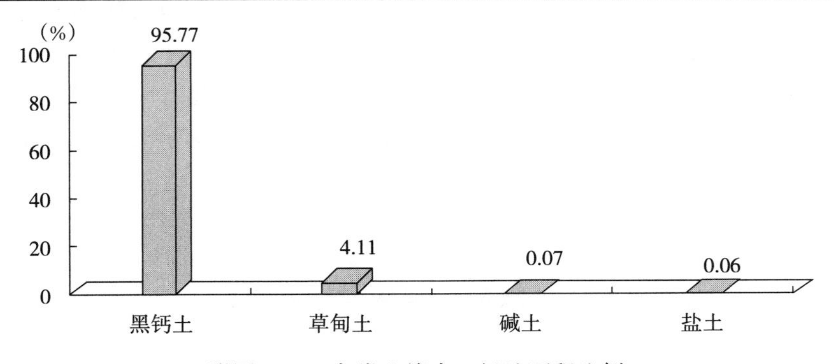

附图 2 - 1　各类土壤占一级地面积比例

一级地耕层较深，一般在20厘米以上。结构较好，多为团粒状结构，质地适宜，一般为轻壤土或中壤土。容重适中，平均值为1.11克/立方厘米。pH大部分为7.50～7.90。土壤有机质含量高，平均值为38.30克/千克，养分丰富。有效磷平均值为34.20毫克/千克，速效钾平均值为308.70毫克/千克。该级地属高肥广适应性土壤，适于种植玉米、大豆、水稻等高产作物，产量水平较高，一般在9 000千克/公顷以上。一级地相当于国家四级地，相当于省级一级地。但林甸县一级地面积较少，占总面积的12.10%（附表2-3）。

附表2-3　一级地耕地土壤理化性状统计

项　目	平均值	样本值分布范围
有机质（克/千克）	38.30	32.80～64.20
全氮（克/千克）	1.80	1.38～2.39
全磷（毫克/千克）	648.20	293.00～1 289.00
全钾（克/千克）	27.90	22.20～33.08
有效氮（毫克/千克）	262.30	151.20～369.90
有效磷（毫克/千克）	34.20	21.60～55.70
速效钾（毫克/千克）	308.70	163.00～467.00
有效锌（毫克/千克）	1.67	0.76～2.28
pH	7.76	7.49～7.95
含盐量（克/千克）	0.33	0.28～0.38
耕层厚度（厘米）	20.00	16.00～24.00
容重（克/立方厘米）	1.11	1.01～1.21
田间持水量（%）	41.00	31.00～48.00

2. 二级地　林甸县二级地总面积18 571.40公顷，占总耕地面积的12.79%，主要分布在花园、红旗、三合、宏伟4个乡（镇）。其中，花园镇面积最大，为4 425.70公顷，占二级地总面积的23.83%，占本乡面积的17.25%；其次是三合乡，为3 089.80公顷，占二级地总面积的16.64%，占本乡面积的16.40%；宏伟乡2 887.30公顷，占二级地面积的15.55%，占本乡面积的28.70%；红旗镇2 766.60公顷，占二级地面积的14.90%，占本乡面积的21.14%（附表2-4）。

附表2-4　林甸县二级地行政分布面积统计

乡（镇）	耕地面积（公顷）	二级地面积（公顷）	占全县二级地面积（%）	占全县耕地面积（%）	占本乡耕地面积（%）
林甸镇	9 868.80	1 100.60	5.93	0.76	11.15
红旗镇	13 089.00	2 766.60	14.90	1.91	21.14
东兴乡	25 112.20	1 358.90	7.32	0.94	5.40
宏伟乡	10 060.80	2 887.30	15.55	1.99	28.70

（续）

乡（镇）	耕地面积（公顷）	二级地面积（公顷）	占全县二级地面积（%）	占全县耕地面积（%）	占本乡耕地面积（%）
三合乡	18 843.10	3 089.80	16.64	2.13	16.40
花园镇	25 660.80	4 425.70	23.83	3.05	17.25
四合乡	21 118.00	1 618.00	8.71	1.11	7.66
四季青镇	21 433.10	1 324.50	7.13	0.91	6.18

二级地土壤类型主要以黑钙土、草甸土为主。其中，黑钙土面积最大，为 16 586 公顷，占二级地总面积的 89.31%，占本土类面积的 12.64%；草甸土为 1 781.70 公顷，占二级地面积的 9.59%，占本土类面积的 17.18%；碱土面积 196.20 公顷，占本土类面积的 20.53%（附表 2-5、附图 2-2）。

附表 2-5　全县二级地土壤分布面积统计

土壤类型	耕地面积（公顷）	二级地面积（公顷）	占全县二级地面积（%）	占本土类耕地面积（%）
黑钙土	131 187.90	16 586.00	89.31	12.64
草甸土	10 370.70	1 781.70	9.59	17.18
碱　土	955.70	196.20	1.06	20.53
盐　土	2 257.30	7.50	0.04	0.33
风沙土	414.20	—	—	—
合　计	145 185.80	18 571.40		

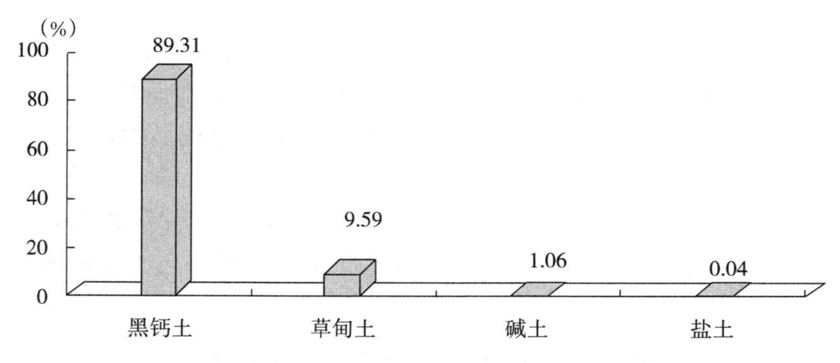

附图 2-2　各类土壤占二级地面积比例

二级地耕层较深，一般在 18 厘米以上。结构较好，多为团粒状结构。质地适宜，一般为中壤土。容重适中，平均值为 1.15 克/立方厘米。pH 大部分为 7.62～8.04。土壤全氮含量高，平均值为 1.67 克/千克，养分丰富。有效磷平均值为 29.73 毫克/千克，速效钾平均值为 261.40 毫克/千克（附表 2-6）。该级地属高肥广适应性土壤，适于种植玉米、大豆、水稻等高产作物，产量水平较高，一般在 8 250～9 000 千克/公顷。二级地相当于国家的五级地，相当于省级的一级地。

附表 2-6　二级地耕地土壤理化性状统计

项　目	平均值	样本值分布范围
有机质（克/千克）	34.56	29.40～39.30
全氮（克/千克）	1.67	1.33～2.10
全磷（毫克/千克）	668.84	297.00～1 121.00
全钾（克/千克）	27.64	21.99～33.09
有效氮（毫克/千克）	206.20	136.10～355.70
有效磷（毫克/千克）	29.73	18.10～41.00
速效钾（毫克/千克）	261.40	153.00～448.00
有效锌（毫克/千克）	1.54	0.76～1.99
pH	7.85	7.62～8.04
含盐量（克/千克）	0.33	0.28～0.40
耕层厚度（厘米）	18.00	16.00～22.00
容重（克/立方厘米）	1.15	1.01～1.26
田间持水量（%）	36.00	26.00～46.00

3. 三级地　林甸县三级地总面积 28 463.80 公顷，占耕地总面积的 19.61%，主要分布在四合、花园、四季青、红旗 4 个乡（镇）。其中，四合乡面积最大，为 6 459.10 公顷，占三级地总面积的 22.69%，占本乡面积的 30.59%；其次是花园镇，为 6 201.40 公顷，占三级地总面积的 21.79%，占本乡面积的 24.17%；四季青镇面积 4 780.70 公顷，占全县三级地面积的 16.80%，占本乡面积的 23.31%；红旗镇三级地面积 3 656 公顷，占全县三级地面积的 12.84%，占本乡面积的 27.93%（附表 2-7）。

附表 2-7　林甸县三级地行政分布面积统计

乡（镇）	耕地面积（公顷）	三级地面积（公顷）	占全县三级地面积（%）	占全县耕地面积（%）	占本乡耕地面积（%）
林甸镇	9 868.80	2 092.80	7.35	1.44	21.21
红旗镇	13 089.00	3 656.00	12.84	2.52	27.93
东兴乡	25 112.20	2 268.40	7.97	1.56	9.03
宏伟乡	10 060.80	1 087.10	3.82	0.75	10.81
三合乡	18 843.10	1 918.30	6.74	1.32	10.18
花园镇	25 660.80	6 201.40	21.79	4.27	24.17
四合乡	21 118.00	6 459.10	22.69	4.45	30.59
四季青镇	21 433.10	4 780.70	16.80	3.29	22.31

三级地以土壤类型主要以黑钙土、草甸土为主。其中，黑钙土面积最大，为 26 358.10公顷，占三级地总面积的 92.60%，占本土类面积的 20.09%；草甸土为 1 746.30公顷，占三级地面积的 6.14%，占本土类面积的 16.84%；碱土 121.40 公顷，占三级地的 0.43%，占本土类面积的 12.70%；风沙土 224.10 公顷，占三级地面积的

0.79%，占本土类面积的54.10%（附表2-8、附图2-3）。

附表2-8 林甸县三级地土壤分布面积统计

土壤类型	耕地面积（公顷）	三级地面积（公顷）	占全县三级地面积（%）	占本土类耕地面积（%）
黑钙土	131 187.90	26 358.10	92.60	20.09
草甸土	10 370.70	1 746.30	6.14	16.84
碱　土	955.70	121.40	0.43	12.70
盐　土	2 257.30	13.90	0.05	0.62
风沙土	414.20	224.10	0.79	54.10
合　计	145 185.80	28 463.80		

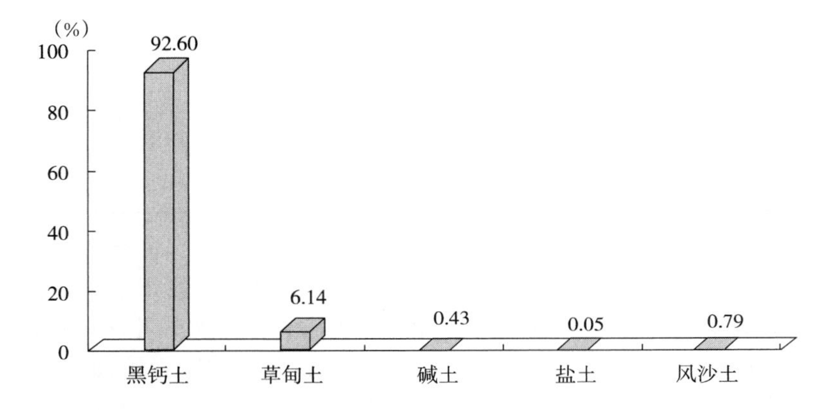

附图2-3 各类土壤占三级地面积比例

三级地耕层平均17厘米。结构较好，多为团粒状结构。质地较适宜，一般为中壤土或重壤土。容重适中，平均为1.21克/立方厘米。pH大部分为7.71～8.29。土壤全氮含量较高，平均为1.63克/千克，养分较丰富。有效磷平均为25.50毫克/千克，速效钾平均为226.90毫克/千克。该级地属中等肥力土壤，比较适于种植玉米、大豆等高产作物，产量水平较高，一般在7 500～8 250千克/公顷以上。三级地相当于国家的五级地，相当于省级的一级地，面积较大（附表2-9）。

附表2-9 三级地耕地土壤理化性状统计表

项　　目	平均值	样本值分布范围
有机质（克/千克）	32.23	26.20～38.10
全氮（克/千克）	1.63	1.19～2.13
全磷（毫克/千克）	664.17	293.00～1 282.00
全钾（克/千克）	27.34	22.00～33.04
有效氮（毫克/千克）	167.80	105.50～288.40
有效磷（毫克/千克）	25.50	16.00～37.30
速效钾（毫克/千克）	226.90	116.00～408.00
有效锌（毫克/千克）	1.35	0.63～1.89

（续）

项 目	平均值	样本值分布范围
pH	7.95	7.71～8.29
含盐量（克/千克）	0.36	0.28～0.46
耕层厚度（厘米）	17.00	14.00～20.00
容重（克/立方厘米）	1.21	1.02～1.30
田间持水量（%）	32.00	22.00～40.00

4. 四级地 林甸县四级地总面积 31 476.90 公顷，占总耕地面积的 21.68%，主要分布在四合、四季青、花园、林甸等乡（镇）。其中，四合乡面积最大，为 7 304.20 公顷，占四级地总面积的 23.20%，占本乡面积的 34.59%；其次是四季青镇，为 6 779.40 公顷，占四级地总面积的 21.54%，占本乡面积的 31.63%；花园镇 6 483.40 公顷，占全县四级地面积的 20.60%，占本乡面积的 25.27%；林甸镇 3 821.30 公顷，占全县四级地面积的 12.14%，占本乡面积的 38.72%（附表 2-10）。

附表 2-10 林甸县四级地行政分布面积统计

乡（镇）	耕地面积（公顷）	四级地面积（公顷）	占全县四级地面积（%）	占全县耕地面积（%）	占本乡耕地面积（%）
林甸镇	9 868.80	3 821.30	12.14	2.63	38.72
红旗镇	13 089.00	1 530.60	4.86	1.05	11.69
东兴乡	25 112.20	2 398.90	7.62	1.65	9.55
宏伟乡	10 060.80	986.00	3.13	0.68	9.80
三合乡	18 843.10	2 173.10	6.90	1.50	11.53
花园镇	25 660.80	6 483.40	20.60	4.47	25.27
四合乡	21 118.00	7 304.20	23.20	5.03	34.59
四季青镇	21 433.10	6 779.40	21.54	4.67	31.63

土壤类型主要以黑钙土、草甸土为主。其中，黑钙土面积最大，为 27 398.20 公顷，占四级地总面积的 87.04%。草甸土为 2 945 公顷，占四级地面积的 9.36%。盐土 1 078.80公顷，占四级地的 3.43%（附表 2-11、附图 2-4）。

附表 2-11 林甸县四级地土壤分布面积统计

土壤类型	耕地面积（公顷）	四级地面积（公顷）	占全县四级地面积（%）	占本土类耕地面积（%）
黑钙土	131 187.90	27 398.20	87.04	20.88
草甸土	10 370.70	2 945.00	9.36	28.40
碱 土	955.70	12.40	0.04	1.30
盐 土	2 257.30	1 078.80	3.43	47.79
风沙土	414.20	42.50	0.14	10.26
合 计	145 185.80	31 476.90		

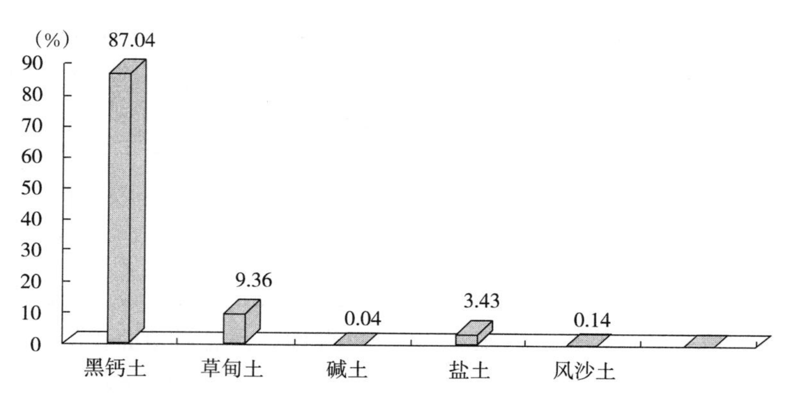

附图 2-4　各类土壤占四级地面积比例

四级地耕层较浅，平均在 16 厘米左右。土壤结构较差，多为块状结构。质地较差，一般为重壤土、轻黏或沙壤土。容重平均为 1.25 克/立方厘米。pH 大部分为 7.83～8.26。土壤全氮含量较低，平均为 1.59 克/千克，养分稍低。有效磷平均为 22.80 毫克/千克 ，速效钾平均为 196.50 毫克/千克。该级地属低产土壤，能够种植玉米、大豆、杂粮等作物，产量水平较低，一般产量在 6 750～7 500 千克/公顷。归并国家耕地地力标准，相当于六级地，与省级一级地相当。四级地土壤理化性状见附表 2-12。

附表 2-12　四级地耕地土壤理化性状统计

项　　目	平均值	样本值分布范围
有机质（克/千克）	29.70	24.90～35.00
全氮（克/千克）	1.59	1.14～2.47
全磷（毫克/千克）	657.74	308.00～1 305.00
全钾（克/千克）	27.64	22.09～32.58
有效氮（毫克/千克）	143.70	100.50～204.75
有效磷（毫克/千克）	22.80	15.70～31.70
速效钾（毫克/千克）	196.50	96.00～327.00
有效锌（毫克/千克）	1.17	0.58～1.69
pH	8.04	7.83～8.26
含盐量（克/千克）	0.39	0.32～0.47
耕层厚度（厘米）	16.00	14.00～18.00
容重（克/立方厘米）	1.25	1.18～1.32
田间持水量（%）	28.00	20.00～35.00

5. 五级地　林甸县五级地总面积 35 742.20 公顷，占耕地总面积的 24.62%，主要分布在东兴、四季青、三合、花园等乡（镇）。其中，东兴乡面积最大，为 8 856.10 公顷，占五级地总面积的 24.78%，占本乡面积的 35.27%；其次是四季青镇，为 6 872.30 公顷，占五级地总面积的 19.23%，占本乡面积的 32.06%；三合乡 6 837.40 公顷，占五级地总面积的 19.13%，占本乡面积的 36.29%；花园镇 6 716.90 公顷，占五级地总面积的

18.79%，占本乡面积的 26.18%（附表 2-13）。

附表 2-13　全县五级地行政分布面积统计

乡（镇）	耕地面积（公顷）	五级地面积（公顷）	占全县五级地面积（%）	占全县耕地面积（%）	占本乡耕地面积（%）
林甸镇	9 868.80	630.50	1.76	0.43	6.39
红旗镇	13 089.00	2 293.40	6.42	1.58	17.52
东兴乡	25 112.20	8 856.10	24.78	6.10	35.27
宏伟乡	10 060.80	338.70	0.95	0.23	3.37
三合乡	18 843.10	6 837.40	19.13	4.71	36.29
花园镇	25 660.80	6 716.90	18.79	4.63	26.18
四合乡	21 118.00	3 196.90	8.94	2.20	15.14
四季青镇	21 433.10	6 872.30	19.23	4.73	32.06

土壤类型为黑钙土、草甸土。其中，黑钙土面积最大，为 32 022.80 公顷，占五级地总面积的 89.59%，占本土类面积的 24.41%；草甸土为 1 810.40 公顷，占五级地面积的 5.07%，占本土类面积的 17.46%；盐土 1 147.20 公顷，占五级地面积的 3.21%，占本土类面积的 50.82%（附表 2-14）。

附表 2-14　全县五级地土壤分布面积统计

土壤类型	耕地面积（公顷）	五级地面积（公顷）	占全县五级地面积（%）	占本土类耕地面积（%）
黑钙土	131 187.90	32 022.80	89.59	24.41
草甸土	10 370.70	1 810.40	5.07	17.46
碱　土	955.70	614.20	1.72	64.27
盐　土	2 257.30	1 147.20	3.21	50.82
风沙土	414.20	147.60	0.41	35.63
合　计	145 185.80	35 742.20		

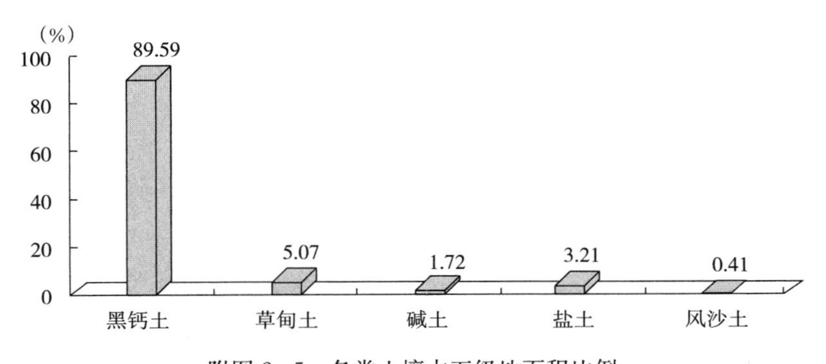

附图 2-5　各类土壤占五级地面积比例

五级地耕层较浅，一般在 15 厘米左右。土壤结构差。质地差，多为轻黏土。容重适中，平均为 1.29 克/立方厘米。pH 大部分为 7.87～8.49。土壤全氮含量低，平均为 1.45

克/千克，养分低。有效磷平均为 19.10 毫克/千克 ，速效钾平均为 154.60 毫克/千克。该级地属低产土壤，可以种植杂粮等耐瘠薄作物，产量水平较低，一般在 6 000～6 750 千克/公顷。五级地相当于国家的六级地，省级的二级地（附表 2 - 15）。

附表 2 - 15　五级地耕地土壤理化性状统计

项　目	平均值	样本值分布范围
有机质（克/千克）	25.40	17.60～33.40
全氮（克/千克）	1.45	0.99～2.21
全磷（毫克/千克）	651.82	294.00～1 285.00
全钾（克/千克）	27.63	22.19～33.11
有效氮（毫克/千克）	122.80	75.40～163.90
有效磷（毫克/千克）	19.10	9.60～29.50
速效钾（毫克/千克）	154.60	64.00～283.00
有效锌（毫克/千克）	0.96	0.33～1.67
pH	8.15	7.87～8.49
含盐量（克/千克）	0.41	0.34～0.52
耕层厚度（厘米）	15.00	14.00～17.00
容重（克/立方厘米）	1.29	1.17～1.39
田间持水量（%）	25.00	16.00～31.00

6. 六级地　林甸县六级地总面积 13 373.90 公顷，占耕地总面积的 9.21%，主要分布在东兴、三合等乡（镇）。其中，东兴乡面积最大，为 8 884.80 公顷，占六级地总面积的 66.43%，占本乡面积的 35.38%；其次是三合乡 2 348.30 公顷，占六级地总面积的 17.56%，占本乡面积的 12.46%（附表 2 - 16）。

附表 2 - 16　林甸县六级地行政分布面积统计

乡（镇）	耕地面积（公顷）	六级地面积（公顷）	占全县六级地面积（%）	占全县耕地面积（%）	占本乡耕地面积（%）
林甸镇	9 868.80	500.80	3.74	0.34	5.07
红旗镇	13 089.00	748.20	5.59	0.52	5.72
东兴乡	25 112.20	8 884.80	66.43	6.12	35.38
宏伟乡	10 060.80	—	—	—	—
三合乡	18 843.10	2 348.40	17.56	1.62	12.46
花园镇	25 660.80	95.30	0.71	0.07	0.37
四合乡	21 118.00	40.20	0.30	0.03	0.19
四季青镇	21 433.10	756.20	5.65	0.52	3.53

土壤类型为黑钙土、草甸土。其中，黑钙土面积为 12 007.78 公顷，占六级地总面积的 89.78%，占本土类面积的 9.15%；草甸土为 1 366.20 公顷，占六级地面积的 10.22%，占本土类面积的 13.17%（附表 2 - 17、附图 2 - 5）。

附表 2-17　林甸县六级地土壤分布面积统计

土壤类型	耕地面积（公顷）	六级地面积（公顷）	占全县六级地面积（%）	占本土类耕地面积（%）
黑钙土	131 187.90	12 007.70	89.78	9.15
草甸土	10 370.70	1 366.20	10.22	13.17
碱　土	955.70			
盐　土	2 257.30	—	—	—
风沙土	414.20	—	—	—
合　计	145 185.80	13 373.90		

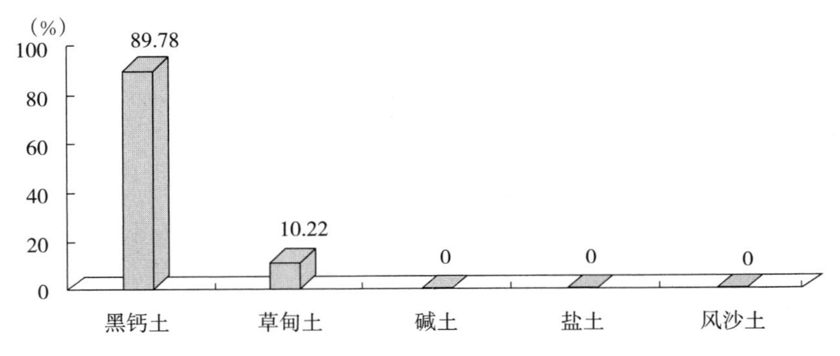

附图 2-6　各类土壤占六级地面积比例

六级地耕层较浅，一般在 14 厘米左右。土壤结构差。质地差，多为轻黏土。容重较大，平均为 1.34 克/立方厘米。pH 大部分为 8.02～8.53。土壤全氮含量低，平均值为 0.98 克/千克，养分低。有效磷平均为 13 毫克/千克 ，速效钾平均为 97.90 毫克/千克。该级地属低产土壤，可以种植杂粮等耐瘠薄作物，产量水平较低，一般低于 6 000 千克/公顷。六级地相当于国家的七级地，省级的三级地（附表 2-18)。

附表 2-18　六级地耕地土壤理化性状统计

项　　目	平均值	样本值分布范围
有机质（克/千克）	15.94	8.30～24.80
全氮（克/千克）	0.98	0.40～1.57
全磷（毫克/千克）	615.87	317.00～1 292.00
全钾（克/千克）	27.77	22.42～32.91
有效氮（毫克/千克）	96.10	75.00～126.00
有效磷（毫克/千克）	13.00	7.90～19.40
速效钾（毫克/千克）	97.90	62.00～215.00
有效锌（毫克/千克）	0.61	0.23～0.90
pH	8.34	8.02～8.53
含盐量（克/千克）	0.43	0.36～0.55
耕层厚度（厘米）	14.00	13.00～16.00
容重（克/立方厘米）	1.34	1.29～1.39
田间持水量（%）	20.00	16.00～25.00

一级地 295 个单元，占 10.90%，面积 17 557.60 公顷，占总耕地面积的 12.09%；二级地 432 个单元，占 15.90%，面积 18 571.40 公顷，占总耕地面积的 12.79%；三级地 546 个单元，占 20.10%，面积 28 463.80 公顷，占总耕地面积的 19.61%；四级地 562 个单元，占 20.70%，面积 31 476.90 公顷，占总耕地面积的 21.68%；五级地 663 个单元，占 24.40%，面积 35 742.20 公顷，占总耕地面积的 24.62%；六级地 216 个单元，占 8%，面积 13 373.90 公顷，占总耕地面积的 9.21%（表 5-1）。

一级、二级地属高产田土壤，面积共 36 129 公顷，占总耕地面积的 24.88%；三级、四级为中产田土壤，面积为 59 940.70 公顷，占总耕地面积的 41.29%；五级、六级为低产田土壤，面积 49 116.10 公顷，占总耕地面积的 33.83%。中低产田合计 109 056.80 公顷，占总耕地面积的 75.12%。

二、中低产田划分标准

1. 定义

（1）中低产田：存在各种制约农业生产的土壤障碍因素，产量相对低而不稳的耕地。

（2）中低产田改良：通过工程、生物、农艺、化学等综合措施，消除或减轻中低产田土壤限制农业产量提高的各种障碍的因素，提高耕地基础地力的措施。

2. 中低产田类型 根据《全国中低产田类型划分与改良技术规范》的规定，将林甸县中低产田划分为以下 4 种：干旱灌溉型、瘠薄培肥型、盐碱耕地型、渍涝排水型。

三、中低产田类型面积

通过耕地地力评价，确定了林甸县 4 种中低产田类型，总面积 109 056.80 公顷。其中，干旱灌溉型 45 303.90 公顷，盐碱耕地型 15 281.80 公顷，瘠薄培肥型 24 208.20 公顷，渍涝排水型面积 24 262.90 公顷。各类型面积见附表 2-19。

附表 2-19 林甸县各中低产田类型面积

单位：公顷

类型	干旱灌溉型	盐碱耕地型	瘠薄培肥型	渍涝排水型	合计
面积	45 303.90	15 281.80	24 208.20	24 262.90	109 056.80

四、中低产田分布

1. 类型面积分布 林甸县各乡（镇）各种中低产田类型均有一定面积。其中，东兴乡、四季青镇面积较大（附表 2-20）。

2. 中低产田产生原因 中低产田类型不同，产生原因也不尽相同。

（1）干旱灌溉型：林甸县位于黑龙江省西部风沙盐碱干旱地区，年降水量为 420 毫米左右，而蒸发量为 1 652.50 毫米，是降水量的 3.90 倍，正常年份十年九春旱。境内河流少，地表水不足，灌溉主要依靠井水，而在有些耕地内还没有灌溉设施，这部分耕地只能靠降雨（附表 2-21）。

附表 2-20　林甸县各乡（镇）中低产田类型面积

单位：公顷

乡（镇）	干旱灌溉型	盐碱耕地型	瘠薄培肥型	渍涝排水型	合　计
林甸镇	3 505.60	1 852.60	1 168.50	518.70	7 045.40
红旗镇	1 788.70	1 669.50	3 339.00	1 4310.00	8 228.20
东兴乡	9 742.70	974.30	1 948.50	9 742.70	22 408.20
宏伟乡	574.30	382.80	478.50	976.20	2 411.80
三合乡	6 792.90	2 068.70	2 856.40	1 559.20	13 277.20
花园镇	9 904.80	3 127.90	4 691.80	1 772.50	19 497.00
四合乡	6 442.70	4 269.90	5 045.40	1 242.40	17 000.40
四季青镇	6 552.20	936.10	4 680.10	7 020.20	19 188.60
合计	45 303.90	15 281.80	24 208.20	24 262.90	109 056.80

附表 2-21　各乡（镇）干旱灌溉型耕地比例

乡（镇）	耕地面积（公顷）	中低产田面积（公顷）	干旱灌溉型（公顷）	占本乡耕地面积（%）	占本乡中低产田面积（%）
林甸镇	9 868.80	7 045.40	3 505.60	35.52	49.75
红旗镇	13 089.00	8 228.20	1 788.70	13.67	21.74
东兴乡	25 112.20	22 408.20	9 742.70	38.80	43.48
宏伟乡	10 060.80	2 411.80	574.30	5.71	23.81
三合乡	18 843.10	13 277.20	6 792.90	36.05	51.16
花园镇	25 660.80	19 497.00	9 904.80	38.60	50.80
四合乡	21 118.00	17 000.40	6 442.70	30.51	37.90
四季青镇	21 433.10	19 188.60	6 552.20	30.57	34.15
合计	145 185.80	109 056.80	45 303.90	31.20	41.54

（2）瘠薄培肥型：一是林甸县土壤类型为薄层碳酸盐草甸黑钙土，黑土层薄，养分含量低；二是长期投入不足，特别是家庭承包经营后有机养分投入剧减，重产出，轻投入；三是耕作栽培管理粗放，特别是小农机具的大量使用，耕层变薄，犁底层变厚，耕层养分库变小（附表 2-22）。

附表 2-22　各乡（镇）瘠薄培肥型耕地比例

乡（镇）	耕地面积（公顷）	中低产田面积（公顷）	瘠薄培肥型（公顷）	占本乡耕地面积（%）	占本乡中低产田面积（%）
林甸镇	9 868.80	7 045.40	1 168.50	11.84	16.59
红旗镇	13 089.00	8 228.20	3 339.00	25.51	40.58

（续）

乡（镇）	耕地面积（公顷）	中低产田面积（公顷）	瘠薄培肥型（公顷）	占本乡耕地面积（%）	占本乡中低产田面积（%）
东兴乡	25 112.20	22 408.20	1 948.50	7.76	8.70
宏伟乡	10 060.80	2 411.80	478.50	4.76	19.84
三合乡	18 843.10	13 277.20	2 856.40	15.16	21.51
花园镇	25 660.80	19 497.00	4 691.80	18.28	24.06
四合乡	21 118.00	17 000.40	5 045.40	23.89	29.68
四季青镇	21 433.10	19 188.60	4 680.10	21.84	24.39
合计	145 185.80	109 056.80	24 208.20	16.67	22.20

（3）盐碱耕地型：林甸耕地有部分盐渍化土壤，其妨碍农业生产发展的主要有害性状可归纳如下：一是低洼内涝。“盐随水来”，平原洼地，排水不畅，容易发生盐渍化。二是含盐量大。盐分对作物等所引起的危害，是因为土体含盐过多，妨碍水分进入植株体内，引起生理缺水；或过多的盐分进入植株，使组织破坏、丧失正常功能。特别是苏打盐渍土，含有大量的碳酸钠与重碳酸钠，危害更大，当含量超过 1/10 000 时，即表现为毒害作用，而且，这两种盐类能随温度、湿度的变化而互相转化，当温度增高、土壤变干时，则由重碳酸钠转化为危害极大的碳酸钠。三是酸碱度高。盐渍土的酸碱度都偏高，高达 8～9 以上，属碱性或强碱性，严重危害作物生长，降低土壤养分的有效性，使有效养分变成无效状态，或直接危害植株组织。四是代换性钠高。盐渍土的代换性钠含量都较大，使土壤理化性质显著变坏。盐分含量较高，pH 高，造成土壤理化性状变差，影响了土壤养分的释放，也影响了作物对养分的吸收利用（附表 2-23）。

附表 2-23　各乡（镇）盐碱耕地型耕地比例

乡（镇）	耕地面积（公顷）	中低产田面积（公顷）	盐碱耕地型（公顷）	占本乡耕地面积（%）	占本乡中低产田面积（%）
林甸镇	9 868.80	7 045.40	1 852.60	18.77	26.30
红旗镇	13 089.00	8 228.20	1 669.50	12.75	20.29
东兴乡	25 112.20	22 408.20	974.30	3.88	4.35
宏伟乡	10 060.80	2 411.80	382.80	3.80	15.87
三合乡	18 843.10	13 277.20	2 068.70	10.98	15.58
花园镇	25 660.80	19 497.00	3 127.90	12.19	16.04
四合乡	21 118.00	17 000.40	4 269.90	20.22	25.12
四季青镇	21 433.10	19 188.60	936.10	4.37	4.88
合计	145 185.80	109 056.80	15 281.80	10.53	14.01

（4）渍涝排水型：林甸县大地形较为平坦，但是小地形变化较为复杂，平原中稍高处与低处相对高差 0.20～1.50 米，多钱褡子地。平地稍低处分布有闭合蝶形洼地，即通常所说的锅底坑。闭合锅底坑星罗棋布，到处可见。平地和蝶形洼地相间分布，径流滞缓，多雨季节或丰水年降大雨，排水不畅，集涝成灾。林甸县地貌为冲积、洪积台地。特点是

海拔低，高差小，坡降缓，大平小不平，排水困难（附表 2－24）。

附表 2－24　各乡（镇）渍涝排水型耕地比例

乡（镇）	耕地面积（公顷）	中低产田面积（公顷）	渍涝排水型（公顷）	占本乡耕地面积（%）	占本乡中低产田面积（%）
林甸镇	9 868.80	7 045.40	518.70	5.26	7.36
红旗镇	13 089.00	8 228.20	1 431.00	10.93	17.39
东兴乡	25 112.20	22 408.20	9 742.70	38.80	43.48
宏伟乡	10 060.80	2 411.80	976.20	9.70	40.48
三合乡	18 843.10	13 277.20	1 559.20	8.27	11.74
花园镇	25 660.80	19 497.00	1 772.50	6.91	9.09
四合乡	21 118.00	17 000.40	1 242.40	5.88	7.31
四季青镇	21 433.10	19 188.60	7 020.20	32.75	36.59
合计	145 185.80	109 056.80	24 262.90	16.71	22.25

第三节　改良利用措施

中低产田改良就是采取人工措施和生物工程措施相结合，消除或基本消除制约耕地生产力提高的主导限制因素，改善农业的生态环境，以提高耕地的生产能力。根据不同的制约因素，采用不同的改良措施。

一、共性措施

1. 加强农田基本建设　加强农田基本建设，完善农田排灌体系，做到旱能灌、涝能排。平整土地，减少小地形变化对水分的影响。

2. 培肥地力，增施有机肥　中低产田土壤理化性状较差，改良的主要措施是增施有机肥，实施秸秆还田，提高土壤肥力，改善土壤理化性状。

3. 推广测土配方施肥　在施用有机肥的前提下开展测土配方施肥，既能满足作物对各种养分的需求，又不至于使土壤养分亏缺和失衡，从而达到增产、增收、提高经济效益的目的。

4. 调整种植结构，合理轮作，用地养地相结合　水源充足的低洼地块实行旱改水。易干旱地块种植耐旱作物或采用节水灌溉技术，尽可能发挥各类型中低产田的优势。

二、特性措施

1. 干旱灌溉型　针对干旱型中低产田的主要成因，改良利用的重点是切实加强水利和农田灌溉设施建设，大力推广节水灌溉技术，提高农作物的抗旱能力。

（1）加强农田基本建设：对干旱型中低产田的改良要加强农田基本建设，完善田间灌溉设施。充分利用国家农业综合开发、土地整理和标准农田建设等项目，开展农田基础设施建设。在没有地表水的耕地上，重点增加机电井的数量。并完善机井配套设施，提高单井利用效率。

（2）推广节水灌溉：推广节水灌溉技术是改良干旱型中低产田的有效措施。充分发挥现有的节水灌溉设施，推广节水灌溉技术，如喷灌、渗灌、点灌等。既可以节水和减少大水漫灌造成的养分损失，又可以改善田间小气候为作物创造良好的生长环境。

（3）推广地膜覆盖：地膜覆盖不仅可以增温、改善土壤理化性状、防涝、防盐碱，还可以保墒，盖膜后切断了土壤水分同大气水分的交换通道，膜下土壤蒸发出来的水汽凝集在地膜与土表之间2～5毫米，水汽在薄膜内壁凝结成小水滴并形成一层水膜，增大的水滴又降到地表，这样就构成一个地膜与土表之间不断进行的水分内循环，大幅度减少膜下土壤水分向大气的扩散。

（4）耕作管理：主要以增厚耕层、提高土壤有机质含量为重点，结合逐年深松、深翻，以提高土壤肥力和持水能力。针对当地生产实际，秸秆还田改土培肥，利用水稻、玉米作物秸秆粉碎还田，可有效改善土壤团粒结构，增强土壤保肥蓄水能力，增强抗旱保墒。

2. 瘠薄培肥型 通过增施有机肥、配方施肥、秸秆还田、种植绿肥来提高耕地肥力。

（1）增施有机肥：有机肥料中的主要物质是有机质，施用有机肥料增加了土壤中有机质的含量。有机质可以改善土壤物理、化学和生物特性，熟化土壤，培肥地力。

（2）加深耕层，打破犁底层：加深耕层，加大了土壤养分库，增加了作物吸收养分的容积；打破犁底层，改善土壤物理性状，增加了通透性，调节了土壤水肥气热关系。

（3）合理施肥：有机肥、化肥结合；氮、磷、钾、微量元素均衡施用；底肥、种肥、追肥、叶面施肥合理搭配。既满足作物对各种养分的需要，又可以做到用地养地相结合。

（4）种植适宜作物：林甸县有种植杂粮的习惯，对于瘠薄型耕地可以种植一些耐瘠薄的作物。

（5）秸秆还田：随着作物产量的提高，秸秆数量越来越多，给秸秆还田创造了条件。秸秆还田数量大，提供的有机物就多。通过施用秸秆腐熟剂，加快秸秆腐熟，增加土壤有机质，改善土壤理化性状，培肥地力。

3. 盐碱耕地型 通过完善灌排系统、增施有机肥、平整土地和条田来改造治理盐碱地。

（1）旱改水：林甸县东部东兴乡、四季青镇内有引嫩灌区通过，西北部三合乡境内有东升水库，水源相对充裕，为盐碱土种稻提供了基本的条件。这些乡（镇）的盐碱耕地可以通过旱改水，完善灌排水系统，除涝治碱，达到治理盐碱土的目的。

（2）增施有机肥料：增施农家肥、草炭、稻草还田等，有机肥料有独特的改土壤理化性状和增加土壤微生物数量的作用。特别是秸秆还田，秸秆数量大，经过几年后效果十分明显。

（3）抗盐栽培：通过选用耐盐品种，培育壮苗，合理密植，提高盐碱土耕地的产出。

（4）合理耕作：防治土壤盐碱化还要以农业措施为主，因地制宜组装各项传统的和现代的防盐碱耕作栽培技术。采用土壤深松，打破犁底层，切断毛细管，抑制土壤返盐；施用土壤改良剂，如石膏等，通过阳离子交换，降低土壤 pH。

(5) 化学改良：在重盐碱地块上，采用必要的化学改良措施，效果较为明显。通常能增加土壤的钙含量，改变土壤反应，清除被盐渍土吸附着的钠离子，达到化学改良的目的。如石膏，一般亩施 150～300 千克，旱地可沟施和穴施，水稻田可撒施，结合深翻增施有机肥。在土层下有石膏层的地方，可利用耕翻犁把石膏层翻上来，起到施石膏的作用，在没有石膏的地方，也可用硫黄、含钙质的水、各种酸性肥料、碳渣等代替。

4. 渍涝排水型　通过开沟排水、垄作栽培来改造渍涝地。

(1) 建立合理配套的灌排系统：打破乡村界限，全县统一规划，按照林甸县地势，完善现有的排水支干渠。

(2) 平整土地：对于耕地中闭合的碟形洼地，无法利用排水系统，应在耕作的同时降低高低差，使碟形洼地逐渐增高，解决这部分耕地的易涝问题。

(3) 旱改水：在东西部水源充足的乡村，将低洼易涝耕地统一进行旱田改水田，既可以解决易涝问题，又可提高粮食单产，增加农民收入。

(4) 实行垄作：实行垄作栽培，可以降低易涝地块水分对作物的影响，提高作物抗涝能力。

附录3　林甸县耕地地力评价与种植业结构调整专题调查报告

第一节　概　　况

林甸县位于黑龙江省中西部，滨洲铁路北侧，松嫩平原的北部，是黑龙江省粮食产粮大县，同时也是畜牧业大县。随着农村经营体制改革和耕作制度、作物品种、种植结构、产量水平、肥料和农药的使用等情况的变化，全县耕地土壤肥力也出现了相应的变化。为此，结合国家这次耕地土壤的普查，开展耕地地力与种植业布局专题调查，目的是要依据林甸县耕地地力现有情况，有效调整种植业结构，合理进行作物布局。这将对提高林甸县耕地保护与管理水平，以及有效指导培肥地力、发展有机农业、发展无公害绿色农产品生产和农业可持续发展都具有十分重要的指导意义。

一、开展专题调查的背景

林甸县的垦殖历史相对较短，历史上林甸县种植作物品种有玉米、小麦、大豆、高粱、谷、糜、马铃薯等10余种。从新中国成立种植业布局大致可分为3个阶段：

1. 第一阶段　农民的土地所有权形成时期（1949—1960年）。耕地主要依靠自主经营，主要栽培作物有玉米、小麦、大豆、高粱、谷、糜等，肥料以农家肥为主。作物没有实现合理轮作，产量不高。1956—1960年，林甸县粮食总产量年平均为5.20万吨左右。

2. 第二阶段　农民的土地所有制开始向集体所有制转变（1960—1983年）。土地的耕作方式发生了改变，多以生产队形式进行集体化耕作。主要栽培作物有玉米、小麦、大豆等，杂交玉米品种开始种植。肥料以农家肥和化肥为主。种植业布局有所改变，在一定程度上能够做到合理轮作，粮食产量不高。1960—1980年粮食总产量年平均为6.90万吨。

3. 1983年以后　农村实行了家庭承包经营制，农民有了土地的自主经营权，肥料施用主要以化肥为主。主要种植玉米、水稻、杂豆及一些经济作物，杂交品种大量应用，种植业结构实施了粮、经、饲为主的三元结构模式。1982年，开始种植水稻。近几年，主要种植高产作物玉米、水稻等，已经达不到合理轮作目的。粮食产量大幅度提高。2010年，林甸县粮食总产量达到135万吨。种植面积见附表3-1。

附表3-1　2001—2010年作物播种面积

单位：公顷

年度	总播种面积	水稻	小麦	玉米	豆类	经济作物	瓜果蔬菜
2001	83 653	6 696	4 058	26 504	10 943	5 590	17 304
2002	83 653	4 481	1 658	27 586	14 107	10 615	8 450
2003	83 653	4 262	1 569	26 775	16 540	10 810	5 818

（续）

年度	总播种面积	水稻	小麦	玉米	豆类	经济作物	瓜果蔬菜
2004	118 998	1 983	3 681	50 581	30 553	7 981	5 448
2005	119 193	2 916	4 192	54 631	27 260	7 219	6 097
2006	122 683	3 415	1 927	60 514	26 496	8 206	5 369
2007	124 694	5 135	444	77 526	18 333	9 508	5 795
2008	124 694	5 178	667	60 487	28 000	5 163	5 006
2009	150 357	6 906	467	113 519	15 472	1 501	2 704
2010	150 357	8 008		133 282	4 024		1 667

二、土地资源配置现状

2010 年，林甸县土地面积 3 407.18 平方千米。其中，耕地面积为 165 800 公顷。农业人口人均耕地为 11.80 亩。林甸县耕地质量一般。按照第二次土壤普查结果，划分为 6 个土壤类型、12 个亚类、19 个土属、24 个土种。本次耕地地力调查 85 个行政村耕地土壤类型涉及五大土类、8 个亚类、14 个土属、17 土种。其中，黑钙土 131 187.90 公顷，草甸土 10 370.70 公顷，碱土 955.70 公顷，盐土 2 257.30 公顷、风沙土 414.20 公顷。主要以黑钙土、草甸土为主，二项合计为 141 558.60 公顷，占全县耕地面积的 97.50%。各土壤类型及面积见附表 3 - 2。

附表 3 - 2　土类名称面积及所占比例

单位：公顷

序号	土类名称	亚类个数	土属个数	土种个数	耕地面积	占全县耕地面积（%）
1	黑钙土	2	7	10	131 187.90	90.36
2	草甸土	2	2	2	10 370.70	7.14
3	碱　土	1	2	2	955.70	0.66
4	盐　土	1	1	1	2 257.30	1.55
5	风沙土	2	2	2	414.20	0.29
合计	5	8	14	17	145 185.80	

三、专题调查必要性

种植业的结构和布局是农业生产发展中的一个重要问题，也是种植制度中的重要内容。做好种植业结构调整和布局，将充分发挥各种作物的生产潜力，使农业生产平衡较快发展。种植业结构调整和布局中要正确处理好粮食作物与经济作物、饲料作物的比例关系，全面考虑全局优势与局部优势，综合分析自然优势与经济优势的关系，本着有利于农、林、牧、副、渔各产业各层次间合理协调发展，有利于保护农业环境，使经济效益、社会效益、生态效益有机统一，力求最佳的综合效益。要合理利用自然资源和社会经济技术条件，因地制宜，发挥优势，努力提高土地产出率和劳动生产率，促进商品经济发展，以适应国民经济发展和人民物质文化生活增长的需要。

林甸县是畜牧业大县，也是黑龙江省产粮大县。农业生产特别是粮食生产是县域经济的基础，是农民收入的最主要的来源。农业形势的好坏，粮食生产的丰歉，最直接地影响着全县的农村经济发展和农民奔小康的进程。目前，我国农业生产已经进入了一个新的历史发展时期，种植业布局结构性矛盾日益显现出来。相对林甸县而言，这种结构性的矛盾更加突出，严重影响了农村经济的健康发展。一方面，农民卖粮难和增产不增收；另一方面，优质农产品的需求量逐年增加。再者，随着人民生活水平地提高、膳食结构地改变以及食品加工业的发展。对优质商品粮的需求量则日益上升。因此，大力进行农业结构调整，作物生产走优质化、健康化、规模化、产业化之路，不但符合国家宏观调控政策，有助于增强林甸县农产品在市场的竞争能力，而且也是增加农民收入，稳固和提高林甸县农村经济的重要举措。

第二节　调查方法和内容

按照《全国耕地地力调查与质量评价技术规程》的要求，本次专题调查主要调查了耕地地力情况、当前林甸县种植业布局情况等。耕地地力调查覆盖了林甸县的 5 个土壤类型，采集土壤 2 038 个。分析项目为耕层（0～20）有机质、全氮、有效磷、有效钾、容重、pH，有效态锌、铁、锰、硼、铜等，并对所涉及农户及周边的生产情况进行了综合性的调查。

第三节　调查结果与分析

一、调查结果

（一）耕地地力分级情况

林甸耕地土壤类型少，但成土因素较复杂，根据本次耕地地力调查与质量评价结果，按《全国耕地地力等级类型区、耕地地力等级划分》的标准划分，通过 3S 技术对林甸县耕地地力科学地划分为 6 个等级。

林甸县耕地面积 2010 年为 165 800 公顷；本次耕地地力调查和质量评价只涉及 85 个行政村的 145 185.80 公顷的集体土地。将林甸县农田划分为 2 714 个评价单元、6 个等级。一级地 295 个单元，占 10.87%，面积 17 557.60 公顷，占总耕地面积的 12.09%；二级地 432 个单元，占 15.92%，面积 18 571.40 公顷，占总耕地面积的 12.79%；三级地 546 个单元，占 20.12%，面积 28 463.80 公顷，占总耕地面积的 19.61%；四级地 562 个单元，占 20.71%，面积 31 476.90 公顷，占总耕地面积的 21.68%；五级地 663 个单元，占 24.43%，面积 35 742.20 公顷，占总耕地面积的 24.62%；六级地 216 个单元，占 7.96%，面积 13 373.90 公顷，占总耕地面积的 9.21%。

耕地地力等级划分统计见附表 3－3，各乡（镇）所占耕地等级面积见附表 3－4。

附表 3－3　耕地地力等级划分统计

地力分级	起始分	单元		面积	
		个数（个）	百分比（%）	各级地面积（公顷）	占总耕地面积（%）
一级	>0.666 8	295	10.87	17 557.60	12.09
二级	0.589 1～0.666 8	432	15.92	18 571.40	12.79
三级	0.536 0～0.589 1	546	20.12	28 463.80	19.61
四级	0.494 1～0.536 0	562	20.71	31 476.90	21.68
五级	0.410 0～0.494 1	663	24.42	35 742.20	24.62
六级	<0.410 0	216	7.96	13 373.90	9.21
合计		2 714		145 185.80	

附表 3－4　各乡（镇）所占耕地等级面积统计

单位：公顷

乡（镇）	面积	一级	二级	三级	四级	五级	六级
林甸镇	9 868.80	1 722.80	1 100.60	2 092.80	3 821.30	630.50	500.80
红旗镇	13 089.00	2 094.20	2 766.60	3 656.00	1 530.60	2 293.40	748.20
东兴乡	25 112.20	1 345.10	1 358.90	2 268.40	2 398.90	8 856.10	8 884.80
宏伟乡	10 060.80	4 761.70	2 887.30	1 087.10	986.00	338.70	—
三合乡	18 843.10	2 476.10	3 089.80	1 918.30	2 173.10	6 837.40	2 348.40
花园镇	25 660.80	1 738.10	4 425.70	6 201.40	6 483.40	6 716.90	95.30
四合乡	21 118.00	2 499.60	1 618.00	6 459.10	7 304.20	3 196.90	40.20
四季青镇	21 433.10	920.00	1 324.50	4 780.70	6 779.40	6 872.30	756.20
合计	145 185.80	17 557.60	18 571.40	28 463.80	31 476.90	35 742.20	13 373.90

（二）地形、地貌

林甸县地势低平，境内无山，除沿河有几处沙丘外，为一片广袤的平原，海拔高度 142.70～172.40 米，高差 29.70 米，地势与嫩江平原之山脉走势一致，东北高，西南低，自然坡降 1/3 000～1/2 500。大地形开阔平坦，是由河漫滩和低阶地组成的微起伏平原；小地形变化较为复杂，平原中稍高处与稍低处相对高差 0.20～1.50 米，多呈“钱褡子”地，平地稍低处分布有闭合蝶形洼地，即通常所说的锅底坑。平地和蝶形洼地相间分布，径流滞缓，多雨季节或丰水年降大雨，排水不畅，集涝成灾。林甸县地貌为冲积、洪积台地。特点是海拔低，高差小，坡降缓，大平小不平，排水困难。部分闭合洼地常年积水，形成沼泽地。组成物质为第四纪以来河湖相沉积物，属搬运流积类型，属于黏粒成分，所形成的土壤较为黏重，不易透水。阶地平原上多为黄土状母质，河漫滩以及河漫滩与阶地相接的地带则为泥沙相间的近代河流冲积物。所有的组成物中，普遍含有碳酸盐，呈微碱性反应。土壤的盐基代换量也高，钙的聚集非常明显，表现了假菌丝体和眼状斑淀积，形成一碳酸盐集聚层，厚 0.30～1.00 米。地表土层较薄，腐殖质层厚度在 30 厘米以内，腐殖质含量为 2%～5%，pH 为 7.50～9.50。

二、结果分析

（一）耕地地力分析

林甸县耕地一级、二级地属高产田土壤，面积共 36 129 公顷，占总耕地面积的 24.88%；三级、四级为中产田土壤，面积为 59 940.70 公顷，占总耕地面积的 41.29%；五级、六级为低产田土壤，面积 49 116.10 公顷，占总耕地面积的 33.83%；中低产田合计 109 056.80 公顷，占总耕地面积的 75.12%。

林甸县一级地总面积 17 557.60 公顷，占耕地总面积的 12.09%。主要分布在宏伟、三合、四合 4 个乡（镇）。其中，宏伟乡面积最大，为 4 761.70 公顷，占一级地总面积的 27.12%，占本乡面积的 47.33%；其次是四合乡，为 2 499.60 公顷，占一级地总面积的 14.24%，占本乡面积的 11.84%；第三是三合乡，面积 2 476.10 公顷，占一级地面积的 14.10%，占本乡耕地的 13.14%。林甸县二级地总面积 18 571.40 公顷，占耕地总面积的 12.79%，主要分布在花园、红旗、三合、宏伟 4 个乡（镇）。其中，花园镇面积最大，为 4 425.70 公顷，占二级地总面积的 23.83%，占本乡面积的 17.25%；其次是三合乡，为 3 089.80 公顷，占二级地总面积的 16.64%，占本乡面积的 16.40%；宏伟乡 2 887.30 公顷，占二级地面积的 15.55%，占本乡面积的 28.70%；红旗镇 2 766.60 公顷，占二级地面积的 14.90%，占本乡面积的 21.14%。林甸县三级地总面积 28 463.80 公顷，占总耕地面积的 19.61%，主要分布在四合、花园、四季青、红旗 4 个乡（镇）。其中，四合乡面积最大，为 6 459.10 公顷，占三级地总面积的 22.69%，占本乡面积的 30.59%；其次是花园镇，为 6 201.40 公顷，占三级地总面积的 21.79%，占本乡面积的 24.17%；四季青镇面积 4 780.70 公顷，占林甸县三级地面积的 16.80%，占本乡面积的 23.31%；红旗镇三级地面积 3 656 公顷，占林甸县三级地面积的 12.84%，占本乡面积的 27.93%。林甸县四级地总面积 31 476.90 公顷，占总耕地面积的 21.68%，主要分布在四合、四季青、花园、林甸等乡（镇）。其中，四合乡面积最大，为 7 304.20 公顷，占四级地总面积的 23.20%，占本乡面积的 34.59%；其次是四季青镇，为 6 779.40 公顷，占四级地总面积的 21.54%，占本乡面积的 31.63%；花园镇 6 483.40 公顷，占林甸县四级地面积的 20.60%，占本乡面积的 25.27%；林甸镇 3 821.30 公顷，占林甸县四级地面积的 12.14%，占本乡面积的 38.72%。林甸县五级地总面积 35 742.20 公顷，占总耕地面积的 24.62%，主要分布在东兴、四季青、三合、花园等乡（镇）。其中，东兴乡面积最大，为 8 856.10 公顷，占五级地总面积的 24.78%，占本乡面积的 35.27%；其次是四季青镇，为 6 872.30 公顷，占五级地总面积的 19.23%，占本乡面积的 32.06%；三合乡 6 837.40 公顷，占五级地总面积的 19.13%，占本乡面积的 36.29%；花园镇 6 716.90 公顷，占五级地总面积的 18.79%，占本乡面积的 26.18%。林甸县六级地总面积 13 373.90 公顷，占耕地总面积的 9.21%，主要分布在东兴、三合等乡（镇）。其中，东兴乡面积最大，为

8 884.80 公顷，占六级地总面积的 66.43%，占本乡面积的 35.38%；其次，是三合乡 2 348.30公顷，占六级地总面积的 17.56%，占本乡面积的 12.46% 。

（二）地形地貌分析

从林甸县大的地形看是一片平原，但全县地势平缓，坡降缓。耕地小地形变化复杂，存在许多闭合碟形洼地。平地和蝶形洼地相间分布，径流滞缓，多雨季节或丰水年降大雨，排水不畅，集涝成灾。

（三）耕地养分变化分析

对 1980 年第二次土壤普查与 2011 年耕地地力调查养分结果对比，见附表 3－5。

附表 3－5　1980 年与 2011 年养分对比

年度	有机质（克/千克）	全氮（克/千克）	全磷（毫克/千克）	碱解氮（毫克/千克）	有效磷（毫克/千克）	速效钾（毫克/千克）
2011	29.80	1.55	655.00	162.50	24.02	207.05
1980	35.00	2.29	390.00	97.90	20.10	112.00

从附表 3－5 中可以看出，经过 30 多年，土壤养分发生了明显变化。有机质、全氮呈下降趋势，而速效养分呈增加趋势。

第四节　种植业布局

种植业是林甸县农业生产中的重要部分，纵观林甸县近年种植业的发展，从整体上来看，粮食作物、经济作物、小杂粮面积逐渐增加；而大豆、葵花、马铃薯面积剧减；小麦、甜菜等基本不再种植。各类作物的产量保持增长。种植业产值在农业中的比重有所降低，而劳动生产率和土地产出率有所提高。粮食的加工率逐渐提高，经济作物商品率高，销售途径不断增加；在经营上向规模化和产业化方向发展。为适应新形势，不断提高农产品竞争能力，调整种植业结构，合理进行作物布局，是促进农业和农村经济持续发展的必要条件。

一、现　　状

1. 1995 年　林甸县农作物播种面积 83 653 公顷，种植作物种类较多，粮食作物有玉米、小麦、水稻、高粱、谷糜、马铃薯等；油料作物有大豆、葵花；糖料作物有甜菜；蔬菜作物有茄子、辣椒、番茄等。

2. 2010 年　林甸县农作物播种面积 150 357 公顷，种植作物有玉米、水稻、豆类、蔬菜等。除水稻和蔬菜比较集中外，其余各种作物混杂种植，行政分区不明显。

（1）西北部和东部水稻主产区：包括三合乡西北部村、东兴乡、四季青镇部分村，靠近东升水库和引嫩灌区，水源充足。土壤类型为碳酸盐草甸黑钙土和草甸土，面积为 8 008公顷。

（2）南、西南部玉米主产区：包括花园镇、红旗镇，畜牧业发展较好，以种植玉米为主。土壤类型草甸黑钙土，花园镇南部、红旗镇西部有沙底黑钙土，面积 38 749.80 公顷。年气温高于其他乡（镇）。

（3）中部瓜果蔬菜主产区：包括林甸镇、宏伟乡，三合乡、四季青镇部分村。种植各种蔬菜品种，满足城镇人民需要。土壤类型为碳酸盐草甸黑钙土，面积为 1 276 公顷。

3. 杂粮杂豆主产区 包括四合乡、四季青镇，东兴乡东部及其余乡（镇）所属村。这部分耕地种植玉米、豆类、杂粮、经济作物等，没有明显集中区。土壤类型有黑钙土、盐碱土、草甸土等。面积 97 152 公顷。

二、依据耕地地力和养分评价进行作物布局

1. 调整原则 在种植业结构调整中应以品种调优、规模调大、效益调高等方式为主。根据各自的自然、地理位置优势，因地制宜种植不同的农作物品种。充分发挥区域优势发展特色农业，提高耕地资源利用率。以市场为向导，因地制宜，扬长避短，发展具有竞争优势的特色农产品，以可持续发展为要求，采取切实有效的措施保护农业环境，科学合理地施用化肥、农药。确保农产品产地环境符合国家无公害农产品生产基地的环境要求，加强农业生产环节的管理，实施农业生产节本增效，提高农民收入。

2. 种植业结构调整的依据 根据林甸县目前农业产业状况，特别是种植业结构现状，结合本次耕地地力调查与质量评价所了解和掌握的耕地养分状况、地力等级、障碍因素和生产能力等，确定各类土壤的适宜性。针对种植业布局中存在的问题，提出种植业结构调整的方案。

3. 作物布局

（1）稳定玉米面积：玉米具有高产、抗逆性强、经济效益好的特点，是林甸县第一大主栽作物，玉米产量的高低对全县粮食总产起着举足轻重的作用。同时，也为畜牧业发展提供饲草和饲料。因此，为保证粮食生产安全和畜牧业健康发展，应稳定种植玉米面积。花园镇、红旗镇是畜牧业大镇，适合玉米生产，应保证普通玉米和饲料玉米的种植面积，其他乡（镇）应在土壤条件适宜的地块适当种植，在不扩大面积基础上，扩大优质、特种玉米品种种植。

（2）扩大水稻面积：水稻是旱涝保收作物，产量高、经济效益好。近几年，在国家政策支持和市场影响下，销路顺畅，是农民收入的主要来源之一，是林甸县第二大栽培作物，包括三合乡西部、军马场，东兴乡、四季青镇引嫩灌区两侧，应扩大种植面积。三合乡建国、建华等村，地形平坦，土地肥沃，养分含量高，适宜种植水稻；西北部渔场、富饶等村，有大片盐碱化土壤，通过种植水稻可以对土壤进行改良，变不毛之地为良田。东兴乡、四季青镇沿渠两岸有低洼易涝地块，种植旱田作物易受涝灾。通过旱改水，可变低产田为高产、高效农田。

（3）依据市场需求增加蔬菜面积：林甸县距离大庆、齐齐哈尔比较近，发展蔬菜生产有一定的地理优势。林甸镇、宏伟乡是林甸县蔬菜的主产区，应继续扩大种植面积；同时，在沿国道、省道两侧发展棚室蔬菜生产，扩大节能温室面积，并形成规模经营。但应依据市场需求进行，切忌盲目扩大面积，违背市场规律，造成严重损失。

（4）适当保持杂粮作物面积和调整经济作物面积：随着人们生活水平的提高，以谷糜

为主的杂粮备受城乡居民的青睐。目前，人们对这类作物的需求增加，随着近几年优质杂粮作物品种和新栽培技术地推广，杂粮产量和品质均有不同程度的提高，加之受市场供不应求的影响，粮价的上扬，使农民的种粮效益提高。因此，应保持一定面积的杂粮作物。杂粮作物产量较低，但对土壤环境要求较低，也可在林甸县不适宜种植大田作物的西北部风沙土区和东南部轻碱地区种植，以提高产量，获得较好的经济效益。

经济作物虽具有较高的经济效益，但经济作物的产量和价格受气候和市场影响非常大，如果播种面积过大，农产品供大于求，常常会给农民带来重大损失。因此，应根据各地的实际情况，结合市场行情，选择在当地有一定优势或发展前景好的作物。

第五节 种植业结构调整存在的问题

1. 耕地利用强度大，忽视整治保护 通过调查表明，林甸县耕地耕层土壤有机质含量波动很大，呈明显的下降趋势，结构变坏、耕层变浅、容重增加，供肥、供水能力下降，草原盲目开荒，扩大耕地，农田生态系统失衡。

2. 农田基础建设滞后薄弱，排涝抗旱能力差。

3. 土地利用不合理，未能做到因土种植 林甸县土壤成土条件较复杂，地形、地貌状况不一。由于缺乏对当地耕地地力的认识，为了追求高产，在低产田块种植高产作物，种植存在盲目性。加之投入不足，不能合理轮作，农田有机肥施入很少，单靠化肥补充，作物种类单一，品种单一，不但事倍功半，欲速不达，而且进一步导致耕地土壤养分的失衡，地力日益下降。

4. 品种结构复杂，主推品种不突出 目前，林甸县种植业中以玉米、水稻为主，但没有形成一定的品种规模优势，品种过多过杂，单一品种的面积小。品种过多和分散经营造成全县无法形成农业（种植业）品牌，大大地限制了优势特色产品的发展。

5. 作物布局不合理 2010 年，林甸县粮食作物播种面积 14.80 万公顷，占农作物播种总面积的 98%。其中，玉米播种面积在 13.30 万公顷左右，占粮食播种面积的 89.86% 左右，而且以普通的粮用玉米为主，特用、饲用型玉米极少。由于普通粮食作物的经济效益较低，直接影响农业的发展。有些地方对特色农业的思路不够明确，对当地的资源优势、发展重点认识不足，未能形成明确的发展对策，经济作物布局凌乱或雷同，产业化经营总体水平不高，阻碍了农产品区位优势的发展。

6. 技术力量仍然不足 林甸县从事种植业专业技术人员不足 40 人。从林甸县 15 万公顷耕地来看，人员严重不足，整体技术力量还显薄弱。

第六节 种植业结构调整对策与建议

积极推进农业和农村经济的战略性调整，是国民经济战略性调整的重要内容，是新阶段农业和农村工作的中心任务。通过开展林甸县耕地地力调查与质量评价，基本摸清了林甸县耕地类型的地力状况及农业生产现状，为林甸县农业发展及种植业结构优化提供了较可靠的科学依据。种植业结构调整除了因地种植外，还要与林甸县的经济、社会发展紧密联系，以提高农业素质和效益，增加农民收入，加快农业和农村经济发展步伐为目的。林甸县农业基础条件差，粮食综合生产能力低，农村经济落后，农民农业科技应用能力偏低，随着近几年各种作物的粮价时高时低，农民不知种什么好。怎样才能调整种植业的结构，使其调优、调出高效益，从而调动农民的积极性，应做到以下几点。

一、政策措施

1. 加强领导，科学制定农业产业结构调整规划 进一步加强领导，研究和解决农业生产中存在的重大问题，切实制定有利于农业发展的总体规划，制定相应的政策，把生态环境效应、增产增收效应、农牧互促效应、绿色农业效应统筹考虑。各部门要全力支持农业产业结构调整工作，为农民提供优质配套服务。

2. 全面提高农业产业化水平 一是大力扶持，培育农业龙头企业，重点培育和发展一批经济实力强的“公司＋基地＋农户”模式的龙头企业。二是积极发展农产品深加工，实现多次增值增利。

3. 加大对农业和农村产业结构的投入及扶持力度 不断加大对农业的投入，重点抓好水利基础设施建设、中低产田改造建设、品种更新工程建设、农产品市场建设等。充分调动农民对农业投资的积极性，形成“国家引导、各级政府配套、民办公助、滚动发展”的投资格局。为种植业结构调整铺设渠道，确保农业可持续发展。

4. 要把政府指导和农民自主选择结合起来 政府强行指导是行不通的，而且会起反作用。种植结构调整不能领导说了算，这样会带来后遗症，受损失的还是农民。所以要主张科学指导与市场需求相结合；让农民自我领会和自我选择，自我主张相结合，这才达到真正的结构调整。

5. 要把当前利益和长远发展相结合 种植结构调整是一个循序渐进的过程，不可能一蹴而就。因此，为了调动农民调整农业结构的积极性，稳定总产，保证供给，必须正确处理好短期效益与长期效益的关系。在让农民看到长远利益的同时，切实帮助他们解决好农业生产中的各种困难，保证他们的眼前利益。加大农村基础设施建设，发展特色种植，直接增加农民收入。在农业种植业结构调整中，我们既要考虑当前利益，也要考虑长远利益发展，要走上步，看下步，环环扣紧；把当前利益和长远利益发展有机地结合起来。

6. 要把政府的重视和农民积极性结合起来 近年来，市场经济竞争激烈，政府对农业也越来越重视，提出了很多发展要求和规划，但是由于农业经济发展的速度慢，往往乡（镇）对此虽然重视但力度远远不够。所以要把农业发展放在首位，加大重视力度，积极引导农业种植业的调整，加大对农业各项投入及其扶贫帮助，提高农民的积极性，把政府的重视和农民的积极性结合起来，这样才会更好更快地调整林甸县农业的种植结构。

二、技术措施

1. 利用本次调查评价结果，系统制定各种技术措施 在本次耕地地力调查与质量评价结果的基础上，进一步开展专题调查，制定出不同生产区城、不同土壤类型、不同作物品种等各种技术措施，把种植业的产前、产中、产后各个环节纳入标准化管理轨道。大力推广农业标准化技术，发展无公害农产品、绿色食品和有机食品。建立农产品质量检测体系，全面提高林甸县农产品质量，增强农产品在国内外市场的竞争力。

2. 依靠科技，提高单产，奠定种植业调整的物质基础

（1）“良种良法”配套：积极推进单产水平的提高和专用化生产。选用适用先进科学技术是调整种植结构，发展优质、低耗、高效农业的基础。加速科技进步、加强技术创新，是提高农产品市场竞争力的根本途径。优化结构，促进产业升级，除了解决好品种问题之外，还要有相应配套的现代农业技术作为支撑。应重点加强与新品种相对应的施肥培肥技术、耕作技术等。为促进主要作物专业化生产和满足不同社会需求，重点要发展优质水稻、各种加工专用型与粮饲兼用型玉米。

（2）加强标准化生产：从水稻、玉米等重点粮食作物抓起，把先进适用技术综合组装配套，转化成易于操作的农艺措施，让农民看得见，摸得着，学得来，用得上，用生产过程的标准化保证粮食产品质量的标准化。从种子、整地、播种、田间管理、收获和加工等关键环节抓起，快速提高单位面积产量。在有条件的地方，实行粮食的标准化生产，为高标准搞好春耕生产提供基础和条件。粮食标准化生产的实施要搞好技术培训，加大高产优质高效粮食生产栽培技术的培训力度，确保技术到村、到户、到田间地头。

3. 加强农业基础设施建设，提高农业抵御自然灾害的能力

（1）加强农业基础设施的投入和体制创新：通过加强农业基础设施的投入和体制创新，以及增加财政用于农业特别是农田水利设施投资的比例，改变林甸县农田水利基础设施落后条件，增打抗旱井，提高旱灌能力。同时，以基本农田建设为重点，改善局部地形条件，拦蓄降雨，减少径流和土壤流失，增加降水就地入渗量，提高保水保土保肥能力。

（2）改良土壤：通过深松、耙精中耕、培肥改土、客土改土、合理轮作等措施，提高土壤有机质。使土壤理化性质得以改善，增加土壤贮水，提高土壤蓄水保墒能力。不断加大有机肥的投入量，保持和提高土壤肥力。对中低产田可以通过农艺、生物综合措施进行改良，使其逐步变成高产稳产农田。

（3）发展绿色和特色产业，提高农产品质量安全水平是调整农业结构的有效途径，不仅是要调整各种农产品数量比例关系，更重要的是要调整农产品品质结构，全面提高农产品质量。减少劣质品种的生产、选择优质品种，探索最佳种植模式等。大力发展“优质、高效、环保”农业，扩大优质产品在整个农产品中所占的比重，实现农产品生产以大路货产品为主向以优质专用农产品为主的转变。

附录 4　林甸县耕地地力评价与应用工作报告

林甸县位于黑龙江省中西部，滨洲铁路北侧，松嫩平原的北部。地理坐标为北纬 46°44′～47°29′，东经 124°18′～125°21′，横跨 1°03′，纵越 45′。南与大庆市和安达市接壤，东部靠近明水县和青冈县，东北部与依安县搭界，北靠富裕县，西北以乌裕尔河与齐齐哈尔为界，西邻杜尔伯特蒙古族自治县，行政隶属大庆市。下辖林甸镇、红旗镇、花园镇、四季青镇 4 个镇，东兴乡、宏伟乡、三合乡、四合乡 4 个乡，85 个行政村，551 个自然屯。县属国有牧、林、苇场 3 处，省属农场 1 处，军队农场 1 处。2010 年，林甸县土地面积 340 718 公顷，耕地 165 800 公顷。本次耕地地力评价涉及 85 个行政村 145 185.8 公顷的耕地。还有草原、湿地、林地、水面等。总人口 270 158 人。其中，农业人口 210 562人，非农人口 59 596 人。主要作物为玉米、水稻、瓜果蔬菜等，是黑龙江省畜牧大县，同时也是产粮大县。

林甸县耕地地力评价工作，在各级政府的支持下，在黑龙江省土壤肥料管理站和黑龙江万图信息技术开发有限公司指导下，于 2011 年末全面完成了评价工作。现将情况总结如下：

一、目的意义

开展耕地地力评价是测土配方施肥补贴项目的一项重要内容，是摸清林甸县耕地资源状况，提高耕地利用效率，促进现代农业发展的重要基础工作。能促进土地资源合理有效利用，是提高土地生产力和效率的基础性工作。林甸县 1980—1984 年进行过第二次土壤普查，经过近 30 年的时间，全县的农村经营管理体制、耕作制度、作物品种、肥料使用数量和品种、种植结构、产量水平、病虫害防治手段等许多方面都发生了巨大变化。这些变化对耕地的土壤肥力以及环境质量必然会产生巨大影响。然而，自第二次土壤普查以来，对林甸县的耕地土壤肥力却没有进行过详细调查。因此，开展耕地地力调查与质量评价工作，对林甸县优化种植业结构，建立各种专用农产品生产基地，开发无公害农产品和绿色农产品，推广先进的农业技术，不仅是必要的，而且是迫切的。这对于促进林甸县农业生产的进一步发展，粮食产量的进一步提高具有现实意义。

按照《规范》和《2011 年全国测土配方施肥工作方案》的要求，扎实推进耕地地力评价工作。具体任务是：应用测土配方施肥数据汇总软件和县域耕地资源管理信息系统，对测土配方施肥数据、第二次土壤普查空间数据和属性数据进行数字化管理；利用县域耕地资源管理信息系统，编制数字化土壤养分分布图、耕地地力等级图等。在此基础上，编写县域耕地地力评价工作报告、技术报告以及专题报告。林甸县严格按照《规范》和《规程》要求，扎实开展了耕地地力评价工作。全县 8 个乡（镇），85 个行政村的耕地参加了地力评价工作。

二、耕地地力评价工作组织

开展耕地地力调查和质量评价工作，是林甸县农业生产的一项重点和基础性的工作。根据农业部制定的《全国耕地地力调查与质量评价总体工作方案》和《规程》的要求，我们接受任务后，从组织领导、方案制定、资金协调等方面都做了周密安排，做到了组织领导有力度，每一步工作有计划，资金提供有保证。

1. 组织协调，制订方案　为了把该项工作真正抓好，我们成立了林甸县耕地地力调查与质量评价工作领导小组和技术小组。技术小组成员由农业技术推广中心和各乡（镇）农业站长组成，负责外业的技术指导和调查采样及室内化验工作。

野外调查包括入户调查、实地调查，并采集土样以及填写各种表格等多项工作。调查范围广，项目多，要求高，时间紧。为保证工作进度和质量，我们组织了8个野外调查组，人员由县农业技术推广中心技术人员和乡（镇）农业站技术员组成，每个组负责1个乡（镇）。

2. 资料准备　耕地地力评价是以耕地的各种性状要素为基础，因此必须广泛地收集与评价有关的各类自然和社会经济因素资料，为评价工作做好数据准备。本次耕地地力评价我们收集获取的资料主要包括以下几个方面：

（1）数据及文本资料：第二次土壤普查成果资料，基本农田保护区划定统计资料，各乡（镇）近3年种植面积、粮食单产、总产统计资料、土壤类型代码表。

（2）图件资料：林甸县土壤图、林甸县土地利用现状图、林甸县行政区划图。

3. 技术培训　培训主要是针对林甸县、乡两级参加外业调查和采样的人员进行的。即在外业工作正式开始之前进行。主要是以入户调查工作为主要内容，规范了表格的填写；以土样的采集为主要内容，规范采集方法。

在野外调查阶段，林甸县技术指导小组分片包干，巡回检查，发现问题就地纠正解决。在化验室化验期间，技术指导小组对化验结果进行抽检，以保证数据的准确性。

4. 选定技术依托单位　委托哈尔滨万图信息技术开发有限公司进行数字化制图和空间数据库建设的工作。建立了各参评指标的隶属函数。

5. 合理分工，相互配合　整体工作上下配合，明确分工，通力合作。外业资料收集整理任务，在上级业务部门的技术指导下，由林甸县农业技术推广中心和各乡（镇）农业服务站完成。哈尔滨万图信息技术开发有限公司利用县域耕地资源管理信息系统，编制数字化土壤养分分布图、耕地地力等级图等。在此基础上，编写县域耕地地力评价技术报告以及专题报告。

6. 技术准备

（1）确定耕地地力评价因子：评价因子是指参与评定耕地地力等级的耕地诸多属性。影响耕地地力的因素很多，在本次耕地地力评价中选取评价因子的原则，一是选取的因子对耕地地力有比较大的影响；二是选取的因子在评价区域内的变异较大，便于划分耕地地力的等级；三是选取的评价因素在时间序列上具有相对的稳定性；四是选取评价因素与评价区域的大小有密切的关系。依据以上原则，经专家组充分讨论，结合林甸县土壤和农业生产等实际情况，分别从全国共用的地力评价因子总集中选择出 10 个评价因子（pH、有机质、有效磷、速效钾、有效锌、田间持水量、耕层厚度、耕层含盐量、障碍层厚度、容重）作为林甸县的耕地地力评价因子。

（2）确定评价单元：评价单元是由对耕地质量具有关键影响的各耕地要素组成的空间实体，是耕地质量评价的最基本单位、对象和基础图斑。同一评价单元内的耕地自然基本条件、耕地的个体属性和经济属性基本一致，不同耕地评价单元之间，既有差异性，又有可比性。耕地地力评价就是要通过对每个评价单元的评价，确定其地力级别，把评价结果落实到实地和编绘的土地资源图上。因此，耕地评价单元划分的合理与否，直接关系到耕地地力评价的结果以及工作量的大小。通过图件的叠置和检索，将林甸县耕地地力共划分为 2 714 个评价单元。

7. 耕地地力评价

（1）评价单元赋值：影响耕地地力的因子非常多，并且它们在计算机中的存贮方式也不相同。因此，如何准确地获取各评价单元评价信息是评价中的重要一环。鉴于此，我们舍弃直接从键盘输入参评因子值的传统方式，根据不同类型数据的特点，通过点分布图、矢量图、等值线图为评价单元获取数据。得到图形与属性相连，以评价单元为基本单位的评价信息。

（2）确定评价因子的权重：在耕地地力评价中，需要根据各参评因素对耕地地力的贡献确定权重，确定权重的方法很多，本评价中采用层次分析法（AHP）来确定各参评因素的权重。

（3）确定评价因子的隶属度：对定性数据采用 Delphi 法直接给出相应的隶属度；对定量数据采用 Delphi 法与隶属函数法结合的方法确定各评价因子的隶属函数。用 Delphi 法根据一组分布均匀的实测值评估出对应的一组隶属度，然后在计算机中绘制这两组数值的散点图，再根据散点图进行曲线模拟，寻求参评因素实际值与隶属度关系方程从而建立起隶属函数。

（4）耕地地力等级划分结果：采用累计曲线法确定耕地地力综合指数分级方案。这次耕地地力调查和质量评价将林甸县耕地总面积 145 185.80 公顷划分为 6 个等级：一级地面积 17 557.60 公顷，占总耕地面积的 12.09%；二级地面积 18 571.40 公顷，占总耕地面积的 12.79%；三级地面积 28 463.80 公顷，占总耕地面积的 19.61%；四级地面积31 476.90公顷，占总耕地面积的 21.68%；五级地面积 35 742.20 公顷，占总耕地面积的 24.62%；六级地面积 13 373.90 公顷，占总耕地面积的 9.21%。一级、二级地属高产田土壤，面积共 36 129 公顷，占总耕地面积的 24.88%；三级、四级为中产田土壤，面积为 59 940.70 公顷，占总耕地面积的 41.29%；五级、六级为低产田土壤，面积 49 116.10 公顷，占总耕地面积的 33.83%；中低产田合计 109 056.80 公顷，占总耕地面积的 75.12%。

（5）成果图件输出：为了提高制图的效率和准确性，在地理信息系统软件 MAPGIS 的支持下，进行耕地地力评价图及相关图件的自动编绘处理，其步骤大致分以下几步：扫描矢量化各基础图件→编辑点、线→点、线校正处理→统一坐标系→区编辑并对其赋属性→根据属性赋颜色→根据属性加注记→图幅整饰输出。另外，还充分发挥 MAPGIS 强大的空间分析功能用评价图与其他图件进行叠加，从而生成专题图、地理要素底图和耕地地力评价单元图。

（6）归入全国耕地地力等级体系：根据自然要素评价耕地生产潜力，评价结果可以很清楚地表明不同等级耕地中存在的主导障碍因素，可直接应用于指导实际的农业生产，农业部于 1997 年颁布了《全国耕地类型区、耕地地力等级划分》农业行业标准。该标准根据粮食单产水平将全国耕地地力划分为 10 个等级。以产量表达的耕地生产能力，年单产大于 13 500 千克/公顷为一等地；小于 1 500 千克/公顷为十等地，每 1 500 千克为一个等级。因此，将耕地地力综合指数转换为概念型产量。在依据自然要素评价的每一个地力等级内随机选取 10%的管理单元，调查近 3 年实际的年平均产量，经济作物统一折算为谷类作物产量，将这两组数据进行相关分析，根据其对应关系，将用自然要素评价的耕地地力等级分别归入相应的概念型产量表示的地力等级体系。归入国家等级后，林甸县耕地地力等级一级属于国家的四级，面积 17 557.60 公顷，占总耕地面积的 12.09%；二级、三级属于国家的五级，面积 47 035.20 公顷，占总耕地面积的 32.40%；四级、五级属于国家的六级，面积 67 219.10 公顷，占总耕地面积的 46.30%，六级属于国家七级，面积 13 373.90公顷，占耕地面积的 9.21%。

（7）编写耕地地力调查与质量评价报告：认真组织编写人员编写报告，严格按照全国农业技术推广服务中心《耕地地力评价指南》进行编写，使地力评价结果得到规范的保存。

三、工作成果

1. 文字成果　《林甸县耕地地力评价与应用工作报告》《林甸县耕地地力评价与应用技术报告》《林甸县耕地地力评价与平衡施肥专题调查报告》《林甸县耕地地力评价与中低产田改良专题报告》《林甸县耕地地力评价与种植业结构调整专题报告》。

2. 图件成果

（1）耕地养分分布图：林甸县耕地土壤有机质分级图；林甸县耕地土壤全氮分级图；林甸县耕地土壤全磷分级图；林甸县耕地土壤全钾分级图；林甸县耕地土壤碱解氮分级图；林甸县耕地土壤有效磷分级图；林甸县耕地土壤有效钾分级图；林甸县耕地土壤有效锌分级图；林甸县耕地土壤有效铜分级图；林甸县耕地土壤有效锰分级图；林甸县耕地土壤采样点位图。

（2）耕地评价成果图：林甸县耕地地力等级图；林甸县施肥分区图；林甸县耕地资源管理单元图。

四、主要作法与经验

1. 主要作法

（1）因地制宜，分段进行：林甸县一般在 4 月 15 日以后土壤才能融化到 20 厘米深，5 月初就进行播种。农作物的收获时间一般都在 9 月末至 10 月初，到 10 月末土壤冻结。

从土壤融化到春播或秋收结束到土壤封冻都只有20多天的时间。由于时间紧任务重，要完成所有外业的任务，比较困难。根据这一实际情况，我们把外业的所有任务分为入户调查和采集土壤样品两部分。入户调查安排在化冻前进行。而采集土壤样品则集中在化冻后播种前进行。这样，既保证了外业的工作质量，又保证了化验结果的可靠性。

（2）统一计划，分工协作：耕地地力调查与质量评价是由多项任务指标组成的，各项任务又相互联系成一个有机的整体。任何一个具体环节出现问题都会影响整体工作的质量。因此，在具体工作中，根据农业部制定的总体工作方案和技术规程，我们采取了统一计划，分工协作的做法。对各项具体工作内容、质量标准、起止时间都提出了具体而明确的要求，并作了详尽的安排。承担不同工作任务的同志都根据这一统一安排分别制订了各自的工作计划和工作日程，并注意到了互相之间的协作和各项任务的衔接。

2. 主要经验

（1）领导重视、部门配合是搞好耕地力评价的前提　此项工作领导非常重视，召开了耕地地力调查领导小组和技术小组会议，统筹安排。各部门职责明确，相互配合，形成合力。同时还制订了层层抓，责任追究等具体措施，有力地促进了这项工作的开展。

（2）全面安排，突出重点　耕地地力调查与质量评价这一工作的最终目的是要对调查区域内的耕地地力进行科学的实事求是的评价，这是开展这项工作的重点。所以，我们在努力保证全面工作质量的基础上，突出了耕地地力评价这一重点。除充分发挥专家组的作用外，我们还多方征求意见，对评价指标的选定、各参评指标的权重等进行了多次研究和探讨，提高了评价的质量。

（3）发挥县级政府的积极性，搞好各部门的协作：进行耕地地力调查和质量评价，需要多方面的资料图件，包括历史资料和现状资料，涉及国土、统计、水利、气象等各个部门，在县域内进行这一工作，单靠农业部门很难在这样短的时间内顺利完成，必须协调各部门的工作，以保证在较短的时间内，把资料搞全搞准。

（4）紧密联系当地农业生产实际，为当地农业生产服务：开展耕地地力调查和质量评价，本身就是与当地农业生产实际联系十分紧密的工作，特别是专题报告的选定与撰写，要符合当地农业生产的实际情况，反映当地农业生产发展的需求。所以，我们在调查过程中，对技术规程要求以外的一些情况，也进行了一些调查。并根据本次对耕地地力的调查结果，联系林甸县农业生产的实际，撰写了《林甸县耕地地力调查与质量评价》等3篇专题报告，使本次调查成果得到了初步的运用。

3. 精心组织，明确分工，认真实施是完成工作的保障　由于此项工作技术要求高，因此，我们采取上下配合，明确分工，通力合作的方式开展。林甸县农业技术推广中心负责前期外业调查，原始资料收集、成果外业核实和相关的文字材料，委托哈尔滨万图信息技术开发有限公司进行图件、数据处理、计算。

五、资金使用分析

由于本次耕地地力调查是与测土配方施肥工作结合进行，资金使用主要包括物资准备及资料收集费、会议及技术培训费、样品采集与分析化验费、资料汇总及编印费、技术指导与组织管理费、图件数字化制作费等部分。见附表 4-1。

附表 4-1　资金使用情况汇总

支出	金额（万元）	构成比例（%）
物资准备及资料收集	2.00	7.14
会议及技术培训费	2.50	8.93
样品采集与分析化验费	12.00	42.86
资料汇总及编印费	2.50	8.93
县域耕地地力评价数据处理、应用软件购置	0.50	1.79
技术指导与组织管理费	3.00	10.71
图件数字化及制作费	5.50	19.64
合计	28.00	100.00

六、存在的突出问题与建议

1. 本次耕地地力调查与质量评价工作要求的技术性很高，如图件的数字化、经纬坐标与地理坐标的转换、采样点位图的生成等技术及评价信息系统与属性数据、空间数据的挂接、插值等技术对于农业技术人员来说难度很高，因此请地理信息系统的专业技术人员帮助完成是唯一的方法。

2. 评价指标的选取除遵循国家已确定的原则外，应与当地农业生产密切相关；评价指标的分值，应根据不同地域而定。因此，建议由上级业务部门与各县区的专家共同研究后确定。

3. 关于评价单元图生成。本次调查评价工作是在第二次土壤普查的基础上开展的，也是为了掌握两次调查之间土壤地力的变化情况。因此，应该充分利用已有的土壤普查资料开展工作。本次土壤调查，土壤类型和土地利用状况应该是生成调查单元底图的核心。

4. 土壤是由五大成土因素及人类的综合作用形成的，它的分布不可能是均一的。如果评价中单纯采用数学插值，容易将一些随机偶然因素混淆入土壤分布规律之中，势必打破土壤类型的界线，不能科学地表示土壤的变化。

5. 调查点数量的确定。本次调查共采样 2 038 个，代表林甸县 145 185.80 万公顷耕地，每个调查点代表 71.20 多公顷，并不能完全反映耕地的实际情况。

附录 5 林甸县各乡（镇）土壤类型面积汇总表

林甸镇、红旗镇、东兴乡、宏伟乡、三合乡、东风乡、花园镇、四合乡、隆山乡、黎明乡、农林牧场土壤类型面积汇学（1984 年）分别见附表 5 - 1 至附表 5 - 11；林甸镇、红旗镇、东兴乡、宏伟乡、三合乡、花园镇、四合乡、四季青镇土壤类型面积汇总（2011 年）分别见附表 5 - 12 至附表 5 - 19。

附表 5 - 1 林甸镇土壤类型面积汇总（1984 年）

单位：亩

单位名称	土种名称											
	薄层黏底碳酸盐草甸黑钙土				薄层碱化草甸黑钙土				中层黏底碳酸盐草甸黑钙土			
	小计	耕地	荒地	其他	小计	耕地	荒地	其他	小计	耕地	荒地	其他
林甸镇	48 960.3	32 406.9	2 131.8	14 421.6	183.1	156.5	—	26.6	1 998.9	1 548.4	—	—
县鸡场	161.5	161.5	—	—	—	—	—	—	—	—	—	—
县机关用地	860.2	264.8	491.9	103.5	—	—	—	—	—	—	—	—
城镇猪场	161.9	35.0	—	126.9	—	—	—	—	—	—	—	—
县苗圃	486.7	403.3	—	83.4	8.3	8.3	—	—	—	—	—	—
创造村	6 619.8	4 285.4	194.3	2 140.1	174.8	148.2	—	26.6	1 976.9	1 529.1	—	—
发明村	6 586.7	6 086.8	14.8	485.1	—	—	—	—	—	—	—	—
雄伟村	2 926.7	2 395.6	30.0	501.1	—	—	—	—	—	—	—	—
实验村	6 349.9	5 013.7	60.0	1 276.2	—	—	—	—	—	—	—	—
城镇砖厂	279.7	121.5	—	158.2	—	—	—	—	—	—	—	—
工农村	10 746.4	8 541.1	1 049.3	1 156.0	—	—	—	—	—	—	—	—
西南街大学校	520.9	436.5	—	84.4	—	—	—	—	—	—	—	—
良种场	2 144.7	1 718.2	106.0	320.5	—	—	—	—	—	—	—	—
城镇机关用地	11 015.2	2 943.5	85.5	7 986.2	—	—	—	—	22.0	19.3	—	—

（续）

单位名称	土种名称							
	薄层黏底碳酸盐黑钙土				薄层粉沙底碳酸盐草甸黑钙土			
	小计	耕地	荒地	其他	小计	耕地	荒地	其他
林甸镇	282.0	268.0	—	14.0	450.0	363.9	30.0	56.1
县鸡场	—	—	—	—	—	—	—	—
县机关用地	—	—	—	—	—	—	—	—
城镇猪场	—	—	—	—	—	—	—	—
县苗圃	—	—	—	—	—	—	—	—
创造村	—	—	—	—	—	—	—	—
发明村	225.7	219.9	—	5.8	—	—	—	—
雄伟村	56.3	48.1	—	8.2	—	—	—	—
实验村	—	—	—	—	135.0	123.6	—	11.4
城镇砖厂	—	—	—	—	—	—	—	—
工农村	—	—	—	—	315.0	240.3	30.0	44.7
西南街大学校	—	—	—	—	—	—	—	—
良种场	—	—	—	—	—	—	—	—
城镇机关用地	—	—	—	—	—	—	—	—
总计	51 874.1							

附表 5-2 红旗镇土壤类型面积汇总（1984 年）

单位：亩

单位名称	土种名称															
	结皮草甸碱土				薄层平地黏底碳酸盐草甸土				中位柱状苏打草甸碱土				薄层沙底碳酸盐黑钙土			
	小计	耕地	荒地	其他	小计	耕地	荒地	其他	小计	耕地	荒地	其他	小计	耕地	荒地	其他
红旗镇	27 198.9	4 032.9	21 989.7	1 176.2	33 087.8	15 781.6	12 282.3	5 023.9	3 300.8	438.4	2 768.7	93.7	32 131.1	23 574.9	3 829.1	4 727.1
红旗村	9 713.4	889.8	8 406.9	416.7	10 433.3	6 326.5	1 505.0	2 601.7	1 387.6	127.1	1 201.0	59.5	11 447.6	8 344.5	1 847.6	1 255.5

（续）

单位名称	土种名称															
	结皮草甸碱土				薄层平地黏底碳酸盐草甸土				中位柱状苏打草甸碱土				薄层沙底碳酸盐黑钙土			
	小计	耕地	荒地	其他	小计	耕地	荒地	其他	小计	耕地	荒地	其他	小计	耕地	荒地	其他
先锋村	13 392.1	2 179.0	10 973.8	239.3	3 826.3	622.6	3 135.4	68.4	1 913.2	311.3	1 567.7	34.2	9 243.0	7 261.6	360.0	1 621.4
先进村	—	—	—	—	—	—	—	—	—	—	—	—	11 400.0	7 936.4	1 621.5	1 842.2
红光村	1 206.4	208.7	837.6	160.1	6 014.3	2 355.8	3 147.1	511.4	—	—	—	—	—	—	—	—
镇砖厂	—	—	—	—	—	—	—	—	—	—	—	—	—	—	—	—
群力村	1 045.1	407.1	550.7	87.3	2 501.7	970.6	1 321.6	209.5	—	—	—	—	—	—	—	—
红明村	1 028.6	332.1	575.3	121.2	2 468.7	797.1	1 380.7	290.9	—	—	—	—	—	—	—	—
曙光村	44.7	—	30.6	14.1	1 387.9	1 045.7	56.2	286.0	—	—	—	—	—	—	—	—
阳光村	584.9	16.2	432.5	136.2	1 072.2	29.6	792.7	249.9	—	—	—	—	—	—	—	—
良种场	—	—	—	—	—	—	—	—	—	—	—	—	40.5	32.4	—	8.1
春光村	183.8	—	182.4	1.4	5 383.5	3 633.7	943.6	806.2	—	—	—	—	—	—	—	—
幸福村	—	—	—	—	—	—	—	—	—	—	—	—	—	—	—	—
永胜村	—	—	—	—	—	—	—	—	—	—	—	—	—	—	—	—

单位名称	土种名称															
	薄层黏底碳酸盐草甸黑钙土				薄层黏底碳酸盐黑钙土				深位柱状苏打草甸碱土				中层黏底碳酸盐草甸黑钙土			
	小计	耕地	荒地	其他	小计	耕地	荒地	其他	小计	耕地	荒地	其他	小计	耕地	荒地	其他
红旗镇	181 947.0	134 223.9	27 678.1	20 045.0	8 874.5	7 193.7	466.5	1 214.3	2 230.8	547.2	1 402.4	281.2	20 021.6	16 468.2	1 411.7	2 141.7
红旗村	5 885.0	3 999.2	1 562.4	323.3	—	—	—	—	—	—	—	—	—	—	—	—
先锋村	9 490.4	6 948.2	1 860.9	681.3	—	—	—	—	—	—	—	—	—	—	—	—
先进村	28 741.3	21 742.2	3 682.3	3 316.9	768.8	444.4	46.5	277.9	—	—	—	—	—	—	—	—
红光村	19 146.3	16 153.6	774.3	2 218.4	—	—	—	—	565.9	99.9	386.0	80.1	—	—	—	—
镇砖厂	403.7	370.2	27.0	6.3	—	—	—	—	—	—	—	—	—	—	—	—
群力村	21 035.4	16 443.1	3 240.7	1 351.6	—	—	—	—	622.7	240.0	330.4	52.4	—	—	—	—

（续）

单位名称	土种名称															
	薄层黏底碳酸盐草甸黑钙土				薄层黏底碳酸盐黑钙土				深位柱状苏打草甸碱土				中层黏底碳酸盐草甸黑钙土			
	小计	耕地	荒地	其他	小计	耕地	荒地	其他	小计	耕地	荒地	其他	小计	耕地	荒地	其他
红明村	9 174.7	7 402.1	928.5	844.1	2 266.5	1 966.4	120.0	180.1	617.2	199.3	345.2	72.7	1 897.2	1 683.5	120.0	93.7
曙光村	21 581.6	15 706.8	2 717.4	3 057.3	—	—	—	—	22.4	—	15.3	7.0	—	—	—	—
阳光村	27 665.4	15 391.1	9 996.2	2 278.1	2 775.0	2 110.6	300.0	364.4	292.4	8.1	216.1	68.2	—	—	—	—
良种场	3 011.7	1 693.5	758.6	559.7	—	—	—	—	—	—	—	—	—	—	—	—
春光村	9 322.8	6 511.1	1 326.4	1 485.3	—	—	—	—	110.3	—	109.4	0.8	5 931.0	4 560.3	951.9	418.8
幸福村	10 219.8	8 050.0	436.5	1 733.3	3 064.2	2 672.3		391.9	—	—	—	—	6 745.3	5 870.9	318.0	556.4
永胜村	16 269.0	13 812.8	267.0	2 189.2	—	—	—	—	—	—	—	—	5 448.1	4 353.5	21.8	1 072.8
总计	308 792.2															

附表 5-3　东兴乡土壤类型面积汇总（1984 年）

单位：亩

单位名称	土种名称											
	薄层黏底碳酸盐草甸黑钙土				薄层粉沙底碳酸盐草甸黑钙土				中层黏底碳酸盐草甸黑钙土			
	小计	耕地	荒地	其他	小计	耕地	荒地	其他	小计	耕地	荒地	其他
东兴乡	350 915.7	269 287.1	41 533.0	40 095.7	6 457.3	2 581.4	3 491.2	384.7	9 976.9	7 786.1	94.2	2 096.6
长荣村	22 160.0	14 291.2	5 399.9	2 468.9	577.5	520.0	36.0	21.5	—	—	—	—
旭日村	31 326.9	26 622.7	1 350.3	3 353.9	—	—	—	—	—	—	—	—
纲要村	23 213.7	17 752.5	1 351.0	4 110.2	—	—	—	—	878.1	802.1	—	76.0
新兴村	18 429.8	14 690.9	306.8	3 432.1	—	—	—	—	2 156.4	1 552.5	—	603.9
丰产村	27 392.7	21 077.5	3 259.0	3 056.3	—	—	—	—	—	—	—	—
东兴农建营	580.6	554.4	—	26.3	—	—	—	—	—	—	—	—
东兴排灌站	809.8	779.7	—	30.1	—	—	—	—	—	—	—	—
创业村	33 695.1	26 383.7	3 848.4	3 462.9	—	—	—	—	—	—	—	—

（续）

单位名称	土种名称											
	薄层黏底碳酸盐草甸黑钙土				薄层粉沙底碳酸盐草甸黑钙土				中层黏底碳酸盐草甸黑钙土			
	小计	耕地	荒地	其他	小计	耕地	荒地	其他	小计	耕地	荒地	其他
勤俭村	20 706.9	17 704.9	975.0	2 027.1	—	—	—	—	—	—	—	—
自强村	29 444.5	22 466.2	4 056.0	2 922.2	—	—	—	—	—	—	—	—
跃进村	20 313.6	16 897.7	1 414.7	2 001.2	—	—	—	—	—	—	—	—
平原村	13 911.0	11 051.0	1 056.4	1 803.6	—	—	—	—	—	—	—	—
东兴堤防站	594.1	500.7	60.1	33.3	—	—	—	—	—	—	—	—
日新村	13 263.5	10 494.8	1 407.8	1 361.0	—	—	—	—	—	—	—	—
东兴农场	5 715.0	4 170.0	1 350.0	195.0	3 884.8	422.9	3 455.2	6.8	—	—	—	—
平安村	21 543.4	14 626.0	5 537.0	1 380.4	—	—	—	—	1 063.2	901.9	25.2	136.1
红阳村	19 457.7	12 079.0	5 904.2	1 474.5	—	—	—	—	2 447.3	2 049.7	69.0	328.6
新胜村	14 065.1	11 750.8	195.0	2 119.2	1 995.0	1 638.6	—	356.5	214.2	144.5	—	69.8
新立村	11 313.2	9 030.2	63.5	2 219.6	—	—	—	—	—	—	—	—
永生村	15 634.1	12 838.1	9 75.0	1 821.0	—	—	—	—	—	—	—	—
良种村	4 071.7	3 301.1	72.0	698.6	—	—	—	—	2 933.4	2 071.1	—	862.3
东兴乡用地	—	—	—	—	—	—	—	—	284.3	264.4	—	20.0
红阳、日新放牧地	3 273.5	224.3	2 950.0	98.2	—	—	—	—	—	—	—	—

单位名称	土种名称							
	薄层平地黏底碳酸盐草甸土				薄层平地黏底碳酸盐潜育草甸土			
	小计	耕地	荒地	其他	小计	耕地	荒地	其他
东兴乡	5 822.2	2 340.0	3 424.9	57.3	60.0	52.6	—	7.4
长荣村	—	—	—	—	—	—	—	—
旭日村	65.6	—	65.6	—	—	—	—	—
纲要村	—	—	—	—	60.0	52.6	—	7.4

（续）

单位名称	土种名称							
	薄层平地黏底碳酸盐草甸土				薄层平地黏底碳酸盐潜育草甸土			
	小计	耕地	荒地	其他	小计	耕地	荒地	其他
新兴村	—	—	—	—	—	—	—	—
丰产村	—	—	—	—	—	—	—	—
东兴农建营	—	—	—	—	—	—	—	—
东兴排灌站	—	—	—	—	—	—	—	—
创业村	—	—	—	—	—	—	—	—
勤俭村	—	—	—	—	—	—	—	—
自强村	—	—	—	—	—	—	—	—
跃进村	—	—	—	—	—	—	—	—
平原村	—	—	—	—	—	—	—	—
东兴堤防站	—	—	—	—	—	—	—	—
日新村	—	—	—	—	—	—	—	—
东兴农场	4 995.0	2 340.0	2 655.0	—	—	—	—	—
平安村	0.6	—	0.6	—	—	—	—	—
红阳村	—	—	—	—	—	—	—	—
新胜村	—	—	—	—	—	—	—	—
新立村	—	—	—	—	—	—	—	—
永生村	—	—	—	—	—	—	—	—
良种村	—	—	—	—	—	—	—	—
东兴乡用地	—	—	—	—	—	—	—	—
红阳、日新放牧地	761.0	—	703.7	57.3	—	—	—	—
总计	373 232.1				60.0			

附表 5-4　宏伟乡土壤类型面积汇总（1984 年）

单位：亩

单位名称	土种名称											
	薄层黏地碳酸盐草甸黑钙土				结皮草甸碱土				深位柱状苏打草甸碱土			
	小计	耕地	荒地	其他	小计	耕地	荒地	其他	小计	耕地	荒地	其他
宏伟乡	152 351.1	12 4811.3	5 683.0	21 856.8	2 054.9	436.3	1 548.5	70.2	1 541.2	327.2	1 161.4	52.6
宏建村	275.5	245.2	—	30.3	387.0	133.2	253.8	—	290.3	99.9	190.4	—
治安村	13 581.0	10 916.1	274.1	2 390.8	1 032.0	259.2	730.8	42.0	774.0	194.4	548.1	31.5
良种村	13 052.7	9 972.6	1301.8	1 778.3	148.4	10.8	133.6	4.0	111.3	8.1	100.2	3.0
乡农场	2 788.6	2 558.5	75.8	154.3	309.9	13.2	295.3	1.4	232.5	9.9	221.5	1.1
永丰村	9 161.4	6 414.1	1 473.0	1 274.2	177.6	19.8	135.0	22.8	133.1	14.9	101.3	17.0
宏伟村	12 869.6	10 670.9	184.8	2 013.9	—	—	—	—	—	—	—	—
全胜村	19 655.4	14 986.0	2 147.9	2 521.5	—	—	—	—	—	—	—	—
太平山村	5 862.7	5 289.8	30.0	542.9	—	—	—	—	—	—	—	—
核心村	11 922.7	10 248.2	120.0	1 554.5	—	—	—	—	—	—	—	—
永兴村	11 099.9	9 499.4	45.0	1 555.5	—	—	—	—	—	—	—	—
立新村	12 843.6	10 931.7	—	1 912.0	—	—	—	—	—	—	—	—
黄河村	15 520.8	13 576.4	30.7	1 913.8	—	—	—	—	—	—	—	—
永利村	12 216.2	10 334.5	—	1 881.7	—	—	—	—	—	—	—	—
吉祥村	11 501.1	9 167.9	—	2 333.2	—	—	—	—	—	—	—	—

单位名称	土种名称											
	薄层平地黏地碳酸盐草甸土				薄层苏打碱化草甸土				薄层黏底碳酸盐黑钙土			
	小计	耕地	荒地	其他	小计	耕地	荒地	其他	小计	耕地	荒地	其他
宏伟乡	1 650.5	249.3	1 338.6	62.6	533.0	112.4	402.7	17.9	33 455.8	28 619.2	36.3	4 800.3
宏建村	193.5	66.6	126.9	—	96.8	33.3	63.5	—	9 197.3	7 644.1	30.0	1 523.2
治安村	516.0	129.6	365.4	21.0	258.0	64.8	182.7	10.5	5 148.5	4 723.6	—	424.9

（续）

单位名称	土种名称											
	薄层平地黏地碳酸盐草甸土				薄层苏打碱化草甸土				薄层黏底碳酸盐黑钙土			
	小计	耕地	荒地	其他	小计	耕地	荒地	其他	小计	耕地	荒地	其他
良种村	74.2	5.4	66.8	2.0	37.1	2.7	33.4	1.0	225.1	200.4	—	24.7
乡农场	135.7	3.3	132.1	0.4	96.7	6.6	89.4	0.7	3 343.1	2 803.3	—	539.8
永丰村	88.8	9.9	67.5	11.4	44.4	5.0	33.8	5.7	7 008.8	5 833.3	—	1 175.5
宏伟村	—	—	—	—	—	—	—	—	705.0	665.7	—	39.3
全胜村	642.3	34.5	580.0	27.8	—	—	—	—	4 689.3	4 062.5	—	626.9
太平山村	—	—	—	—	—	—	—	—	3 138.8	2 686.4	6.3	446.1
核心村	—	—	—	—	—	—	—	—	—	—	—	—
永兴村	—	—	—	—	—	—	—	—	—	—	—	—
立新村	—	—	—	—	—	—	—	—	—	—	—	—
黄河村	—	—	—	—	—	—	—	—	—	—	—	—
永利村	—	—	—	—	—	—	—	—	—	—	—	—
吉祥村	—	—	—	—	—	—	—	—	—	—	—	—

单位名称	土种名称											
	中层黏底碳酸盐草甸黑钙土				薄层粉沙底碳酸盐草甸黑钙土				薄层平地黏底碳酸盐潜育草甸土			
	小计	耕地	荒地	其他	小计	耕地	荒地	其他	小计	耕地	荒地	其他
宏伟乡	9 790.5	7 871.5	115.5	1 803.4	915.0	639.9	30.0	245.1	1 186.5	1 079.6	—	106.9
宏建村	2 575.5	2 154.5	—	421.0	—	—	—	—	—	—	—	—
治安村	—	—	—	—	315.0	195.3	—	119.7	—	—	—	—
良种村	—	—	—	—	—	—	—	—	—	—	—	—
乡农场	—	—	—	—	—	—	—	—	—	—	—	—
永丰村	1 272.8	922.3	—	350.5	—	—	—	—	—	—	—	—
宏伟村	—	—	—	—	—	—	—	—	348.0	330.9	—	17.1

（续）

单位名称	土种名称											
	中层黏底碳酸盐草甸黑钙土				薄层粉沙底碳酸盐草甸黑钙土				薄层平地黏底碳酸盐潜育草甸土			
	小计	耕地	荒地	其他	小计	耕地	荒地	其他	小计	耕地	荒地	其他
全胜村	1 960.5	1 338.5	115.5	506.5	—	—	—	—	—	—	—	—
太平山村	—	—	—	—	60.0	25.5	30.0	4.5	583.5	519.3	—	64.2
核心村	—	—	—	—	315.0	256.8	—	58.2	255.0	229.4	—	25.7
永兴村	—	—	—	—	—	—	—	—	—	—	—	—
立新村	—	—	—	—	—	—	—	—	—	—	—	—
黄河村	1 500.0	1 285.8	—	214.2	225.0	162.3	—	62.7	—	—	—	—
永利村	210.0	191.0	—	19.0	—	—	—	—	—	—	—	—
吉祥村	2 271.7	1 979.5	—	292.2	—	—	—	—	—	—	—	—
总计	203 478.5											

附表 5-5　三合乡土壤类型面积汇总（1984 年）

单位：亩

单位名称	土种名称															
	薄层黏底碳酸盐黑钙土				薄层盐化草甸黑钙土				中层黏底碳酸盐黑钙土				中位柱状苏打草甸碱土			
	小计	耕地	荒地	其他	小计	耕地	荒地	其他	小计	耕地	荒地	其他	小计	耕地	荒地	其他
三合乡	295 377.4	226 677.3	43 657.7	25 042.5	4 711.4	983.8	3 570.9	156.7	8 579.7	7 542.3	249.8	787.6	88.2	3.6	83.2	1.4
建新村	37 215.6	23 960.6	10 287.0	2 967.9	1 528.4	429.4	1 066.1	32.8	—	—	—	—	—	—	—	—
胜利村	—	—	—	—	—	—	—	—	—	—	—	—	—	—	—	—
建国村	12 420.7	9 825.8	1 728.0	866.9	—	—	—	—	—	—	—	—	—	—	—	—
南岗村	5 159.4	3 883.0	937.9	374.6	—	—	—	—	—	—	—	—	—	—	—	—
三合水库	—	—	—	—	—	—	—	—	—	—	—	—	—	—	—	—
良种村	17 836.3	15 224.9	521.0	2 090.4	—	—	—	—	—	—	—	—	—	—	—	—

（续）

单位名称	土种名称															
	薄层黏底碳酸盐黑钙土				薄层盐化草甸黑钙土				中层黏底碳酸盐黑钙土				中位柱状苏打草甸碱土			
	小计	耕地	荒地	其他	小计	耕地	荒地	其他	小计	耕地	荒地	其他	小计	耕地	荒地	其他
辽源村	23 714.3	18 449.1	2 639.0	2 626.3	437.5	3.6	407.3	26.6	—	—	—	—	—	—	—	—
东华村	13 897.1	10 392.4	2 452.7	1 052.0	—	—	—	—	—	—	—	—	—	—	—	—
红星村	28 718.9	26 346.3	907.8	1 464.8	364.8	50.4	298.2	16.2	—	—	—	—	—	—	—	—
三合村	20 637.6	12 706.9	6 356.8	1 573.9	—	—	—	—	6 675.8	5 856.1	249.8	569.8	—	—	—	—
庆丰村	18 262.6	16 252.4	609.4	1 400.9	—	—	—	—	—	—	—	—	—	—	—	—
建设村	24 141.2	16 869.5	5 020.7	2 251.9	1 581.4	272.6	1 256.0	52.8	67.5	67.5	—	—	—	—	—	—
团结村	20 579.7	15 598.5	3 228.3	1 752.9	—	—	—	—	—	—	—	—	—	—	—	—
五星村	8 949.3	7 572.4	279.8	1 097.2	—	—	—	—	1 836.5	1 618.7	—	217.8	88.2	3.6	83.2	1.4
乡林场	2 092.4	1 724.4	295.0	73.0	—	—	—	—	—	—	—	—	—	—	—	—
林齐村	3 746.2	3 385.7	179.9	180.7	—	—	—	—	—	—	—	—	—	—	—	—
乡畜牧场	3 486.0	2 927.6	334.0	224.4	—	—	—	—	—	—	—	—	—	—	—	—
乡采草场	—	—	—	—	—	—	—	—	—	—	—	—	—	—	—	—
富饶村	17 108.0	12 836.9	2 846.2	1 424.9	—	—	—	—	—	—	—	—	—	—	—	—
建华村	37 375.2	28 721.0	5 034.3	3 619.9	799.3	227.8	543.3	28.2	—	—	—	—	—	—	—	—

单位名称	土种名称															
	薄层黏底碳酸盐草甸黑钙土				深位柱状苏打草甸碱土				薄层粉沙底碳酸盐黑钙土				岗地生草灰沙土			
	小计	耕地	荒地	其他	小计	耕地	荒地	其他	小计	耕地	荒地	其他	小计	耕地	荒地	其他
三合乡	10 121.3	7 513.6	2 355.5	252.2	2 296.6	154.7	2 035.2	106.7	47 721.0	40 297.3	2 299.8	5 124.0	1 197.0	773.6	221.4	202.0
建新村	2 463.0	994.1	1 412.3	56.7	—	—	—	—	—	—	—	—	—	—	—	—
胜利村	—	—	—	—	—	—	—	—	24 652.4	20 997.1	1 112.0	2 543.3	603.0	514.7	—	88.3
建国村	—	—	—	—	—	—	—	—	—	—	—	—	—	—	—	—
南岗村	—	—	—	—	—	—	—	—	9 307.4	8 129.6	124.5	1 053.3	129.8	105.9	—	23.8

（续）

单位名称	土种名称															
	薄层黏底碳酸盐草甸黑钙土				深位柱状苏打草甸碱土				薄层粉沙底碳酸盐黑钙土				岗地生草灰沙土			
	小计	耕地	荒地	其他	小计	耕地	荒地	其他	小计	耕地	荒地	其他	小计	耕地	荒地	其他
三合水库	—	—	—	—	—	—	—	—	6 284.9	4 796.3	1 003.9	484.7	—	—	—	—
良种村	—	—	—	—	73.9	—	72.1	1.8	—	—	—	—	—	—	—	—
辽源村	1 103.5	1 079.3	—	—	—	—	—	—	—	—	—	—	—	—	—	—
东华村	—	—	—	24.2	—	—	—	—	—	—	—	—	—	—	—	—
红星村	—	—	—	—	1 062.4	33.7	983.0	45.7	—	—	—	—	—	—	—	—
三合村	2 013.0	1 499.3	483.0	—	—	—	—	—	—	—	—	—	—	—	—	—
庆丰村	—	—	—	30.7	—	—	—	—	—	—	—	—	—	—	—	—
建设村	1 726.5	1 283.2	400.3	—	196.1	4.5	186.6	5.1	—	—	—	—	—	—	—	—
团结村	92.1	75.2	15.0	43.0	938.7	93.2	793.5	52.0	—	—	—	—	—	—	—	—
五星村	2 723.3	2 582.6	45.0	1.9	25.5	23.3	—	2.2	—	—	—	—	—	—	—	—
乡林场	—	—	—	95.7	—	—	—	—	—	—	—	—	—	—	—	—
林齐村	—	—	—	—	—	—	—	—	—	—	—	—	464.3	153.0	221.4	89.9
乡畜牧场	—	—	—	—	—	—	—	—	—	—	—	—	—	—	—	—
乡采草场	—	—	—	—	—	—	—	—	24.0	—	22.8	1.2	—	—	—	—
富饶村	—	—	—	—	—	—	—	—	7 452.3	6 374.2	36.6	1 041.5	—	—	—	—
建华村	—	—	—	—	—	—	—	—	—	—	—	—	—	—	—	—

单位名称	土种名称																		
	小叶樟草甸沼泽土					薄层平地黏底碳酸盐潜育草甸土					氯化物硫酸盐苏打草甸盐土					薄层岗地黑钙土型沙土			
	小计	耕地	荒地	苇地	其他	小计	耕地	荒地	苇地	其他	小计	耕地	荒地	苇地	其他	小计	耕地	荒地	其他
三合乡	66 266.2	1 843.9	38 082.1	25 272.7	1 067.5	2 803.5	418.7	1 003.4	1 341.0	40.5	1 133.2	—	447.3	670.5	15.5	2 441.9	2 163.5	119.4	159.0
建新村	75.6	—	75.6	—	—	—	—	—	—	—	—	—	—	—	—	—	—	—	—

（续）

单位名称	土种名称																		
	小叶樟草甸沼泽土					薄层平地黏底碳酸盐潜育草甸土					氯化物硫酸盐苏打草甸盐土					薄层岗地黑钙土型沙土			
	小计	耕地	荒地	苇地	其他	小计	耕地	荒地	苇地	其他	小计	耕地	荒地	苇地	其他	小计	耕地	荒地	其他
胜利村	150.2	—	150.2	—	—	—	—	—	—	—	—	—	—	—	—	1 522.4	1 366.2	46.5	109.7
建国村	814.5	—	806.8	—	7.7	—	—	—	—	—	—	—	—	—	—	—	—	—	—
南岗村	1 429.2	—	128.1	1 273.1	28.0	—	—	—	—	—	—	668.25（水面）	—	—	—	—	—	—	—
三合水库	41 724.4	1 843.9	21 895.8	17 117.0	967.8	2 293.5	—	921.6	1 341.0	30.9	1 133.2	42 706.3（水面）	447.3	670.5	15.5	—	—	—	—
良种村	—	—	—	—	—	—	—	—	—	—	—	—	—	—	—	—	—	—	—
辽源村	—	—	—	—	—	—	—	—	—	—	—	—	—	—	—	—	—	—	—
东华村	—	—	—	—	—	—	—	—	—	—	—	—	—	—	—	—	—	—	—
红星村	—	—	—	—	—	—	—	—	—	—	—	—	—	—	—	—	—	—	—
三合村	—	—	—	—	—	—	—	—	—	—	—	—	—	—	—	—	—	—	—
庆丰村	—	—	—	—	—	—	—	—	—	—	—	—	—	—	—	—	—	—	—
建设村	—	—	—	—	—	—	—	—	—	—	—	—	—	—	—	—	—	—	—
团结村	—	—	—	—	—	—	—	—	—	—	—	—	—	—	—	—	—	—	—
五星村	—	—	—	—	—	—	—	—	—	—	—	—	—	—	—	—	—	—	—
乡林场	—	—	—	—	—	—	—	—	—	—	—	—	—	—	—	—	—	—	—
林齐村	—	—	—	—	—	510.0	418.7	81.8	9.6	—	—	—	—	—	—	—	—	—	—
乡畜牧场	334.4	—	332.5	—	1.9	—	—	—	—	—	—	—	—	—	—	—	—	—	—
乡采草场	21 737.9	—	14 693.2	6 882.6	162.2	—	—	—	—	—	—	—	—	—	—	—	—	—	—
富饶村	—	—	—	—	—	—	—	—	—	—	—	—	—	—	—	919.5	797.3	72.9	49.3
建华村	—	—	—	—	—	—	—	—	—	—	—	—	—	—	—	—	—	—	—

（续）

单位名称	土种名称																			
	苏打碱化盐土					薄层平地黏底碳酸盐草甸土					中度薄层盐化草甸土					芦苇草甸沼泽土				
	小计	耕地	荒地	苇地	其他	小计	耕地	荒地	苇地	其他	小计	耕地	荒地	苇地	其他	小计	耕地	荒地	苇地	其他
三合乡	20 285.0	2 655.4	15 143.9	1 796.9	688.8	62 658.3	7 092.1	44 523.3	9 006.0	2 036.9	18 539.6	960.9	11 396.0	5 806.5	376.1	56 046.7	854.3	32 398.7	22 014.6	779.1
建新村	2 975.4	429.4	2 513.2	—	32.8	6 088.6	206.3	5 842.3	—	40.0	887.1	—	887.1	—	—	94.5	—	94.5	—	—
胜利村	398.3	257.9	110.8	—	29.6	955.8	618.8	265.9	—	71.1	1 105.0	918.0	117.5	—	69.5	64.4	—	64.4	—	—
建国村	1 476.1	12.2	753.0	691.3	19.6	3 542.6	29.2	1 807.3	1 659.2	47.0	1 089.3	7.3	653.5	414.8	13.7	1 018.2	—	1 008.6	9.6	—
南岗村	2 703.6	21.6	2 052.6	607.5	21.8	6 390.7	51.8	4 828.5	1 458.1	52.4	1 955.0	12.9	1 239.1	682.8	20.1	1 786.5	—	160.1	1 591.4	35.0
三合水库	—	—	—	—	—	4 713.4	—	—	4 693.4	20.0	97.6	19.5	3 388.4	2 046.2	143.4	25 492.8	854.3	12 289.1	11 819.9	529.4
良种村	813.1	134.4	638.1	—	40.6	3 104.7	537.5	2 408.1	—	159.0	—	—	—	—	—	—	—	—	—	—
辽源村	437.5	3.6	407.3	—	26.6	1 852.7	16.8	1 733.2	—	102.7	—	—	—	—	—	—	—	—	—	—
东华村	956.0	14.7	908.1	—	33.1	3 629.1	58.8	3 460.2	—	110.1	95.0	—	86.6	—	8.4	—	—	—	—	—
红星村	1 427.2	84.1	1 281.3	—	61.8	3 387.6	112.5	3 144.3	—	130.8	—	—	—	—	—	—	—	—	—	—
三合村	193.4	55.6	125.6	12.3	—	2443.1	1 054.7	1 292.0	96.3	—	—	—	—	—	—	—	—	—	—	—
庆丰村	—	—	—	—	—	—	—	—	—	—	—	—	—	—	—	—	—	—	—	—
建设村	1 955.3	439.8	1 448.6	—	66.9	5 856.4	1 835.3	3 782.9	—	238.2	3.2	—	2.5	—	0.7	—	—	—	—	—
团结村	938.7	93.2	793.5	—	52.0	2 891.3	1 505.0	1 201.1	—	185.1	—	—	—	—	—	—	—	—	—	—
五星村	812.6	717.0	—	—	95.5	256.8	55.0	194.0	—	7.8	—	—	—	—	—	—	—	—	—	—
乡林场	—	—	—	—	—	—	—	—	—	—	—	—	—	—	—	—	—	—	—	—
林齐村	7.3	—	67.0	—	0.2	6 225.5	354.8	5 553.1	—	317.6	20.0	—	20.0	—	—	—	—	—	—	—
乡畜牧场	2 581.9	73.0	1 958.4	114.4	436.2	6 328.6	283.6	4 719.3	1 046.8	278.9	1 583.2	3.2	607.7	67.4	904.9	418.0	—	415.6	2.4	—
乡采草场	102.7	—	40.8	61.9	—	246.4	—	97.9	—	5 496.1	148.5	—	3 697.8	40.5	27 172.4	1 757.8	—	18 366.5	8 603.3	202.7
富饶村	1 094.5	—	1 090.2	—	4.3	2 626.8	—	2 616.5	10.3	656.7	—	—	654.1	—	2.6	—	—	—	—	—
建华村	1 351.7	319.0	955.5	—	77.2	2 118.3	372.0	1 576.8	—	169.5	51.5	—	41.7	—	9.8	—	—	—	—	—
总计	600 287																			

附表 5-6 东风乡土壤类型面积汇总（1984 年）

单位：亩

单位名称	土种名称											
	薄层黏底碳酸盐草甸黑钙土				薄层平地黏底碳酸盐草甸土				薄层黏底碳酸盐黑钙土			
	小计	耕地	荒地	其他	小计	耕地	荒地	其他	小计	耕地	荒地	其他
东风乡	163 650.6	133 160.2	9 078.1	21 412.4	16 321.9	14 003.5	458.0	1 770.3	570.0	559.3	10.7	—
农技站	1 183.3	1 082.4	53.3	47.7	—	—	—	—	—	—	—	—
东风村	11 950.9	9 787.0	575.4	1 588.5	—	—	—	—	—	—	—	—
更生村	13 742.1	11 165.0	120.0	2 457.1	—	—	—	—	—	—	—	—
国庆村	17 713.2	14 452.5	1 021.8	2 238.9	—	—	—	—	—	—	—	—
战斗村	19 330.5	15 764.9	903.7	2 661.8	4 549.5	3 900.0	389.3	260.1	570.0	559.3	10.7	—
和乡村	15 227.3	11 888.6	1 561.2	1 777.5	3 589.5	3 140.1	15.8	433.6	—	—	—	—
长胜村	14 426.1	10 079.8	3 143.9	1 202.5	—	—	—	—	—	—	—	—
文武村	6 116.7	4 958.2	302.2	856.3	8 182.9	6 963.3	143.0	1 076.6	—	—	—	—
长青村	13 019.7	10 852.9	691.2	1 475.4	—	—	—	—	—	—	—	—
国富村	8 219.5	6 814.7	36.8	1 368.1	—	—	—	—	—	—	—	—
朝阳村	17 284.7	14 731.4	284.3	2 269.0	—	—	—	—	—	—	—	—
东风砖厂	1 698.5	1 419.5	30.0	249.0	—	—	—	—	—	—	—	—
革命村	23 738.3	20 163.3	354.5	3 220.6	—	—	—	—	—	—	—	—

单位名称	土种名称							
	薄层黏底碳酸盐潜育草甸土				薄层粉沙底碳酸盐草甸黑钙土			
	小计	耕地	荒地	其他	小计	耕地	荒地	其他
东风乡	305.0	282.3	—	22.7	39.6	39.6	—	—
农技站	—	—	—	—	—	—	—	—
东风村	—	—	—	—	—	—	—	—
更生村	—	—	—	—	—	—	—	—

（续）

单位名称	土种名称							
	薄层黏底碳酸盐潜育草甸土				薄层粉沙底碳酸盐草甸黑钙土			
	小计	耕地	荒地	其他	小计	耕地	荒地	其他
国庆村	—	—	—	—	—	—	—	—
战斗村	—	—	—	—	—	—	—	—
和乡村	—	—	—	—	—	—	—	—
长胜村	—	—	—	—	—	—	—	—
文武村	—	—	—	—	—	—	—	—
长青村			—	—	—	—	—	—
国富村	144.5	136.8	—	7.6		—	—	—
朝阳村	—	—	—	—	39.6	39.6	—	—
东风砖厂	—	—	—	—	—	—	—	—
革命村	106.5	145.4	—	15.1	—	—	—	—
总计	180 542.5							

附表 5-7　花园镇土壤类型面积汇总（1984 年）

单位：亩

单位名称	土种名称															
	薄层平地黏底碳酸盐草甸土				中层黏底碳酸盐草甸黑钙土				薄层黏底碳酸盐草甸黑钙土				薄层黏底碳酸盐黑钙土			
	小计	耕地	荒地	其他	小计	耕地	荒地	其他	小计	耕地	荒地	其他	小计	耕地	荒地	其他
花园镇	78 676.6	24 115.5	50 517.1	4 044.0	1 005.0	711.0	165.0	129.0	503 895.0	250 117.1	216 010.8	37 767.2	28 276.7	16 449.4	8 741.1	3 086.2
卫星村	1 671.8	531.8	1 043.4	96.6	1 005.0	711.0	165.0	129.0	47 867.0	19 815.0	24 025.1	4 027.0	—	—	—	—
富强村	61.0	—	57.0	4.0	—	—	—	—	41 163.9	14 388.3	23 792.6	2 983.1	—	—	—	—
火箭村	2 554.3	—	2 546.9	7.4	—	—	—	—	45 755.4	18 274.2	24 604.4	2 876.8	—	—	—	—
向阳村	18 273.5	8 130.4	9 365.6	777.5	—	—	—	—	13 691.5	8 551.4	4 315.5	824.6	—	—	—	—

（续）

单位名称	土种名称															
	薄层平地黏底碳酸盐草甸土				中层黏底碳酸盐草甸黑钙土				薄层黏底碳酸盐草甸黑钙土				薄层黏底碳酸盐黑钙土			
	小计	耕地	荒地	其他	小计	耕地	荒地	其他	小计	耕地	荒地	其他	小计	耕地	荒地	其他
发展村	10 279.2	148.8	9 901.4	229.0	—	—	—	—	41 467.9	23 046.4	14 789.1	3 632.4	516.0	228.9	267.5	19.6
光明村	—	—	—	—	—	—	—	—	24 494.9	18 766.3	2 739.2	2 989.4	1 215.0	1 119.8	—	95.3
爱国村	—	—	—	—	—	—	—	—	23 682.7	17 952.5	3 314.4	2 415.8	402.0	369.6	—	32.4
永久村	—	—	—	—	—	—	—	—	12 055.5	10 528.5	60.5	1 466.6	675.0	644.4	—	30.6
前进村	—	—	—	—	—	—	—	—	21 394.7	15 697.8	3 754.8	1 942.1	60.0	57.9	—	2.1
齐心村	960.8	148.5	798.0	14.2	—	—	—	—	30 909.3	12 982.1	16 035.2	1 892.1	—	—	—	—
奋斗村	—	—	—	—	—	—	—	—	18 266.4	14 266.0	2 233.2	1 767.1	90.0	60.0	30.0	—
花园镇鱼池	—	—	—	—	—	—	—	—	—	—	—	—	—	—	—	—
永远村	3 681.9	2 191.1	1 427.4	63.5	—	—	—	—	27 864.3	8 599.8	17 781.3	1 483.2	—	—	—	—
中心村	18 444.1	1 851.8	15 444.9	1 147.5	—	—	—	—	16 071.8	11 234.6	3 997.4	839.8	14 670.2	11 130.9	949.6	2 589.6
花园村	22 708.9	11 113.2	9 891.3	1 704.4	—	—	—	—	47 541.1	26 329.8	18 579.0	2 632.3	225.0	—	221.4	3.6
前锋村	—	—	—	—	—	—	—	—	14 133.8	10 362.9	2 299.7	1 471.2	60.0	—	60.0	—
镇农场	41.3	—	41.3	—	—	—	—	—	16 066.4	3 753.0	11 501.2	812.3	—	—	—	—
丰收村	—	—	—	—	—	—	—	—	61 468.4	15 568.4	42 188.5	3 711.5	10 363.6	2 837.9	7 212.7	313.0

单位名称	土种名称															
	深位柱状苏打草甸碱土				结皮草甸碱土				薄层沙底碳酸盐黑钙土				薄层粉沙底碳酸盐黑钙土			
	小计	耕地	荒地	其他	小计	耕地	荒地	其他	小计	耕地	荒地	其他	小计	耕地	荒地	其他
花园镇	14 860.3	5 477.6	9 167.8	214.9	2 211.3	18.6	2 154.6	38.2	506.6	275.6	221.7	9.3	16 702.3	11 400.7	3 623.3	1 678.4
卫星村	—	—	—	—	—	—	—	—	—	—	—	—	—	—	—	—
富强村	48.8	—	45.6	3.2	12.2	—	11.4	0.8	—	—	—	—	—	—	—	—
火箭村	2 040.4	—	2 034.5	5.9	510.1	—	508.6	1.5	—	—	—	—	706.5	635.2	—	71.3
向阳村	—	—	—	—	—	—	—	—	—	—	—	—	—	—	—	—
发展村	1 284.9	18.6	1 237.7	28.6	1 284.9	18.6	1 237.7	28.6	—	—	—	—	—	—	—	—

（续）

单位名称	土种名称															
	深位柱状苏打草甸碱土				结皮草甸碱土				薄层沙底碳酸盐黑钙土				薄层粉沙底碳酸盐黑钙土			
	小计	耕地	荒地	其他	小计	耕地	荒地	其他	小计	耕地	荒地	其他	小计	耕地	荒地	其他
光明村	—	—	—	—	—	—	—	—	—	—	—	—	—	—	—	—
爱国村	—	—	—	—	—	—	—	—	—	—	—	—	—	—	—	—
永久村	—	—	—	—	—	—	—	—	—	—	—	—	—	—	—	—
前进村	—	—	—	—	—	—	—	—	—	—	—	—	—	—	—	—
齐心村	1 884.8	346.5	1 527.2	11.0	—	—	—	—	—	—	—	—	12 471.0	8 074.9	2 976.3	1 419.8
奋斗村	—	—	—	—	—	—	—	—	—	—	—	—	—	—	—	—
花园镇鱼池	—	—	—	—	—	—	—	—	—	—	—	—	—	—	—	—
永远村	8 591.2	5 112.5	3 330.7	148.1	—	—	—	—	—	—	—	—	3 524.8	2 690.6	647.0	187.3
中心村	—	—	—	—	—	—	—	—	—	—	—	—	—	—	—	—
花园村	1 010.3	—	992.1	18.1	404.1	—	396.9	7.3	—	—	—	—	—	—	—	—
前锋村	—	—	—	—	—	—	—	—	—	—	—	—	—	—	—	—
镇农场	—	—	—	—	—	—	—	—	—	—	—	—	—	—	—	—
丰收村	—	—	—	—	—	—	—	—	506.6	275.6	221.7	9.3	—	—	—	—
总计	646 133.8															

附表 5-8　四合乡土壤类型面积汇总（1984 年）

单位：亩

单位名称	土种名称															
	薄层黏底碳酸盐草甸黑钙土				薄层平地黏底碳酸盐草甸土				薄层黏底碳酸盐黑钙土				深位柱状苏打草甸碱土			
	小计	耕地	荒地	其他	小计	耕地	荒地	其他	小计	耕地	荒地	其他	小计	耕地	荒地	其他
四合乡	331 914.5	205 289.1	89 712.1	36 913.2	7 106.8	1 056.4	5 960.7	89.7	52 503.4	40 905.1	5 606.5	5 991.8	496.6	75.4	393.6	27.6
学田村	27 939.1	20 175.0	411.9	3 662.3	—	—	—	—	—	—	—	—	44.2	28.2	10.8	5.2

（续）

单位名称	土种名称															
	薄层黏底碳酸盐草甸黑钙土				薄层平地黏底碳酸盐草甸土				薄层黏底碳酸盐黑钙土				深位柱状苏打草甸碱土			
	小计	耕地	荒地	其他	小计	耕地	荒地	其他	小计	耕地	荒地	其他	小计	耕地	荒地	其他
崭新村	25 908.8	15 476.9	8 227.2	2 204.6	1 840.4	—	1 829.3	11.1	—	—	—	—	78.2	2.3	74.7	1.2
立民村	11 030.0	6 668.1	2 987.9	1 374.0	—	—	—	—	3 766.5	1 782.7	821.1	1 162.6	49.4	36.9	8.7	3.8
为民村	13 577.3	10 164.3	2 023.2	1 389.8	—	—	—	—	1 458.0	1 348.6	—	109.4	—	—	—	—
立志村	20 319.6	12 765.7	5 445.8	2 108.2	102.0	9.6	89.3	3.1	396.2	375.0	18.0	3.2	—	—	—	—
立勤村	17 175.9	4 719.1	10 810.3	1 646.5	—	—	—	—	—	—	—	—	—	—	—	—
东胜村	14 867.5	13 053.0	63.0	1 751.5	—	—	—	—	—	—	—	—	—	—	—	—
联胜村	27 565.0	16 115.9	9 565.1	1 884.0	—	—	—	—	—	—	—	—	—	—	—	—
良种村	2 563.7	2 068.0	129.1	366.6	—	—	—	—	—	—	—	—	—	—	—	—
治国村	1 155.8	888.4	54.8	212.6	—	—	—	—	3 671.8	3 176.6	—	495.2	—	—	—	—
合圣村	6 450.3	2 765.9	3 295.8	388.6	2 801.0	859.4	1 920.9	20.6	29 649.9	24 084.1	2 297.9	3 268.0	80.1	—	78.5	1.6
永合村	25 955.6	20 765.0	1 901.7	3 289.0	—	—	—	—	2 109.7	1 923.3	—	186.3	30.7	8.1	21.6	1.0
永新村	20 241.0	14 675.6	3 732.3	1 833.1	1 872.0	187.4	1 660.8	23.8	—	—	—	—	31.6	—	30.9	0.8
长胜村	24 481.9	13 692.9	8 903.2	1 885.9	—	—	—	—	3 375.0	2 167.3	885.5	322.2	—	—	—	—
新生村	37 377.5	15 630.6	14 160.1	7 586.9	—	—	—	—	—	—	—	—	—	—	—	—
新风村	38 997.5	21 805.4	13 788.4	3 403.7	491.4	—	460.3	31.1	45.0	—	40.5	4.5	140.4	—	131.5	8.9
丰田村	16 308.2	13 859.5	522.5	1 926.1	—	—	—	—	—	—	—	—	—	—	—	—
机关农场	—	—	—	—	—	—	—	—	8 031.3	6 047.5	1 543.6	440.3	42.0	—	36.9	5.1

单位名称	土种名称											
	结皮草甸碱土				岗地生草灰砂土				苏打碱化盐土			
	小计	耕地	荒地	其他	小计	耕地	荒地	其他	小计	耕地	荒地	其他
四合乡	70.2	—	65.8	4.4	71.0	64.0	—	7.0	1555.8	228.0	1286.7	41.0
学田村	—	—	—	—	—	—	—	—	118.5	76.8	27.9	13.8
崭新村	—	—	—	—	—	—	—	—	551.9	4.5	542.6	4.8

（续）

单位名称	土种名称											
	结皮草甸碱土				岗地生草灰砂土				苏打碱化盐土			
	小计	耕地	荒地	其他	小计	耕地	荒地	其他	小计	耕地	荒地	其他
立民村	—	—	—	—	—	—	—	—	123.5	92.2	21.7	9.6
为民村	—	—	—	—	—	—	—	—	—	—	—	—
立志村	—	—	—	—	—	—	—	—	—	—	—	—
立勤村	—	—	—	—	—	—	—	—	—	—	—	—
东胜村	—	—	—	—	—	—	—	—	—	—	—	—
联胜村	—	—	—	—	—	—	—	—	—	—	—	—
良种村	—	—	—	—	—	—	—	—	—	—	—	—
治国村	—	—	—	—	—	—	—	—	—	—	—	—
合圣村	—	—	—	—	—	—	—	—	320.4	—	314.0	6.4
永合村	—	—	—	—	—	—	—	—	51.2	13.4	36.1	1.7
永新村	—	—	—	—	—	—	—	—	390.3	41.1	344.5	4.7
长胜村	—	—	—	—	—	—	—	—	—	—	—	—
新生村	—	—	—	—	—	—	—	—	—	—	—	—
新风村	70.2	—	65.7	4.4	—	—	—	—	—	—	—	—
丰田村	—	—	—	—	—	—	—	—	—	—	—	—
机关农场	—	—	—	—	71.0	64.0	—	7.0	—	—	—	—

单位名称	土种名称											
	中层黏底碳酸盐黑钙土				小叶樟草甸沼泽土				中度薄层盐化草甸土			
	小计	耕地	荒地	其他	小计	耕地	荒地	其他	小计	耕地	荒地	其他
四合乡	1 135.5	1 036.5	—	99.0	2 600.5	—	2 591.5	9.0	1 114.5	—	1 110.6	3.9
学田村	—	—	—	—	—	—	—	—	—	—	—	—
崭新村	—	—	—	—	—	—	—	—	—	—	—	—
立民村	—	—	—	—	—	—	—	—	—	—	—	—

（续）

单位名称	土种名称											
	中层黏底碳酸盐黑钙土				小叶樟草甸沼泽土				中度薄层盐化草甸土			
	小计	耕地	荒地	其他	小计	耕地	荒地	其他	小计	耕地	荒地	其他
为民村	—	—	—	—	—	—	—	—	—	—	—	—
立志村	172.5	172.5	—	—	—	—	—	—	—	—	—	—
立勤村	—	—	—	—	—	—	—	—	—	—	—	—
东胜村	—	—	—	—	—	—	—	—	—	—	—	—
联胜村	—	—	—	—	—	—	—	—	—	—	—	—
良种村	—	—	—	—	—	—	—	—	—	—	—	—
治国村	—	—	—	—	—	—	—	—	—	—	—	—
合圣村	963.0	864.0	—	99.0	—	—	—	—	—	—	—	—
永合村	—	—	—	—	—	—	—	—	—	—	—	—
永新村	—	—	—	—	—	—	—	—	—	—	—	—
长胜村	—	—	—	—	—	—	—	—	—	—	—	—
新生村	—	—	—	—	—	—	—	—	—	—	—	—
新风村	—	—	—	—	—	—	—	—	—	—	—	—
丰田村	—	—	—	—	2 600.5	—	2591.5	9.0	1 114.5	—	1 110.6	3.9
机关农场	—	—	—	—	—	—	—	—	—	—	—	—

单位名称	土种名称											
	薄层碱化草甸黑钙土				薄层粉沙底碳酸盐黑钙土				薄层粉沙底碳酸盐草甸黑钙土			
	小计	耕地	荒地	其他	小计	耕地	荒地	其他	小计	耕地	荒地	其他
四合乡	492.0	406.5	51.8	33.8	3 061.3	1 375.0	1 586.7	99.6	4 125.0	3 206.0	300.0	619.0
学田村	—	—	—	—	—	—	—	—	—	—	—	—
崭新村	—	—	—	—	—	—	—	—	—	—	—	—
立民村	—	—	—	—	—	—	—	—	—	—	—	—
为民村	—	—	—	—	—	—	—	—	—	—	—	—

（续）

单位名称	土种名称											
	薄层碱化草甸黑钙土				薄层粉沙底碳酸盐黑钙土				薄层粉沙底碳酸盐草甸黑钙土			
	小计	耕地	荒地	其他	小计	耕地	荒地	其他	小计	耕地	荒地	其他
立志村	57.0	—	51.8	5.3	—	—	—	—	—	—	—	—
立勤村	—	—	—	—	—	—	—	—	—	—	—	—
东胜村	—	—	—	—	—	—	—	—	—	—	—	—
联胜村	—	—	—	—	—	—	—	—	—	—	—	—
良种村	435.0	406.5	—	28.5	—	—	—	—	—	—	—	—
治国村	—	—	—	—	—	—	—	—	—	—	—	—
合圣村	—	—	—	—	—	—	—	—	—	—	—	—
永合村	—	—	—	—	—	—	—	—	—	—	—	—
永新村	—	—	—	—	—	—	—	—	—	—	—	—
长胜村	—	—	—	—	—	—	—	—	—	—	—	—
新生村	—	—	—	—	—	—	—	—	4 125.0	3 206.0	300.0	619.0
新风村	—	—	—	—	—	—	—	—	—	—	—	—
丰田村	—	—	—	—	—	—	—	—	—	—	—	—
机关农场	—	—	—	—	3 061.3	1 375.0	1 586.7	99.6	—	—	—	—
总计	406 247.1											

附表 5-9 隆山乡土壤类型面积汇总（1984 年）

单位：亩

单位名称	土种名称										
	薄层黏底碳酸盐草甸黑钙土				薄层平地黏底碳酸草甸土				结皮草甸碱土		
	小计	耕地	荒地	其他	小计	耕地	荒地	其他	小计	耕地	荒地
隆山乡	179 303.1	110 466.5	52 589.1	16 247.4	5 088.6	2 493.4	2 444.8	150.4	294.0	—	294.0
永红村	11 879.2	9 262.5	1 740.0	876.7	—	—	—	—	—	—	—

（续）

单位名称	土种名称										
	薄层黏底碳酸盐草甸黑钙土				薄层平地黏底碳酸草甸土				结皮草甸碱土		
	小计	耕地	荒地	其他	小计	耕地	荒地	其他	小计	耕地	荒地
长红村	14 417.5	9 750.5	3 710.5	956.5	1 715.9	1 020.6	661.2	34.0	—	—	—
育红村	8 731.3	6 837.4	930.0	963.9	—	—	—	—	—	—	—
乡农场	5 172.7	2 230.5	2 786.3	156.0	—	—	—	—	—	—	—
隆山村	27 647.3	17 706.1	7 670.7	2 270.5	1 061.6	—	1 061.6	—	294.0	—	294.0
全红村	14 815.7	11 089.3	1 939.6	1 786.9	1 677.9	1 440.3	124.5	113.1	—	—	—
东方红村	41 863.8	15 330.6	22 801.0	3 732.2	633.3	32.5	597.6	3.3	—	—	—
新红村	20 636.3	13 365.3	5 410.0	1 861.0	—	—	—	—	—	—	—
继红村	14 453.7	11 282.5	2 124.3	1 046.8	—	—	—	—	—	—	—
向阳红村	19 685.7	13 611.9	3 476.8	2 597.0	—	—	—	—	—	—	—

单位名称	土种名称											
	深位柱状苏打草甸碱土				中层黏底碳酸盐草甸黑钙土				苏打碱化盐土			
	小计	耕地	荒地	其他	小计	耕地	荒地	其他	小计	耕地	荒地	其他
隆山乡	378.8	8.1	369.9	0.8	1 567.5	735.8	—	441.8	263.9	13.5	249.0	1.4
永红村	—	—	—	—	—	—	—	—	—	—	—	—
长红村	—	—	—	—	—	—	—	—	—	—	—	—
育红村	—	—	—	—	—	—	—	—	—	—	—	—
乡农场	—	—	—	—	577.5	508.8	—	68.7	—	—	—	—
隆山村	220.5	—	220.5	—	—	—	—	—	—	—	—	—
全红村	—	—	—	—	—	—	—	—	—	—	—	—
东方红村	158.3	8.1	149.4	0.8	—	—	—	—	263.9	13.5	249.0	1.4
新红村	—	—	—	—	990.0	227.0	390.0	373.1	—	—	—	—
继红村	—	—	—	—	—	—	—	—	—	—	—	—
向阳红村	—	—	—	—	—	—	—	—	—	—	—	—
总计	186 895.9											

附表 5-10　黎明乡土壤类型面积汇总（1984 年）

单位：亩

单位名称	土种名称															
	薄层黏底碳酸盐草甸黑钙土				薄层黏底碳酸盐黑钙土				薄层平地黏底碳酸盐草甸土				苏打碱化盐土			
	小计	耕地	荒地	其他	小计	耕地	荒地	其他	小计	耕地	荒地	其他	小计	耕地	荒地	其他
黎明乡	219 811.0	161 999.8	35 477.1	22 334.1	19 516.0	15 250.6	2 565.0	1 700.3	4 145.9	1 218.2	2 393.4	534.3	1 527.5	402.8	945.8	178.9
太平村	21 827.3	19 686.5	138.9	2 001.9	414.0	377.0	—	37.1	—	—	—	—	—	—	—	—
黎明村	28 419.9	15 894.2	10 140.1	2 385.6	—	—	—	—	—	—	—	—	—	—	—	—
卫国村	32 111.8	18 772.6	11 465.5	1 873.8	4 440.0	3 218.1	1 065.0	156.9	480.0	251.6	123.4	105.0	—	—	—	—
乡农场	2 147.3	1 832.3	266.1	48.9	—	—	—		3 666.0	966.6	2 270.0	429.3	1 527.5	402.8	945.8	178.9
新民村	12 198.6	10 303.8	42.9	1 851.9	1 435.5	1 317.4	—	118.1	—	—	—	—	—	—	—	—
同乐村	47 223.4	33 525.0	9 289.7	4 408.6	—	—	—	—	—	—	—	—	—	—	—	—
爱农村	4 022.9	2 368.6	1 020.0	634.4	11 156.5	8 773.9	1 500.0	882.6	—	—	—	—	—	—	—	—
爱民村	11 688.6	10 569.7	129.4	989.5	2 070.0	1 564.3	—	505.7	—	—	—	—	—	—	—	—
新发村	25 681.7	20 504.4	1 743.6	3 433.8	—	—	—	—	—	—	—	—	—	—	—	—
良种村	12 857.2	10 846.0	464.0	1 547.2	—	—	—	—	—	—	—	—	—	—	—	—
宏丰村	21 632.3	17 696.9	777.0	3 158.4	—	—	—	—	—	—	—	—	—	—	—	—

单位名称	土种名称											
	深位柱状苏打草甸碱土				中层粉沙底碳酸盐草甸黑钙土				薄层粉沙底碳酸盐草甸黑钙土			
	小计	耕地	荒地	其他	小计	耕地	荒地	其他	小计	耕地	荒地	其他
黎明乡	916.5	241.7	567.5	107.3	740.0	628.5	40.5	70.9	3 120.0	2 536.6	337.5	246.0
太平村	—	—	—	—	—	—	—	—	—	—	—	—
黎明村	—	—	—	—	—	—	—	—	—	—	—	—
卫国村	—	—	—	—	—	—	—	—	—	—	—	—
乡农场	916.5	241.7	567.5	107.3	—	—	—	—	—	—	—	—
新民村	—	—	—	—	—	—	—	—	—	—	—	—

（续）

单位名称	土种名称											
	深位柱状苏打草甸碱土				中层粉沙底碳酸盐草甸黑钙土				薄层粉沙底碳酸盐草甸黑钙土			
	小计	耕地	荒地	其他	小计	耕地	荒地	其他	小计	耕地	荒地	其他
同乐村	—	—	—	—	—	—	—	—	—	—	—	—
爱农村	—	—	—	—	—	—	—	—	—	—	—	—
爱民村	—	—	—	—	—	—	—	—	—	—	—	—
新发村	—	—	—	—	—	—	—	—	—	—	—	—
良种村	—	—	—	—	740.0	628.5	40.5	70.9	45.0	41.6	—	3.4
宏丰村	—	—	—	—	—	—	—	—	3 075.0	2 495.0	337.5	242.6
总计	249 776.9											

附表 5-11　农林牧场土壤类型面积汇总（1984 年）

单位：亩

单位名称	土种名称																
	薄层粉沙底碳酸盐黑钙土				薄层沙底碳酸盐黑钙土				薄层岗地黑钙土型砂土				薄层黏底碳酸盐黑钙土				
	小计	耕地	荒地	其他	小计	耕地	荒地	其他	小计	耕地	荒地	其他	小计	耕地	荒地	林地	其他
农林牧场	4 429.5	3 492.2	375.0	562.3	3 334.2	2 990.1	—	344.1	1 905.0	1 169.4	260.7	474.9	29 026.0	19 831.0	3 797.9	2 499.0	2 898.2
育苇场	4 429.5	3 492.2	375.0	562.3	100.5	93.2	—	7.3	—	—	—	—	—	—	—	—	—
长青林场	—	—	—	—	—	—	—	—	—	—	—	—	2565.2	—	—	2499.0	66.2
新兴马场	—	—	—	—	—	—	—	—	—	—	—	—	—	—	—	—	—
县原种场	—	—	—	—	—	—	—	—	—	—	—	—	—	—	—	—	—
县草籽场	—	—	—	—	—	—	—	—	—	—	—	—	—	—	—	—	—
银光奶牛场	—	—	—	—	3 233.7	2 896.9	—	336.8	1 905.0	1 169.4	260.7	474.9	—	—	—	—	—
81043 农场	—	—	—	—	—	—	—	—	—	—	—	—	26 460.9	19 831.0	3 797.9	—	2 832.0

（续）

单位名称	土种名称																	
	薄层平地黏底碳酸盐草甸土					中位柱状苏打草甸碱土				结皮草甸碱土				薄层黏底碳酸盐草甸黑钙土				
	小计	耕地	荒地	林地	其他	小计	耕地	荒地	其他	小计	耕地	荒地	其他	小计	耕地	荒地	林地	其他
农林牧场	116 845.6	7 164.6	101 016.4	1 664.4	7 000.1	11 378.4	47.6	11 131.6	199.2	17 158.1	165.2	16 636.4	365.5	177 309.2	42 655.3	39 401.9	84 007.1	11 244.8
育苇场	—	—	—	—	—	—	—	—	—	—	—	—	—	—	—	—	—	—
长青林场	7 128.8	45.6	633.9	1 664.4	4 784.9	—	—	—	—	—	—	—	—	122 425.1	5 137.2	26 602.1	84 007.1	6 678.7
新兴马场	73 365.5	4 664.3	66 955.9	—	1 745.3	3 123.2	13.1	3 021.8	88.4	6 847.1	165.2	6 528.4	153.5	27 787.4	17 841.4	8 908.4	—	1 037.6
县原种场	—	—	—	—	—	—	—	—	—	—	—	—	—	13 572.5	11 797.1	105.0	—	1 670.4
县草籽场	1 832.0	821.6	905.4	—	104.9	—	—	—	—	—	—	—	—	10 950.1	5 864.6	3 243.2	—	1 842.3
银光奶牛场	20 579.4	89.8	20 218.9	—	270.7	8 255.2	34.6	8 109.8	110.8	10 311.0	—	10 107.9	203.1	—	—	—	—	—
81043 农场	13 940.0	1 543.3	12 302.3	—	94.4	—	—	—	—	—	—	—	—	2 574.0	2 015.1	543.1	—	15.8

单位名称	土种名称																	
	中度薄层盐化草甸土					氯化物硫酸盐苏打草甸盐土					苏打碱化盐土				深位柱状苏打草甸碱土			
	小计	耕地	荒地	苇地	其他	小计	耕地	荒地	苇地	其他	小计	耕地	荒地	其他	小计	耕地	荒地	其他
农林牧场	47 667.4	523.7	3 626.9	700.8	42 816.0	6 839.2	57.5	2 666.3	150.3	3 965.0	6 552.9	985.4	5 484.5	83.0	2 003.8	279.3	1 679.3	45.2
育苇场	43 879.9	137.9	251.1	674.9	42 816.0	4 126.2	43.7	—	117.6	3 965.0	—	—	—	—	—	—	—	—
长青林场	—	—	—	—	—	—	—	—	—	—	—	—	—	—	—	—	—	—
新兴马场	—	—	—	—	—	—	—	—	—	—	—	—	—	—	1 557.1	73.9	1 464.2	19.0
县原种场	—	—	—	—	—	—	—	—	—	—	—	—	—	—	—	—	—	—
县草籽场	—	—	—	—	—	—	—	—	—	—	744.6	42.3	358.5	43.7	446.7	205.4	215.1	26.2
银光奶牛场	—	—	—	—	—	2 712.9	13.8	2 666.3	32.8	—	—	—	—	—	—	—	—	—
81043 农场	3 787.5	385.8	3 375.7	26.0	—	—	—	—	—	—	5 808.3	643.0	5 126.0	39.3	—	—	—	—

（续）

单位名称	土种名称													
	中层黏底碳酸盐草甸黑钙土				芦苇草甸沼泽土					小叶樟草甸沼泽土				
	小计	耕地	荒地	其他	小计	耕地	荒地	苇地	其他	小计	耕地	荒地	苇地	其他
农林牧场	16 531.31	—	541.5	—	159 018.9	35.6	2 732.3	1 622.1	154 629.0	127 215.2	28.4	2 185.9	5 288.7	119 712.2
育苇场	15 989.80	—	—	15 989.81（水面）	157 506.2	35.6	1 231.6	1 610.1	154 629.0	126 005.0	28.4	985.3	5 279.1	119 712.2
长青林场	—	—	—	—	—	—	—	—	—	—	—	—	—	—
新兴马场	—	—	—	—	—	—	—	—	—	—	—	—	—	—
县原种场	—	—	—	—	—	—	—	—	—	—	—	—	—	—
县草籽场	—	—	—	—	—	—	—	—	—	—	—	—	—	—
银光奶牛场	—	—	—	—	—	—	—	—	—	—	—	—	—	—
81043 农场	541.5	—	541.5	666.75（水面）	1 512.8	—	1 500.8	12.0	—	1 210.2	—	1 200.6	9.6	—
总计	612 724.7													

附表 5-12 林甸镇土壤类型面积汇总（2011 年）

单位：公顷

村	薄层黏底碳酸盐黑钙土	薄层黏底碳酸盐草甸黑钙土	中层黏底碳酸盐草甸黑钙土	薄层粉沙底碳酸盐草甸黑钙土	薄层平地黏底碳酸盐草甸土	薄层平地黏底潜育草甸土	合计
东发村	0	1 180.90	0	0	0	8.90	1 189.80
长青村	0	1 134.10	0	0	0	0	1 134.10
东风村	0	1 218.90	0	0	0	0	1 218.90
合乡村	0	1 031.80	0	0	502.20	0	1 534.00
朝阳村	0	878.50	0	10.40	0	0	888.90

(续)

村	薄层黏底碳酸盐黑钙土	薄层黏底碳酸盐草甸黑钙土	中层黏底碳酸盐草甸黑钙土	薄层粉沙底碳酸盐草甸黑钙土	薄层平地黏底碳酸盐草甸土	薄层平地黏底潜育草甸土	合计
巨贤村	0	1 270.40	0	0	0	0.70	1 271.10
和平村	77.90	10 030	0	0	202.80	0	1 283.70
工农村	0	429.20	0	7.80	0	0	437.00
实验村	0	391.40	0	0.70	0	0	392.10
创造村	0.50	491.50	27.20	0	0	0	519.20
合计	78.40	9 029.70	27.20	18.90	705.00	9.60	9 868.80

附表 5-13　红旗镇土壤类型面积汇总（2011 年）

单位：公顷

村	薄层黏底碳酸盐黑钙土	薄层沙底碳酸盐黑钙土	薄层黏底碳酸盐草甸黑钙土	中层黏底碳酸盐草甸黑钙土	薄层平地黏底碳酸盐草甸土	薄层平地黏底潜育草甸土	结皮草甸碱土	薄层岗地黑钙土型沙土	合计
阳光村	145.50	0	2 247.20	00	190.30	0	0	0	2 583.00
永胜村	188.20	0	1 481.50	595.10	0	0	0	0	2 264.80
红光村	0	0	1 248.20	172.70	562.90	0	0	0	1 983.80
黄花岗村	128.20	0	1 460.90	93.00	304.10	0	0	0	1 986.20
先进村	0	693.90	1 191.30	0	0	0	0	0	1 885.20
先锋村	0	407.10	417.40	0	0	0	131.50	0	956.00
红旗村	0	5 38.00	577.10	0	0	0	48.90	0	1 164.00
银光村	0	0	0	0	0	0	41.90	224.10	266.00
合计	461.90	1 639.00	8 623.60	860.80	1 057.30	0	222.30	224.10	13 089.00

附表 5-14 东兴乡土壤类型面积汇总（2011 年）

单位：公顷

村	薄层黏底碳酸盐草甸黑钙土	中层黏底碳酸盐草甸黑钙土	薄层粉沙底碳酸盐草甸黑钙土	薄层平地黏底碳酸盐草甸土	合计
新胜村	1 955.90	0	0	0	1 955.90
勤俭村	1 975.30	0	99.70	0	2 075.00
旭日村	2 054.80	0	110.30	155.20	2 320.30
红阳村	3 218.10	264.40	64.70	813.10	4 360.30
义和村	1 981.10	0	0	0	1 981.10
长发村	2 986.80	0	0	0	2 986.80
东兴村	1 501.10	0	0	0	1 501.10
福兴村	1 775.00	0	0	0	1 775.00
丰产村	2 261.70	0	0	0	2 261.70
创业村	2 454.10	0	0	271.90	2 726.00
原种场村	1 169.00	0	0	0	1 169.00
合计	23 332.90	264.40	274.70	1 240.20	25 112.20

附表 5-15 宏伟乡土壤类型面积汇总（2011 年）

单位：公顷

村	薄层黏底碳酸盐黑钙土	薄层黏底碳酸盐草甸黑钙土	中层黏底碳酸盐草甸黑钙土	薄层粉沙底碳酸盐草甸黑钙土	薄层平地黏底碳酸盐草甸土	薄层平地黏底潜育草甸土	结皮草甸碱土	合计
太平山村	718.10	269.90	212.50	0	0	35.20	40.20	1 275.90
全胜村	71.90	1 596.80	0	0	20.40	0	28.10	1 717.20
吉祥村	0	1 242.40	106.70	0	0	0	0	1 349.10
核心村	148.40	1 257.30	0	0	0	14.40	0	1 420.10
永利村	0	648.00	0	0	0	0	0	648.00

（续）

村	薄层黏底碳酸盐黑钙土	薄层黏底碳酸盐草甸黑钙土	中层黏底碳酸盐草甸黑钙土	薄层粉沙底碳酸盐草甸黑钙土	薄层平地黏底碳酸盐草甸土	薄层平地黏底潜育草甸土	结皮草甸碱土	合计
宏伟村	261.10	721.70	0	0	0	35.30	0	1 018.10
黄河村	0	798.00	87.90	44.20	0	0	0	930.10
治安村	330.10	754.70	0	0	0	0	32.40	1 117.20
永丰村	191.20	388.60	0	0	0	0	5.30	585.10
合计	1 720.80	7 677.40	407.10	44.20	20.40	84.90	106.00	10 060.80

附表 5-16　三合乡土壤类型面积汇总（2011 年）

单位：公顷

村	薄层黏底碳酸盐黑钙土	中层黏底碳酸盐黑钙土	薄层黏底碳酸盐草甸黑钙土	薄层盐化草甸黑钙土	薄层平地黏底碳酸盐草甸土	苏打碱化盐土	薄层岗地黑钙土型沙土	岗地生草灰沙土	合计
南岗村	351.60	0	0	0	63.40	447.00	0	0	862.00
富饶村	1 194.10	0	0	0	141.50	505.20	36.10	00	1 876.90
三合村	1 682.90	0	0	0	193.00	0	0	0	1 875.90
五星村	1 372.10	0	344.80	0	168.90	0	0	0	1 885.80
庆丰村	2 473.10	0	117.00	1.00	1.00	0	0	0	2 592.10
建国村	593.10	0	0	0	4.00	0	0	0	597.10
胜利村	0	0	0	0	5.00	1 062.90	85.80	68.20	1 221.90
东升村	992.80	285.80	37.00	0	129.20	0	0	0	1 444.80
建华村	1 812.90	0	0	0	72.90	0	0	0	1 885.80
建新村	1 351.80	0	72.90	10.50	377.60	0	0	0	1 812.80
建设村	977.20	0	105.00	0	82.00	0	0	0	1 164.20
红星村	1 477.90	0	0	0	145.90	0	0	0	1 623.80
合计	14 279.50	285.80	676.70	11.50	1 384.40	2 015.10	121.90	68.20	18 843.10

附表 5-17 花园镇土壤类型面积汇总（2011 年）

单位：公顷

村	薄层黏底碳酸盐黑钙土	薄层粉沙底碳酸盐黑钙土	薄层黏底碳酸盐草甸黑钙土	中层黏底碳酸盐草甸黑钙土	薄层平地黏底碳酸盐草甸土	深位柱状苏打草甸碱土	合计
中心村	808.30	0	1 494.10	0	266.30	0	2 568.70
向前村	0	0	3 028.20	0	1 815.90	0	4 844.10
永远村	0	183.60	1 960.50	0	34.90	143.00	2 322.00
齐心村	0	758.70	1 394.10	0	7.40	50.80	2 211.00
永久村	75.30	0	1 627.20	0	10.60	0	1 713.10
光明村	78.80	0	1 314.40	0	0	0	1 393.20
前进村	0	0	1 897.70	0	0	0	1 897.70
卫星村	0	0	1 927.90	107.50	77.70	0	2 113.10
丰收村	257.10	0	2 159.80	0	0	0	2 416.90
火箭村	0	8.20	1 837.90	0	1.90	0	1 848.00
发展村	0	0	1 912.80	0	420.20	0	2 333.00
合计	1 219.50	950.50	20 554.60	107.50	2 634.90	193.80	25 660.80

附表 5-18 四合乡土壤类型面积汇总（2011 年）

单位：公顷

村	薄层黏底碳酸盐黑钙土	中层黏底碳酸盐黑钙土	薄层黏底碳酸盐草甸黑钙土	薄层粉沙底碳酸盐草甸黑钙土	薄层碱化草甸黑钙土	薄层平地黏底碳酸盐草甸土	结皮草甸碱土	深位柱状苏打草甸碱土	苏打碱化盐土	合计
联合村	304.20	0	1 135.30	0	0	47.40	0.80	0	0	1 487.70
丰田村	0	0	1 004.80	0	0	0	0	0	0	1 004.80
东胜村	0	0	2 122.30	0	107.60	0	0	0	0	2 229.90
福发村	60.40	6.80	1 970.40	0	0.90	37.70	0	0	0	2 076.20
合胜村	2 416.60	52.80	308.00	0	0	276.60	0	0	242.20	3 296.20
永乐村	0	0	0	0	0	2 146.30	0	432.80	0	2 579.10

（续）

村	薄层黏底碳酸盐黑钙土	中层黏底碳酸盐黑钙土	薄层黏底碳酸盐草甸黑钙土	薄层粉沙底碳酸盐草甸黑钙土	薄层碱化草甸黑钙土	薄层平地黏底碳酸盐草甸土	结皮草甸碱土	深位柱状苏打草甸碱土	苏打碱化盐土	合计
学田村	0	0	1 472.30	0	0	58.60	0	0	0	1 530.90
永合村	207.10	0	1 472.70	0	0	9.20	0	0	0	1 689.00
新风村	0	0	1 859.00	0	0	33.10	0	0	0	1 892.10
长胜村	176.90	0	1 383.00	0	0	0	0	0	0	1 559.90
新生村	0	0	1 568.70	203.50	0	0	0	0	0	1 772.20
合计	3 165.20	59.60	14 296.50	203.50	108.50	2 608.90	0.80	432.80	242.20	21 118.00

附表 5-19　四季青镇土壤类型面积汇总（2011 年）

单位：公顷

村	薄层黏底碳酸盐黑钙土	薄层黏底碳酸盐草甸黑钙土	中层黏底碳酸盐草甸黑钙土	薄层粉沙底碳酸盐草甸黑钙土	中层粉沙底碳酸盐草甸黑钙土	薄层平地黏底碳酸盐草甸土	合计
兴隆村	0	1 674.10	0	0	0	96.60	1 770.70
隆山村	0	1 297.90	102.20	0	0	0	1 400.10
志合村	0	2 024.10	0	0	0	101.00	2 125.10
新富村	0	1 202.20	0	0	47.70	0	1 249.90
新民村	104.50	1 403.50	0	0	0	0	1 508.00
爱民村	571.90	905.10	0	0	0	0	1 477.00
黎明村	0	2 278.60	0	0	0	308.40	2 587.00
宏丰村	0	1 065.80	0	148.40	0	0	1 214.20
大树林村	0	1 470.10	0	0	0	54.80	1 524.90
同乐村	0	2 286.10	0	0	0	0	2 286.10
太平村	12.20	1 130.90	0	0	0	0	1 143.10
万发村	177.00	1 488.30	0	35.80	0	0	1 701.10
东方红村	0	1 381.60	0	0	0	64.30	1 445.90
合计	865.60	19 608.30	102.20	184.20	47.70	625.10	21 433.10

图书在版编目（CIP）数据

黑龙江省林甸县耕地地力评价 / 潘兴东主编．—北京：中国农业出版社，2018.8

ISBN 978-7-109-24189-3

Ⅰ.①黑… Ⅱ.①潘… Ⅲ.①耕作土壤—土壤肥力—土壤调查—林甸县②耕作土壤—土壤评价—林甸县 Ⅳ.①S159.235.4②S158

中国版本图书馆 CIP 数据核字（2018）第 122700 号

中国农业出版社出版

（北京市朝阳区麦子店街 18 号楼）

（邮政编码 100125）

责任编辑 杨桂华 廖 宁

中国农业出版社印刷厂印刷 新华书店北京发行所发行

2018 年 8 月第 1 版 2018 年 8 月北京第 1 次印刷

开本：787mm×1092mm 1/16 印张：17.25 插页：8

字数：430 千字

定价：108.00 元

林甸县行政区划图

N

四合乡
东兴乡
宏伟乡
三合乡
育苇场
军马场
林甸镇
巨浪牧场
红旗镇
四季青镇
花园乡

图　例

村界
乡界
县界
公路
铁路
水系
居民点

乡（镇）名称

三合乡
东兴乡
军马场
四合乡
四季青镇
宏伟乡
巨浪牧场
林甸镇
红旗镇
育苇场
花园乡

本图采用北京 1954 坐标系

比例尺　1 ： 500 000

哈尔滨万图信息技术开发有限公司

林甸县土壤图

N

四合乡
东兴乡
三合乡
宏伟乡
育苇场
军马场
林甸镇
巨浪牧场
红旗镇
四季青镇
花园乡

图　例

图例	名称
	村界
	乡界
	县界
	公路
	铁路
	水系
	居民点

土类名称

图例	名称
	沼泽土
	草甸土
	风沙土
	黑钙土

本图采用北京 1954 坐标系

比例尺　1 ： 500 000

哈尔滨万图信息技术开发有限公司

林甸县耕地资源管理单元图

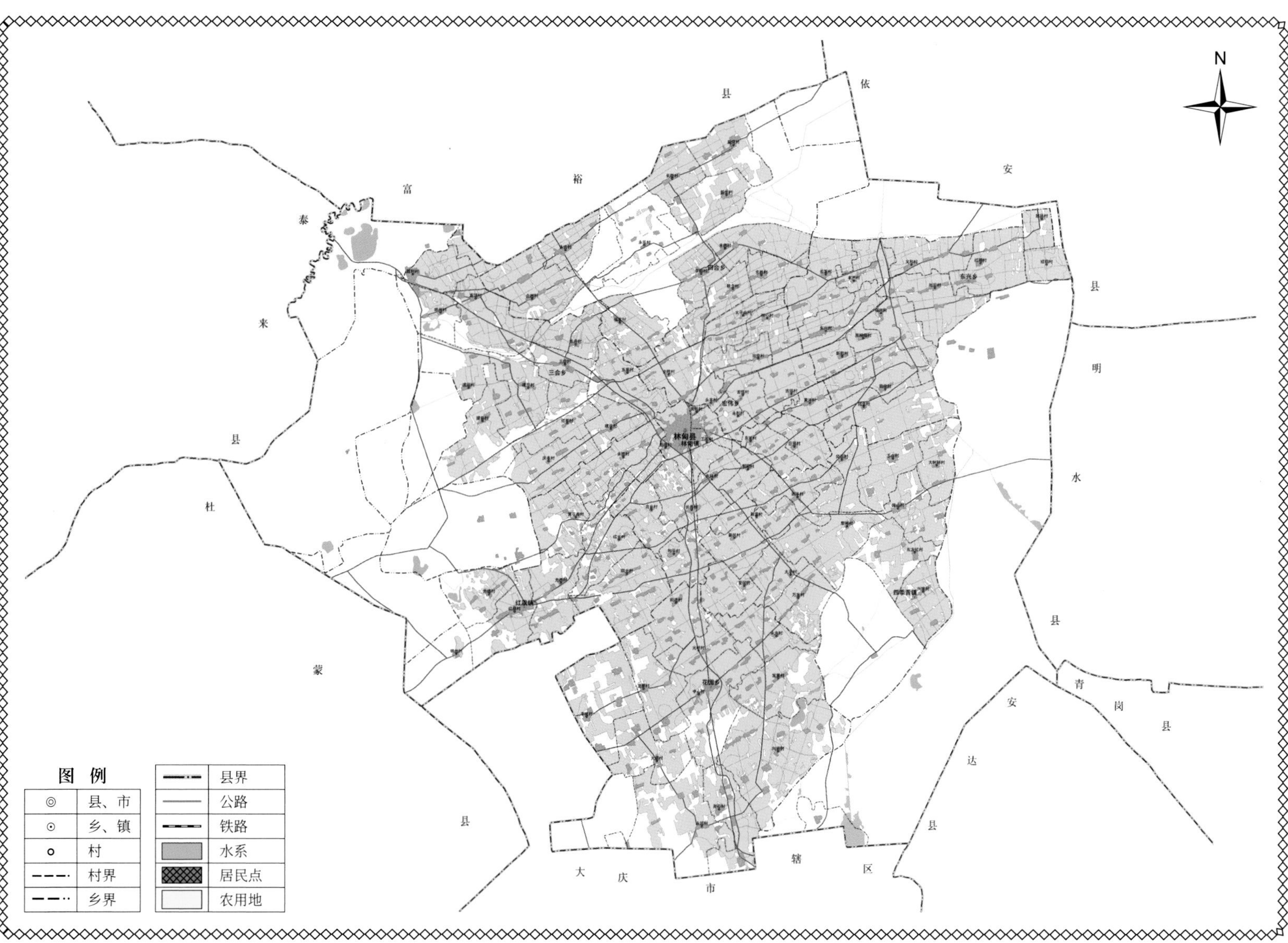

本图采用北京1954坐标系　　比例尺　1：50 000　　哈尔滨万图信息技术开发有限公司

林甸县耕地地力调查点分布图

本图采用北京 1954 坐标系

比例尺 1 ： 500 000

哈尔滨万图信息技术开发有限公司

林甸县施肥分区图

本图采用北京1954坐标系

比例尺 1：50 000

哈尔滨万图信息技术开发有限公司

林甸县耕地地力等级图

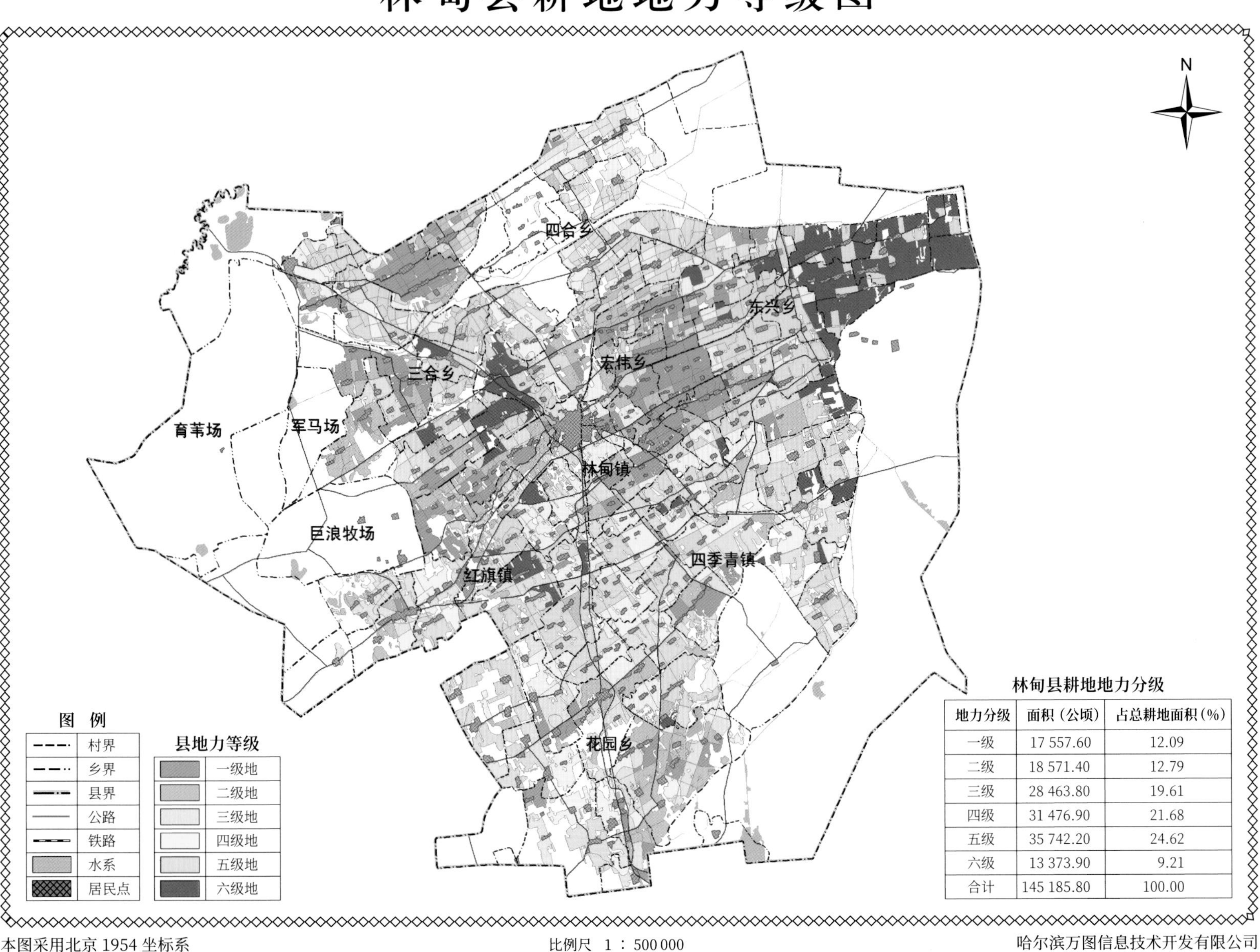

林甸县耕地地力分级

地力分级	面积（公顷）	占总耕地面积（%）
一级	17 557.60	12.09
二级	18 571.40	12.79
三级	28 463.80	19.61
四级	31 476.90	21.68
五级	35 742.20	24.62
六级	13 373.90	9.21
合计	145 185.80	100.00

本图采用北京 1954 坐标系　　比例尺　1 ∶ 500 000　　哈尔滨万图信息技术开发有限公司

林甸县耕地土壤有机质分级图

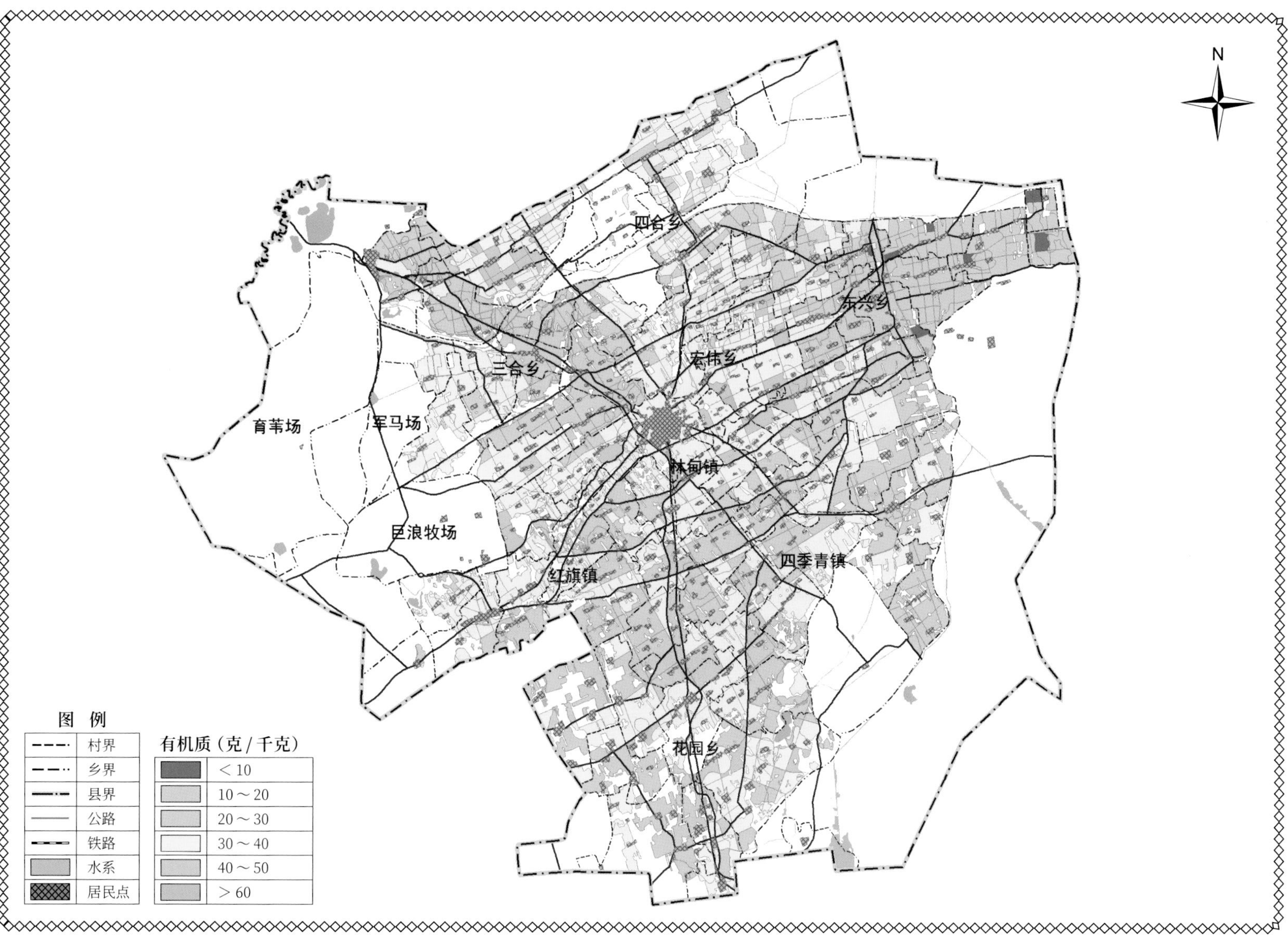

本图采用北京 1954 坐标系　　比例尺 1：500 000　　哈尔滨万图信息技术开发有限公司

林甸县耕地土壤碱解氮分级图

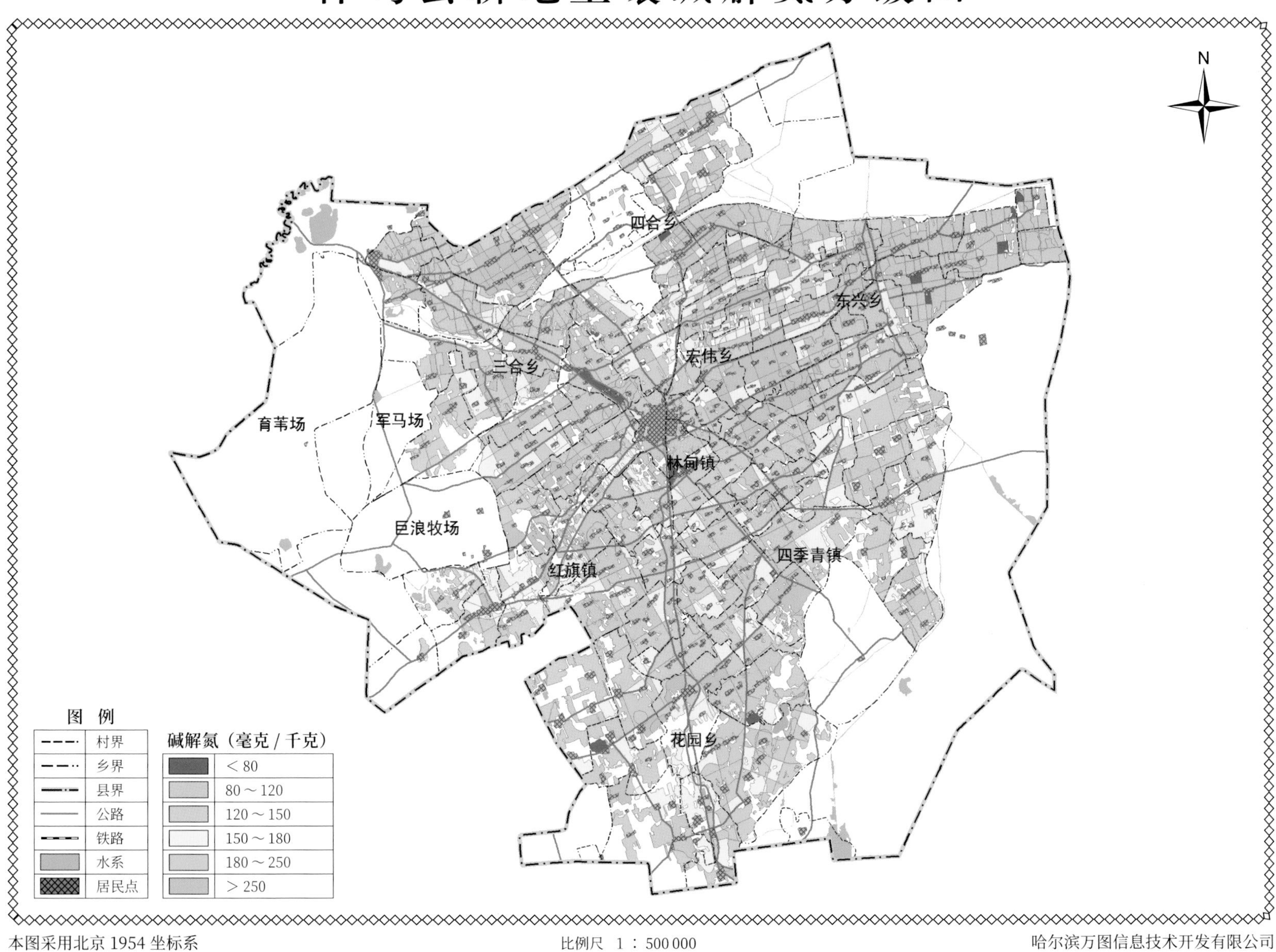

本图采用北京 1954 坐标系　　比例尺　1 ： 500 000　　哈尔滨万图信息技术开发有限公司

林甸县耕地土壤有效磷分级图

本图采用北京 1954 坐标系

比例尺 1 ： 500 000

哈尔滨万图信息技术开发有限公司

林甸县耕地土壤速效钾分级图

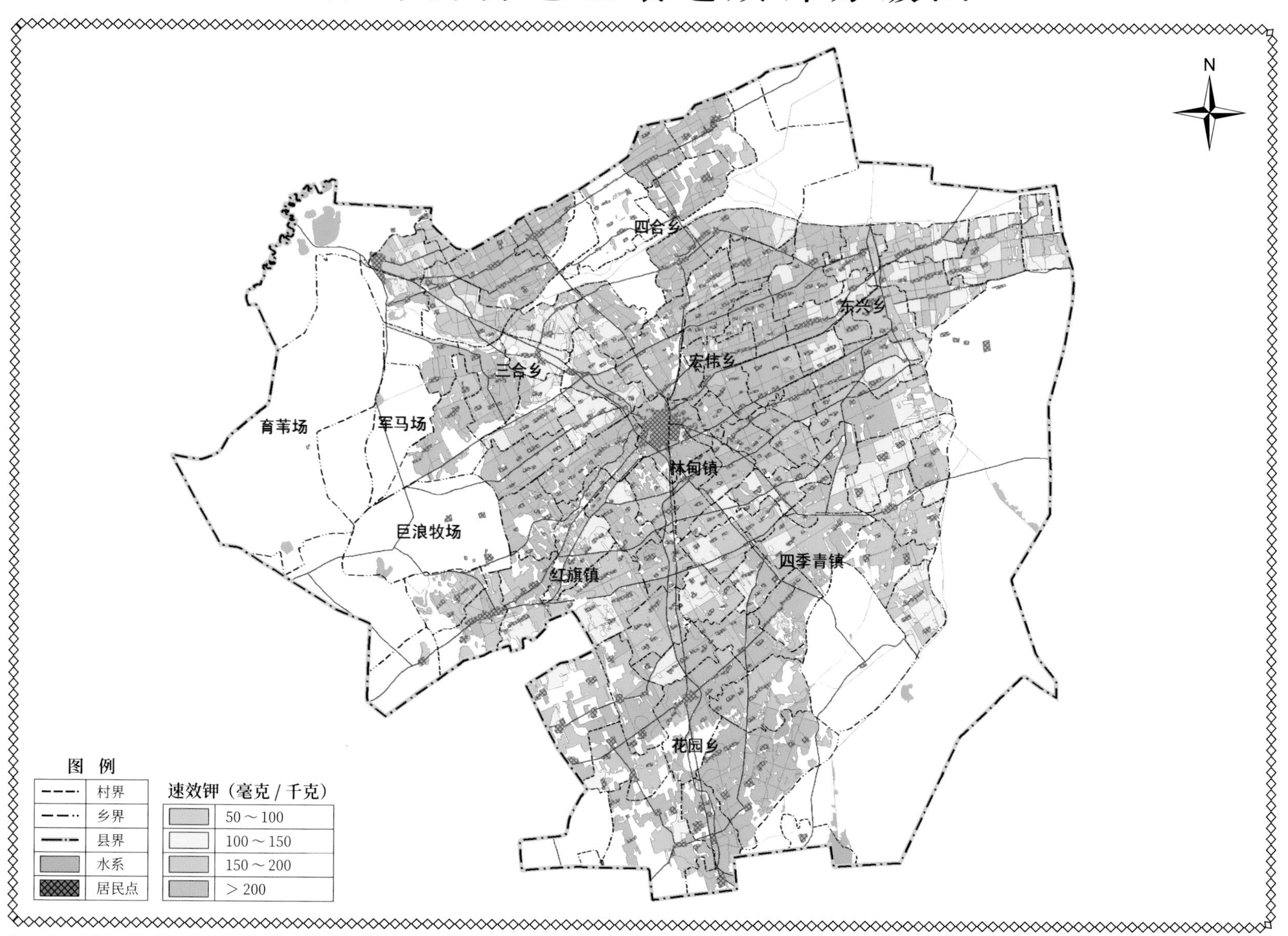

本图采用北京 1954 坐标系

比例尺　1 ：500 000

哈尔滨万图信息技术开发有限公司

林甸县耕地土壤有效锰分级图

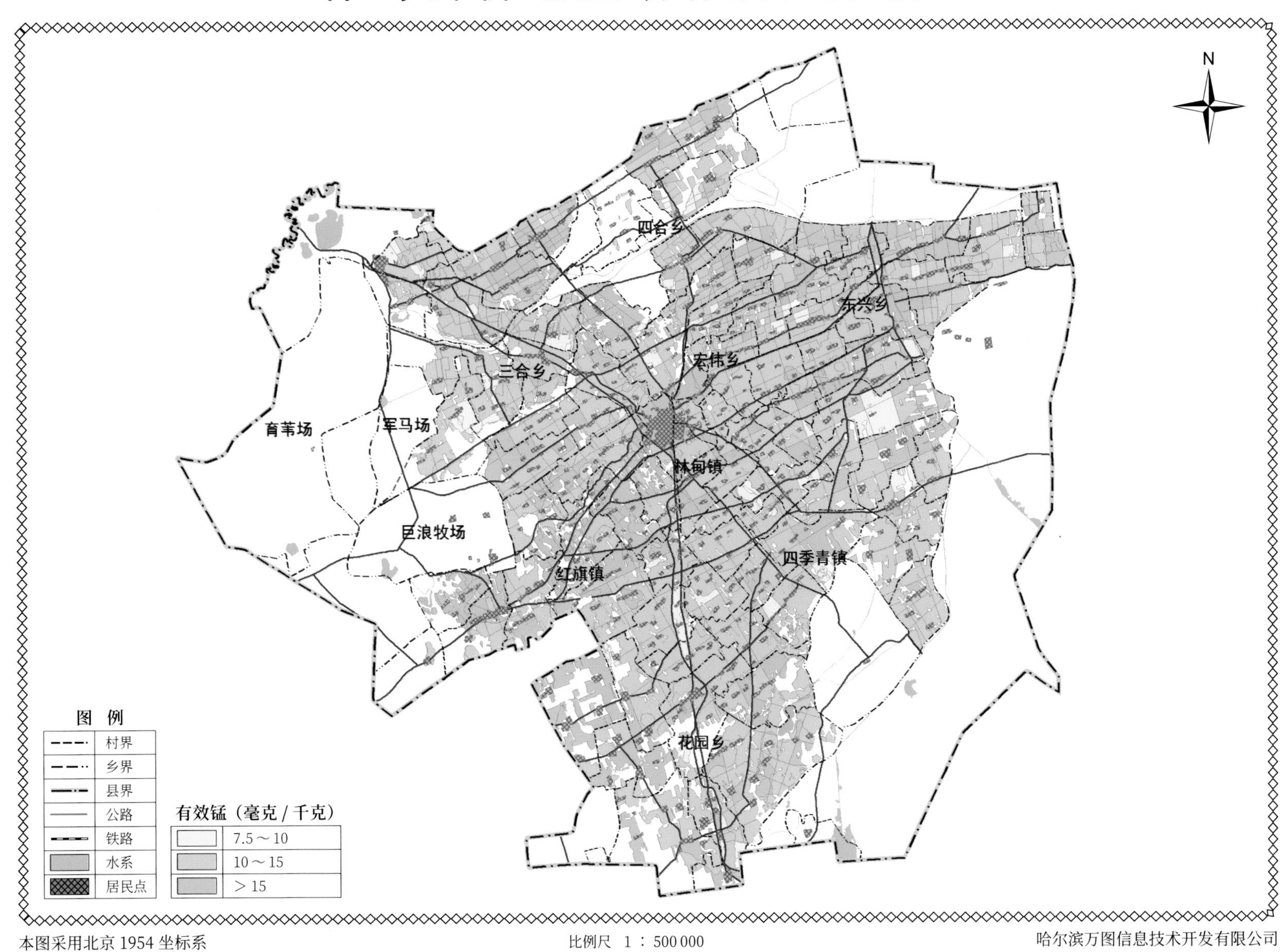

本图采用北京 1954 坐标系

比例尺 1 ： 500 000

哈尔滨万图信息技术开发有限公司

林甸县耕地土壤有效锌分级图

N

四合乡
东兴乡
宏伟乡
三合乡
育苇场
军马场
林甸镇
巨浪牧场
红旗镇
四季青镇
花园乡

图　例

图例	名称
- - -	村界
- · · -	乡界
—·—	县界
——	公路
━ ━	铁路
▒	水系
▩	居民点

有效锌（毫克／千克）

▒	＜0.5
▒	0.5～1.0
▒	1.0～1.5
▒	1.5～2.0
▒	＞2.0

本图采用北京1954坐标系

比例尺　1：500 000

哈尔滨万图信息技术开发有限公司

林甸县耕地土壤有效铜分级图

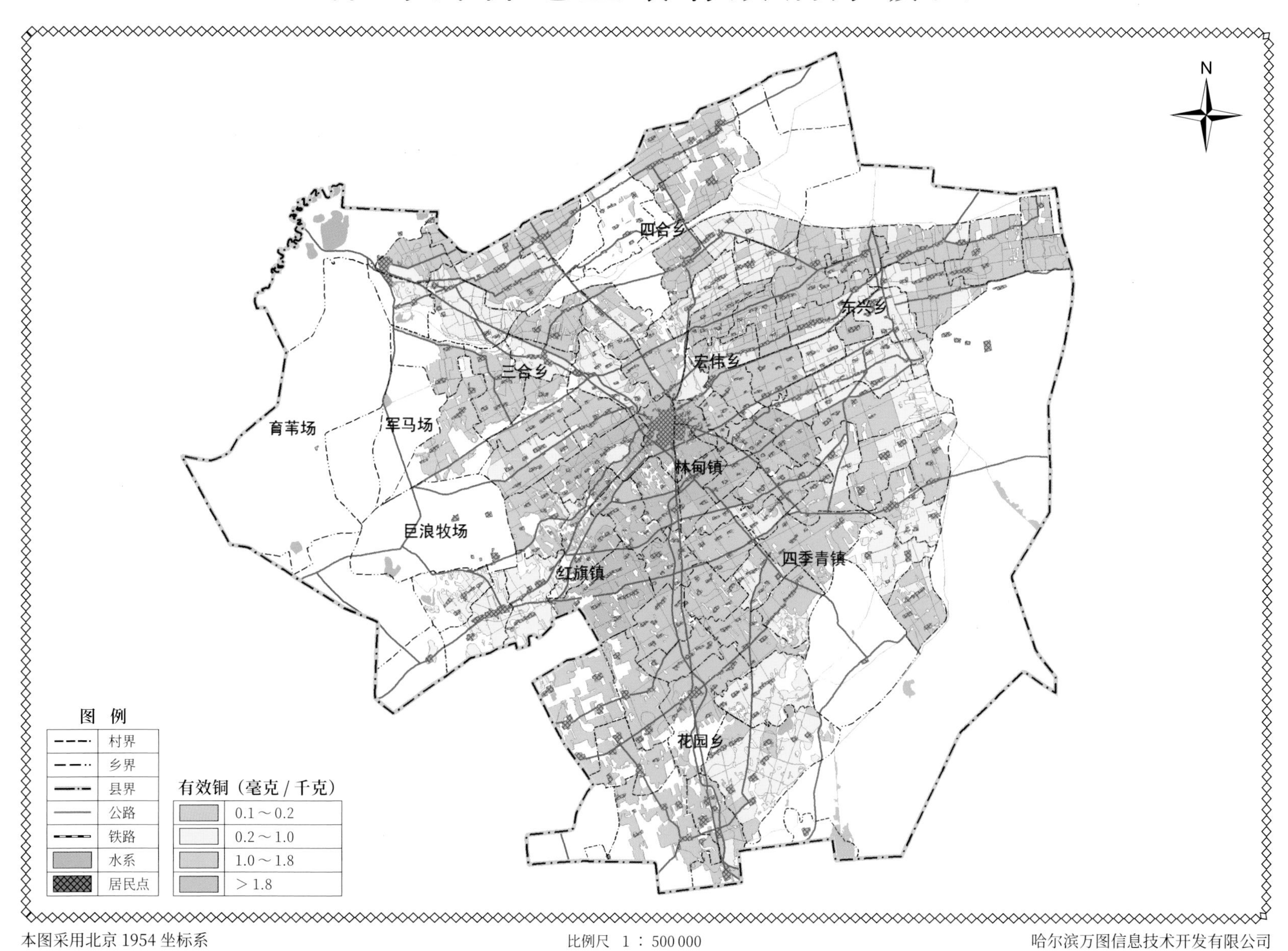

本图采用北京 1954 坐标系

比例尺 1 ： 500 000

哈尔滨万图信息技术开发有限公司

林甸县耕地土壤全氮分级图

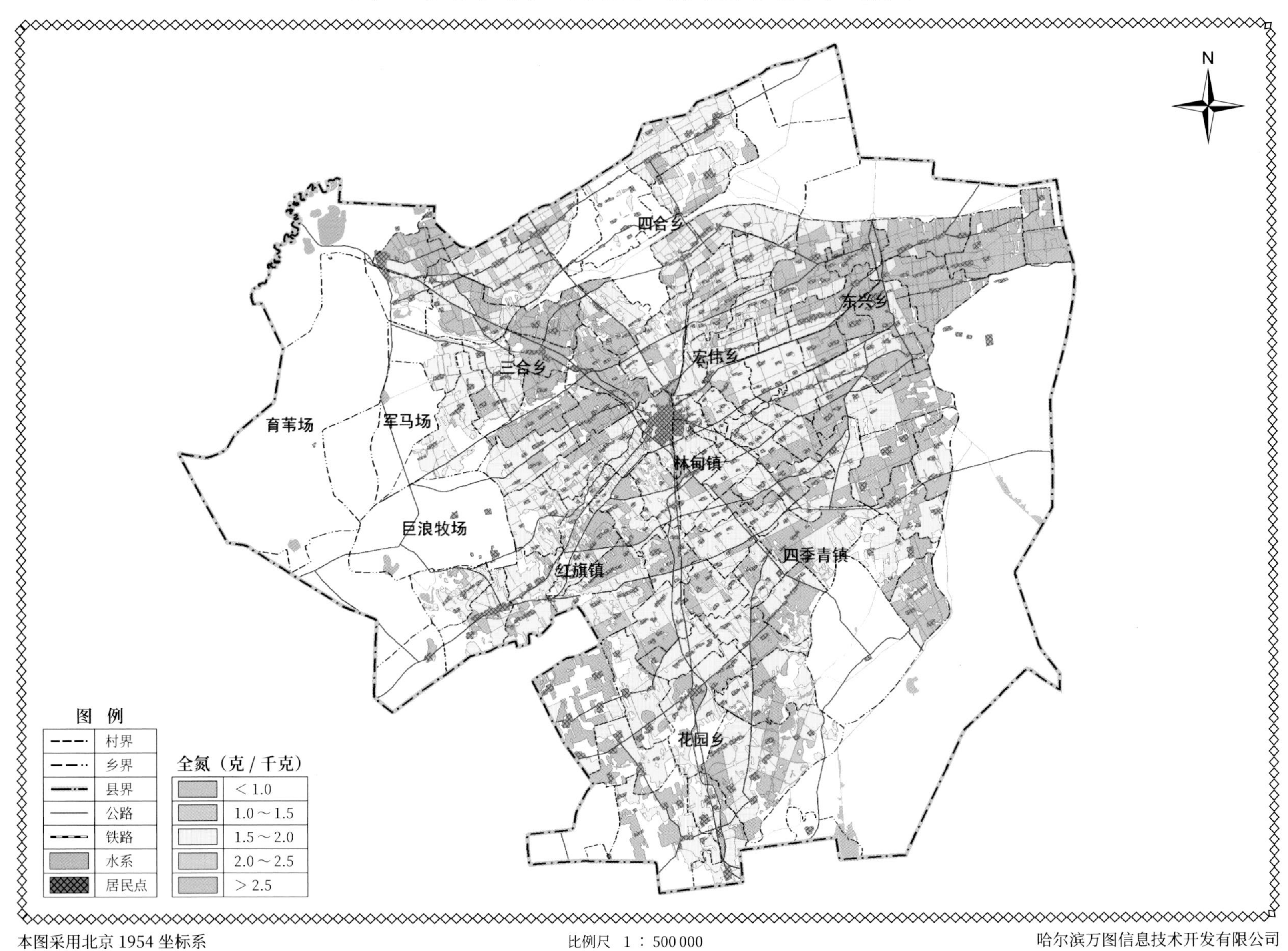

本图采用北京1954坐标系　　比例尺 1：500 000　　哈尔滨万图信息技术开发有限公司

林甸县耕地土壤全磷分级图

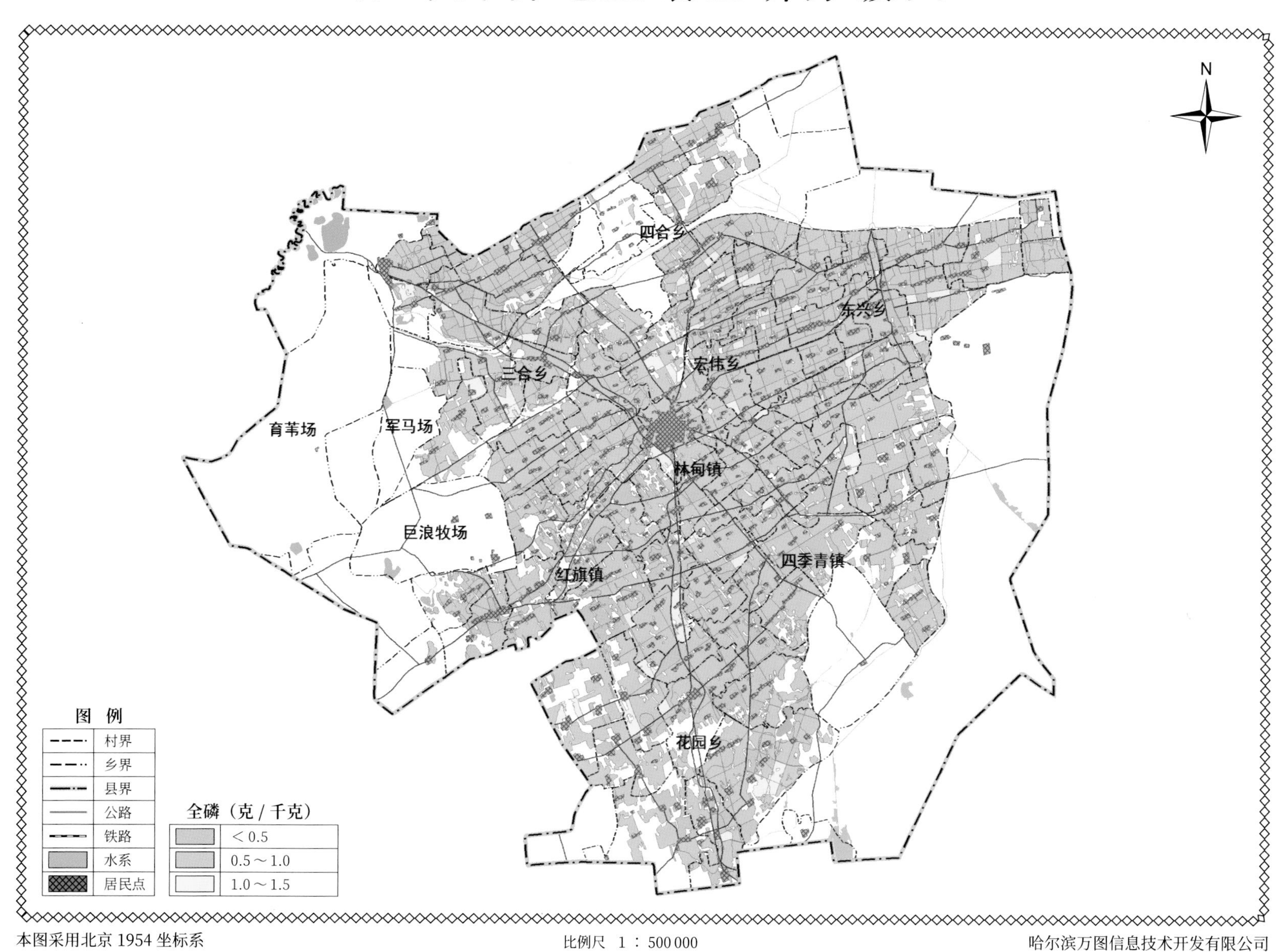

本图采用北京 1954 坐标系

比例尺 1 ： 500 000

哈尔滨万图信息技术开发有限公司

林甸县耕地土壤全钾分级图

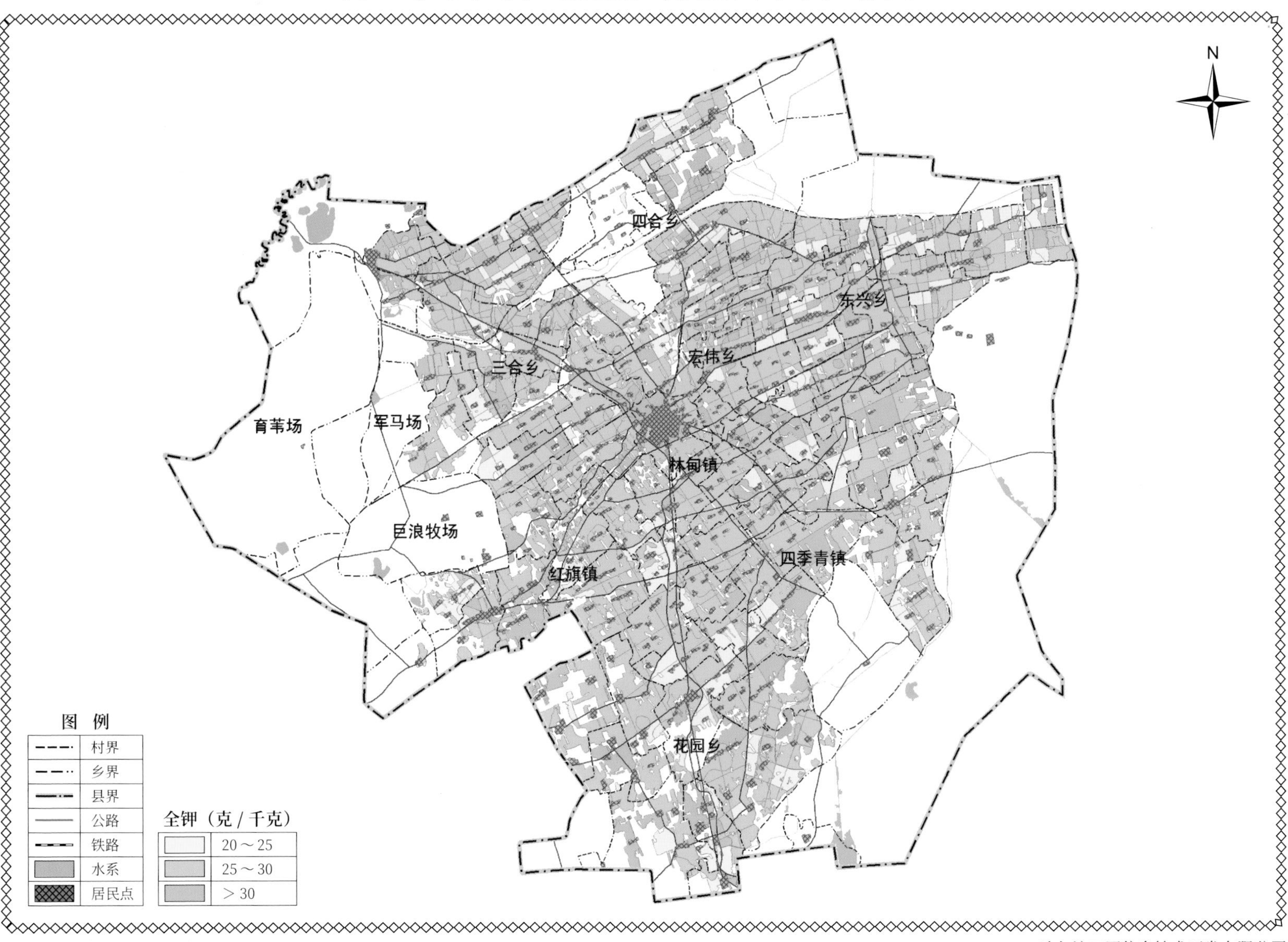

本图采用北京1954坐标系　　比例尺　1：500 000　　哈尔滨万图信息技术开发有限公司